U0309481

空间光学遥感器光电探测及控制

王小勇 等 著

中国宇航出版社
·北 京·

图书在版编目（CIP）数据

空间光学遥感器光电探测及控制 / 王小勇等著. -- 北京：中国宇航出版社，2020.12
（空间光学遥感工程）
ISBN 978-7-5159-1888-4

Ⅰ.①空… Ⅱ.①王… Ⅲ.①航天器－光学遥感－光电探测－研究 Ⅳ.①V423

中国版本图书馆 CIP 数据核字(2020)第 268515 号

责任编辑 舒承东　　封面设计 宇星文化

出版发行 中国宇航出版社
社 址 北京市阜成路 8 号　　邮 编 100830
(010)60286808　　(010)68768548
网 址 www.caphbook.com
经 销 新华书店
发行部 (010)60286888　　(010)68371900
(010)60286887　　(010)60286804(传真)
零售店 读者服务部
(010)68371105
承 印 天津画中画印刷有限公司
版 次 2020 年 12 月第 1 版　　2020 年 12 月第 1 次印刷
规 格 880×1230　　开 本 1/32
印 张 14　　字 数 403 千字
书 号 ISBN 978-7-5159-1888-4
定 价 108.00 元

本书如有印装质量问题，可与发行部联系调换

撰写人员名单

主　撰　王小勇

撰　写　（按姓氏笔划排序）

王　淳　王　盟　刘冰洁　孙启扬
苏浩航　李　阳　李春梅　吴淞波
宋　莉　张　旭　张斐然　武文波
武永见　赵　宇　赵　野　荣　鹏
姚　瑶　郭崇岭　康建兵　董书莉
董　龙　程　芸　薄　姝

前　言

空间光学遥感器是装载在人造地球卫星、飞船等航天器平台上，对地球和太阳系其他星球及系外深空进行探测的仪器，是航天器及时获取信息的重要仪器，得到世界各国的高度重视。典型的空间光学遥感，由来自目标的电磁辐射穿过介质进入空间光学遥感器镜头，经光电转换和处理变成数据，数据通过无线传输方式传回地面，通过数据处理及分析（解译）获取目标信息。空间光学遥感器的发展在于追求极致的精度和高分辨率，这与新型光电探测技术、新光电器件以及信息处理等技术密切相关。

本书的重点是空间光学遥感器的光电探测及控制，从光电探测技术基础理论出发，对光电探测器驱动与信号处理，信号采样与数字化理论及设计，星上数据处理技术，光电和光机控制技术以及电磁兼容技术等进行了阐述，最后对光电探测及控制系统的空间适应性进行了分析，并对其测试与评价体系进行了全面说明。本书主要为从事空间光学遥感器研制的光电专业技术人员以及本方向的高校学生提供参考。

全书共9章。第1章，主要介绍遥感器光电探测系统的总体框架；第2章，主要介绍光电探测物理基础及探测器件；第3章描述CCD、红外及单光子探测器及其处理电路的设计；第4章，介绍了信号采样与数字化理论基础以及各类探测器采集及传输的设计方法；第5章，对星上预处理技术、智能云检测技术等进行描述；第6章，对光电探测系统的测试及评价要素分9项进行了详细阐述；第7章，分别介绍了控制系统的分类、组成及各类型控制技术的性能评测方法；第8章、第9章分别从电磁兼容性及空间适应性方面分析了光电探测系统的设计要素。

本书以王小勇为主撰写。其中郭崇岭负责第1章统稿，第2章由吴淞波统稿，第3章由董龙、薄姝撰写，第4章由荣鹏、程芸撰写，第5章由武文波、李春梅撰写，第6章由李春梅、董书莉撰写，第7章由宋莉撰写，第8章由苏浩航撰写，第9章由赵宇、武永见、赵野撰写。

本书的出版得到了北京空间机电研究所领导的指导和鼎力支持，作者在此表示诚挚的谢意。由于本书涉及的知识面较广，限于作者水平，难免会有一些疏漏和不足之处，恳请读者批评指正。

作　者

2020年10月

目　录

第1章　绪　论

1.1　空间光学遥感器概述

空间光学遥感器是搭载在卫星、飞船等航天平台上，对地球和其他星球及环境进行探测的仪器，是及时获取目标信息的利器，得到世界各国的高度重视。对于典型的对地观测卫星光学遥感，来自目标的电磁辐射穿过大气进入星载光学遥感器，经光电转换和处理变成数据，数据通过无线传输方式传回地面，通过数据处理及分析（解译）得到目标信息。

空间光学系统的发展在于追求极致的精度和光谱、时间、空间分辨率，这与新技术、新器件以及信息传输与处理技术密切相关。空间光学遥感器涉及的学科较为广泛，涵盖了光学、机械学、电子学、热学等传统学科，由于其在空间环境中的应用需求，空间光学遥感器的设计及研制在材料、检测、可靠性等方面有诸多特定的要求。

从空间光学遥感器的组成来看，总体上可以分为两个大系统，一是光机系统，主要是指光学系统以及满足光学系统精度要求的高稳定、高可靠的结构及机构组件；二是光电探测系统，主要包括光电转换器件以及满足器件工作要求的高灵敏度、低噪声的电路组件。

光电探测技术是伴随其他关键技术的发展而发展的，如随着光电子技术、光纤技术、计算机技术的发展，以及新材料、新器件、新工艺的不断涌现，光电探测技术取得了巨大发展。空间光电探测系统的发展趋势是多元线阵 CCD、CMOS 成像器件和大型面阵焦平面探测器、数据控制技术、智能星上与地面数据处理等。

1.2 空间光学遥感器光电探测系统简述

1.2.1 光电探测系统概论

1.2.1.1 光电探测基本原理

光电探测系统就是利用光电探测器把目标携带的光信息转变成电信号，从而实现目标参数的测量、显示和记录。光电探测技术就是研究与此过程相关的被测信号的采集、调制、解调、变换、传输、处理的理论和技术，以及研究检测仪器和检测系统的基本原理与设计技术。

光电探测主要由光电探测器进行测量。光源（或辐射源）产生的光和辐射的参数（如辐射能流的横截面积、光谱成分及光强度、光波的频率和相位等）受被测对象控制，光和辐射参量（包括辐射源自身）变化由光电器件接收后转变成电参数变化。光源包括可见光谱、紫外光谱、红外光谱，此外还有 X 射线。有时被测对象就是辐射源，例如需要测温的发热体。用于检测系统的光电器件有 CCD、CMOS 等。选用何种器件，是由光电器件的性能、光源特性及其仪器的运用环境和条件等决定的。

空间光学遥感器在轨飞行，探测目标的光学表征被镜头成像在探测器上，转换成电信号后，通过相配套的数传系统传至地面应用系统，实现了空间光电探测的全过程。光电探测原理如图 1－1 所示。

1.2.1.2 空间用光电探测系统特点

（1）空间电磁环境复杂

空间相机的光电探测系统采用了大量的电子元器件，要保证相机在全生命周期的可靠性与安全性，电子元器件需要满足能长期在真空下正常工作的要求；同时，在长期的空间离子辐射下也要正常工作。在空间环境导致的航天器故障中，有 36％源于等离子体环境，34％源于电离辐射环境，10.5％源于热环境，5.3％源于太阳环境。

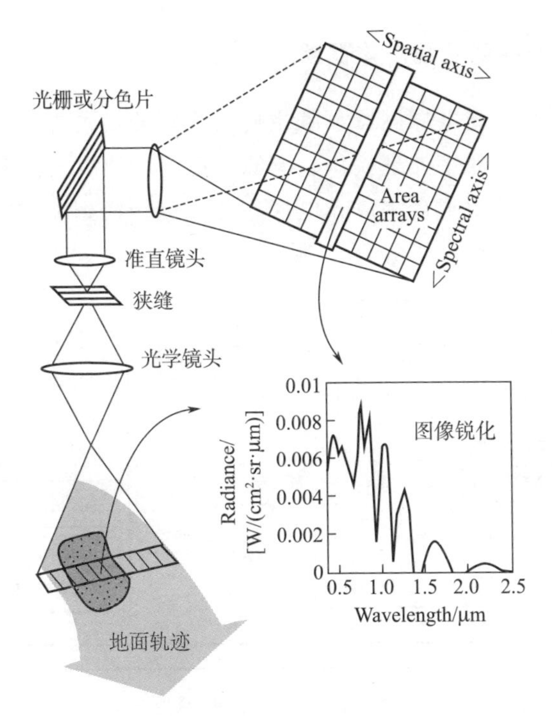

图 1-1 光电探测原理

带电粒子和太阳电磁射线等空间辐照环境对航天器材料有不可忽视的影响[1]。因此，从器件到电路均需考虑抗辐照及抗粒子辐射的关键要素。

(2) 系统集成化程度高

空间光学遥感器是一种集光学、机械学、电子学于一体的高集成化设备，具有结构精密、电路复杂、高低频交错、强弱信号交叉等特点，在工作中极易作为敏感源而遭受其他设备的电磁干扰，造成系统性能下降甚至出现故障；同时也会作为干扰源产生电磁耦合和电磁辐射，从而对星上其他设备产生电磁干扰。因此，遥感器光电探测系统的设计需要充分考虑 EMC。

1.2.2 光电探测系统总体框架

一个典型的光电探测器系统主要由光电转换器件、模拟处理模块、信号采集及数字处理模块、电源及配电模块以及配套的管理及控制模块几部分组成，完成光电探测从光电转换到模数转换、数字数据输出的全过程，如图 1-2 所示。

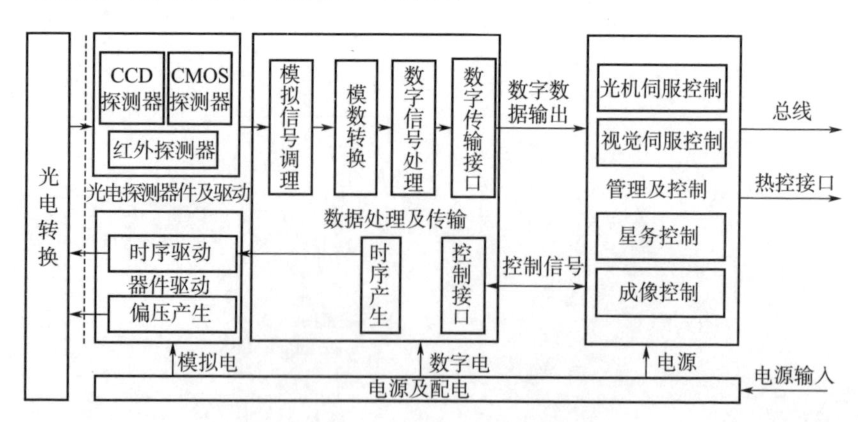

图 1-2 光电探测系统原理及基本框架图

1.2.2.1 光电探测器件及驱动

光电转换负责将光信号转换为电信号，输出信号变化可以是电压信号的变化，也可以是电流信号的变化。航天用光电探测器件一般包括：

(1) 光电导探测器

光电导探测器包括光电倍增管、光电耦合器件（CCD、CMOS）。当前主流可见光谱段成像的空间遥感器的焦面组件上的成像元器件是 CCD 图像传感器和 CMOS 图像传感器。CCD 即电荷耦合器件，是一种用于探测光信号的硅片，是由时钟脉冲电压来产生和控制半导体势阱的变化，实现存储和传递电荷信息的固态电子器件。CMOS 是互补金属氧化物半导体，它是指制造大规模集成电路芯片的一种技术或用这种技术制造出来的芯片[2]。

（2）光伏探测器

光伏探测器包括雪崩光电二极管、硅光电池。单光子探测技术，目前已被广泛用于遥感及量子通信领域。Si雪崩光电二极管因其具有量子效率高、高增益且能覆盖可见光谱段等优点，在这类光电探测系统中得到了广泛应用，特别是天基的激光雷达及X射线探测类载荷。

（3）红外探测器

红外探测器包括非制冷型红外探测器、低温制冷型红外探测器。在红外成像系统中，红外成像器件将通过光学系统接收到的红外辐射转换成电信号，是红外成像系统的关键元件，也是影响红外探测系统性能的关键因素。

（4）其他探测器

其他探测器包括量子点红外探测器、光电导日盲紫外探测器等。无论哪种探测器件，在应用中均配套相应的电源、驱动电路、信号读出处理电路，而空间光学遥感器的应用场景，决定了这些产品的集成化水平。

光电探测器的驱动电路主要是时序控制及偏压处理。时序驱动电路主要完成探测器所需时序信号的驱动电流放大和驱动电平的变换，保证驱动信号的驱动能力和边沿质量。偏压产生电路主要产生探测器正常工作需要的各种偏压，探测器对偏压的稳定性和噪声的要求非常高，有些甚至能达到微伏级，还有些偏压需要在线调整。

1.2.2.2 数据处理及传输

数据处理电路，一般包括采样、滤波、降噪、数字化等功能，主要对数据进行转换和处理。图像数据经编排并插入辅助数据，传送给数传分系统。

遥感器的数据处理电路，往往根据谱段划分，针对不同的探测谱段，信号采集及处理有不同的特点，如分为可见光信息处理电路及红外信息处理电路。在确定整个光电探测的控制方式后，信号处理电路或者说信息处理电路完成可见光、红外探测器的时序控制与驱动，模拟信号采集与处理，数字信号整合与格式编排等功能[3]。

模拟信号处理主要包含模拟信号调理、模数转换、时序驱动和偏压产生四个部分。模拟信号调理主要完成光电转换产生的模拟信号的 I/V 变换、阻抗变换、驱动增强、增益调整、模拟隔直、噪声滤波、偏置调整、单端转差分等，主要目的是使得模拟信号在高保真的情况下适应后端处理的需要，保证模拟信号的信噪比、信号带宽和动态范围。模数转换主要完成模拟信号的数字化，根据模拟信号的特点，一般前端有相关双采样电路或采样保持电路，保证前端模拟信号在整个量化过程中的稳定以及降低噪声。

数字信号处理主要包括数字信号处理、时序产生、数字传输接口和控制接口四个部分。数字信号处理包括数字数据的存储、编码、处理、合成等，将模数转换后的数字数据采用不同算法处理后，按照不同的要求格式进行编排，使之满足系统的需求，这是数字处理的核心部分。编码通常包含压缩、加密和组包等，处理通常包含自动曝光、自动白平衡、自动调焦、一致性校正、暗电流校正、目标识别跟踪、质心提取等。时序产生主要产生探测需要的各种时序的标准逻辑信号，供时序驱动电路使用，探测器一般对时序信号的相位关系和信号完整性要求比较严格。数字传输接口主要负责数据处理完的数据传输，传输接口可以是并行也可以是串行，在数据率比较高的情况下建议采用高速串行传输，尽量减少传输线缆的数量，针对高速传输，需进行平衡编码及纠错，常用的接口有 USB、Gig-E、Cameralink、HSLink、CXP 等。控制接口负责系统控制信号的输入输出，包括控制指令输入和遥测信号的输出，一般遵循工业接口标准，如 SPI、I^2C、CAN、1553B 等。

当前各类用户对遥感卫星所获取数据的需求，具有鲜明的移动互联网时代特征。在云计算、大数据技术驱动下，用户对获取遥感卫星空间信息方式有了更多即时化、网络化、个性化、多样化等需求，遥感卫星需要与信息技术深度融合[4]。在遥感器一端，通过在轨 AI 系统，对星上图像数据进行实时或准实时处理，开展实时的目标识别与特征提取，是目前智能处理的发展趋势。

1.2.2.3　管理及控制

管理电路的主要功能是接收卫星的指令，实现对焦面电子组件状态的控制，以及对相机成像参数的调整、在轨调焦等。管理电路还包括遥控遥测功能、通信功能，负责采集表征相机工作状态的遥测量并反馈。

目前，在轨运行中的光学遥感器大多具备以运动控制、伺服控制为主的各类控制器装置。机构与控制技术已成为拓展遥感器功能，提升遥感器性能的重要手段。应用各类机构及其高精度的控制功能来精确稳定地改变探测光束、精密自适应地更正光学系统面形、克服飞行载体姿态与轨道运动对成像的影响，从而实现光机扫描成像、机动目标跟踪成像、光机稳定成像、主动与自适应光学成像、超分辨率重构成像等先进功能，已逐渐成为天基预警、深空探测、环境资源监控、空间对抗等领域的重要遥感需求，并且控制精度及稳定性要求随遥感相机空间分辨率的提升而日益提高。

1.2.2.4　电源及配电

空间光学遥感器光电探测系统的器件数量多，所需电源种类多，输出电压路数多，由于信噪比的要求，光电探测系统所需电源品质要求高，对电压噪声指标要求非常苛刻，因此遥感器的光电探测系统必须对提供的一次电源进行变换，经过变换处理后一般称为二次电源。电源的好坏主要取决于电压波动率和纹波含有率[5]。

二次电源，与平台进行接口对接，为系统提供电源。遥感器的配电方式一般可分为统一供电或分区供电。

配电电路主要负责整个系统的配电，主要包括加断电控制、电源保护、电源滤波、电压变换和上电时序控制等，要特别注意很多探测器对上电的时序都有严格的要求，加电时序不正确会造成探测工作不正常甚至损坏。电源的品质也会直接影响系统的信噪比和稳定性，对模拟部分的供电要注意控制电源的噪声，多采用低噪声的低压差线性稳定器（LDO）来进行电压变换。大功率的数字电要尽量提高电源的效率，多采用高转换效率的负载点稳压器（POL）来进行电压变换。

随着新一代高性能 FPGA 在卫星上推广应用，其核电压更低，约 1 V，工作电流可高达 5 A 甚至 10 A，对供电电源效率提出了更高的要求[6]。此外，宇航用电源为满足抗总剂量和抗单粒子的指标要求，必须采用抗辐射设计，导致电源开关特性不如商业产品，这是在空间光学遥感器上电源应用的特点，也是必须解决的问题。

参考文献

[1] 刘海，何世禹，刘金城，等．空间辐照环境对光学材料作用效应的模拟研究 [J]. 光学技术，2002 (1)：44-46，43.

[2] 王克军，董吉洪，李威，等．空间遥感器线阵与面阵探测器共基板焦面组件设计 [J]. 红外与激光工程，2020，49 (5)：81-87.

[3] 戴立群，徐丽娜，周建勇．一种全谱段多光谱遥感器的星上信息处理系统 [J]. 激光与红外，2017，47 (6)：761-766.

[4] 杨芳，刘思远，赵键，等．新型智能遥感卫星技术展望 [J]. 航天器工程，2017，26 (5)：74-81.

[5] 蓝风相．小型卫星遥感器电源噪声的控制 [C]. 中国空间科学学会空间探测专业委员会第十七次学术会议，2004.

[6] 吴建超，刘密，陈广军，等．宇航宽输入高效率低压大电流二次电源的研究 [J]. 中国空间科学技术，2020，40 (6).

第 2 章　光电探测技术基础

2.1　光电探测物理基础

2.1.1　不同谱段的光电转换的原理

麦克斯韦方程揭示了电磁空间的基本原理，根据波长引入了电磁波谱的划分，图 2-1 显示了常见的电磁辐射谱，除了人眼可见的 400～700 nm 谱段，通常可用光电探测器感知的还包含 X 射线、紫外和红外三个谱段。其中，可见光到红外谱段是航天卫星遥感主要的工作谱段。

卫星遥感工作的光谱可以分为五个基本光谱区域：可见光谱段从 0.4 μm 到 0.7 μm，近红外谱段从 0.7 μm 到 1.1 μm，短波红外谱段从 1.1 μm 到 3 μm，中波红外谱段从 3 μm 到 6 μm，长波红外谱段从 6 μm 至 14 μm。白天，地球表面反射的太阳光是成像的主要辐射源，该辐射源覆盖可见光谱段、近红外谱段和中波红外谱段，热辐射在长波红外谱段占主导地位。晚上，太阳光消失，可见光、近红外谱段和中波红外谱段的辐射是由自然光源的组合（如月光、星光和大气辉光）和人造的光源（如路灯）共同构成，热辐射仍是长波红外谱段的主要辐射来源。

传统的可见光/红外光电探测器大多数是图像传感器，由其检测到的光谱范围内的辐射转换成电信号经传输后再恢复成图像。根据成像感知的谱段范围可以把成像模式分为全色成像、单谱段成像和光谱成像。全色成像通常不区分辐射信号的波长信息，而光谱成像通常需要一种区分辐射信号波长的设备或结构，一般放置在探测器和探测目标之间。

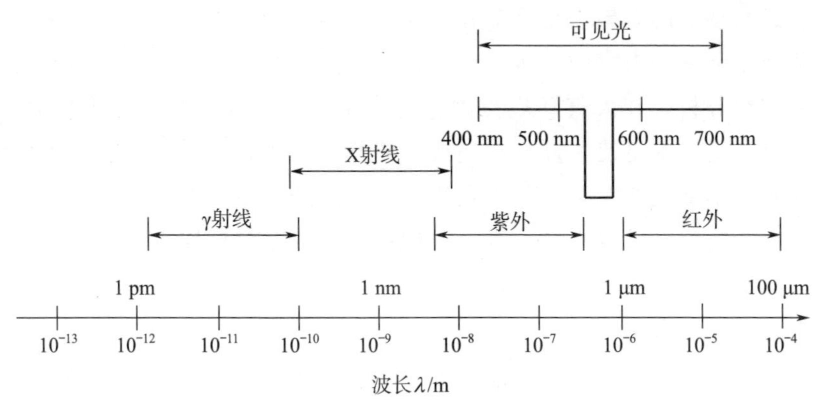

图 2－1　电磁辐射谱

全色成像通常是把各个谱段的光子辐射转换成电信号，且这个转换的谱段取决于探测器材料的响应。由于硅材料响应的谱段范围是可见光和近红外谱段，一般来说全色成像通常指可见光和近红外谱段。可见光和近红外谱段是日间成像的首选谱段，因为白天地球反射太阳光，针对这个谱段的传感器技术相当成熟。中波红外谱段和长波红外谱段主要用于夜间成像，在中波红外谱段和长波红外谱段中，成像目标的温度变化和辐射发射率是图像构成要素的来源。

单谱段成像主要应用于特定谱段目标的成像系统中，这种系统主要对某个谱段或者某个波长的信号特别敏感，这种系统的重要应用之一就是激光雷达，近些年的星载激光雷达技术主要集中在 355 nm、532 nm 和 1 064 nm 等特殊的波长探测上，所以称这类成像模式为单谱段成像。

光谱成像就是通过采用滤光片、棱镜、光栅等方式对入射光进行分光，同时捕获目标多个谱段的图像，图像同时包含二维几何信息和光谱信息。根据光谱分辨率的不同，可以分为多光谱、高光谱和超光谱成像。每个谱段图像大致包含相同或相似的二维几何信息，成像目标对不同谱段光子的反射率或发射率的不同导致不同谱段像元内的信号大小随入射光子的波长不同有细微的变化，多谱段成像将这些波长的差异信息叠加在二维几何信息上。光谱图像不仅可以用于增强场景内容的显示，也可以基于量化数据开展目标的固有光谱特征分析，在大气环境探测、资源探测等领域有重要应用价值。可见光谱段主要使用硅材料制成的感光单元进行光电转换，因为硅材料的禁带宽度满足可见光谱段的光子跃迁所覆盖的能量范围。通过电荷收集势阱结构将入射到硅材料内部的光信号转换成的电荷收集起来，并转换成可以量化的电压信号，量化的结果就是人眼能分辨的成像信息。

红外谱段的感光单元主要通过各种不同的红外敏感材料制成，其中比较典型的是Ⅲ－Ⅴ族化合物半导体材料砷化镓/铝镓砷（GaAs/AlGaAs)、铟镓砷（InGaAs)、锑化铟（InSb)、砷化铟/锑化镓（InAs/GaSb）和Ⅱ－Ⅵ族化合物半导体材料碲镉汞（HgCdTe)。用这些光电敏感材料制备的光敏元进行光电转换，转换结果通过硅基读出电路转换、传输和量化。

大多数探测器件是光子探测器，因为它们仅响应能量大于半导体材料带隙的那些光子。探测器响应与这些光子的吸收率成比例，且都遵循下面的基本原理，如图 2－2 所示，光电探测器由深掺杂的 N 型区域和浅掺杂的 P 型区域组成的 N^+-P 结构成，入射光子的能量激发半导体材料的电子-空穴对跃迁，形成非平衡载流子，非平衡载流子遇到反向偏置的 N^+-P 结空间电场被分离并存储在不同的势阱处，其中 P 区载流子被连接的地电压吸收，N^+ 区载流子在 Φ 信号关闭时改变 X 点的电势，且此时 X 点的电压值与吸收的光子数量成正比，如此往复，入射的光信号就被转换成 X 点的电压值。

2.1.2 不同物质、材料感光特性

广泛应用的光电探测器件主要基于对可见光和红外光敏感的材料，Ⅳ族材料硅的特性在于其感光谱段与人眼大致吻合，主要集中在可见光谱段。红外探测材料的分类多，主要包含两类重要的红外半导体材料，分别为Ⅲ－Ⅴ族半导体材料和Ⅱ－Ⅵ族半导体材料。

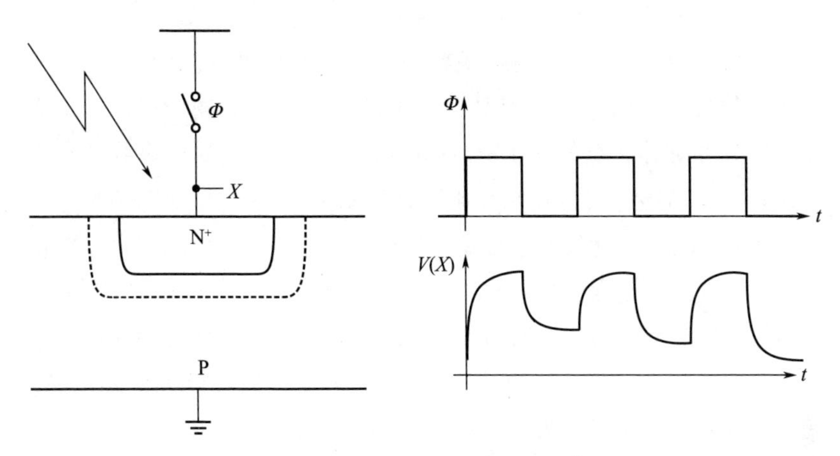

图 2－2　反向偏置的光电二极管

2.1.2.1　硅材料

硅光电探测器是利用硅作为可见光探测材料，可以使用集成电路工艺制造，同时集成电路工艺还可以在硅材料上制造相应的信号读出电路，所以通常在一块硅材料上面集成硅探测器和读出电路，形成图像传感器芯片。

硅探测器的基本原理是光子通过光电效应被吸收并产生电子-空穴对，电子-空穴对在内建电场的作用下产生非平衡载流子，非平衡载流子保存在硅器件内部的存储节点。由于光子具有能量 hc/λ，其中 h 是普朗克常数，且硅材料只能响应大于其禁带能量 1.12 eV 的光子，因此可以检测到的最长波长存在限制，约为 1.1 μm。

对于 P 衬底的硅探测器，为每个被吸收的光子产生一个电子-空穴对。空穴扩散到衬底并重新组合，电子被收集在像元内并产生信号电荷。在 X 射线和远紫外波长下，每个光子都有足够的能量来产生几个电子-空穴对（实际上，每 3.6 eV 的光子能量可产生一个电子-空穴对）。

2.1.2.2 Ⅱ-Ⅵ族化合物半导体材料

碲镉汞（HgCdTe）材料是典型的应用在红外探测领域的Ⅱ-Ⅵ族半导体材料。碲镉汞材料是直接带隙的三元化合物，可以简单看作是二元半导体化合物碲化镉（CdTe）和二元半金属化合物碲化汞（HgTe）的合金，可以任意配比形成三元化合物 $Hg_{1-x}Cd_xTe$。

$Hg_{1-x}Cd_xTe$ 材料的禁带宽度随着 Cd 组分 x 发生变化，可以从 HgTe 的负禁带宽度变换到 CdTe 的正禁带宽度，因此通过合理设计 Cd 组分可以制备不同响应波段的 HgCdTe 探测器。禁带宽度可调节这一特点使得 HgCdTe 探测器成为目前最常用的红外光子探测器，涵盖短波红外、中波红外、长波红外和甚长波红外谱段。

$Hg_{1-x}Cd_xTe$ 材料的禁带宽度同时受 Cd 组分和温度的影响，当 Cd 组分小于 0.48 时禁带宽度随温度升高而升高，当 Cd 组分大于 0.48 时禁带宽度随温度升高而下降。这意味着，小 Cd 组分的中长波碲镉汞探测器的截止波长随温度上升而变短，大 Cd 组分的短波碲镉汞探测器的截止波长随温度上升而变长。

CdTe 的晶格常数是 0.648 nm，HgTe 的晶格常数是 0.646 nm，$Hg_{1-x}Cd_xTe$ 晶体的晶格常数则是两者的算术平均值，即 $0.648x + 0.646(1-x)$ nm 。

碲镉汞材料的电子迁移率与温度、组分有密切关系，随温度上升而下降，随 Cd 组分增加而下降。

当入射光子能量小于碲镉汞的禁带宽度时，本征碲镉汞材料的吸收特性是负指数特性，当入射光子能量大于碲镉汞的禁带宽度时，本征碲镉汞材料的吸收特性是平方根特性。

由于碲镉汞材料有直接带隙、禁带宽度可调、电子迁移率高、电子有效质量小、少子寿命长等诸多优点，已成为目前制作高性能红外光子探测器的最通用且性能最好的材料。

2.1.2.3 Ⅲ-Ⅴ族化合物半导体材料

用于红外探测的Ⅲ-Ⅴ族化合物半导体材料主要有砷化镓/铝镓

砷（GaAs/AlGaAs）、铟镓砷（InGaAs）、锑化铟（InSb）、砷化铟/锑化镓（InAs/GaSb）。

（1）砷化镓/铝镓砷（GaAs/AlGaAs）

量子阱红外探测器（Quantum Well Infrared Photodetectors，QWIP）技术，是目前红外探测技术的一种。一个量子阱由势垒-势阱-势垒组成，这个量子阱重复多次，则形成多量子阱结构。$Al_xGa_{1-x}As$ 是二元Ⅲ-Ⅴ族半导体材料 GaAs 和 AlAs 的合金。由于 $Al_xGa_{1-x}As$ 材料的导带高于 GaAs，因此 AlGaAs 材料作为势垒，GaAs 作为势阱。简单来说，$GaAs/Al_xGa_{1-x}As$ 量子阱是周期性的 $GaAs/Al_xGa_{1-x}As$ 薄膜结构。

量子阱利用势阱的子带间跃迁机制，即电子或空穴吸收红外光子后从势阱的基态跃迁到第一激发态。通过合理设计 Al 组分、GaAs 层宽度，可对 QWIP 的响应波长进行连续调节。

$GaAs/Al_xGa_{1-x}As$ 量子阱有以下基本参数：Al 组分 x，决定 GaAs 和 $Al_xGa_{1-x}As$ 导带边的势能差，即量子阱的势垒高度；势阱宽度，即 GaAs 层的厚度，由于红外吸收发生在量子阱内，势阱宽度对响应波段有决定性影响；势垒宽度，即 $Al_xGa_{1-x}As$ 层的厚度，影响量子阱的暗电流。

（2）铟镓砷（InGaAs）

$In_{1-x}Ga_xAs$ 是二元Ⅲ-Ⅴ族半导体材料 GaAs 和 InAs 的合金，x 范围是 0～1。GaAs 的禁带宽度是 1.43 eV，InAs 的禁带宽度是 0.35 eV，$In_{1-x}Ga_xAs$ 的禁带宽度范围是 0.35～1.43 eV，对应的截止波长范围是 0.87～3.75 μm。

制备 $In_{1-x}Ga_xAs$ 薄膜需要用到 InP 衬底，In 组分为 0.53 的 $In_{0.53}Ga_{0.47}As$ 的晶格常数与 InP 晶格常数相同。由于晶格匹配，在 InP 衬底上生长的 $In_{0.53}Ga_{0.47}As$ 薄膜可以得到最好的晶体质量。

$In_{0.53}Ga_{0.47}As$ 的禁带宽度是 0.75 eV，对应截止波长是 1.66 μm。$In_{0.53}Ga_{0.47}As$ 是直接带隙，本征吸收系数大，在 1.55 μm 处的吸收系数约为 7 000 cm^{-1}。InGaAs 材料的纯度高，电子与空穴的迁移率

之比高达 40～50。

可通过提高 In 组分来扩展 InGaAs 探测器的响应截止波长。目前，已经有两种延伸波长的 InGaAs 探测器成功商业化，即 $In_{0.7}Ga_{0.3}As$ 和 $In_{0.82}Ga_{0.18}As$，相对应的截止波长是 2.2 μm 和 2.5 μm。

（3）锑化铟（InSb）

InSb 是Ⅲ-Ⅴ族半导体化合物，闪锌矿结构。在 300 K 温度，InSb 的晶格常数是 0.648 nm。

InSb 是直接带隙半导体。在 300 K 温度，InSb 的禁带宽度约 0.17 eV；在 78 K 温度，InSb 的禁带宽度约 0.228 eV，对应的响应截止波长为 5.3 μm，适用于 3～5 μm 的中波红外探测。根据经验公式，在 77～300 K 温度范围内，InSb 禁带宽度随温度是线性变化的，系数为 -2.75×10^{-4} eV/K。

目前普遍掺 Te 来制备 N 型 InSb 材料，用分子束外延（MBE）生长 N 型 InSb 可掺 Si 和 Sn。目前最普遍用 Cd 扩散或者 Be 或 Mg 离子注入来制备 P 型 InSb 材料，用 MBE 生长 P 型 InSb 可掺 Be。

（4）砷化铟/锑化镓（InAs/GaSb）Ⅱ类超晶格

在Ⅲ-Ⅴ族化合物半导体中有一个 6.1 Å 材料群，包含三种几乎晶格匹配的材料，分别是 InAs（6.058 4 Å）、GaSb（6.095 9 Å）和 AlSb（6.135 5 Å）。InAs、GaSb 和 AlSb 的禁带宽度分别是 0.4 eV、0.81 eV 和 1.7 eV。GaSb 的价带顶高于 InAs 的导带底，高出 0.16 eV。AlSb 的价带顶高于 InAs 的价带顶，高出 0.16 eV。InAs/GaSb 的这种带隙对准方式称为破折带隙（broken-gap），如图 2-3 所示。

InAs/GaSb 超晶格结构是由纳米级 InAs 层和 GaSb 层周期性地交替组成。由于 InAs/GaSb 是破折带隙，因此 InAs/GaSb 超晶格称为Ⅱ类超晶格。在Ⅱ类超晶格中，由于 GaSb 的价带顶高于 InAs 的导带底，电子局限在 InAs 层，空穴局限在 GaSb 层。相邻 InAs 层电子波函数的耦合叠加导致形成电子微带，相邻 GaSb 层空穴波函数的耦合叠加导致形成空穴微带，电子微带和空穴微带之间的能量差

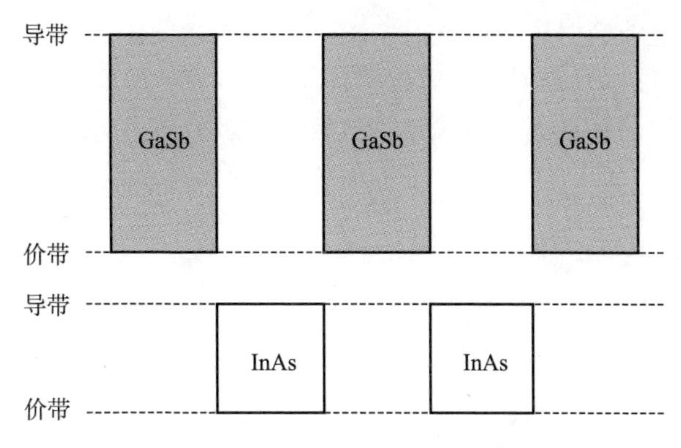

图2-3　InAs/GaSb带隙示意图

形成Ⅱ类超晶格的“人工有效带隙”，可用于红外探测。通过调节材料层厚度（尤其是InAs层），可以制备出响应波长在3～30 μm的InAs/GaSb Ⅱ类超晶格红外探测器。

2.2　光电探测器件

在航天遥感领域，光电探测器主要应用在可见光和红外谱段，红外谱段又分为短波、中波和长波红外，分别对应不同的波长范围。此外，还有X射线、紫外等方面的应用，但相对较少。因此，本节将着重介绍航天遥感应用中，可见光和红外谱段相关的光电探测器件。

2.2.1　可见光CCD探测器

2.2.1.1　可见光CCD探测器工作原理

CCD（Charge Coupled Device）即电荷耦合器件，是利用内光电效应工作的最具有代表性的固体成像器件之一，是一行行紧密排列在硅基底上的MOS电容器阵列。CCD作为具有转移信号电荷的功能器件，本节着重介绍其在光电转换、电荷储存、电荷转移、电荷检测等方面的原理。

将 CCD 探测器的工作过程进行分解，大致可分为光电转换、电荷储存、电荷转移和电荷检测四个步骤，如图 2-4 所示。

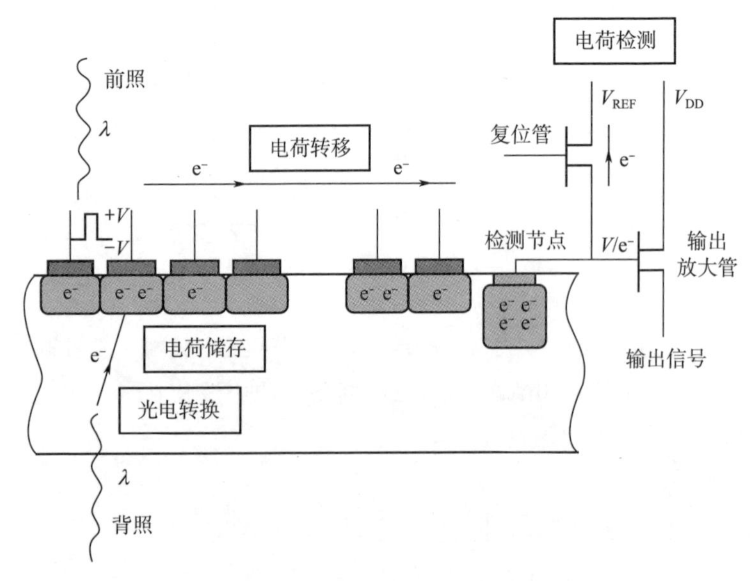

图 2-4　探测器工作的四个步骤

(1) 光电转换

光电转换即将光能转换为电能，将光信号转换为电信号。当光源照射到探测器光敏面上，使原本存在于光敏材料中的价带电子从光子获取能量后跃迁到导带，激发出光生电子。

光电转换可分为两种状态变化：一种是外部光电效应，另一种是内部光电效应。外部光电效应是指在物质表面的电子，接受光子的能量被释放到真空的现象。内部光电效应是指在物质内部，电子所处的几个能级中能量较低的电子因光子的能量，激发出较高能量电子的现象。

以半导体 Si 的单晶体举例，原子具有的电子轨道能量随着结晶晶格的周期性形成带状的能量分布状态。电子能级分为价带和导带两种。当能带内价带的电子接收到光的能量，激发到导带，这个现象称作内部光电效应。这些激发至导带的电子，在电场的作用下移动，产生信号电荷。

CCD 探测器就是利用硅半导体的这种内部光电效应进行光电转换，产生信号。

（2）电荷储存

当 CCD 探测器中的电子转换为信号电荷之后，需要把它们储存起来。用来存储电荷的电势分布状态，称之为电势阱。由于 P 型衬底硅半导体形成 N 沟道的信号电荷是带负电的电子，所以只要制造出高于周围电势的高电势阱，电子就可以集中并储存在此。

（3）电荷转移

CCD 是具有电荷转移功能的器件。CCD 电荷转移就是移动存储电荷的电势阱，因此电荷转移与电荷储存密不可分。

四相 CCD 基本构造如图 2－5 所示。

多个 MOS 电容器相邻且在均一的硅基板上，两层的多晶硅（Poly－Si）电极之间夹有绝缘的氧化膜，并且重叠排列。给各电极施加独立电压，MOS 电容器就形成了不同电势的电势阱。四相 CCD 即四个电极为一个单元进行重复。四个端子连接，对其施加四相的频率脉冲，形成高、低电势阱，同时按照电极的排列顺序移动电势阱。人们通过控制驱动的脉冲时序，对存储在电极下的电势阱内的电荷信号移动顺序进行控制，这就是 CCD 电荷转移的原理。

（4）电荷检测

电荷检测是 CCD 工作原理的最后一个动作，是从 CCD 的光电二极管起，到达输出端之前将转移的信号电荷转换成电压信号的过程。电荷检测的基本原理就是将转移的电荷包转换成电容器两端的电压值

$$V_{FD}=\frac{Q}{C_{FD}} \tag{2-1}$$

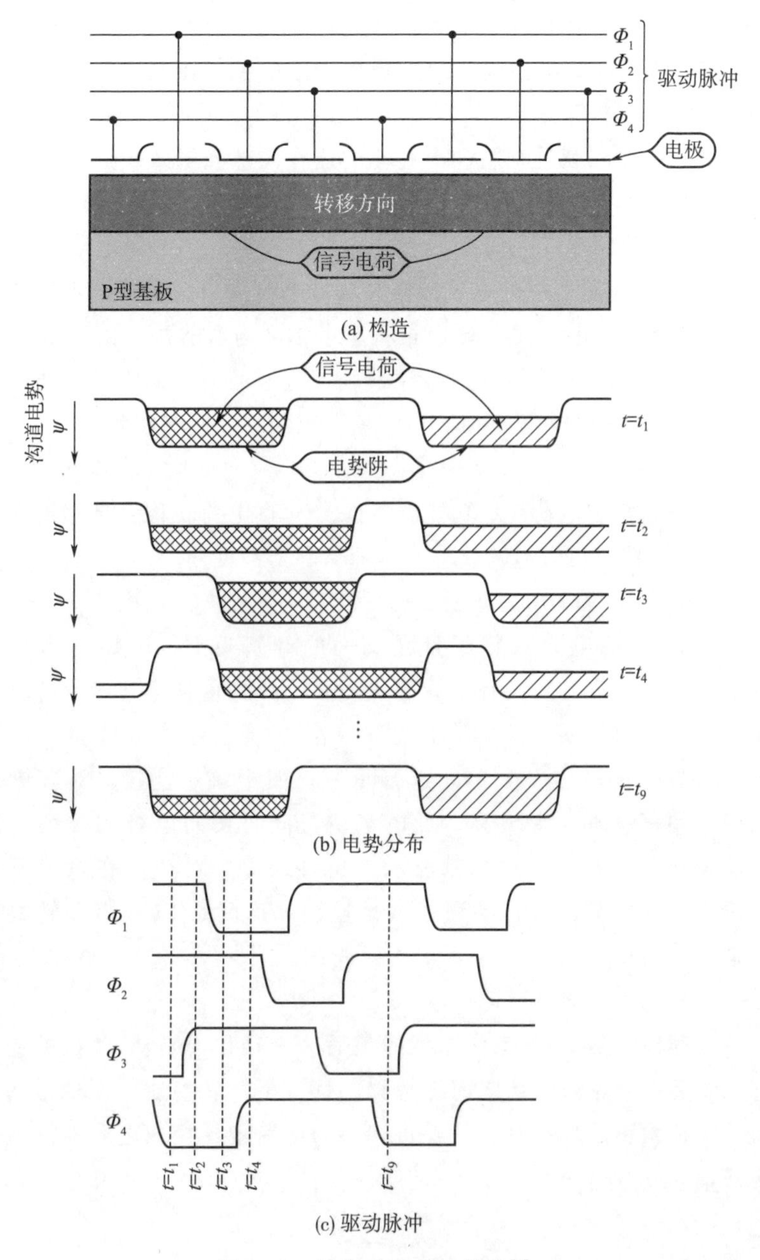

图 2-5　四相 CCD 基本构造[1]

在实际使用过程中，分浮置扩散放大器和浮置栅极放大器两种方法，其中浮置扩散放大器使用更多。

FDA（Floating Diffusion Amplifier）即浮置扩散放大器，如图2-6所示。

PN结二极管位于水平CCD的末端，在施加逆向偏压的时候，可看作将电荷信号转换为电压信号的电容器。由于此PN结的二极管的N型区域呈现出浮游状态，所以称之为浮置扩散放大器。

FGA（Floating Gate Amplifier）即浮置栅极放大器，如图2-7所示。

FGA可直接保存信号电荷，并且进行电荷检测。它利用检测电极——浮置栅极（Floating Gate，FG）下方转移的信号电荷，通过电势变化，进行非破坏方式检测。

2.2.1.2　可见光CCD探测器工艺特点

CCD技术是在CMOS技术已经得到一定发展后才出现的，此时CMOS半导体技术还没有占据主导地位。CCD技术发展没有受到布局或工艺模块的限制。与MOSFET相比，基本的CCD器件由一系列电荷转移沟道组成，电荷转移沟道是通过在沟道上面的多晶硅层形成的栅极上施加不同电压而形成的。多晶硅层的长度就是栅极的长度，整个栅极横向穿过电荷转移沟道。在像元的水平方向上，使用一个抗光晕栅栏把掺杂势阱和衬底分开。这个掺杂势阱应尽可能高，从而提高光电二极管的收集深度，并在器件表面到衬底之间生成一个反型层。还可以增加其他掺杂层，以实现电荷在单个转移级（栅极）下的定向转移，同时方便电荷在不同栅极间的转移。采用掩埋沟道能够形成势阱以接收电荷，并在远离栅极绝缘界面下的硅层深处形成沟道，可以获得优异的转移特性。边缘电场的影响是非常大的，必须使用较厚的氧化物，使边缘电势分布比较平滑，避免产生能够捕获电荷的局部势阱。为了获得良好的光学响应特性，需要通过使用钉扎（pinned）控制无栅极区域的深埋沟道电势。这样随后可以采用减薄工艺，使器件最终能够从背面实现感光照射（尽管

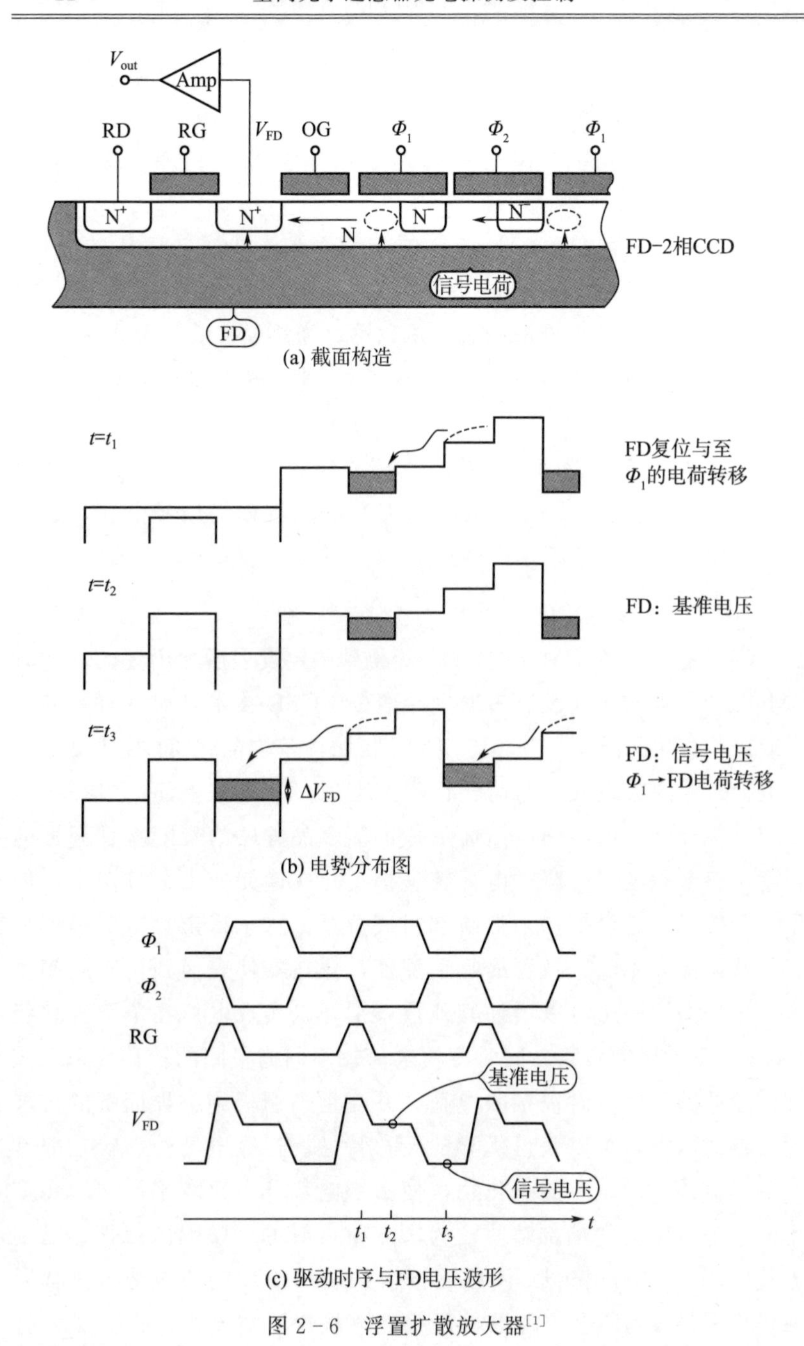

(a) 截面构造

(b) 电势分布图

(c) 驱动时序与FD电压波形

图 2－6　浮置扩散放大器[1]

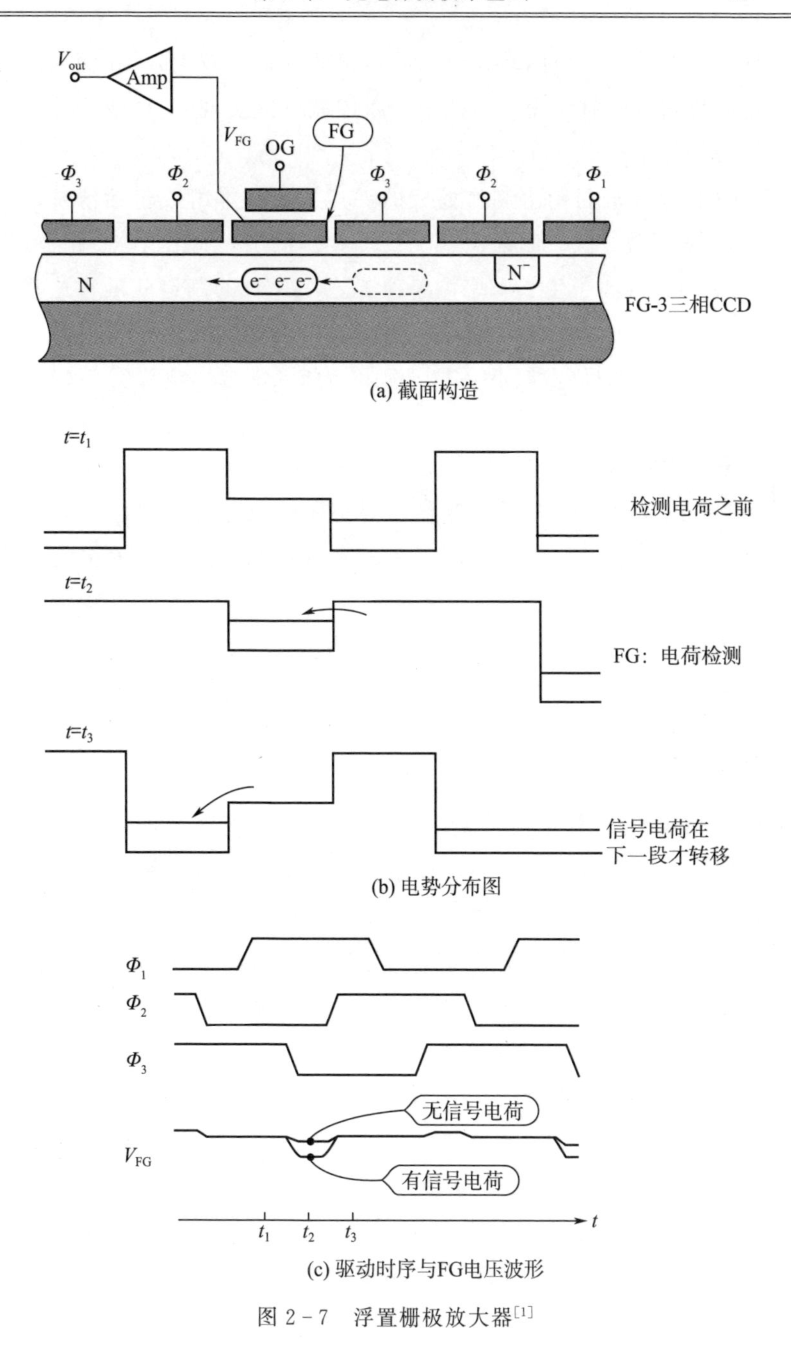

(a) 截面构造

(b) 电势分布图

(c) 驱动时序与FG电压波形

图 2-7 浮置栅极放大器[1]

从绿光到近红外波段内较长波长的量子效率损失较大)。在栅极上不使用硅化物，同时仅需要一两个金属层就可以实现 CCD 像元阵列的大规模并行排布[2]。

CCD 是在硅材料上制作而成的，其工艺基本组成包括清洗、氧化、扩散、光刻、刻蚀、离子注入、低压力化学气相沉积(LPCVD)、等离子生长和中测单项工艺，CCD 的制造就是将这些单项工艺以不同数目和次序加以组合而成。通过这些工序实现栅氧化层、多晶硅栅电极、埋沟 CCD、沟阻、场区、金属电极等结构的工艺制作[3]。

栅介质的制作工艺决定界面态密度大小，CCD 是对界面态要求最为苛刻的器件。栅介质的制作需要采用热氧化法，通过热氧化生长出氧化层，硅和氧化层之间存在较多界面态。硅片在氧化前必须得到彻底的清洗。经过集成电路制造工艺中标准的 RCA 方法清洗后的硅片基本能满足 CCD 对于颗粒和沾污的要求。氧化完成后，需要仔细地测试氧化层的各项参数指标，只有这些指标满足要求，才能进行下一步工艺。氧化层生长完成后，还需要在表面制作一层氮化硅，一般通过 LPCVD 来生长氮化硅[4]。

在 CCD 工艺中，电学隔离分为两种，一种是像元间的隔离以及像元与其外围的隔离，这种隔离结构称为沟阻；另一种是常规的厚氧隔离，与集成电路工艺一样称为 LOCOS。

器件隔离完成后，需进行一次无掩膜的磷离子注入，形成大面积的埋沟。埋沟的注入浓度和注入剂量需要精确控制，因为埋沟注入与 CCD 探测器大部分性能参数均有关系。

CCD 探测器中的栅电极工艺不同于其他 MOS 器件，一般需要 2～3 次多晶硅工艺才能满足 CCD 电荷转移的需求，并且 CCD 探测器中的多晶硅几乎布满整个器件并且相互穿插交叠，形貌复杂。CCD 上的多晶硅栅通常采用 LPCVD 的方法淀积，然后经过掺杂以及刻蚀工艺形成线条状的图形，再经过热氧化生长二氧化硅进行隔离。

完成栅电极制作工艺后，还需要完成放大器部分的制作以及连接结构到压焊点的工艺。其中的工艺步骤有源漏的形成、金属化、烧结以及表面钝化。所有的工艺完成后，还需要进行一步特殊的退火工艺——氮氢退火[4]。

2.2.1.3　可见光 CCD 探测器性能指标

(1) 量子效率

量子效率（Quantum Efficiency，QE）是指在某一特定波长下单位时间内进入光电二极管的光子数中产生信号的平均电荷数所占之比。QE 是描述探测器光电转换能力的一个重要参数，也是决定探测器响应度的重要参数。

$$QE = \frac{N_e}{N_{ph}} \tag{2-2}$$

其中，QE 为量子效率；N_e 为产生信号的电荷数；N_{ph} 为入射的光子数。

(2) 响应率

响应率是描述入射到探测器上的单位辐射功率所产生信号大小的性能参数。对于可见光探测器，如 CCD 和 CMOS 探测器的光敏元，一般是光电二极管，使用光谱响应率的概念。探测器对每单位单色辐射功率产生的输出开路信号电压或短路信号电流，是探测器的光谱响应率，也称为单色响应率 R_λ。

CCD 或 CMOS 探测器，把收集到的电荷转换成模拟电压或数字 DN 值输出，则对于整个探测器系统的光谱响应率为

$$R_{\lambda,\mathrm{Sensor}} = \frac{\mathrm{CCE} \cdot \mathrm{QE} \cdot A}{hc/\lambda} \tag{2-3}$$

其中，$R_{\lambda,\mathrm{Sensor}}$ 是探测器的光谱响应率，它有两种表示方法，一种是表示能量与输出电压的关系，单位为 $V/(\mu J/cm^2)$，另一种是表示能量与输出数字量的关系，单位为 $DN/(\mu J/cm^2)$；CCE 是电荷转换效率（Charge Conversion Efficiency），也有两种表示方式，针对不同的光谱响应率，一种表示收集到的电子转换成输出电压的能力，单

位为 $\mu V/e^{-}$，另一种表示收集到的电子转换成数字量的能力，单位为 DN/e^{-}（主要应用于 CMOS 探测器中）。

需要注意的是，对于 TDI 型探测器来说，由于多个像元共同参与电荷的累积，计算响应率时，需考虑级数 N 的影响。修正后的公式为

$$R_{\lambda,\mathrm{Sensor}}=\frac{\mathrm{CCE}\cdot\mathrm{QE}\cdot A\cdot N}{hc/\lambda} \tag{2-4}$$

（3）暗电流

由于探测器的光电二极管中除因光产生光电转换外，由于杂质、缺陷及其他一些原因，也会产生电子/空穴，这称为暗电流（Dark Current）。暗电流是影响探测器噪声的主要因素之一。由于暗电流而产生的探测器的信号输出，称之为暗信号（Dark Signal）。对于采用积分方式的像元来说，暗电流引起的噪声与积分时间成正比。当积分时间很长时，暗电流噪声可能成为影响图像质量的主要因素。在较暗的场景下，采用长的积分时间才能得到较好的图像。但暗电流电子数会随着积分时间的增长而变多，积分时间越长，暗信号占用像元中有限容量的比例就会越大。

暗电流随温度变化而变化，温度越高，暗电流越大。一般每升高 5～10 ℃，暗电流增加一倍。降低温度可以减小暗电流，但仅仅通过降低探测器温度不能完全消除暗电流对图像的影响，而且也不能完全通过双采样去除，从有效的图像信号中减去参考的暗电流信号是比较有效的方法。

（4）噪声

探测器噪声主要包括散粒噪声（包括入射光和暗电流两种来源散粒噪声）、$1/f$ 噪声、热噪声、复位噪声和像元不一致性噪声等。

①入射光散粒噪声

由于带电粒子具有量子性，当其发射或穿越势垒时，每个时刻的数量会有起伏，并不恒定，但量子数量的概率符合泊松分布。而这种量子数量的瞬时起伏便构成了噪声。因此称这种来源于散粒量

子性的噪声为散粒噪声。

由入射光子本身包含的噪声，称为入射光散粒噪声或光子噪声。这和探测器无关，是入射光信号所固有的外部噪声。如入射光信号为 S，就有符合泊松分布的统计起伏。信号 S 就是平均值 k，散粒噪声 N_S 就是均方根差 $k^{1/2}$。对于量子效率为 Q 的探测器，光生电荷产生的散粒噪声 N_S 则为

$$N_S = \sqrt{Q \cdot S} \tag{2-5}$$

式中，S 的单位是光子数，N_S 的单位为电子数。显然，光生电荷的信噪比比入射光子的信噪比差。散粒噪声是与频率无关的白噪声。

②暗电流散粒噪声

探测器即使完全不照光，也有输出信号。这种信号泛称为暗电流。暗电流和光电子一样具有颗粒性，因而也服从泊松分布，引起噪声 N_D。如暗电流电子数为 D，则有

$$N_D = \sqrt{D} \tag{2-6}$$

暗电流本身并不影响测量精度，在信号中减去即可。但暗电流的起伏，即暗电流散粒噪声，是无法与信号相区分的。天文观测系统观测的对象很暗，必须尽量减小暗电流的噪声。例如，选用性能良好的器件，用冷却和采用特殊的滤波电路等来减小暗电流。优良的天文探测器的暗电流散粒噪声一般都可低到忽略不计。

③ $1/f$ 噪声

$1/f$ 噪声也叫闪烁噪声，在放大器中产生，是一种低频噪声，其噪声功率与频率成反比。$1/f$ 噪声带宽主要集中在1kHz以下，远低于像元的读出频率。一般后续进行相关双采样，可以消除 $1/f$ 噪声。

④热噪声

热噪声（thermal noise）来源于电阻上的电子的热激发，即电阻中的载流子的随机运动在电阻两端产生的电压相对平均值的涨落，也称为约翰逊（Johnson）噪声。热噪声的功率谱密度为 $S_V(f)$，单位为 V^2/Hz

$$S_V(f) = 4kTR \tag{2-7}$$

其中，k 为玻耳兹曼常数；T 为探测器绝对温度；R 为探测器电阻。

⑤复位噪声

由于在检测浮置扩散电容上的电荷前，需要先通过复位开关把此电容复位到参考电平（复位电平）。因此，每次开启或关闭对电容的复位过程均会引起电容上电压的起伏，引入噪声，这就是复位噪声。这等效于一个 RC 电路，因而此噪声也是一种热噪声。通过对频率进行积分，可得到电容上的总均方噪声为

$$v_n{}^2 = \int_0^{\infty} 4kT \cdot \frac{R}{1 + (2\pi fRC)^2} \mathrm{d}f = \frac{kT}{C} \tag{2-8}$$

折合成噪声电子数，为

$$q_n^2 = (C \cdot v_n)^2 = kTC \tag{2-9}$$

因为此噪声与温度及电容大小相关，所以也叫 kTC 噪声。由于声也是低频噪声，采用相关双采样技术，基本上可以消除复位噪声。

⑥像元不一致性噪声

探测器的像元在均匀光照或全暗的情况下，由于各像元不可能完全一样，造成输出信号的不一致，其不一致的程度就是像元不一致性。而此种差异引入的噪声，即为像元不一致性噪声。因为这种不一致不是时域变化的噪声，只是在空间上的随机分布，也被称为空间不一致性。影响像元不一致性噪声大小的因素主要包括：探测器衬底材料的不均匀、像元尺寸不一样、电极交叠大小和厚度不同等。

像元不一致性噪声包含光响应不一致性（Photo Response NonUniformity，PRNU）噪声和固定图形噪声（Fixed Pattern Noise，FPN），后者也称为暗信号不一致性（Dark Signal NonUniformity，DSNU）噪声。光响应不一致性产生的像元不一致性噪声正比于曝光量（积分时间），而暗信号不一致性产生的像元不一致性噪声与曝光量无关。

（5）满阱容量

光电二极管工作在电荷累积的模式下，像元中的电荷信号在开

始累积之前先要被初始化或复位，然后再收集从光子转换出来的电荷。但是电荷的处理不是无限的，由于光电二极管的电容容量是有限的，这个累积的最大电荷量就是满阱容量，或者叫饱和电荷量

$$N_{\text{sat}}=\frac{1}{q}\int_{V_{\text{reset}}}^{V_{\max}} C_{\text{PD}}(V)\cdot \mathrm{d}V \tag{2-10}$$

其中，C_{PD} 是光电二极管的电容；q 是一个电子的电荷量。

（6）动态范围和信噪比

动态范围（Dynamic Range，DR）是指能获取到的最大信号与能探测到的最小信号之比。对于探测器来说，动态范围即器件的饱和输出信号（满阱容量）与噪声之比。此时的噪声可忽视暗电流引起的固定图形噪声，只限于不可消除的读出噪声

$$\mathrm{DR}=\frac{N_{\text{sat}}}{n_{\text{read}}}\quad \text{or}\quad \mathrm{DR}=20\lg\frac{N_{\text{sat}}}{n_{\text{read}}} \tag{2-11}$$

其中，N_{sat} 是满阱电子数；n_{read} 是读出噪声电子数。DR 有两种表示方法，一种是比值，一种是分贝（dB）。

信噪比（Signal - to - Noise Ratio，SNR）是指在一定的入射光照条件下，输入的信号与噪声之比

$$\mathrm{SNR}=\frac{N_{\text{sig}}}{n}\quad \text{or}\quad \mathrm{SNR}=20\lg\frac{N_{\text{sig}}}{n} \tag{2-12}$$

其中，N_{sig} 是光照产生的电子数；n 是探测器在此光照情况下的总噪声的电子数。

当探测器达到满阱容量时，这时光子的散粒噪声占统治地位

$$n\approx n_{\text{ph}}=\sqrt{N_{\text{sig}}} \tag{2-13}$$

此时信噪比达到探测器的最大值

$$\mathrm{SNR}=\sqrt{N_{\text{sig}}}\quad \text{or}\quad \mathrm{SNR}=20\lg\sqrt{N_{\text{sig}}} \tag{2-14}$$

2.2.1.4　前照与背照特点

光电探测器的专用工艺在不断进步，探测器主要的工艺方法包含前照（FSI）和背照（BSI）两种。前照工艺的构造与人眼相似，光从探测器芯片的正面入射，通过互连金属层，最后汇聚到光电探

测器中。这样的探测器布局导致互连金属层反射或者吸收部分入射光，减少了入射的光信号，降低了探测器的量子效率。由于光波长不变，像素不断缩小，前照工艺逐渐被背照工艺所取代。通常解决这个问题的方法是结合微透镜和光管技术，以引导金属互连层周围的光。通过这种方法，量子效率可以提高到80%，但在频谱覆盖方面几乎没有改善。

背照工艺拥有更高量子效率（QE）的潜在优势，但同时也带来了制造难度增加等问题。在背照工艺中，芯片上下表面翻转，光线从探测器芯片的背面入射。在探测器正面的器件和金属互连层制造完成后，芯片会翻转到背面朝上，并且对晶圆的背面进行研磨和蚀刻，直到光电探测器感光层接近探测器表面，得到的芯片非常薄，背照工艺可以将量子效率提高到90%以上。

2.2.1.5　可见光CCD阵列架构种类及应用

(1) 线阵CCD

线阵CCD探测器由一行MOS光敏单元和一行CCD移位寄存器构成，其结构决定了不能直接输出二维景物信息，只能输出一维景物信息，这就要求景物与线阵CCD之间具有相对运动，通过扫描获取二维信息。线阵CCD有两种结构形式，分为单沟道线型结构和双沟道线型结构。

①单沟道线型结构

单沟道线型结构的特点是光敏区与CCD移位寄存器之间通过转移控制栅相连，如图2-8所示。每个光敏元被沟阻分隔，掺杂多晶硅-二氧化硅-硅MOS电容器构成每个光敏元。每个光敏元的一端与移位寄存器一一对应，二者间设有转移控制栅。CCD移位寄存器为防止漏光，一般在上面覆盖铝层遮光，光敏区像元信号转移由光栅控制[5]。

线阵CCD工作需要施加驱动时序脉冲。在曝光期间，光栅施加高电平，各光敏元下面形成存储势阱。光生的多数载流子、电子-空穴对注入衬底，少数载流子被势阱收集，形成信号电荷包。积分期

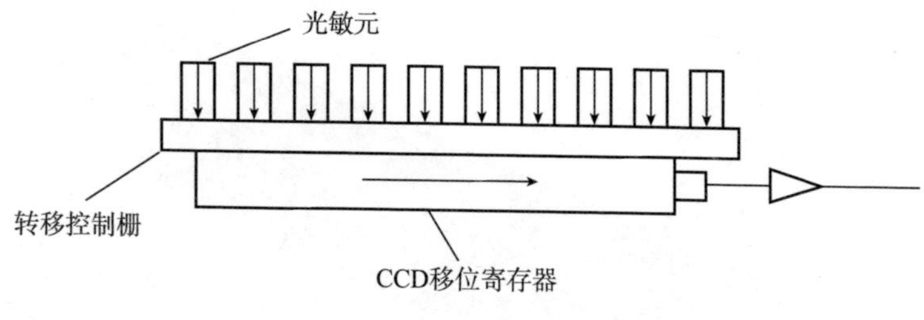

图 2-8　线阵 CCD 结构示意图

间结束时，光栅电平下降，各个转移控制栅提供高电平驱动，各光敏元的电荷包同时并行地向下转移到移位寄存器。时钟脉冲驱动下各个电荷包开始沿水平移位寄存器向输出放大器端转移，转移控制栅电平下降为低电平，光栅则随之上升呈高电平，光敏元开始进入下一个曝光周期[5]。

②双沟道线型结构

双沟道线型结构区别于单沟道线型结构的是，具有两行 CCD 移位寄存器，它们平行位于光敏区两侧。光敏区呈叉指状分布，通过沟阻将线阵感光单元分割成两组感光单元。在积分周期结束后，这两组光敏元中积累的信号电荷包分别进入上下两侧的水平移位寄存器，奇数元进入一侧水平移位寄存器，偶数元进入另外一侧水平移位寄存器。同样线列数的光敏元，双沟道线型 CCD 要比单沟道线型 CCD 的转移次数减少一半，总转移效率大大提高[5]。

线阵 CCD 具有结构简单、分辨率高、成本低、输出视频信号处理简单等优势。线阵 CCD 拼接技术已经成熟，通常使用扫描机构获取二维图像。线阵 CCD 主要应用于空间遥感、工业检测、文字与图像识别等领域。

③线阵实例

下面以国产的线阵 CCD 探测器 GL2110-01 为例，说明线阵 CCD 的结构和指标参数，如图 2-9、图 2-10 所示。

GL2110-01 探测器是一款高动态范围、多谱段的线阵 CCD，其具体指标参数见表 2-1。

图 2-9 GL2110-01 线阵 CCD 实物图

表 2-1 GL2110-01 线阵 CCD 主要指标参数

参数	典型值
像元数量	12 000
像元尺寸	6.5 μm (H)×6.5 μm(V)
像元间距	6.5 μm
饱和电子数	≥500 ke⁻
动态范围	80 dB
响应度	5 V/(μJ/cm²)
读出噪声	0.3 mV(均方根值)
暗信号	0.25 mV/ms
电荷转移效率	≥0.999 98
光响应不一致性	≤8%(峰峰值)
非线性	≤1%
最大读出频率	≥10 MHz/通道

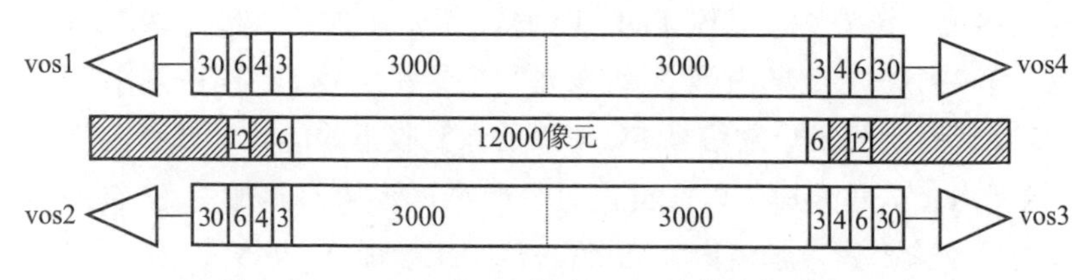

图 2-10　GL2110-01 线阵 CCD 总体结构示意图

（2）TDI-CCD

TDI-CCD（Time Delayed and Integration CCD）是时间延迟积分型 CCD，普通线阵 CCD 在光线不充足或曝光时间受限制的情况下，扫描获得的图像信噪比较低。为了提高线阵扫描图像的信噪比并获得较佳的像质，在线阵 CCD 与时间延迟积分技术融合的基础上发展出了 TDI-CCD 光电探测器，图 2-11 为 TDI-CCD 组成框图。TDI-CCD 的结构介于面阵和线阵之间，从像元阵列形式上说，它类似于一个面阵 CCD，阵列行数是一行的像元数，阵列列数为延迟积分的级数；从成像模式角度上说，它类似于线阵 CCD，需要成像景物与探测器之间有相对运动。

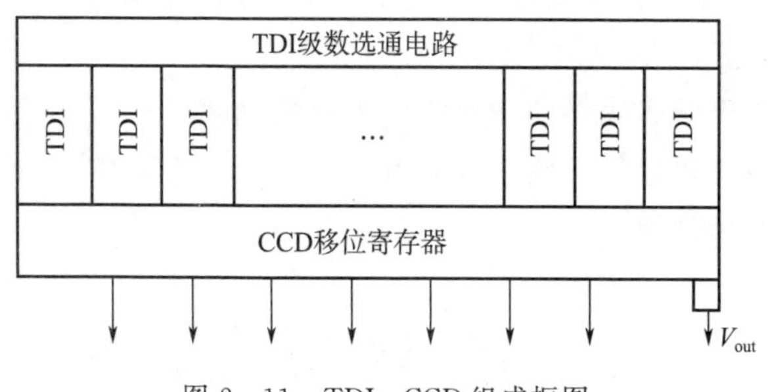

图 2-11　TDI-CCD 组成框图

具体来说，TDI-CCD 与普通线阵 CCD 的工作原理是不相同的，TDI-CCD 的行扫速率与成像目标的运动速率严格匹配，否则会出现图像变形、模糊等现象，图像不能正确显示目标信息。其原因是 TDI-CCD 通过延迟积分的方法，对同一目标进行多次曝光，大大增加了对同一目标的光能收集，如果多次曝光的目标有像移，则会出现图像模糊。具体 TDI－CCD 工作原理如下：以 N 级 TDI 为例，第一个积分周期内第 N 级像元收集景物信号 F，同一列第 $N-1$ 级像元再次收集景物信号 F，N 级的像元收集的信号 F 转移到 $N-1$ 像元内，信号叠加，以此类推，最后第 1 级像元累加总 N 级的信号能量，输出信号幅值增大 N 倍，信噪比增加 $N^{1/2}$ 倍。

TDI－CCD 相比线阵 CCD 具有较大的优势：

1）相比线阵 CCD，具有动态范围大、响应度高等优点；线阵 CCD 在光线较暗的场所输出图像信噪比低，但 TDI－CCD 即使在昏暗条件下，也能输出一定信噪比的信号。

2）通过 TDI 级数，灵活改变曝光时间，适应不同场景。低级数模式应用在光照条件好的场合，如白天，高级数模式应用在光照条件差的场合，如黎明、黄昏。

3）在遥感领域应用中，地面景物的光强一定，增加 TDI 级数等效于增大曝光时间，降低光学系统的设计难度，减小相对孔径，从而可减小遥感相机的体积和重量。

4）增加 TDI 选通级数，弥补高扫描速度带来的能量不足。

5）采用推扫方式成像，可在很大程度上减小像移的影响，如图 2－12 所示。

基于以上所述优势，在航空航天对地观测、军事侦察、工业高速检测、微光成像等领域，可采用 TDI－CCD 作为核心器件实现图像获取和目标识别。

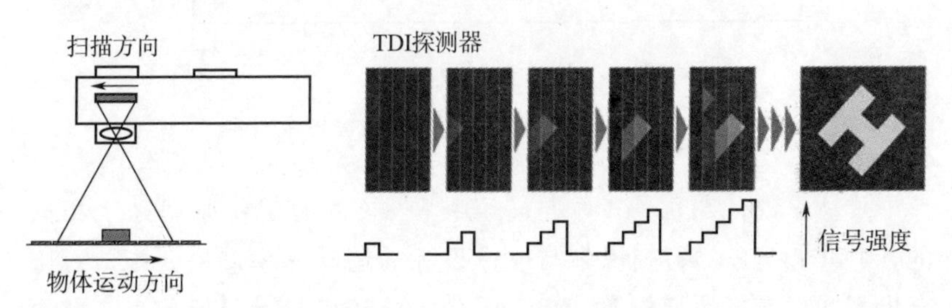

图 2－12　TDI－CCD 推扫成像示意图

TDI－CCD 的缺点就是制作工艺难度大，驱动脉冲复杂。

以国产 GL2170K 为例，对 TDI－CCD 进行举例说明，如图 2－13 所示。GL2170K 是一款用于航天遥感的高性能 TDI－CCD，它将四个 TDI－CCD 集成在同一芯片上，采用滤光片光窗进行分光，实现多光谱探测。器件具有抗弥散、高动态范围等特点，采用埋沟、P 阱＋溢出漏、抗辐照等技术来提高器件转移效率、抗弥散、抗辐照能力等技术指标。

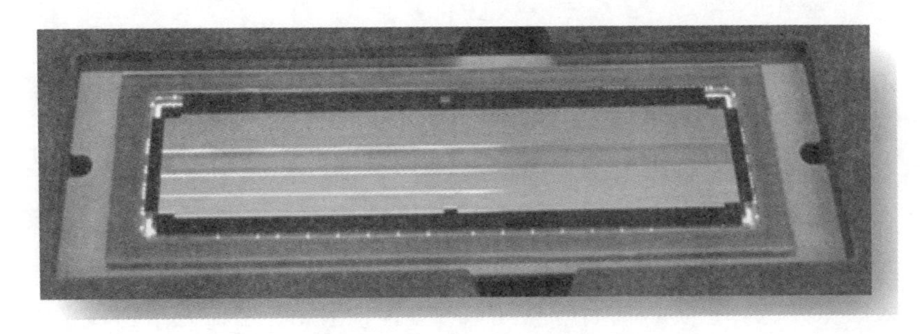

图 2－13　GL2170K 实物图

GL2170K 具有 4 个多光谱谱段 B1～B4，单向扫描 TDI，抽头输出可选择，通过隔离行和隔离列减小杂光对有效像元干扰，具有横向抗弥散能力，抗辐照总剂量能力大于 30 krad（Si），采用 PGA 陶瓷封装，部分指标如表 2－2 所示。

表 2－2　GL2170K 参数指标

参数名称	最大值/最小值	单位	参数指标
工作谱段数	—	—	4 个多光谱谱段
像元数量	—	—	多色谱段(3 072)
像元尺寸	—	μm×μm	28×28
TDI 方向	—	—	单向
横向抗弥散	最小值	—	100×
像元填充系数	—	%	90
像元势阱能力	最小值	ke^-	500

续表

参数名称	最大值/最小值	单位	参数指标
动态范围	最小值	—	6 000∶1
暗电流	最大值	nA/cm^2	2
水平电荷转换效率	最小值	—	0.999 99
垂直电荷转换效率	最小值	—	0.999 97
暗信号不一致性	最大值	%	5
输出非线性	最大值	%	3
固定图像噪声	最大值	e^-	100
光响应非一致性	最大值	%	5
抗辐照总剂量	最小值	krad(Si)	30

像元数包括暗像元、过渡像元、隔离像元和有效像元。有效像元数就是器件进行光电探测、光电转换的光敏面内所包含的实际有效的像元数，该器件的有效像元数为 3 072 像元。暗像元结构跟光敏区像元的结构完全一样，位于有效光敏区的两边，暗像元用金属铝挡光。器件像元尺寸的选择主要考虑系统动态范围、响应灵敏度、空间分辨率等要求，该器件的像元尺寸选为 28 μm×28 μm。

隔离行为有效光敏像元与水平移位寄存器之间的像元行数，采用金属铝进行光屏蔽，该器件的隔离行数为 2 行。隔离列为有效光敏像元与暗像元之间的像元列数，该器件的隔离列数为 6 列（分左右两边各为 6 列），设计隔离行和隔离列主要是为保证有效像元响应的一致性。

采用横向抗弥散结构，即在像元之间（水平方向）设计抗弥散势垒和溢出漏结构，当像元光生信号电荷接近饱和时，存在一个将溢出电荷优先抽走的通道，达到抗弥散的目的，该器件的抗弥散能力大于 100 倍。

器件驱动时序波形如图 2 - 14 所示。

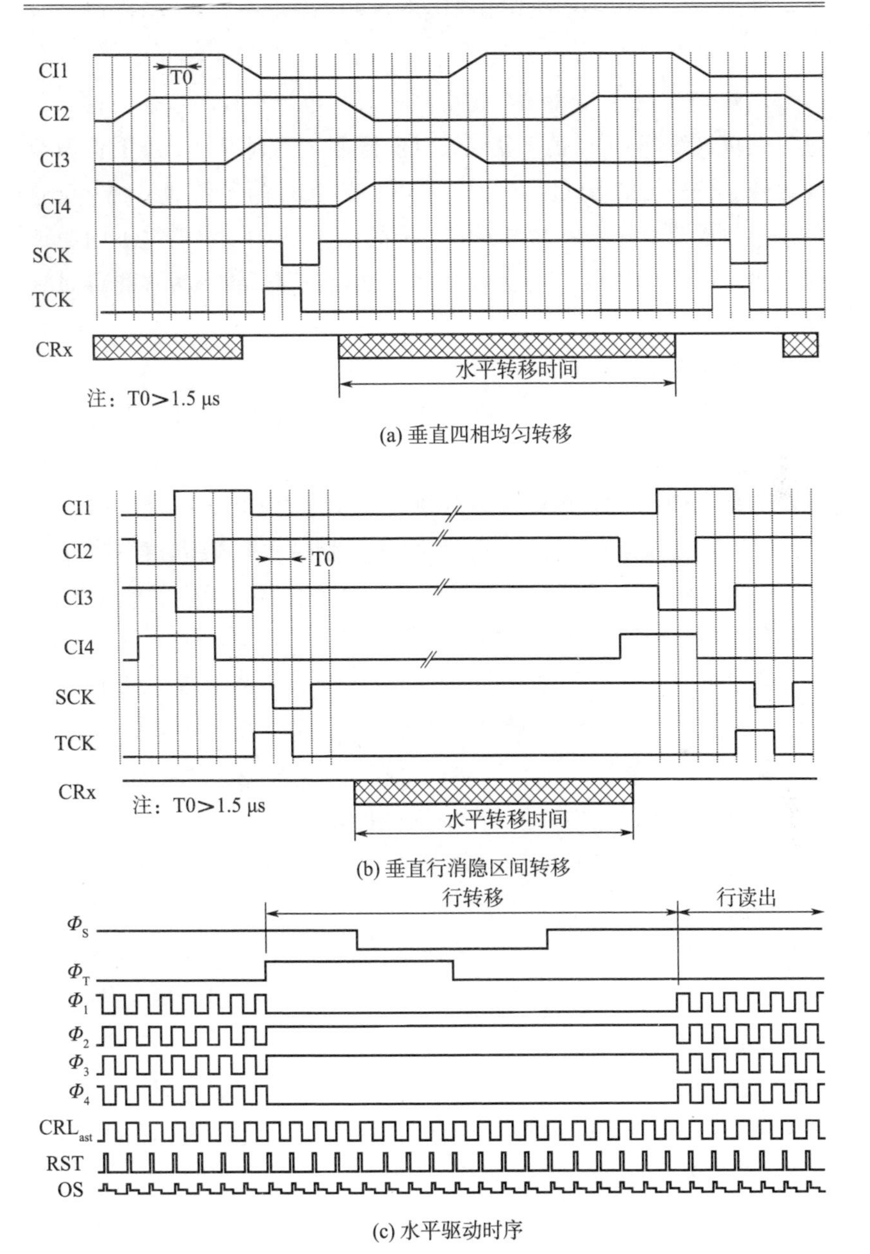

(a) 垂直四相均匀转移

(b) 垂直行消隐区间转移

(c) 水平驱动时序

图 2-14　器件驱动时序波形

(3) 面阵 CCD

面阵 CCD 主要应用于广播电视、可视电话、视频监控、信息测量等领域。线阵 CCD 由于受到维度的限制，不利于对二维图像做凝视成像。按一定的方式将多行一维单线阵 CCD 的光敏单元加上存储单元排列成二维阵列，就构成了二维的面阵 CCD[5]。根据不同的排列方式，面阵 CCD 可以分为帧转移、全帧转移、线形转移和行间转移等方式。

①帧转移

帧转移（Frame Transfer）是最早研究出来的 CCD 探测器，主要是为了摄像机的应用而开发的，整体结构相对简单。图 2 - 15 为帧转移面阵 CCD 器件的结构示意图，它分为成像区、存储区和水平移位寄存器三部分。成像区由多个列向电荷耦合沟道并行排列组成，使用沟阻将各沟道隔开，转移电极横向覆盖在各沟道上。成像区实现对景物的曝光，进行光电转换，得到电子。存储区用于将从成像区转移过来的电子进行临时存储，方便后续水平移位寄存器把信号读出。存储区与成像区结构和单元数一致，但使用不透明的金属加以覆盖，使其不能曝光。水平移位寄存器与存储区一样，也被金属覆盖。采用帧转移的方式能够在不使用快门的情况下，实现连续曝光和读出，提高了相机的工作效率，可实现快速拍照。

被摄景物发出或反射的光线首先经过光学系统照射到成像区的光敏元上，通过光电效应产生出电子，而光生电荷将被收集到施加适当偏压的电极下产生的势阱里，这样就将被摄景物的图像转化为光敏元电极下的电荷包图像。在一个积分周期结束时，通过在电极上施加适当的垂直驱动脉冲，能够把整个一帧图像的电荷从成像区全都转移到存储区中相对应的各个存储单元里，这个过程称之为帧转移。

帧转移完成以后，存储区内的电荷，在垂直驱动脉冲的控制下，逐行转移到读出移位寄存器。然后电荷在水平驱动脉冲作用下沿着水平方向一个一个地移动到输出节点，最后经输出电路输出。在第

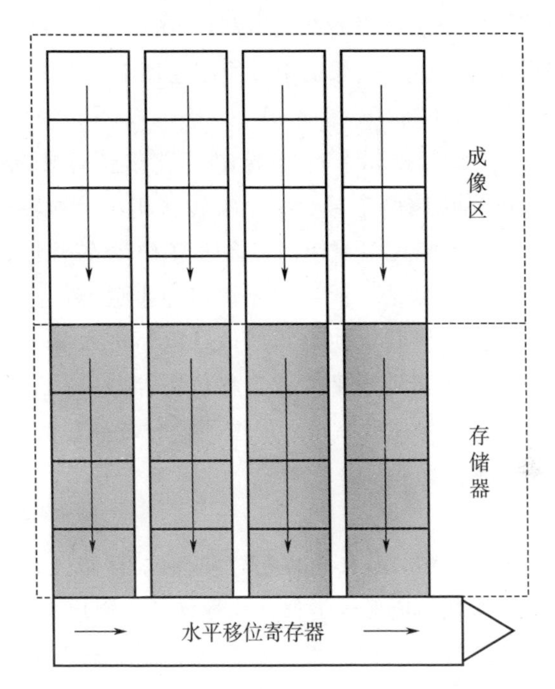

图2-15 帧转移面阵CCD结构示意图

一帧图像信号读出的同时，成像区中则开始收集第二帧图像信号。当第一帧全部读出时，第二帧的图像信息随之传送到存储区寄存器，如此反复，不断读出。帧转移面阵CCD结构简单，但由于需要存储区，光敏单元的尺寸较小，导致光敏区面积与总面积之比较小。

从成像区转移到存储区需移动相应的行数，即总行数之半。每一组驱动脉冲只能移一行，所以，需要许多脉冲来完成这一转移。在移动过程中，成像区仍在进行曝光，因此会造成一些模糊。由于转移中的信号电荷会夹杂多余的光电转换信号，特别是被强光照射的部分会产生白线噪声。这是帧转移读出的缺点。帧转移的过程必须相对于曝光时间非常短，这种模糊和噪声才可忽略不计。另一方面，曝光时间也不能太短，至少要等存储区的像元读完，才能进行下一帧图像的转移。

帧转移读出的缺点是不能有效地利用CCD芯片的全部面积，但可以省去快门。许多电视摄像机中常使用这种工作方式。

②全帧转移

全帧转移（Full Frame）是把光敏元与存储器放在同一区域，但分成感光和遮光存储两个部分。全帧转移相对于帧转移来说，省略了存储区，但需要搭配机械快门，在垂直CCD转移停止的间隙进行曝光。在光敏元积分结束时，关闭快门停止曝光，然后控制转移栅，进行垂直方向的转移，使得图像信息电荷进入遮光存储区。然后，电荷逐行向下转移到水平的读出移位寄存器中，最后一个一个地输出。这种结构相对比较简单，但图像信号转移的区域必须遮光，而相应地减小了感光面积。

③线形转移

为了增大感光面积，线形转移CCD取消了存储区，增加一条寻址电路。与帧转移型的成像区类似，线形转移CCD的光敏单元一行紧挨一行。但它没有水平移位寄存器，只有一个输出寄存器。线形转移方式具有有效光敏面积大、转移速度快、转移效率高的优点，但是电路结构复杂。

④行间转移

行间转移（Interline Transfer）面阵CCD，又称隔行转移型面阵CCD，是摄影机或者数字照相机最常使用的转移方式。相对全帧转移和帧转移而言，在画质、大小和实用性等方面，行间转移是最均衡、最标准的方式。

行间转移CCD的像元由光电二极管与垂直读出寄存器构成，光电二极管同时负责光电转换和信号存储，垂直读出寄存器负责列向转移信号电荷。像元中的光电二极管排列成二维阵列，每列光电二极管和被遮光的垂直读出寄存器之间用沟阻隔开，光电二极管中的电荷可以通过转移栅控制转移到读出寄存器。每一个光敏单元对应着两种遮光的读出寄存器单元。垂直读出寄存器与另一侧的光电二极管也被沟阻隔开，防止别的光电二极管的电荷混入当前信号。当信号电荷到达垂直读出寄存器后，图像信号电荷又会逐行转移到水平读出寄存器，最终转换成电压信号进行输出。

因行间转移方式像元不需要存储信号电荷，所以有更大的面积留给感光区域，整体 CCD 面积便缩小了。行间转移同样存在漏光现象，但是由于它不需要存储区，可以达到小型化的目标，因此也能够抑制部分漏光。

⑤面阵 CCD 应用实例

风云四号卫星是我国第二代静止轨道气象卫星，闪电成像仪是此卫星的主要有效载荷之一，卫星运行于地球静止轨道，能够实现实时监测，对强对流天气和闪电进行观察及预报，为全球气候变化和大气循环研究提供必要的科学依据。闪电成像仪中采用的可见光探测器即是一种高帧频的面阵 CCD 探测器。

GM2232M 高帧频 CCD 探测器是一款国产的面阵 CCD 探测器，如图 2－16 所示，此探测器为分裂帧转移结构，应用于对高速目标成像，其主要技术指标见表 2－3。

图 2－16　高帧频 CCD 实物图

表 2-3　GM2232M 探测器主要技术指标

参数	指标
光敏区像元数	408(H)×304(V)分裂成 8 个区域
输出抽头	8
光敏区像元尺寸	26 μm×26 μm
存贮区像元数	408(H)×304(V)
水平区位数	408(H)
帧率	≥500 帧/s
满阱电子数	≥420 ke^-
动态范围	≥4 200∶1
暗电流	≤0.2 nA/cm^2
转移效率	≥0.999 95
量子效率	≥0.32
抽头最大读出频率	≥15 MHz
光响应波长范围	400～1 100 nm
响应灵敏度	4×10^{-8} W/cm^2
平均传递函数	0.5
响应非线性	≤3%
光响应非均匀性	≤2%
抽头间非均匀性	≤5%

CCD 驱动时序如图 2-17～图 2-19 所示。

（4）特殊 CCD

①EBCCD

EBCCD 称为电子轰击式电荷耦合器件，是在传统的增强型电荷耦合器件（Intensified Charger Coupled Device，ICCD）结构基础上，用背照减薄式 CCD 取代 ICCD 中的荧光屏，同时去除 ICCD 中的微通道板（MCP）和光学耦合器件制得的一种 CCD 器件，如图 2-20 所示。EBCCD 减少了 ICCD 中的图像传输环节，形成了从光

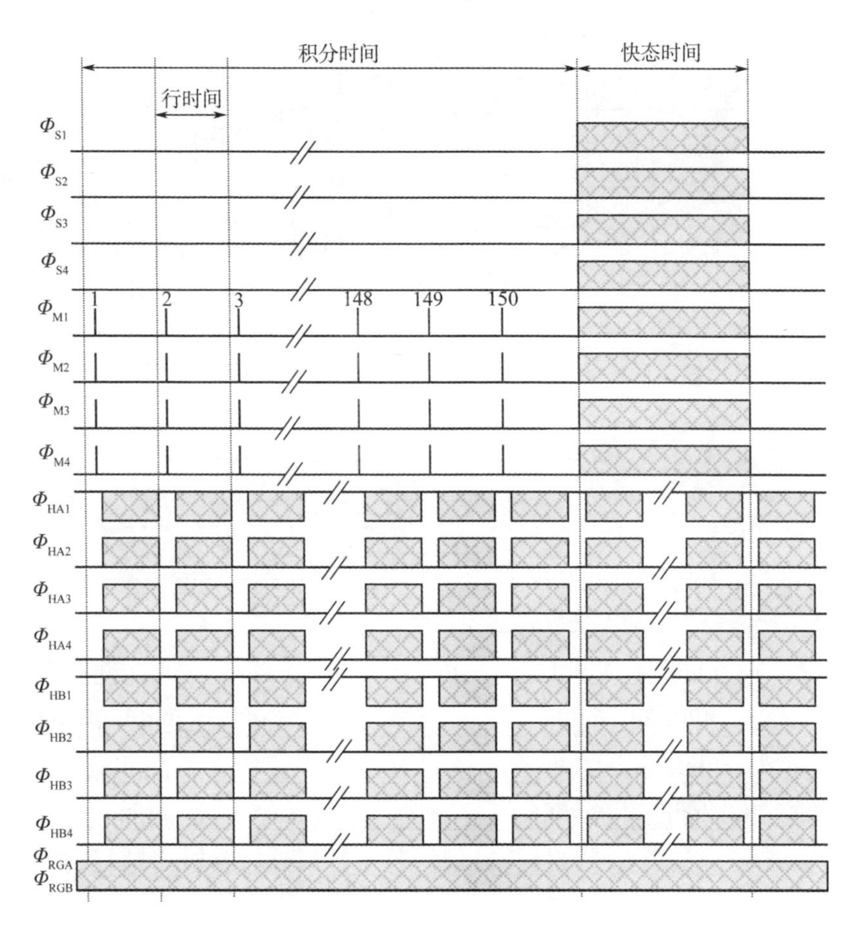

图 2－17　帧转移时序图

子到光生电子，再到倍增电子的转换环节。其工作模式的基本原理是入射光子照射光阴极转换为光电子，光电子被加速（约 10～15 kV）并聚焦成像在 CCD 芯片上。当光生电子轰击在减薄式 CCD 的背面时，在 CCD 光敏元中产生电子-空穴对，形成倍增电子。当积分结束时，信号电荷被转移到寄存器输出。由于电子轰击半导体的噪声要远远低于 MCP 倍增的噪声，因此它能提供几乎无噪声的增益。EBCCD 的优点是增益高、空间分辨力高、噪声低，是一种高灵

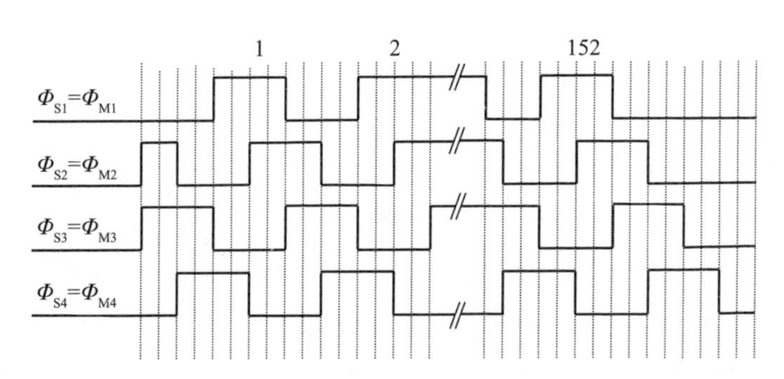

图 2-18　快态转移时序图

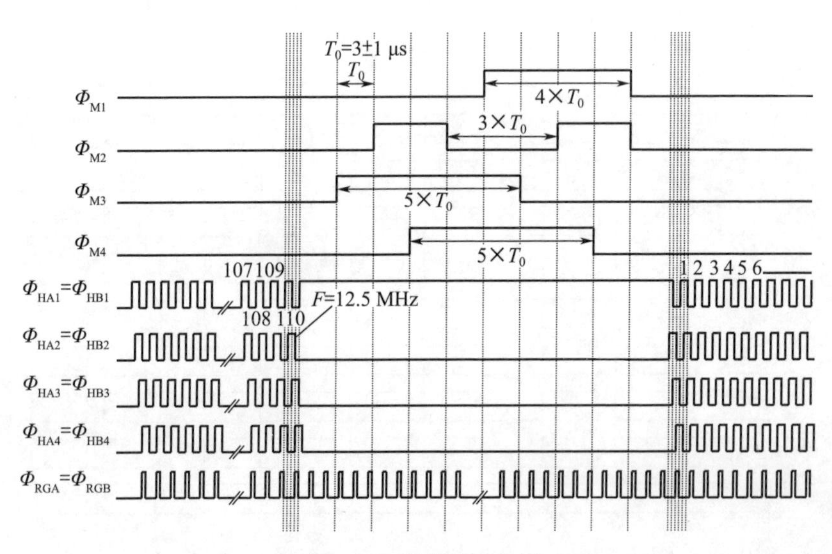

图 2-19　行转移时序图

敏度的微光成像器件，在景物照度为 $10^{-4}\sim10^{-5}$ lx 的环境下仍然可以正常工作，理论上甚至可以探测到单个光子，但是制作工艺复杂。

EBCCD 制作工艺：EBCCD 像管的制作是通过一个真空法兰用激光焊接的方式，将背照减薄式 CCD 及其封装体与像管主体相连接，然后再进行光电阴极的制作并对像管进行抽空、烘烤及退火处理。EBCCD 像管的管体抽空、烘烤及退火处理的温度不能高于 320 ℃，而这正是该工艺的难点之一。具体分为 6 步进行制作：

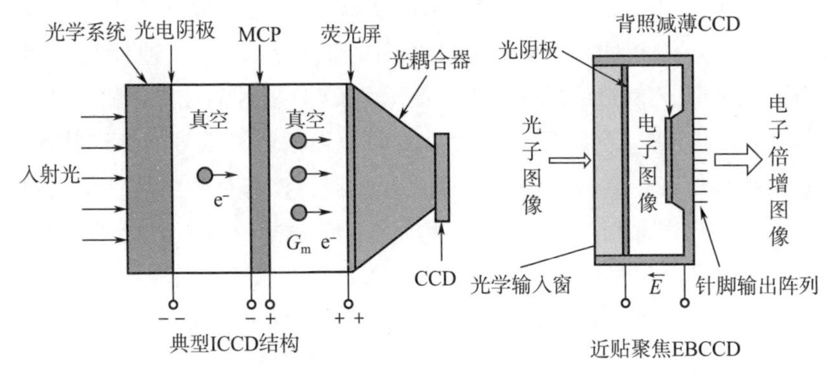

图 2-20　ICCD 和 EBCCD 结构图

1）制作初始的（未减薄）CCD；2）测试基片；3）切成薄片；4）基底减薄；5）背面处理；6）最终测试。其中，CCD 的减薄和背面处理是较为关键的两项工艺[6]。

通过减薄和对 CCD 背面进行钝化处理，可减小光生少子（需收集的电信号）与光生多子复合的几率以提高电荷的收集率，从而提高量子效率。采用减薄工艺制作的背照式 CCD，甚至可以获得 90% 的量子效率，且光谱响应延伸到紫外及软 X 射线区域。如在背照减薄式 CCD 的背面，即单晶硅层的一面，镀有适当的紫外增透膜，其在 200 nm 附近的量子效率可达 50%。

EBCCD 的不足是工作寿命短。CCD 在高速电子轰击下会产生辐射损伤，辐射损伤使器件的漏电流和暗电流增加，噪声增加，动态范围减小；另一方面电荷转移效率下降，图像会产生一定的混叠，整个图像质量下降。长时间的辐射后，会严重影响 CCD 的寿命。采用背照方式，损伤会有一定改善，但需要增加相关的工艺步骤，成品率较低。

②EMCCD

采用低温或其他有效减小暗电流的技术，使得探测器的灵敏度受暗电流影响变得越来越小，而电荷检测放大器的噪声则变成最大影响因素。使用电子倍增电荷耦合器件（Electronic Multiplying

Charge Coupled Device，EMCCD）能够减小电荷检测放大器的噪声。同时，EMCCD 还能避免 ICCD 的缺点。它是一种使用标准 CCD 生产工艺制造的成像器件，继承了 CCD 器件的优点，而灵敏度与 ICCD 相近。EMCCD 是一种全新的增强微弱光信号的探测技术，它是在移位寄存器的后面加了增益寄存器。该寄存器放置在读出放大器之前，因此信号在倍增之后，读出放大器的噪声才会被叠加，减小了噪声对信号的影响，因此 EMCCD 具有很高的信噪比。

与传统的帧转移 CCD 结构一样，EMCCD 也有成像区、存储区和读出寄存器，所不同的是，在读出寄存器和输出放大器间多出了一串增益寄存器结构，如图 2-21 所示。

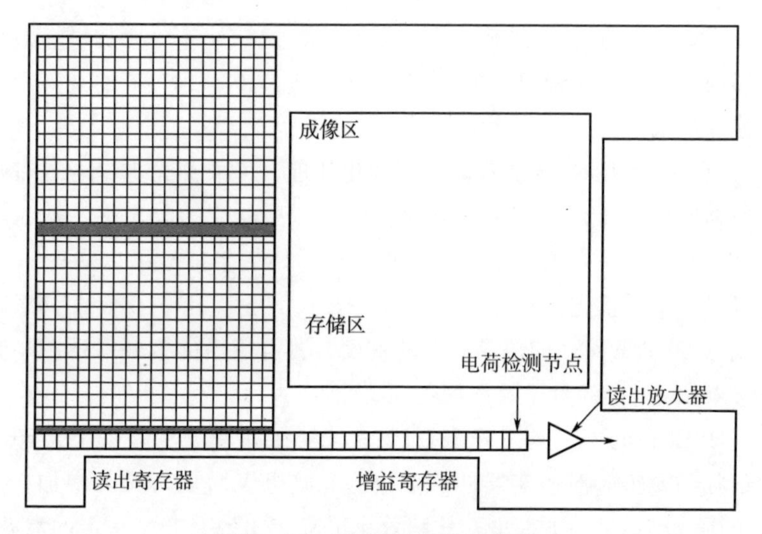

图 2-21　EMCCD 结构示意图

增益寄存器具体的转移过程如图 2-22 所示，与一般的三相转移电极不同，增加了一个电极 Φ_{dc}，施加一个小的直流电压偏置（约 2 V），同时电极 Φ_2 上的电压约 40～50 V，比用于转移电荷的正常电压（约 10 V）高很多。此时，电极 Φ_2 和 Φ_{dc} 之间巨大的电压差产生很大的电场，使电子在转移过程发生“撞击离子化效应”，产生出大量新的电子，这就是倍增或增益过程。为了使 EMCCD 的操作与标准行同步，要求增益寄存器中的倍增单元的数量是输出寄存器单元数量的整倍数。

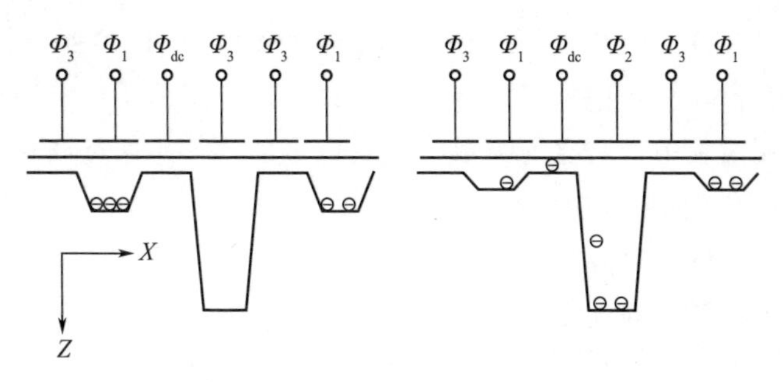

图 2-22 一个倍增单元的电荷转移

在图 2-22 中，除了电子外，空穴也会参与倍增过程。在 N 沟道器件中，空穴受到 X 轴和 Z 轴两个方向电场的作用。沿 X 轴方向的电场将使空穴向势垒方向运动，而沿 Z 轴方向的电场将使空穴朝衬底运动。如果 X 轴方向的电场强度比 Z 轴方向的电场强度大，空穴在高电场区域的停留时间会变长，从而可以再次参与到下一次电离。但由于电子的电离率比空穴强 5 到 10 倍，可以简化此过程，一般认为倍增过程只由电子引起[7]。

由于 EMCCD 采用类似帧转移 CCD 的结构，其工作模式亦分为 5 个步骤[7]：

1）光子在成像区转化成电荷；

2）电荷从成像区转移到存储区；

3）电荷从存储区转移到读出寄存器；

4）电荷从读出寄存器转移到倍增寄存器，并在其中进行电子倍增；

5）倍增后的电荷经过低噪声读出放大器后，转换成电压并输出。

上述 5 个步骤，前 4 步与传统 CCD 相同。在第 4）步中，由于倍增寄存器上的高电压，使电子在其中碰撞电离产生大量新的电子。通过多次操作，可以实现信号电子的倍增。虽然每次的倍增率 g 只有 0.01 左右，但经过大量增益寄存器的转移后，由于前级倍增出的新电子又会参与到下一次倍增，总增益会变得非常可观。如 $n=600$ 时，通过公式 $G=(1+g)^n$ 计算得 $G=392$。其中倍增率 g 是随机的，每次都不一样，但其值在一定范围内，约为 0.01～0.015。通过控制倍增寄存器发生碰撞电离的级数，可以控制电子倍增的总增益。在实际应用过程中，增益的级数一般是固定的，只能通过调整倍增时序 Φ_2 电压幅值来控制增益。

通过倍增寄存器后，信号的电荷已经比原先大出几十到几百倍，因此放大器附加的读出噪声可以忽略不计。如果采用冷却的方法使器件的暗电流控制得很小，可完全实现单光子计数，达到观测的光子极限，这是 EMCCD 的主要优点。但是，从另一方面考虑，高倍增益使器件的动态范围大为减小，使用时必须适当地调节倍增增益，使信号倍增后远大于读出噪声，却又有足够的动态范围，一般增益为几十即够了。实际情况下很难理想地兼顾两者。为了适应暗目标和大动态范围的不同要求，已有产品将水平寄存器设计成两路，一路为常见的形式，另一路在倍增水平寄存器通道中设开关切换，根据需要选择。

由于 EMCCD 的水平寄存器设计成两路，可以在正常模式和倍增模式之间切换，因此能够在白天成像，更可以在微弱的太阳光或月光下，如黄昏或夜间获得可见光图像，从而大大延长了器件可以成像的时间。

EMCCD 不仅能够在月光、星光和大气辉光等微弱的夜间可见光条件下进行观测，还能在其他低照度条件，如低云和大雾等情况下进行监测，因此在微光探测领域具有独特的优势。晨昏轨道微光相机工作于太阳同步近极地轨道，其轨道降交点为地方时间 6：00 左右，其能够在夜间和晨昏等低照度条件下获得可见光图像。太阳同步近极地轨道具有重访周期短、覆盖范围宽等优点，微光相机在此轨道上可长时段工作；此外微光立体相机还可以构造出云的三维模型，可以应用于天气预报和气象分析等方面，因此微光成像技术现已成为航天领域一个重要的研究方向[8,9]。

Teledyne e2v 公司的 CCD97－00（如图 2－23 所示）是一款帧转移 EMCCD，背照工艺保证高量子效率，面阵规模为 512×512，像元尺寸为 16 μm×16 μm。光电转换后的电荷，在转换为电压信号前，可以通过大信号输出放大器（OSL）或高响应度输出放大器（OSH），增益从 1×到 1 000×可调。

图 2－23　CCD97－00 实物图

CCD97－00 的量子效率图如图 2－24 所示，峰值量子效率超过了 90%。

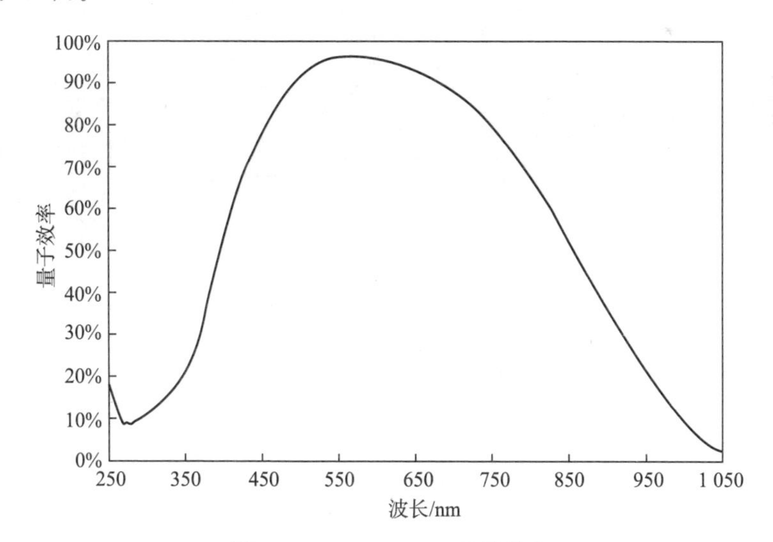

图 2－24　CCD97－00 量子效率

CCD97-00 的架构如图 2-25 所示，主要包括暗像元区、有效像元区、存储区、输出寄存器、输出倍增寄存器。暗像元区分布在有效像元区的顶部和底部，分别有 8 行，有效像元区包括 512×512，536 个输出寄存器，536 个输出倍增寄存器。

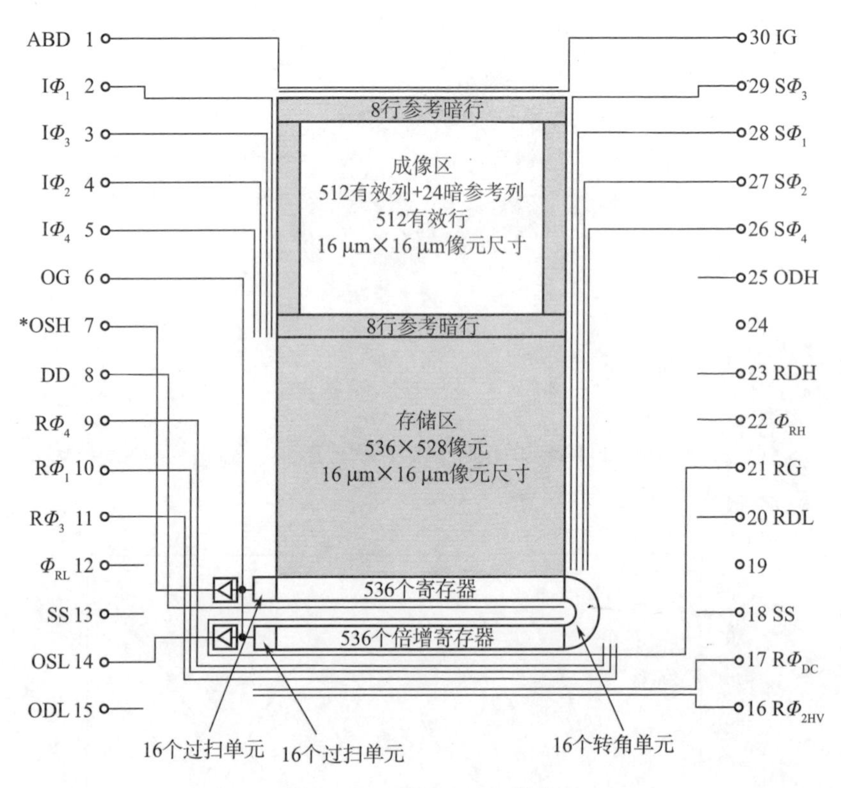

图 2-25 CCD97-00 架构

2.2.2 可见光 CMOS 探测器

2.2.2.1 可见光 CMOS 探测器工作原理

随着 CMOS 工艺技术和探测器设计技术的提高，CMOS 探测器成像质量已经超过 CCD 探测器。再加上 CMOS 探测器功耗低、集成度高、读出速度快等优势，固态探测器的研究已经从 CCD 转移到

CMOS 探测器上，CMOS 探测器已经成为目前研究的热点课题。

CMOS 探测器主要包括光敏单元、时序驱动电路、读出电路等部分，其中光敏单元为光电二极管，进行光电转换，读出电路主要包括增益放大器、模数转换器、多路开关和高速数据传输接口，时序驱动模块主要包括行选通逻辑和列选通逻辑，由行选通逻辑选择一行像元输出，经过读出电路后，列选通逻辑选择某些列的图像数据经数传接口输出。控制器用于配置行选逻辑、放大器增益、列选逻辑控制寄存器，控制探测器的工作状态。控制数据由外部通过串口模块输入，并存储在控制数据存储中，探测器的基本架构如图 2-26 所示。

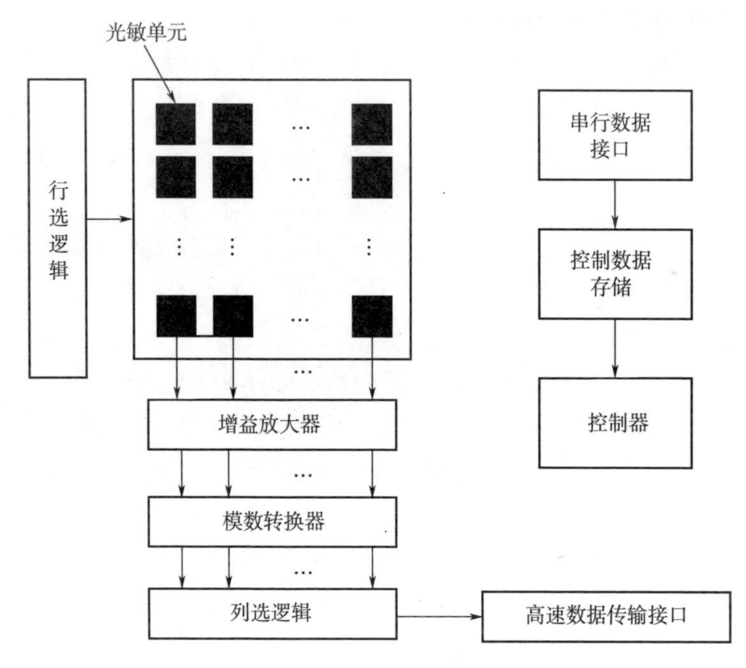

图 2-26　CMOS 探测器的基本架构

2.2.2.2　可见光 CMOS 探测器工艺特点

CMOS 工艺线的器件制造流程主要分为 5 个阶段，即提炼高纯材料、单晶硅生长和晶圆切割、芯片制造、芯片切割和封装、芯片测试。

第一阶段，进行 CMOS 工艺制造的第一步就是提炼高纯度材料，高纯硅采用晶砂提纯而成。

第二阶段，高纯度材料需要形成带有特殊电子和结构参数的晶体，经过磨光、切割形成薄的晶圆片。

第三阶段，芯片制造即在晶圆上生长器件，制造探测器。这一阶段不同的器件类型所需的制造工艺不同，一般 CMOS 电路制造中需进行的工艺包括硅氧化物生长、氮氧化物生长、刻蚀、离子注入、退火、去光阻、金属沉淀、回火等，根据芯片尺寸可以在每个晶圆上形成一个或多个同样的器件。

第四阶段，探测器在正片晶圆上制造，将测试好的晶圆经过切割形成一个个独立的裸片管芯，通过减薄、贴膜切割、贴片、焊线、粘贴滤光片、打标等一系列工艺将裸片封装在管壳内，形成独立的产品。

第五阶段，芯片测试一般包括两部分，一部分是对封装前的裸片进行测试，一部分是对封装后的器件进行测试，主要对芯片功能的正确性进行测试。

区别于 CCD 探测器，CMOS 探测器是基于 CMOS 制造工艺的探测器，它具有电路制造工艺成熟、集成度高、电压低的优点，便于将探测器光敏单元和后端读出电路集成于一片芯片内，同时可以将存储、图像处理等外围电路集成在一起。

一般晶圆制造分为两个主要部分，前端工艺线（FEOL）和后端工艺线（BEOL）。前端工艺线是晶体管和其他器件在晶圆表面形成；后端工艺线是指用金属线把器件连在一起并加一层保护层。与通用 CMOS 工艺相比，CMOS 探测器制造工艺中需要进行一些特殊的工艺调整，比如调整离子注入的浓度、剂量、方向等。

有源像元的结构如图 2－27 所示，图 2－28 为像元工艺流程图。

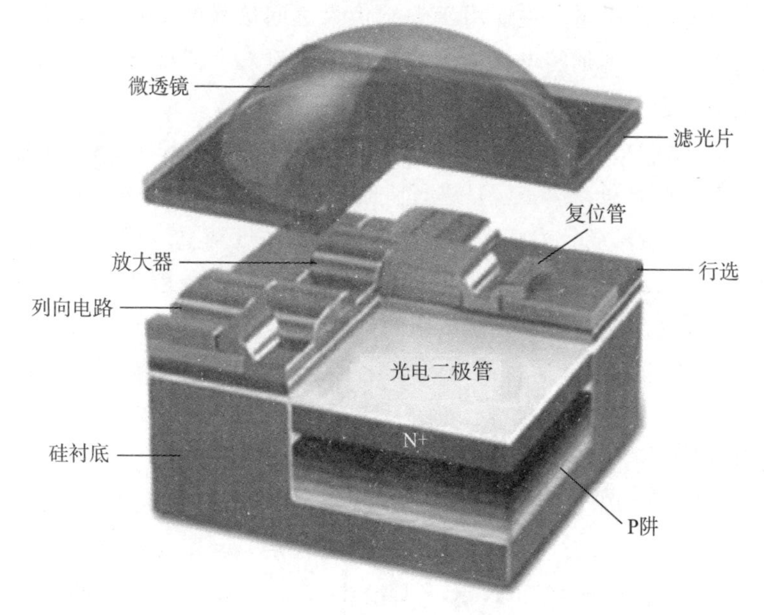

图 2-27　有源像元结构剖面图

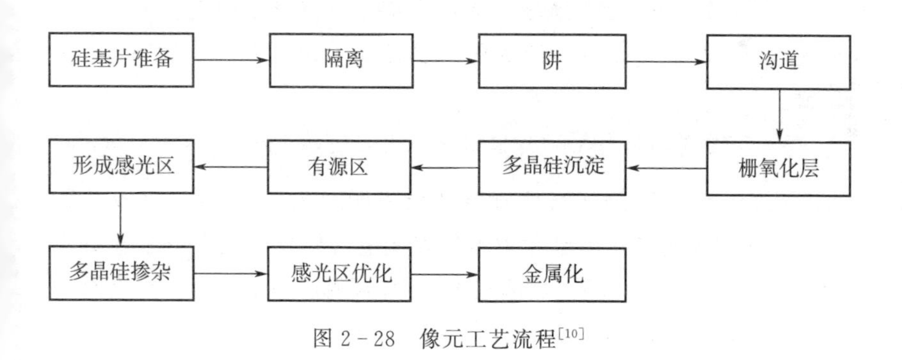

图 2-28　像元工艺流程[10]

像元工艺分解为：

1）硅基片是由晶体生长而成，首先要进行衬底掺杂，确定晶圆衬底类型，并在上面进行同类型的外延层生长，掺杂浓度一般比衬底掺杂浓度低。

2）第二步是进行隔离，像素内部主要的隔离技术是浅槽隔离和

P阱隔离，浅槽隔离主要用于抑制像素之间信号的干扰，同时会引入大量缺陷，增加暗电流；为减小暗电流引入P阱隔离，防止沟道间电荷串通。

3）CMOS工艺中一般采用双阱工艺制备NMOS和PMOS晶体管的有源区，所以第三步是进行阱制备，定义晶体管的有源区。

4）沟道形成分为感光区预注入和沟道浓度调整。其中比较重要的是离子注入工艺，就是静电场中，将注入离子高速打入半导体基片上，调整工艺参数，控制掺杂的浓度、剂量。

5）栅极形成，通过硅介电氧化物生长、形成多晶硅层、刻蚀、侧壁氧化等工艺形成栅极。硅介电氧化物将硅与多晶硅分离，形成纵向电场。

6）光敏单元形成，首先形成钉扎型光电二极管（Pinned Photoelectric Diode，PPD）结构的掩埋N层，利用自对准硅化物技术在N型低掺杂漏极（N type Lightly Doped Drain，NLDD）扩散区注入磷和砷离子。

7）多晶硅掺杂包括栅极多晶硅的掺杂和源漏区的重掺杂，可同时进行。重掺杂栅极多晶硅修复了之前NLDD区注入时对多晶硅的影响。

8）对像素内部管子进行金属化互连，完成PPD型像素设计。

2.2.2.3 可见光CMOS探测器性能指标以及与CCD的比较

CMOS探测器光敏单元的本质是光电二极管，光生电子通过存储电容转换为电压传输，其区别于CCD探测器最重要的一点是电信号的传输方式，CCD是电荷耦合传输型器件，CMOS是电压传输型器件。所以，CMOS探测器大部分的光电性能指标定义与CCD的光电性能指标定义一致，但是其评价手段和方法略有不同。

探测器的性能指标主要取决于像素单元的设计，CMOS探测器的像素单元包括光电二极管（PPD）、节点电容FD、电荷传输开关TX、源级跟随器SF等，图2－29是一个典型的PPD类型的4T结构。

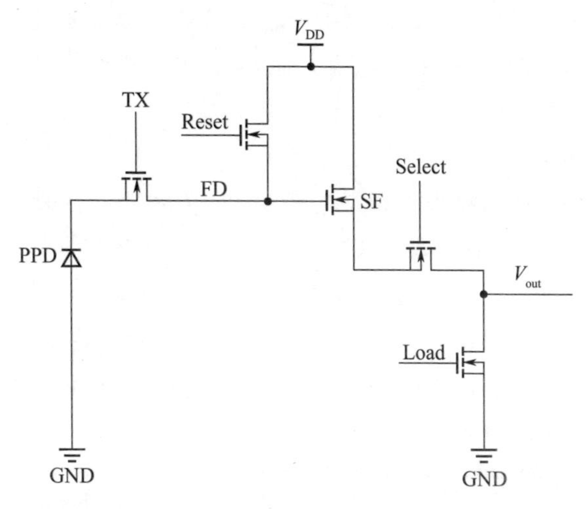

图 2-29　CMOS 探测器 PPD 型 4T 像素结构

（1）量子效率

CMOS 探测器中量子效率的定义与 CCD 探测器的定义一致，评估手段和方法相同。

（2）响应度

响应度表征光电探测器对不同波长入射辐射的响应程度，用于评估探测器对不同波长的入射光转换为电信号的能力，探测器在波长为 λ 的光照下的响应度计算公式如下

$$R = G_{sensor} \eta \frac{A}{hc/\lambda} \tag{2-15}$$

式中　G_{sensor} ——探测器系统增益，DN/e⁻；

η ——量子效率，%；

A ——像元面积，μm^2；

λ ——单色光中心波长，m；

h ——普朗克常数，6.626×10^{-34} J · s；

c ——真空光速，3.0×10^8 m/s。

（3）暗电流

暗电流主要是由器件的界面态引起的电子-空穴对，CMOS 与

CCD的不同之处在于，CMOS暗电流主要指光电二极管收集到的传输管和PD界面处产生的暗电流，而CCD的暗电流主要来源于不同电荷势阱的界面态。

（4）噪声

CMOS探测器噪声包括散粒噪声、$1/f$ 噪声、热噪声、kTC 噪声、量化噪声等，其中散粒噪声、$1/f$ 噪声、热噪声定义与分析参照2.2.1.3节的噪声分析，量化噪声是指数模转换器产生的噪声。

CMOS探测器电信号通过电压传输，存储电容的开关管带来 kTC 噪声，一般第一级源级跟随器之前的 kTC 噪声可以通过相关双采样电路消除，但是之后的 kTC 噪声不能被消除，这也是早期的CMOS探测器噪声大的主要原因。

（5）满阱容量、动态范围、信噪比

CMOS探测器满阱容量、动态范围、信噪比的定义与CCD探测器的定义一样。

（6）转换增益

CMOS探测器系统的转换增益是指探测器内部将积累的电荷转换为数字输出的转换系数（单位 DN/e^-），它的表达式如下

$$G_{\text{sensor}}=\frac{u_y-u_d}{u_e} \tag{2-16}$$

式中 u_y ——输出数据，DN；

u_d ——暗场下输出数据，DN；

u_e ——感光器件接收光照后产生电荷数，e^-。

（7）空间响应不一致性

如图2-29所示，CMOS探测器像素内部电路，由于工艺、材料问题，不同管子之间会有差异，造成探测器不同像素的光电响应不一致，即空间响应不一致性。

CMOS探测器的空间响应不一致性与CCD探测器的相同，参照2.2.1.3节的像元不一致性噪声部分。其反映的是探测器空间域的噪声，亦分为暗信号不一致性和光响应不一致性。暗信号不一致性是

反映不同像素由于工艺偏差、材料缺陷等问题造成的自身固有噪声；光响应不一致性是反映不同像素对同一光响应的噪声。

(8) 寄生光灵敏度

寄生光灵敏度是 CMOS 探测器特有的指标，CMOS 探测器通过电子快门控制光电二极管的曝光和电信号转移。对于全局快门来说，探测器像素快门同时打开，同时关闭，但是数据是按行读取，后读取的像素内部寄生 PN 结接收到微弱的光可以产生电荷，影响后读出的像素的电压。该指标的评价公式如下

$$\mathrm{PLS}=\frac{\text{storage node's sensitivity}}{\text{PPD's sensitivity}} \tag{2-17}$$

式中　PPD's sensitivity——图像传感器的灵敏度，mV/lx · s；

storage node's sensitivity——存储节点的感光灵敏度，mV/lx · s。

$$\text{storage node's sensitivity}=\frac{\Delta u_{\text{last-first}}}{\Delta t_{\text{last-first}}\cdot E_{\text{lx}}} \tag{2-18}$$

式中　$\Delta u_{\text{last-first}}$——最后一行到第一行像素光响应值差值，mV；

$\Delta t_{\text{last-first}}$——第一行像素和最后一行像素读出时间间隔，s；

E_{lx}——输入光照强度，lx。

(9) 拖尾效应

拖尾效应是指光生电子从光敏区转移到读出电路后滞留在光敏区的电荷显现在下一帧图像中的现象，一般作为快门设计的衡量标准。

(10) 抗弥散能力

当器件像元被强光照射时，像元产生的电荷超出满阱范围，发生饱和，超出满阱部分的电荷会向邻近像元溢出，这种现象叫弥散现象。器件的抗弥散能力是指饱和像元抑制过饱和电荷向相邻像元溢出的能力。

(11) 功耗

CMOS 探测器的供电电压种类比较少且较低，而 CCD 探测器需

要外界提供电压种类多，并且有的电压高达十几伏才能工作，驱动电荷转移的电源电流很大，CCD 探测器的功耗比 CMOS 探测器高出很多。

2.2.2.4 可见光 CMOS 探测器的分类及其应用

(1) 线阵 CMOS 探测器

线阵 CMOS 探测器与线阵 CCD 探测器类似，单线阵只有一列光敏单元。由于线阵 CMOS 天生的优点是采用通用的 CMOS 工艺，即使最简单的线阵 CMOS 探测器，内部也集成有相关的 CMOS 电路，如时序产生电路。而对于复杂的探测器，内部会把对模拟信号的双采样、增益放大器和模数转换器都集成在一起。由于大规模 CMOS 集成电路的优势，MOS 管尺寸可以做得非常小，这使得每列像元，甚至是每个像元都可以配备一组读出电路。随后通过高速数据接口并行把数字图像数据传送到探测器外，供外围电路处理。这相比于 CCD 探测器信号顺序读出的方式要快很多，可以大大提高线阵 CMOS 探测器的扫描速度。

线阵 CMOS 探测器在工业中主要应用于边缘检测、接触成像、条形码读取、指纹识别等方向。在空间光学遥感器应用中，同样可以用于低地面分辨率相机上，完全可以替代线阵 CCD 探测器。

日本滨松生产的线阵 CMOS 探测器 S12706 的主要技术指标如表 2-4 所示，功能框图如图 2-30 所示。

表 2-4 S12706 探测器主要技术指标

参数	指标
像元数量	4 096
像元尺寸	7 μm×7 μm
感光区长度	28.672 mm
封装	LCP
灵敏度	23V/(lx·s)

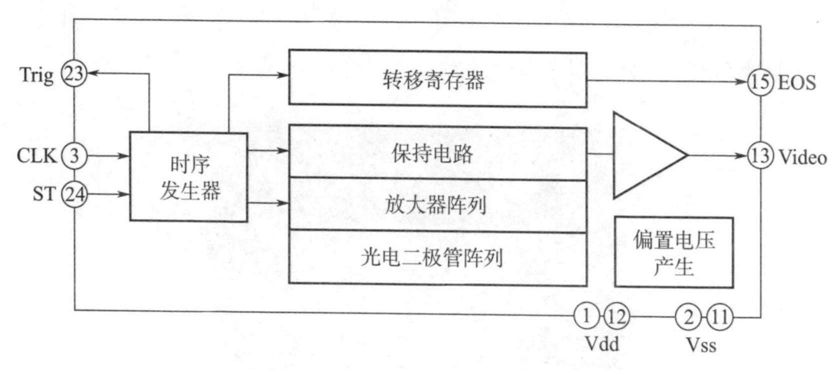

图 2-30　S12706 探测器功能框图

（2）面阵 CMOS 探测器

CMOS 探测器一般为面阵探测器，但是根据应用的不同，面阵探测器还可分为大面阵探测器、高灵敏度探测器、高帧频探测器等。

由于 CMOS 工艺技术的支持，目前 CMOS 探测器工艺特征尺寸已经达到几十 nm 以下，随着 CMOS 工艺特征尺寸的减小，CMOS 探测器的像元阵列可以做得很大，适用于空间光学高轨遥感器宽幅拍摄。大面阵探测器的主要特点是像元数量多，可达亿数量级，噪声、暗电流、功耗、AD、高速数据传输等方面的要求都比较高。像元内存在读出噪声、复位噪声、热噪声等噪声。大阵列探测器的单个像元面积不断缩小，像元的填充因子变小，影响像元的满阱容量，从而导致影响探测器的动态范围。大阵列下的数据量相当庞大，1 亿像元，12 bit 量化会产生 12 亿 bit 数据，需要设计高速传输接口传输数据。

高灵敏度探测器一般用于微弱信号观测，这类探测器的特点是量子效率高，有极小的暗电流和读出噪声，适用于空间光学遥感中夜间观测、系外行星观测等。

高帧频探测器的主要特点是探测器的帧频高，一般在 150 fps 以上，适用于空间光学遥感中闪电探测、光谱探测、波前探测、稳像等领域。

Cypress 公司（已被 Infineon 公司收购）的探测器 CYII5SM1300AB，如图 2-31 所示。

图 2-31　CYII5SM1300AB 外观

这是一款 1 k×1 k 的面阵 CMOS 探测器，主要参数指标如表 2-5 所示。

表 2-5　CYII5SM1300AB 探测器主要参数指标

参数	指标
有效像素阵列	1 280×1 024
像素大小	6.7 μm×6.7 μm
快门方式	全局快门、卷帘快门
灵敏度	8.4 V/lx·s @ 650 nm
满阱容量	62 500 e^-
读出噪声	2.5 LSB10
寄生光灵敏度	3%
暗噪声	21e^-
信噪比	64 dB
固定图形噪声	4.5 LSB10

续表

参数	指标
暗信号	5.5 LSB10/s @ 30 ℃
主频	40 MHz
帧频	27 fps@全画幅
量化位宽	10 bit
功耗	20 mW

该探测器像元采用 4T 结构，通过行驱动控制像元曝光、电荷转移，通过地址译码器控制列向放大器，将一行信号顺序读出，通过最后一级模数转换器输出图像数据。

（3）TDI－CMOS 探测器

TDI－CMOS 探测器是在标准的 CMOS 工艺生产线上制造出按 CCD 原理工作的像元阵列，通过 CCD 和 CMOS 的融合技术，一次流片，在一个晶圆上实现“光子入、数字出”的片上集成可见光近红外谱段探测器。这种器件以嵌入式 CCD 像元为核心感光元件，按照 CCD 的工作原理，以电荷耦合的方式累加信号，在像元区周围的同一芯片内集成 CMOS 电路，实现驱动、采样量化以及图像处理等功能。

传统 TDI 探测器采用独立的 CCD 工艺实现，随着用户需求的提高，存在诸多问题，譬如集成度低，成品率低，结构复杂，功耗太大。采用嵌入式 CCD 的 TDI－CMOS，有别于传统 CCD 工艺实现 TDI 功能的 TDI－CCD，在很多性能上超越了后者。一方面，工作原理是以 CCD 电荷耦合的成像方式，具有传统的电压型 CMOS 探测器不可替代的优点。另一方面，它还具有 CMOS 探测器芯片系统集成度高的优势，将 TDI－CCD 的外围电路集成到芯片内，单片 TDI－CMOS 芯片相当于采用 TDI－CCD 相机系统的一个甚至几个设备，所以体积小、重量小、功耗低、可靠性高，可广泛应用于空间探测、航天遥感、弱目标探测等领域。

北京空间机电研究所自主研制了多谱段长线阵 TDI－CMOS 探

测器，其主要的技术指标如表 2－6 所示，其芯片框图如图 2－32 所示，实物如图 2－33 所示。

表 2－6 多谱段 TDI－CMOS 探测器指标

参数	指标	
谱段	全谱段 P 区	多光谱 B 区
像元尺寸	7 μm	28 μm
横向像元数	12 288	3 072
最大行频/kHz	100	25
通道数量	1	4
满阱容量/ke⁻	≥80	≥300
TDI 级数	128	64
读出噪声/e⁻	≤12	≤60
暗电流/(nA/cm²)	≤2	≤2
动态范围/dB	≥76.2	≥71.7
量子效率(峰值)	≥80%	≥80%
TDI 方向	双向	双向
量化位数/bit	14	14
抗电离总剂量/krad(Si)	≥50	
抗单粒子锁定/[MeV/(mg·cm²)]	≥75	

此多谱段长线阵 TDI－CMOS 探测器是全球首款基于电荷域累加的宇航高性能 TDI－CMOS 图像探测器。其具有阵列规模长、暗电流小、满阱容量大、动态范围高、行频快的特点，并拥有优异的抗辐照性能，可满足宇航高可靠应用需求，达到了国际先进水平。

2.2.3 红外探测器组件

2.2.3.1 红外探测器的工作原理

红外探测器是对入射红外谱段辐射进行采样并产生与入射在探测器像元上的能量成比例的电信号的探测器。红外探测器按工作原理的不同，可分为光子探测器和热探测器。

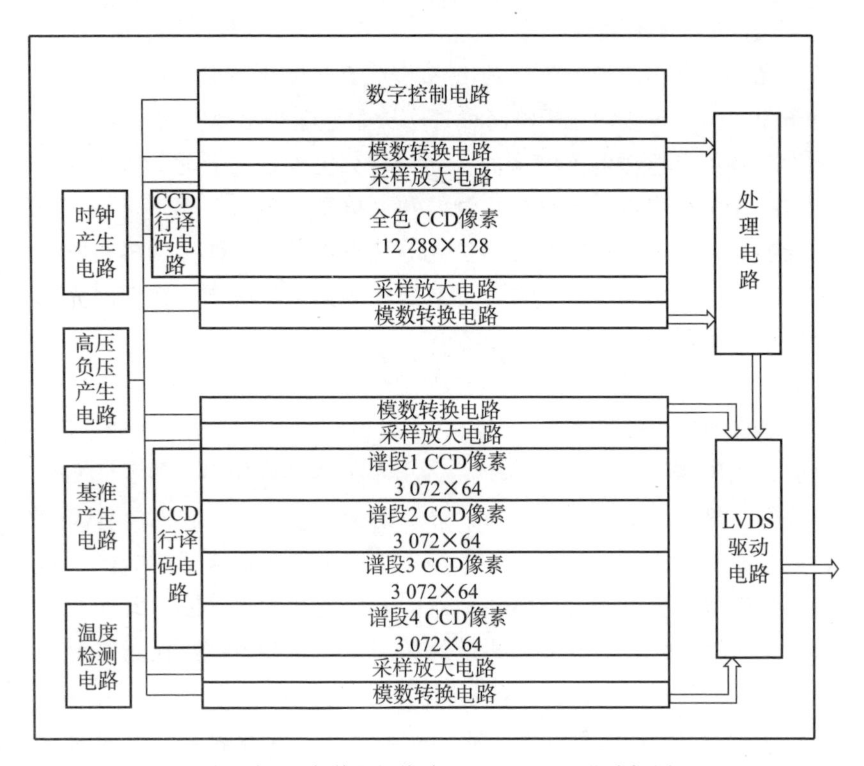

图 2-32　多谱段长线阵 TDI-CMOS 芯片框图

图 2-33　多谱段长线阵 TDI-CMOS 芯片

（1）光子探测器

光子探测器的光子效应是由入射光子直接转化为材料内的导电电子引起的，吸收的光子瞬间将电子从非导电状态激发到导电状态，从而导致可由外部电路测量的半导体材料电参数的变化。光子探测器包括光伏探测器、光电导探测器和光电子发射探测器等类型，具有性能高、响应速度快和可靠性高等优点，其中光伏探测器在响应速度和光电性能上更具优势，更易制作成焦平面阵列，在空间光学遥感中应用最为广泛。

（2）热探测器

热探测器依赖于敏感材料的电学或机械特性的变化（例如电阻、电容、电压、机械位移），这是由入射辐射的热效应引起的温度变化导致的。热效应不依赖于入射红外辐射的光子性质，它们没有固有的截止波长。它们的灵敏度是由热辐射通量以及探测器前的保护窗口的光谱特性所限制的。热探测器的响应速率很慢，因为器件在吸收了入射辐射之后需要累积热量的时间。不同种类的热探测器有很多，例如微测辐射热计、热释电探测器、热电堆等。

这两种类型的红外探测器都对吸收的光子做出响应，但是使用不同的响应机制，这导致了速度、光谱响应和灵敏度的区别，用于空间光学遥感的红外探测器多数是光子探测器。

2.2.3.2 红外探测器的设计与工艺

国内外空间光学遥感器应用的先进红外焦平面阵列多为光伏探测器，通常由光敏器件与读出电路互连而成，称为混成型红外探测器芯片（如图 2-34 所示），主流光敏材料有碲镉汞（HgCdTe）、锑化铟（InSb）、铟镓砷（InGaAs）等，读出电路的工艺与可见光 CMOS 探测器类似。

（1）碲镉汞像元工艺

碲镉汞像元材料的外延是制备像元工艺的第一步，外延技术有液相外延（LPE）、分子束外延（MBE）和金属有机化合物气相沉积（MOCVD）；用于外延生长碲镉汞的衬底材料有 Si、Ge、GaAs、

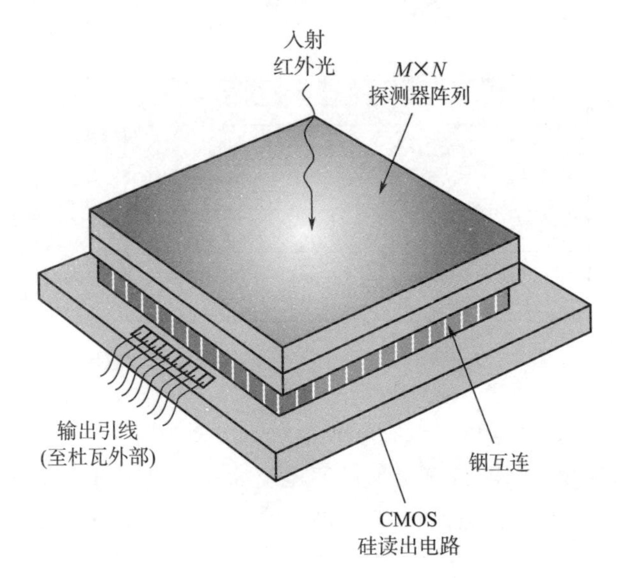

图 2 - 34　混成型红外探测器芯片

CdZnTe 等。

制造碲镉汞 P - N 结的方法有杂质原子扩散、控制化学配比偏离、离子注入和高能质子轰击等。目前，国内应用最普遍的是采用离子注入法制备 N - on - P 型碲镉汞 P - N 结，此外由于碲镉汞是窄禁带半导体，所以要用钝化来减小表面的暗电流[11]。

①碲镉汞光伏探测器的 N - on - P 结构

碲镉汞光伏探测器 N - on - P 结构示意图如图 2 - 35 所示。通常在汞空位退火的 P 型 $Hg_{1-x}Cd_xTe$ 基底上用离子注入法掺硼，在表面形成 N 型薄层，获得 N - P 结，随后进行复合膜层钝化，刻蚀电极接触孔，淀积金属电极，这是一种比较成熟的工艺。但采用这种结构的长波器件 R_0A（光伏探测器零偏压时的动态电阻与光敏元面积的乘积）较小，并且表面暗电流比较大，从而影响器件的性能[11]。

②碲镉汞光伏探测器的 P - on - N 结构

近年来，P - on - N 异质结构引起人们的关注，碲镉汞异质结探测器可以测量从中波到甚长波，也可以制备成双色探测器。这种

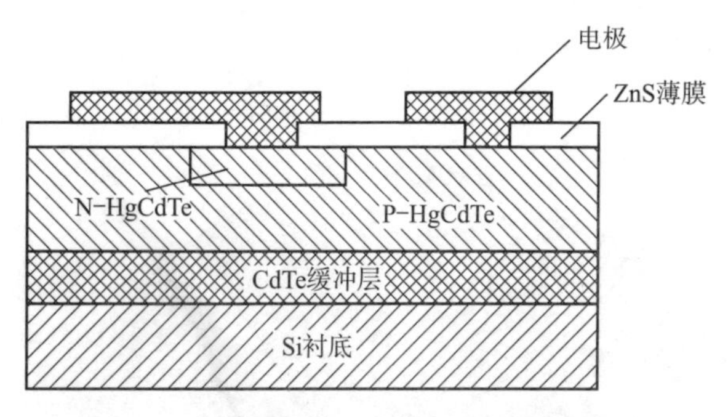

图 2-35　Si 衬底 N-on-P 碲镉汞结构示意图

P-N 结异质结构光电二极管有非常低的功率耗散，易在焦平面硅芯片上多路复合，同时具有更低的暗电流水平，在长波焦平面的研制中相较于 N-on-P 结构有明显优势。一种双层平面碲镉汞异质结光电二极管纵向剖面图如图 2-36 所示[11]，首先在碲锌镉衬底上通过分子束外延（MBE）生长铟掺杂的 N 型基层碲镉汞薄膜，再生长一层宽带隙的 N 型碲镉汞薄膜层，钝化、刻蚀后，再通过 As 离子注入及退火形成 P-on-N 异质结。

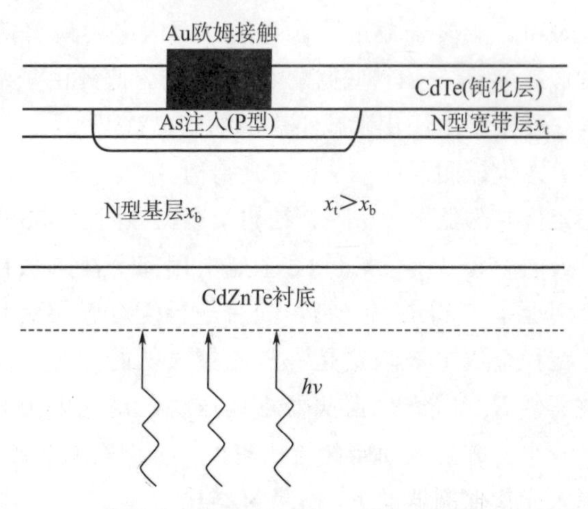

图 2-36　双层平面碲镉汞异质结光电二极管纵向剖面图

（2）锑化铟像元工艺

InSb 焦平面阵列器件以体生长掺碲 N 型 InSb 单晶为基体材料，Be 或 Mg 离子注入 P^+－N 形成二极管阵列，SiO_x 或 Si_3N_4 钝化，淀积金属电极，和 CMOS 读出电路通过铟柱互连混成，再经过芯片背减薄和减反射膜淀积达到量子效率的优化。

InSb 焦平面阵列的规模和产量能够迅速发展，得益于 InSb 体晶生长加工技术和芯片背减薄技术的成熟与完善。

InSb 芯片制备工艺目前常采用闭管扩散工艺流程。晶片经磨抛、清洗和表面化学抛光后通过封管真空扩散法把高纯 Cd 扩散进 N 型 InSb 晶片形成 P－N 结，再经减薄、光刻限制光敏面的直径，腐蚀后形成台面型 P－N 结，如图 2－37 所示。

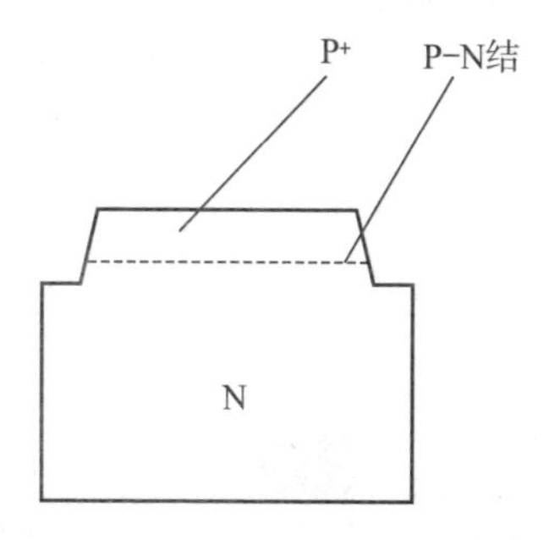

图 2－37　台面型 P－N 结示意图

然后先经阳极氧化，再经等离子体增强化学气相沉积（PECVD）制作保护膜，镀制增透膜层，在芯片表面直接制作光学限光片图形，用真空蒸镀法制作一层铬金电极等过程后，焊接金丝电极引出线[12]。

（3）铟镓砷像元工艺

InGaAs 感光材料一般采用 N 型掺杂 InP 作为衬底，在衬底上生长感光材料，并使用未掺杂的 InP 作为覆盖层或限制层，它能够钝化 InGaAs 材料，并减少在表面的光生载流子复合，能够增加量子效率，但这样做的缺点是它会吸收 920 nm 以下的光。对 InP 材料进行减薄（1 μm 左右），可以在 800 nm 波长获得 20%～30%的感光。

采用半导体平面工艺制备红外探测器阵列，一般工艺流程为：首先对外延片沉积 Si_3N_4 作为钝化膜；之后刻蚀 Si_3N_4，形成扩散区；再利用 Zn 扩散形成 P－N 结，使 P 型扩散进入 InGaAs 材料 0.25 μm；之后沉积第二层 Si_3N_4；二次光刻，等离子刻蚀，形成 P 型 Au/Zn 欧姆接触；隔离探测器阵列，暴露出 N 型衬底；形成 N 型 Au/Ge 欧姆接触；在背面涂敷增透膜；在 N 型 Au/Ge 欧姆接触上堆焊 Ti/Au 电极，使 Ti/Au 电极的高度达到外延片表面；铟柱沉积在 N 型和 P 型的接触层。最终形成的 InGaAs 探测器器件结构如图 2－38 所示。

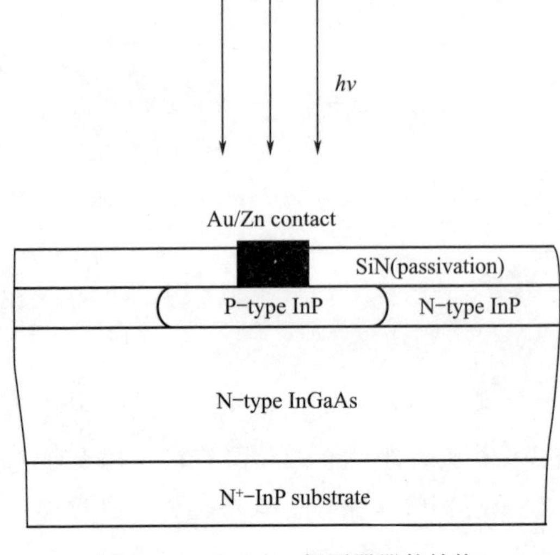

图 2－38 InGaAs 探测器器件结构

2.2.3.3 红外探测器的性能指标

（1）探测器基础参数

①像元中心距与规模

像元中心距是指探测器相邻两个感光像元中心的距离，两个方向中心距相乘即表示每个探测器像元的面积。由于像元生产工艺的原因，像元中感光部分面积与像元总面积不一定完全相等，感光部分面积与像元总面积的比值即为填充因子。

像元的形状一般为矩形或正方形，还有一个指标称为长宽比，顾名思义，长宽比为 1.35∶1 意味着每个像元的长度是其宽度的 1.35 倍。

红外探测器的像元规模表示器件所含像元的数量，有时也用探测器分辨率来表示。当探测器阵列呈规则线列或面阵时，可以用两个方向上的像元数量来表示，比如 1 024×256 等。注意，在某些应用场景下，探测器阵列外形、排布及像元间距等可能是非规则的。

②探测器响应谱段

探测器的响应谱段范围一般由像元本体响应与器件的光学窗片（或滤光片）共同决定。一般而言，热电探测器的光谱响应范围最广，从中波到远红外波段（1 000 μm）都有光谱响应。光子探测器一般比热电探测器的响应波长要短，通常应用于十几微米以下波段的探测场景中，它们的响应范围受限于像元材料自身特性。

以波长为横坐标，以探测器的光谱响应为纵坐标，可绘制出探测器的光谱响应曲线。如果单位是 A/W，则对应电流响应曲线；如果单位是 V/W，则对应电压响应曲线；如果是百分比，则对应相对光谱响应曲线。光谱响应曲线对应的前、后截止波长之间的谱段为光谱响应范围，除非另有规定，推荐以响应峰值 50%处的波长位置记作光谱响应前后截止波长。

③探测器响应时间

当辐射光照射到红外探测器像元上后，探测器的输出信号要经过某段时间后才可上升到与辐射功率相对应的稳态值。当辐射光突然停止照射后，输出信号也要经过一定时间才能下降到最终状态。探测器的这种信号稳定所需的时间叫探测器的响应时间。如果输出信号的上升和下降时间都遵从指数规律，则上升时间常数等于信号电压（或电流）上升到最大值的63%时所需的时间，下降时间常数等于信号电压（或电流）下降到37%时所需的时间；如果输出信号的上升和下降不遵从指数规律，则上升时间常数是指信号电压（或电流）从最大值的10%上升到90%时所需的时间，下降时间常数是指信号电压（或电流）从最大值的90%下降到10%时所需的时间[13]。

在热电探测器中，一般把器件热容除以热导得出的商称为探测器的热响应时间常数。在某一时刻（$t=0$）以恒定辐射去照射探测器，设最终输出信号上升到的稳态值为U_0，则t时刻输出信号U_t可按下式进行估计：

$$U_t = U_0(1 - e^{-\frac{t}{\tau}}) \tag{2-19}$$

（2）探测器性能参数

①响应率

红外探测器产生的输出开路信号电压或电流除以入射光功率，是探测器的响应率，也称响应度。需要注意的是，根据光功率的波长取值，业内常用的响应率指标有光谱响应率和黑体响应率两种。

1）光谱响应率。红外探测器对每单位单色辐射功率产生的输出开路信号电压或短路电流，是探测器的光谱响应率，也称为单色响应率$R(\lambda)$。探测器的光谱响应反映了探测器受不同波长的光照射时，响应率随波长的变化。

如图2-39所示，热探测器的响应只与吸收的辐射焦耳热功率有关，而与波长无关，其光谱响应曲线理论上为一平坦直线。光子探测器的光谱响应在通带内正比于入射光的光子辐射能量，而光子携带的能量反比于波长，所以在单位波长间隔内辐射功率不变的前提下，在探测器响应波段范围内，光子探测器的响应率理论上随波长线性上升。

2）黑体响应率。为了测试方便，取入射到像元上的全波长内黑体辐射功率进行响应率的计算，算得的响应率称为黑体响应率。以探测器输出电压信号为例，则黑体电压响应率按下式计算：

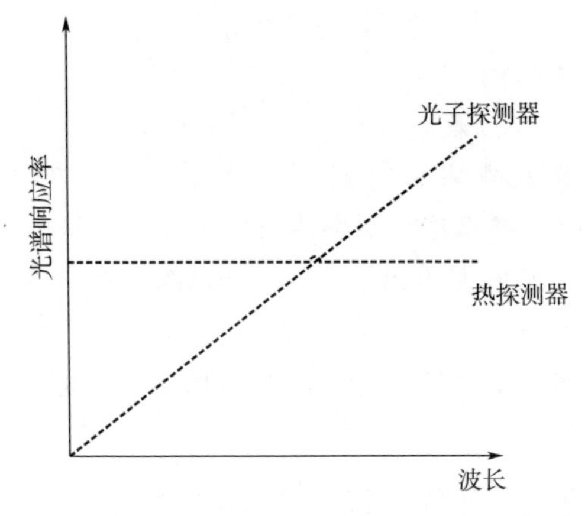

图 2-39　光子探测器与热探测器响应示意图

$$R_S = \frac{V_S}{P} \tag{2-20}$$

式中，P 为高温黑体温度和背景黑体温度辐照条件下，入射到像元的全波长辐射功率差值，黑体全功率可以由斯蒂芬-玻耳兹曼定律结合光学 F 数和像元面积求得；V_S 为探测器对应功率 P 辐照时的响应电压差。

②探测率

黑体探测率反映了单位面积、单位带宽、单位辐射功率下的信噪比。像元黑体探测率按下式计算：

$$D_{bb}^{*} = \sqrt{A_d \Delta f} \times \frac{V_S}{P} \times \frac{1}{V_N} = \sqrt{\Delta f} \times \frac{R_S}{V_N} \tag{2-21}$$

式中，A_d 为像元面积；Δf 为信号带宽；V_N 为红外探测器的噪声。该信噪比中的信号反映了探测器在全带内黑体辐射功率下响应的信号电压大小，红外探测器的噪声一般取低温背景辐射条件下探测器响应的信号电压的标准差。

在红外探测器工程应用中，还经常使用“峰值探测率”指标，一般用 $D_{\lambda p}^{*}$ 来表示。二者的关系需要借助一个重要参数——单色光谱因子 $G(\lambda)$ 来表达，其表达式为：

$$G(\lambda)=\frac{S_r(\lambda)\int_0^{\infty}P_b(\lambda)\mathrm{d}\lambda}{\int_0^{\lambda_C}P_b(\lambda)S_r(\lambda)\mathrm{d}\lambda}=S_r(\lambda)\frac{D_{\lambda p}^*}{D_{bb}^*} \tag{2-22}$$

式中，$S_r(\lambda)$ 为实测的探测器相对光谱响应，即为 $R(\lambda)$ 比上 $R(\lambda_{pk})$；$P_b(\lambda)$ 为测试中高温黑体的单色输出功率；λ_C 为探测器的响应截止波长。单色光谱因子反映了单色探测率与黑体探测率的比值，易知，当 λ 为 λ_{pk} 时，单色光谱因子此时达到最大，为 $G(\lambda_{pk})$，此时峰值探测率 $D_{\lambda p}^*$ 即等于 $G(\lambda_{pk})$ 和黑体探测率的乘积。

③噪声等效辐射功率

根据上文介绍的黑体响应率和红外探测器噪声电压，可按照下式计算噪声等效辐射功率 NEP：

$$\mathrm{NEP}=\frac{V_N}{R_S}=\frac{P}{\frac{V_S}{V_N}}=\frac{P}{\mathrm{SNR}} \tag{2-23}$$

噪声等效辐射功率的意义为信噪比为 1 时对应的像元辐射功率，注意辐射功率和像元响应电压是对应高温黑体和低温背景下测量的差值。

④噪声等效温差

根据前文所述的像元响应电压 V_S 以及像元噪声电压 V_N，高温黑体和低温背景黑体温度分别为 T 和 T_0，那么按照下式可计算噪声等效温差：

$$\mathrm{NETD}=\frac{T-T_0}{\frac{V_S}{V_N}}=\frac{T-T_0}{\mathrm{SNR}} \tag{2-24}$$

虽然噪声等效温差和探测率都能反映探测器的噪声性能，但二者在意义上存在区别，实际上，通过单色探测率 $D^*(\lambda)$ 可以估算 NETD：

$$\mathrm{NETD}=\frac{(4\times F^2+1)\times\sqrt{\Delta f_n}}{\sqrt{A_d}\int_{\lambda_1}^{\lambda_2}\tau_0(\lambda)\times D^*(\lambda)\times\frac{\partial M(\lambda,T_0)}{\partial T}\mathrm{d}\lambda} \tag{2-25}$$

式中，F 为光学系统 F 数；Δf_n 为噪声等效带宽；$\tau_0(\lambda)$ 为光学系统的透过率；$M(\lambda, T_0)$ 为背景黑体温度下的光谱辐射出射度。NETD 多用来表征红外探测器装机后的整机（如杜瓦组件、红外相机）性能，而探测率更常用来评价探测器芯片自身性能，同一片红外探测器装配在不同 F 数的光学系统后，整机的 NETD 数值会存在差异，这是红外探测器在工程使用中需要特别留意的地方。

2.2.3.4　红外探测器组件的拼接

空间红外遥感器对于幅宽和分辨率的追求不断提升，对于大规模红外探测器的需求持续增长。近几十年来，虽然红外探测器的规模以近似摩尔定律持续增长，但在达到 1 k×1 k 尺寸后，普通市场对于更大规模的探测器的需求已不再迫切，红外探测器规模的增长近乎停滞，目前公开报道的最大的红外探测器面阵是美国 Teledyne 公司的 H4RG，规模达到 4 096×4 096，但仍无法覆盖现有的宇航应用需求。红外探测器拼接技术通过将单模块探测器芯片进行精密拼接，是实现更大规模阵列的有效手段，目前主流的拼接方案有两种，分别为芯片级拼接和基于独立封装模块的拼接。

（1）芯片级拼接

芯片级拼接，如图 2－40 所示，首先将芯片吸附在专用的工装上，软件定义出位置坐标，利用显微视频系统记录下定位标识(Marks)，然后利用 Z 向机械臂上的专用工具吸附；完成成像转换后，将芯片的定位标识与拼接衬底基板的标识对准，固定到拼接基板上[14]。

图 2－41 为 Selex 公司采用芯片级拼接技术拼接的 16M 像元面阵红外探测器组件，采用 8 片 1 920×1 080 像元面阵探测器 4×2 拼接而成[15]。

（2）基于独立封装模块拼接

基于独立封装模块的拼接首先将芯片封装成拼接模块，再以拼接模块为基本单元进行拼接。该种方案的优势在于：1）拼接规模大；2）拼接模块独立可替换；3）可靠性高。

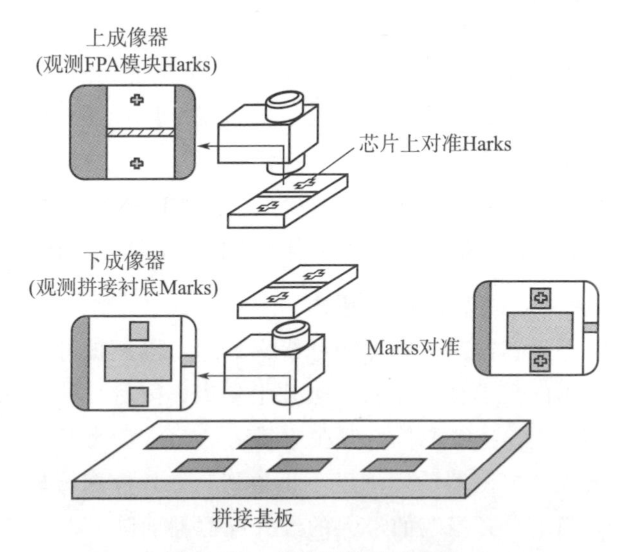

图 2-40 芯片级拼接示意图

图 2-41 Selex 公司 16M 像元面阵红外探测器组件

宇航应用需要大面阵的红外探测器进行大视场的成像和光谱探测，尤其是在天文望远镜这样的大型遥感器当中常采用该种拼接方案，如詹姆斯·韦伯望远镜和 VISTA 望远镜。Raythern 公司开发了一个由 16 片 2 k×2 k 红外探测器 4×4 拼接而成的组件，应用于 VISTA 望远镜的近红外相机上，Teledyne 公司开发了一个由 4 片 H2RG 芯片 2×2 拼接而成的组件，应用于詹姆斯·韦伯望远镜上 FGS 载荷（见图 2-42）。

4×4 拼接组件（Raythern）

2×2 拼接组件（Teledyne）

图 2-42　面阵拼接组件

独立封装拼接模块的设计非常重要，首先是读出电路的设计，读出电路必须尽量压缩边缘尺寸以减小拼缝，部分非像元区的电路应当被排布在电路的两边或一边，甚至是放到片外，以使得拼接模块可以做到两边可拼、三边可拼甚至四边可拼，如图 2-43 所示。

两边可拼接模块

三边可拼接模块

四边可拼接模块

图 2-43　拼接模块图

封装结构必须选择与芯片热膨胀特性相匹配的材料，来降低拼接模块在经历热循环或低温环境下的热应力，保证芯片的长寿命。碳化硅（SiC）是一个很好的选择，因为它与读出电路硅（Si）材料拥有几乎相同的热膨胀系数，同时它又具有热导率高和密度小的优点。北京空间机电研究所在自研的拼接模块中，均采用了 SiC 作为封装材料。

2.2.3.5 红外探测器分类及应用

目前空间光学遥感器使用的红外探测器有很多类型，分类方法也有很多种。本节仅对在空间光学遥感工程应用当中比较常见的一些分类进行说明。例如，按工作温度不同，可分为制冷型探测器和非制冷型探测器；按制造材料不同，可分为碲镉汞、锑化铟、铟镓砷红外探测器等；按拓扑结构不同，可分为线列探测器（含 TDI）和面阵探测器。

（1）制冷型探测器和非制冷型探测器

制冷型探测器（cooled detector）必须在低温环境下工作，非制冷型探测器（uncooled detector）能够在室温或近室温环境下工作。光子型红外探测器多数属于制冷型探测器，热探测器一般属于非制冷型探测器。例如碲镉汞探测器通常工作在 77～80 K 或更低温度的环境下，铟镓砷探测器通常在室温环境下工作。

制冷型探测器对低温制冷的需求使得探测器的应用成本提高，也增加了系统的复杂程度，因此主要集中在高端的宇航应用项目。非制冷型探测器，尤其是微测辐射热计更适用在低分辨率（500 m）到中分辨率（100 m）的对地观测遥感项目。空间光学遥感使用非制冷型探测器的主要优点除了无需制冷外，还包括降低成本、集成度高、重量小、热控制简单等。

（2）制造材料分类

碲镉汞（$Hg_{1-x}Cd_xTe$）是一种三元半导体化合物，其响应的截止波长随组分 x 发生变化。纯 CdTe（$x=1$）将探测截止到 0.83 μm 的辐射波长，Hg 的百分比越大，响应的波长越长。HgCdTe 光伏探测器可以工作到13 μm波长以上，而HgCdTe光导探测器可以在约30 μm的波长范围内工作。

锑化铟（InSb）是由铟和锑元素组成的结晶化合物。它是具有直接带隙的窄带隙本征Ⅲ-Ⅴ半导体探测器材料。InSb焦平面是高均匀性的成像器件，在1～5.3 μm（80 K工作）光谱范围内提供高灵敏的探测能力。成像器件具有非常高的外部量子效率（>90%），而有效像元率一般超过99.5%。商业市场上可获得较高分辨率（1 280×1 024，12 μm间距；1 024×1 024，25 μm间距）的InSb探测器。

铟镓砷（InGaAs）是Ⅲ-Ⅴ族三元化合物半导体材料，晶体结构为闪锌矿点阵结构，具有直接跃迁型能带结构。材料的晶格常数随组分x的改变近似呈线性变化，相应的禁带宽度可以在InAs的0.35 eV到GaAs的1.43 eV之间变化，对应的截止波长分别为3.5 μm和0.87 μm，是制备短波红外探测器的理想材料。

空间光学遥感器的红外探测器使用最多的是碲镉汞材料，因为这种材料可以通过调节组分使响应波长覆盖短、中、长、甚长波多个波段。碲镉汞红外探测器也是目前综合性能最好的探测器。InSb红外探测器是一种完全成熟的红外探测器，也有较多的空间应用。其他材料的红外探测器在空间应用相对较少。

（3）线列焦平面和面阵焦平面

按光敏元排列的拓扑结构不同，有线列焦平面和面阵焦平面。线列焦平面探测器通过推扫或者摆扫的方式进行成像探测，包括单线列探测器和时间延迟积分（Time Delay Integration，TDI）线列探测器，后者可以通过多元信号累加获得更高的信噪比。面阵焦平面探测器为采用电扫描方式读出的二维阵列排布的探测器单元，在凝视成像时，由于没有传统扫描积分时间的限制，可以通过提高积分时间从而大幅度提高探测器的灵敏度，同时系统去除了扫描装置，大大减小了体积。

（4）国内红外探测器宇航应用

①高分四号卫星凝视相机

高分四号卫星是我国首颗地球同步轨道高分辨率对地观测卫星，于 2015 年 12 月发射，星上装载的北京空间机电研究所研制的高分辨率光学遥感凝视相机是我国首次配置的大面阵红外探测器光学遥感载荷[16]，如图 2－44 所示。

图 2－44　高分四号中波红外探测器组件

中波红外探测器为 1 024×1 024 像元面阵器件，探测器主要包括探测器芯片、读出电路芯片、金属微杜瓦。探测器芯片的工作温度为 80 K。中波探测器采取目前主流的碲镉汞红外焦平面探测器与硅读出电路倒装互连混成芯片的技术路线，属于高性能三代超大规模碲镉汞探测器，可以实现百万像元的凝视成像，能够显著提高红外成像系统的探测灵敏度和图像分辨率，大幅度提高红外成像系统的探测与识别能力，相机中波红外通道温度分辨率达到了 87 mK@350 K。

②高分五号全谱段光谱成像仪

高分五号全谱段光谱成像仪于 2018 年 5 月发射，采用了短中波和长波两个红外探测器组件，共有 12 个探测谱段，谱段范围覆盖了 0.45～12.5 μm，具有谱段范围宽、空间分辨率高、辐射定标精度高的技术特点[17]，如图 2－45 所示。

短中波红外探测器组件

长波红外探测器组件

图 2-45　全谱段光谱成像仪红外探测器组件

短中波组件通过三片短中波芯片拼接而成，每个芯片通过在一片读出电路上互连短波和中波两片碲镉汞材料形成四谱段芯片，短波单芯片线列长度为 1 024 元，中波单芯片线列长度为 512 元，均采用三元参与积分 TDI 采样模式。拼接示意图如图 2-46 所示。

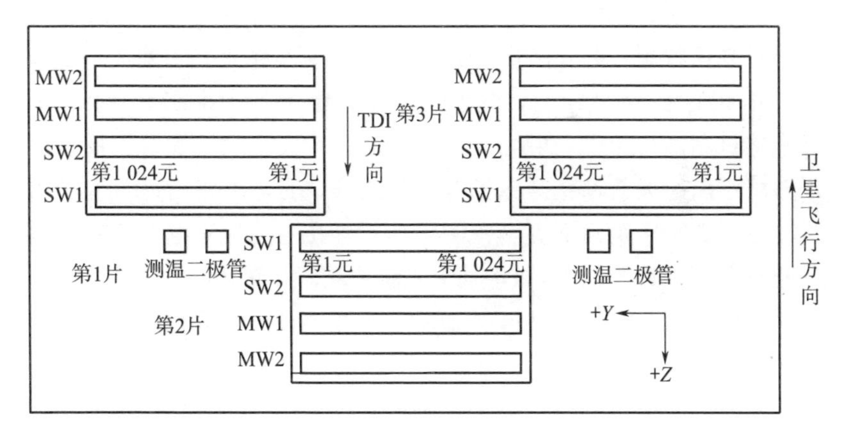

图 2-46　短中波探测器芯片模块拼接示意图

长波组件通过三片短中波芯片拼接而成，每个芯片通过在一片读出电路上互连长波和甚长波两片材料形成四谱段芯片，单芯片线列长度为 512 元，均采用三元参与积分 TDI 采样模式。拼接示意图如图 2-47 所示。

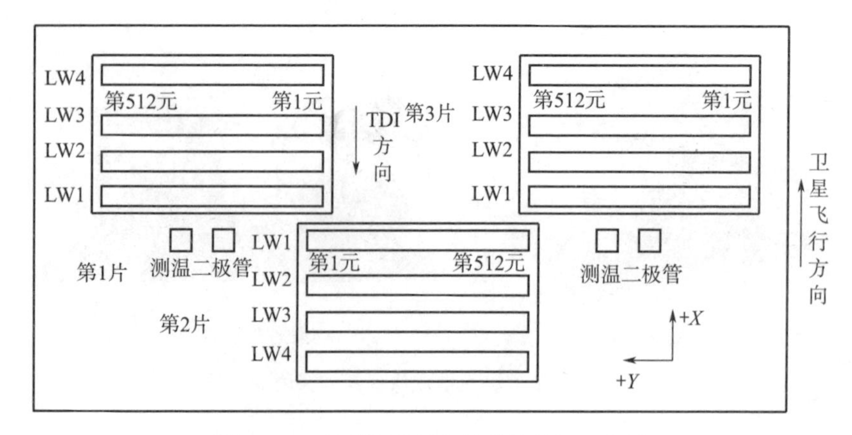

图 2-47 长波探测器芯片模块拼接示意图

2.2.4 单光子雪崩光电二极管（SPAD）

2.2.4.1 工作原理

单光子雪崩光电二极管（SPAD）也称为盖革模式雪崩光电二极管，其本质是一个PN结，其偏压高于击穿电压，并具备雪崩熄灭和充电机制。当光子入射到二极管上时，就会触发雪崩。雪崩熄灭电路将雪崩熄灭后，就避免了器件的损伤，充电电路则将单光子雪崩光电二极管恢复到下一个探测周期。单光子雪崩光电二极管简化的稳态 $I-V$ 曲线和标准被动熄灭过程原理图如图 2-48 所示。

一般认为PN结的 $I-V$ 曲线是一个稳态曲线，并可划分为三个区域：正向区、反向区和击穿区。如果电场足够强，以至于加速载流子发生电离化，即产生了可移动的电子-空穴对时就会发生击穿。击穿区可以进一步地分成线性区和盖革模式区。

雪崩管基本可以看成是一个反向偏置的PN结，通过反向偏置的电场在器件内形成一个高电场区域，当雪崩管吸收光以后电子从价带跃迁到导带，产生一对电子-空穴对，这个电子-空穴对在电场的加速下会与晶格碰撞，将价带中的电子激发到导带，又产生出一对电子-空穴对，这些新的电子-空穴对又在电场的加速下与晶格碰

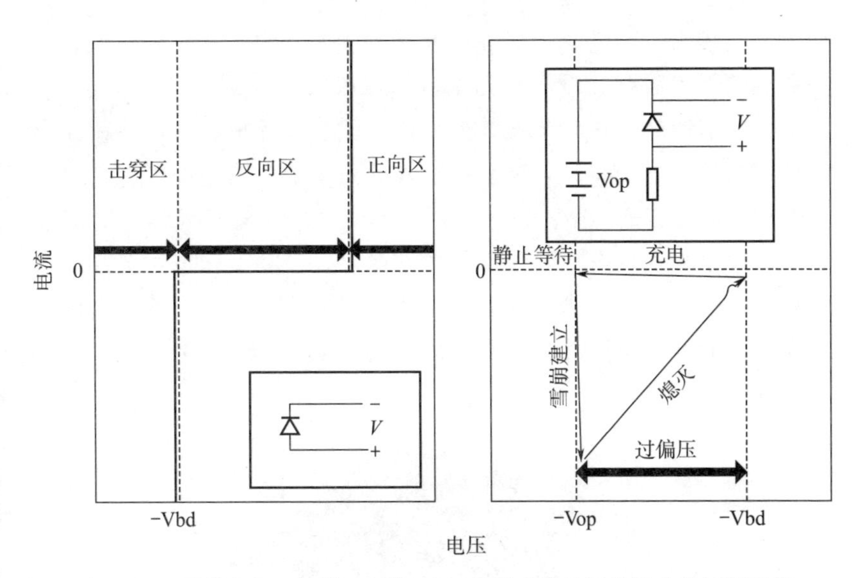

图 2 - 48　雪崩光电二极管 PN 结 $I-V$ 特性曲线及标准被动熄灭原理图

撞产生更多的电子-空穴对，这样就形成了信号的放大[18]。

单光子雪崩光电二极管一般工作在盖革模式。盖革模式下，施加于器件两端的高电压会大于雪崩电压，此时通过光电效应在耗尽区内捕获到的载流子会引起雪崩过程，理论上雪崩引起的倍增因子接近于无穷大。

2.2.4.2　工艺特点

现代单光子雪崩二极管器件普遍采用了标准 CMOS 工艺，一方面能够利用标准的商业工艺线从而获得低成本优势；另一方面便于在单芯片上集成读出电路，实现器件的高集成度。单光子雪崩二极管是一种高压器件，其在 PN 结上需要施加超过其雪崩电压阈值的高工作电压，如图 2 - 49 所示。在高电压下，器件很容易发生边缘击穿，为了避免发生此现象，除了对器件工作区域的形状进行特殊设计外，还需要增加专用的保护环结构。保护环结构有多种形式，包括采用浅槽隔离（STI）工艺的保护结构、深 N 阱保护结构等。此外，为了降低暗计数和像元串扰，现代先进器件设计还会采用

PIN 像元结构，通过设计专用的 N 埋层工艺，阻隔经过外延层和衬底形成的干扰通路。形成单光子雪崩二极管感光区域的是位于 PN 结下方的倍增区，在工艺设计上，倍增区会设计得较窄，从而在小区域内形成高电场设计，这有利于提升光子触发雪崩的可能性，同时避免齐纳击穿的产生。

由于单光子雪崩二极管工作在雪崩模式，其工作电压较高，超过一般 CMOS 电路对栅极电压的要求，因此在其淬灭电路也即读出电路部分的器件往往会采用厚氧 MOS 管设计，以满足器件高压工作的条件。

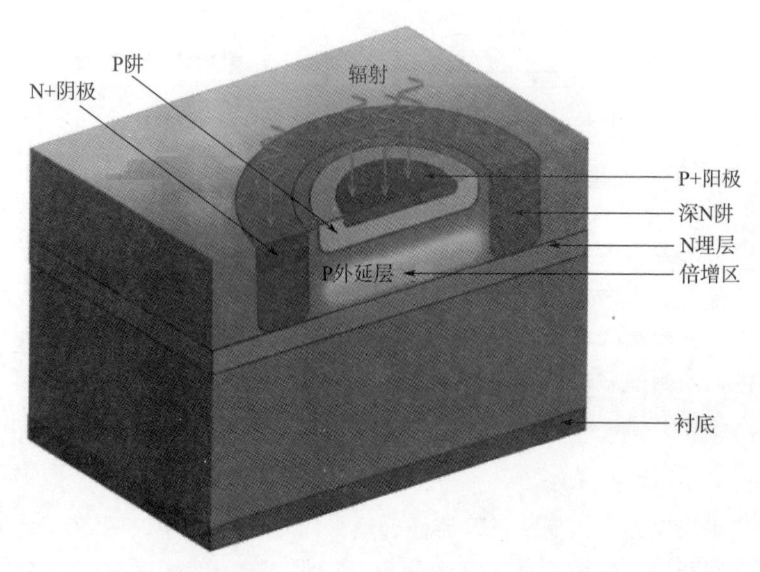

图 2-49　一种先进工艺的单光子雪崩二极管像元结构

2.2.4.3　性能指标

在线性模式下雪崩光电管可以通过几个主要的性能指标表示，分别是量子效率、雪崩增益、额外噪声、暗电流、响应速度等。

雪崩光电管在盖革模式下的性能指标有如下几个：雪崩电压、探测效率、暗计数、后脉冲、死时间、时间分辨率等。下面对盖革模式下的性能指标进行简要的介绍[18]。

（1）雪崩电压

雪崩电压是指当雪崩光电二极管工作在这个电压之上时，雪崩管内由载流子引发的倍增过程是一个持续的过程，理论上讲工作在雪崩电压之上，倍增因子为无穷大。当雪崩管工作在雪崩电压之下时，是一种放大模式，可以通过倍增因子描述。雪崩电压主要由器件材料、结构和器件工作的温度决定，雪崩管的工作温度越高，雪崩电压也越高。

（2）探测效率

探测效率指当单光子入射到雪崩光电管，最终触发一次雪崩，并被探测到的概率。影响探测效率的因素有：入射光子的波长、入射光子与器件的耦合、器件是正入射型还是底部入射、器件的工作电压、器件的工作温度等。在具体的应用当中要考虑使用雪崩管时的探测波长，优化雪崩管，提高雪崩管在探测波长的探测效率。

（3）暗计数

当雪崩光电二极管工作在盖革模式时有时没有光也会引发计数，这个计数称为暗计数。暗计数主要有几个来源：器件耗尽区里的热噪声、直接隧穿引起的暗计数、通过带隙中间的杂质能级隧穿引起的暗计数，在不同的温度，不同结构的雪崩光电管里，这几种暗计数在总的暗计数里占的比率会有所不同。

（4）后脉冲

后脉冲是经过一次雪崩后，在没有光照的情况下，之前的雪崩也可能会引起另外一个雪崩计数，这个雪崩计数称为后脉冲。后脉冲是因为一些禁带中的能级经过上一次雪崩以后被填充，占据了原先没有被占据的态。在雪崩管淬灭过后重新恢复探测状态时，处于这些态中的电子逐渐地被释放出来，这样就有可能引发新的雪崩，限制探测器工作速率的主要就是后脉冲。后脉冲和雪崩过程中流过倍增区的载流子数目有关，流过的载流子数目越小，后脉冲就越少，同时后脉冲还和材料工艺过程中引入的杂质有关。

(5) 死时间

死时间是指在雪崩管探测到一个雪崩信号以后需要一段时间才能恢复探测单光子的状态，这段时间称为死时间。如果在这段时间还有光子进入到雪崩管，雪崩管没有计数，死时间通常由后脉冲决定，引起后脉冲的被俘获的载流子释放得越快，死时间就可以越小。

(6) 时间分辨率

在时间相关单光子计数、激光测距、量子通信中时间分辨率的高低直接影响了系统的性能。时间分辨率是指光子的入射时间和探测到雪崩信号之间的时间的分布情况。时间分辨率和雪崩管的种类、工作偏压、工作温度、相关电路都有关系。

2.2.4.4 应用

瑞士洛桑联邦理工大学（EPFL）先进量子架构实验室（AQUA）在2019年发布了当时世界上阵列规模最大的单光子雪崩二极管图像传感器 Swiss SPAD2。该器件具有较高的光子探测率和暗计数率，可替代 EMCCD 和 sCMOS 器件实现诸如生物荧光成像等微光场景应用。器件主要技术指标参数如表 2-7 所示，实物图和生物荧光成像照片如图 2-50 所示。

表 2-7 Swiss SPAD2 主要技术指标

参数	技术指标
阵列规模	512×512
像元尺寸	16.38 μm
填充因子	10.5%(无微透镜)
芯片尺寸	9.5 mm×9.6 mm
光子探测率	~50%@520 nm(V_{ex}=6.5 V)
暗计数(均值)	7.5 cpx/px(V_{ex}=6.5 V)
读出噪声	0
最高帧率	97.7 kfps(1 bit)

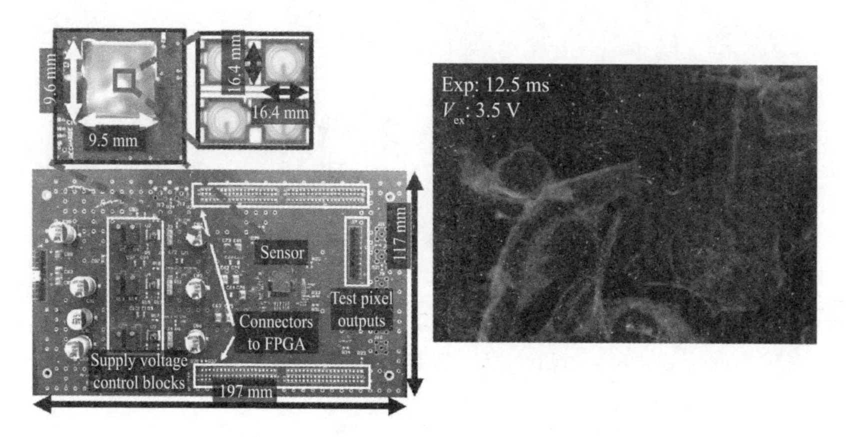

图 2-50　Swiss SPAD2 实物图及生物荧光成像照片

2.3　光电探测系统原理及基本组成

1.2.2 节对光电探测系统总体框架进行了描述，介绍了典型的光电探测器系统主要组成和基本原理，具体到不同的探测器和探测系统会有所不同，但基本原理都大同小异。如传统的 CCD、红外和单光子探测器只能完成光电转换，模拟处理部分都需要在外部电路完成，而 CMOS 及数字化红外探测器内部集成了模拟处理部分以及模数转换器，外部电路只需要进行数字处理即可，但总的系统原理都是一样的，只是集成度不一样。此外有些处理只是某些探测器或探测器系统的特殊需求，如模拟处理中的 $I-V$ 变换只是部分单光子的 PIN 管需要在外部处理，而相关双采样电路多出现在 CMOS 探测器芯片内和 CCD 探测器的外围电路中，后续章节将会分类详细介绍。

参考文献

[1] 米本和也.CCD/CMOS图像传感器基础与应用［M］. 陈榕庭，彭美桂，译. 科学出版社，2006：35，46，49.

[2] 彼得·塞茨，艾伯特·塞尢维森. 单光子成像［M］. 孙志斌，等，译. 国防工业出版社，2015：35.

[3] 武利翻.CCD制造的关键工艺［J］. 传感器世界，2005（2）：22.

[4] 韩恒利. 背照式CCD图像探测器工艺技术研究［D］. 成都：电子科技大学，2014.

[5] 吴可.TDI可见光传感器技术研究［D］. 成都：电子科技大学，2011.

[6] 张宣妮.EBCCD的成像特性及其制作工艺［J］. 光电子，2017（2）：58-62.

[7] 韩露，熊平.EMCCD工作原理及性能分析［J］. 探测器世界，2009（5）：24-28.

[8] 李立金，李浩洋，徐彭梅，等. 晨昏轨道微光相机成像策略研究及仿真验证［J］. 航天返回与遥感，2017（5）：29-35.

[9] 武星星，刘金国，周怀得，等. 基于EMCCD和CMOS的天基微光成像［J］. 红外与激光工程，2016（5）.

[10] 马超龙.CMOS图像传感器像素工艺仿真与优化［D］. 哈尔滨工程大学，2013：24.

[11] 梁晋穗. 长波红外碲镉汞探测器［J］. 红外，2003（6）：2-4.

[12] 刘晞贤，等. 特殊光伏锑化铟红外探测器的设计［J］. 电子工艺技术，2017，9（38）：299-300.

[13] GB/T 13584—2011 红外探测器参数测试方法［S］.

[14] 谢珩，东海杰，张懿. 长波长线列碲镉汞焦平面器件拼接工艺研究［J］. 激光与红外，2017，47（1）.

[15] P Thorne，J Gordon，L G Hipwood，et al. 16 Megapixel 12 μm array developments at Selex ES［J］. Proc. of SPIE Vol. 8704（2014）.

［16］ 练敏隆，石志城，王跃，等．“高分四号”卫星凝视相机设计与验证［J］. 航天返回与遥感，2016，37（4）：32－39.

［17］ 范斌，陈旭，李碧岑，等．“高分五号”卫星光学遥感载荷的技术创新［J］. 红外与激光工程，2017，46（1）.

［18］ 马健．单光子雪崩光电二极管设计［D］. 中国科学技术大学，2014：16－17.

第3章 光电探测器驱动与信号处理(焦平面FPA)

3.1 CCD探测器驱动与模拟信号处理

3.1.1 典型CCD探测器成像电路组成

CCD成像电路是CCD相机的重要组成部分，用以提供CCD所需的驱动信号、各种偏置电压、读出CCD输出电荷，进行一系列放大和处理，形成满足像质要求的信号并转换成数字量，经必要的图像处理后由数传分系统向地面传送。CCD成像电路按照功能划分主要由CCD驱动电路和模拟信号处理电路两部分组成，驱动电路包括时序发生器和驱动及钳位电路，模拟信号处理电路包括前置滤波及放大电路、采样电路和图像处理电路，如图3-1所示。

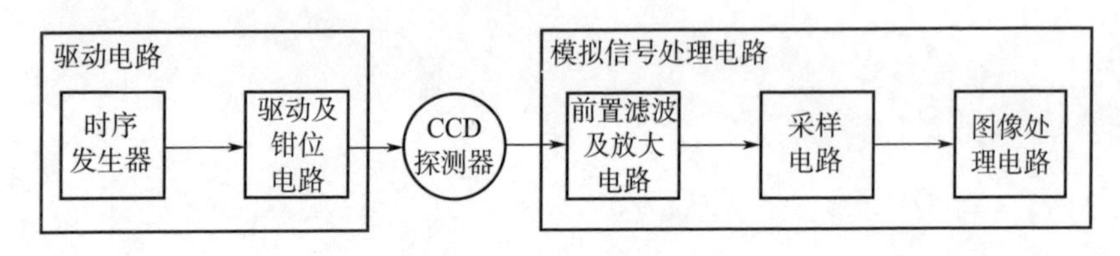

图3-1 CCD成像电路

3.1.2 CCD探测器驱动电路设计

3.1.2.1 CCD驱动信号时序发生器

CCD探测器工作需要时序驱动信号将探测器光生电荷按照设计转移到读出电路，时序发生器产生符合CCD工作相位要求的一系列时序信号，驱动信号的好坏直接影响电荷转移的结果，从而影响

CCD 的输出信号质量。时序发生器通常采用 CPLD、FPGA 或专用时序发生电路，根据 CCD 电荷转移的相位不同，驱动信号一般分为两相驱动信号、三相驱动信号、四相驱动信号。

两相是指驱动 CCD 每个像元电荷转移的电极为两个，驱动时序相位为两相；同理，三相/四相是指驱动 CCD 每个像元电荷转移的电极为三个/四个，驱动时序相位为三相/四相；电极构造、电势分布和驱动信号分别如图 3－2～图 3－4 所示。

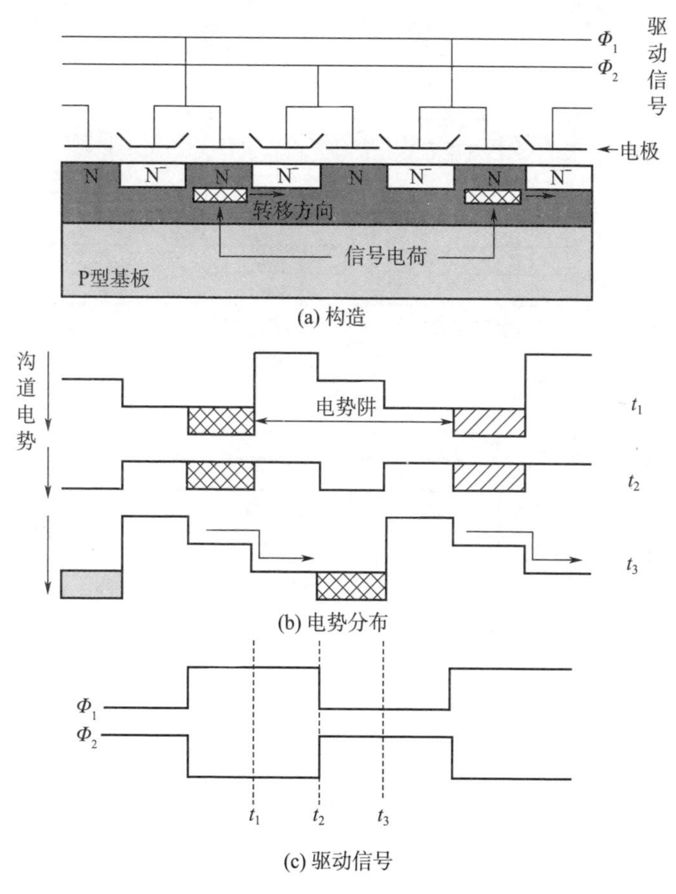

(a) 构造

(b) 电势分布

(c) 驱动信号

图 3－2　两相 CCD 的构造、电势分布和驱动信号

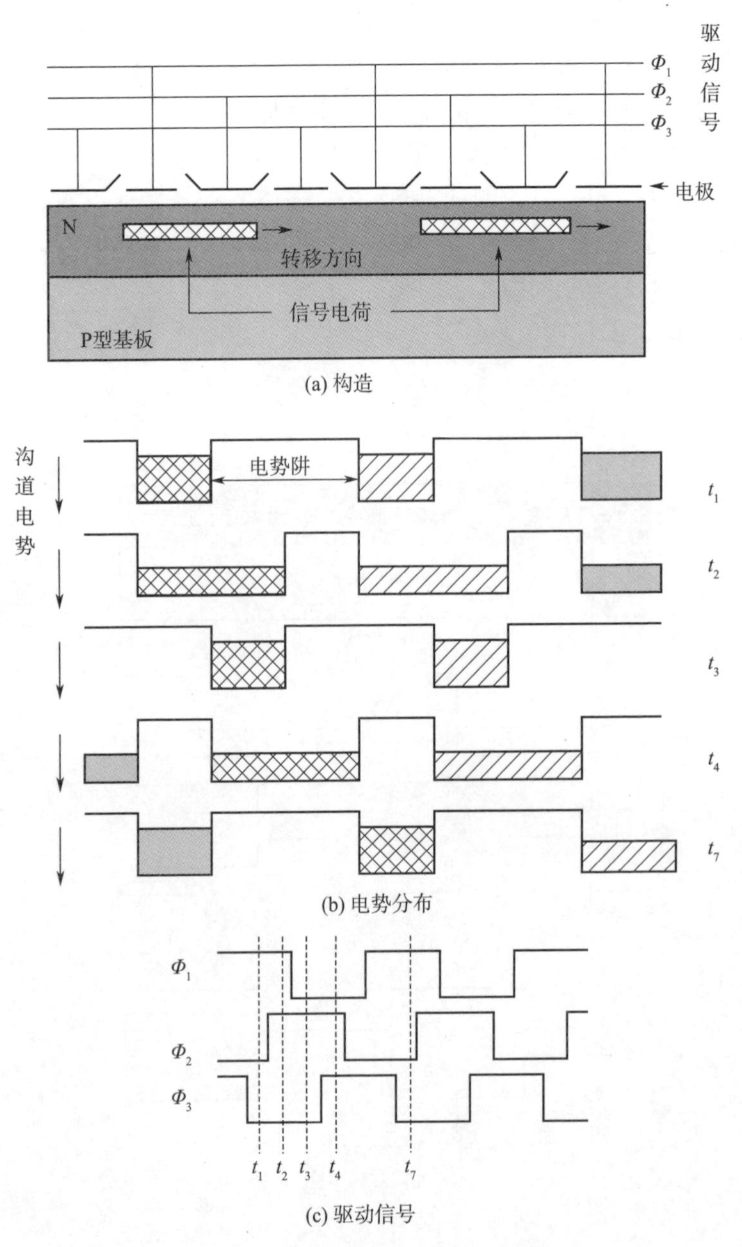

图 3-3　三相 CCD 的构造、电势分布和驱动信号

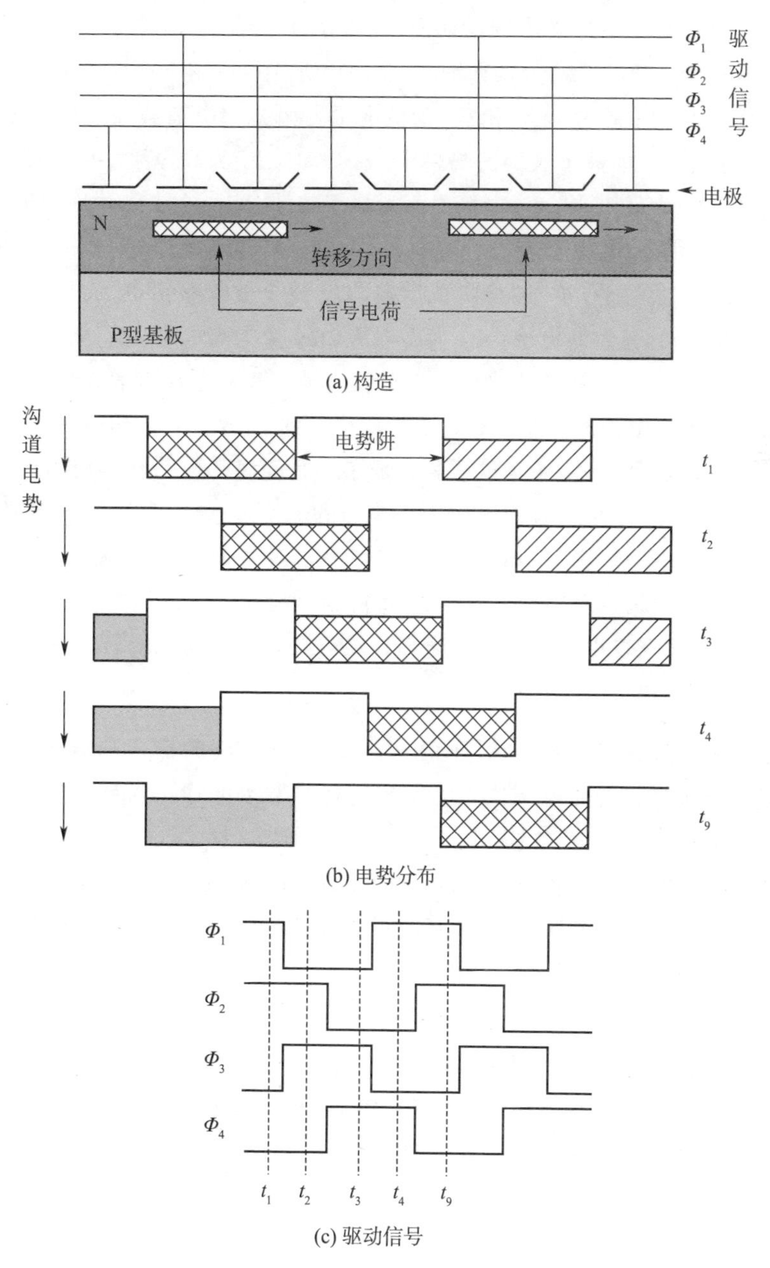

图 3-4　四相 CCD 的构造、电势分布和驱动信号

以三相驱动信号为例：如图 3 - 3（a）所示，在 CCD 的三相转移电极 Φ_1、Φ_2 和 Φ_3 上加如图 3 - 3（c）所示的三相驱动信号电压。t_1 时刻，Φ_1 为高电平，Φ_2 和 Φ_3 为低电平，由光生电荷或注入电荷 Q_S 被存储于 Φ_1 电极下表面的势阱中；t_2 时刻，Φ_1 为高电平、Φ_2 变为高电平，Φ_3 为低电平，Φ_2 电极下面形成了势阱，Q_S 被转移并均匀地存储于 Φ_1 和 Φ_2 电极下表面势阱中；t_3 时刻，Φ_1 变为低电平、Φ_2 为高电平，Φ_3 为低电平，Φ_1 的势阱被抬起，Q_S 就全被转移到 Φ_2 的势阱中；t_4 时刻，Φ_1 变为低电平、Φ_2 为高电平，Φ_3 变为高电平，Φ_3 电极下面形成了势阱，Q_S 被转移并均匀地存储于 Φ_2 和 Φ_3 电极下表面势阱中；依次类推，电荷 Q_S 被不断地往右转移，到 t_7 时刻，Q_S 被转移到下一个像元的 Φ_1 势阱中，这样就完成了一个完整的电荷转移周期。

两相 CCD 时序通常采用内部电极设计，产生 4 个台阶的势阱，其优点是驱动时序为一对 180°反向信号，时序设计及驱动电路均较为简单；四相 CCD 内部势阱变化较为“缓和”，高速时序产生的“过冲”效应较小，转移效率更高，缺点是驱动电路相对较为复杂。

3.1.2.2 CCD 驱动电路

上一节讲到的 CCD 时序信号，在 CCD 器件的输入端需要一定的电压摆幅和高低电平值，为实现这样的驱动时序，需要专门的驱动电路进行时序信号的驱动。

常规的 CCD 时序信号由 CPLD、FPGA 或专用时序芯片产生，多为 TTL 电平，即 0～3.3 V，而 CCD 需要的时序信号各不相同，可由图 3 - 5 所示的电路产生。

图中 Driver 芯片表示驱动 MOS 电路，如 CCD 需要电平为 −5～+5 V，其 V_H 连接+10 V，V_L 连接一个小于−5 V 电平，由隔直电容 C、上拉电阻 R_H、下拉二极管 D、钳位电阻 R_{L1}、R_{L2} 组成的钳位电路，使 V_{out} 静态偏置为−5 V，则实现一个−5～+5 V 的 CCD 驱动信号。

电阻 R 的大小可以控制驱动信号的驱动能力大小，与后文所述的驱动信号波形化直接相关。

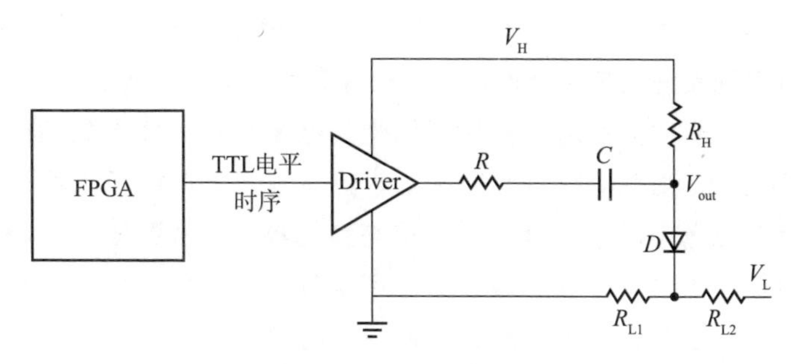

图 3-5　驱动电路原理

CCD 驱动信号分为垂直转移驱动信号和水平转移驱动信号，垂直转移驱动信号负责使光生电荷从成像区转移到水平寄存器区，水平转移驱动负责将水平转移寄存器区的电荷依次转出。因此，垂直转移驱动信号的特点是速度慢（kHz）、负载大（nF 级），而水平转移驱动信号的特点是速度快（MHz）、负载小（pF 级）。

在图 3-5 所示的驱动电路中，对于垂直转移信号隔直电容 C 要选择较大电容值，否则 CCD 电极的寄生电容会与隔直电容 C 产生分压效应，使得驱动信号摆幅达不到设计要求；对于水平转移信号，电阻 R 的取值要小，从而提高驱动电流能力，提高驱动电平的压摆率。

3.1.2.3　驱动信号频率

CCD 只能在一定的频率范围内工作，这个范围称为 CCD 的工作频率，也称为驱动信号的频率，其受很多因素的影响。

（1）驱动信号的下限频率

CCD 是动态成像器件，其驱动信号分为垂直转移驱动和水平转移驱动，通常垂直转移驱动频率为 kHz 量级，水平转移驱动为 MHz 量级。通常要求器件工作频率在设计允许的情况下尽量低，可以降低器件功耗和系统噪声，达到优化设计。但是驱动信号的下限频率通常受拖尾、暗噪声的影响。

对于面阵 CCD 相机，垂直转移时段仍然在进行曝光，因此垂直转移过程会在图像上呈现拖尾现象。垂直转移时间与曝光时长的比值就是拖尾“噪声”的占比。因此在设计驱动信号的下限频率时，要分析系统允许的拖尾阈值，从而设计曝光时间和驱动信号频率。

另外，驱动信号的下限频率也受暗电流影响。如果驱动信号电压变化太慢，则在电荷存储时间内，热激发产生的电子也会被搜集到势阱中与光生电子混合，从而填满整个势阱，从图像上观测为全亮图像，因此驱动信号必须有一个下限频率。信号电荷从一个电极转移到下一个电极所需要的时间 t_r 必须小于少数载流子的寿命 τ_e 。对于三相 CCD，$t_r = T/3$，这里 T 为驱动信号的周期，则 CCD 的工作下限频率 f_{c1} 为

$$f_{c1} > \frac{1}{3\tau_e} \tag{3-1}$$

显然，少数载流子寿命 τ_e 越长，CCD 工作频率的下限越低，驱动信号的下限频率越低。

(2) 驱动信号的上限频率

影响 CCD 工作上限频率的因素有两个，一个是 CCD 的电极长度不是无限小，信号电荷通过电极需要一定的时间，若驱动信号变化太快，将使转移势阱中的部分电荷来不及转移到接收势阱中，从而引起信号电荷的转移损失。若要信号电荷有效地转移，必须使 $t_r \leqslant (T/3) = (1/3f_{c2})$ 。这里 f_{c2} 为 CCD 的工作频率上限，故有

$$f_{c2} \leqslant \frac{1}{3t_r} \tag{3-2}$$

与此同时，由于 CCD 存在界面态，若界面态释放俘获电荷的时间大于驱动信号 $T/3$，就使得界面态俘获的部分信号电荷跟不上原来所在的信号电荷包而落到尾随的信号电荷包中去，造成了信号电荷的损失。因此，若要使信号不至于因界面态俘获而损失，就必须要求俘获载流子的释放时间 τ_c 小于 $T/3$，亦即 $\tau_c \leqslant t$ ，故 f_{c2} 又可写为

$$f_{c2} \leqslant \frac{1}{3\tau_c} \tag{3-3}$$

这表明，界面态的俘获时间也是决定驱动信号频率上限的因素之一。

3.1.2.4　电荷转移效率

（1）电荷转移机制

CCD 中电荷转移有三种机制，即热扩散、自感应漂移、边缘场漂移。

1）热扩散：电子的热能引起的扩散，见图 3－6（a）。

2）自感应漂移：因电荷分布产生的电势梯度引起的漂移，见图 3－6（b）。

3）边缘场漂移：因相邻电势差产生的电势梯度引起的漂移，见图3－6（c）。

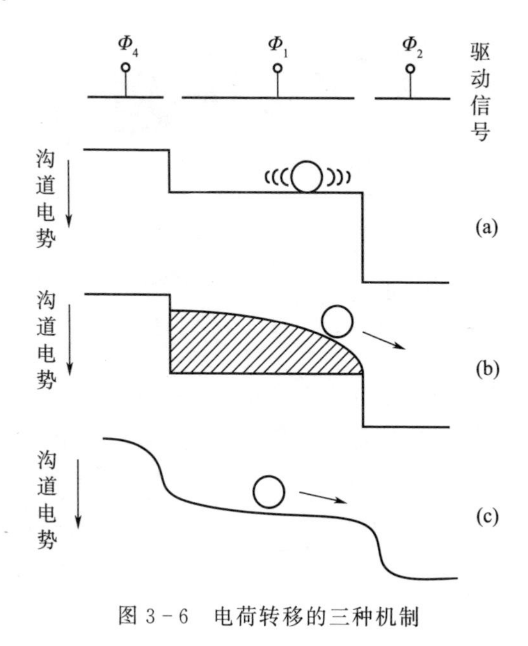

图 3－6　电荷转移的三种机制

在转移过程中三种机制是相互结合的。它们彼此的相对重要性取决于电荷包的大小，热扩散和边缘场在转移小电荷包时起主要作用，而自感应漂移是由电荷包内载流子相互静电排斥引起，决定着大电荷包的电荷转移，如图 3－7 所示。

驱动信号 Φ_1 的电压开始下降的初期阶段，位于 Φ_1 的信号电荷

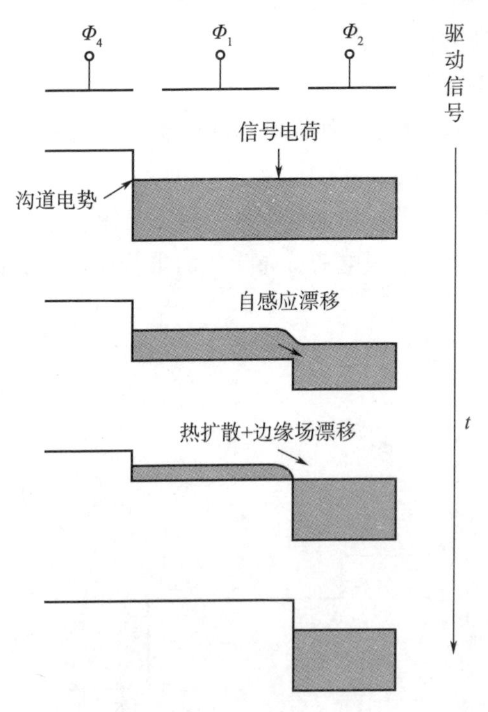

图 3-7　电荷转移过程

量多，信号电荷本身分布存在电势梯度（电场），因此在自感应漂移作用下电荷转移。随着转移进行到一定的程度，当 Φ_1 的电压达到一定状态，Φ_1 下的电荷密度降低，会利用电子的热扩散进行转移，但因相邻电极电势差产生的电势梯度，转由边缘场漂移，因此实际上转移的后半段主要是边缘场漂移。

（2）电荷转移效率

电荷转移效率（Charge Transfer Efficiency，CTE）是指光产生的电荷在转移区中，从某一级寄存器（像元）转移到下一级寄存器（像元）的电荷数占原电荷数的百分数

$$\mathrm{CTE}=Q_{n+1}/Q_n \tag{3-4}$$

式中，Q_n 为探测器第 n 电极下的电荷量；Q_{n+1} 为 Q_n 转移到第 $(n+1)$ 电极后的电荷量（注：此处为电极而不是像元）。在每次转移之后，

仍有剩余部分电荷未能转移到下一电极去，把剩余电荷与原有电荷量的比值定义为转移损失率，即

$$\varepsilon=(Q_n-Q_{n+1})/Q_n=1-Q_n/Q_{n+1} \tag{3-5}$$

引入转移损失率之后，则

$$\mathrm{CTE}=1-\varepsilon \tag{3-6}$$

电荷中的一部分，也就是无效电荷被留在原来的位置上。在首次转移之后，$(1-\varepsilon)$ 倍个电子被转移到第二个势阱中，ε 倍个电子进入第一个残余势阱中。在第二次转移之后，第二个势阱继续转移第一次转移电荷的 $(1-\varepsilon)$ 倍，并把其中的 ε 倍个电荷留在残余势阱中。残余势阱获得第一个势阱损失的电荷，并把它加到最后一轮残余势阱传输的电荷中。由此可见，电荷没有损失，只是进行了重新分配，相对值呈二项式概率分布

$$P_R=\binom{N}{R}(1-\varepsilon)^R\varepsilon^{N-R} \tag{3-7}$$

式中，N 是转移次数；R 为残余势阱的个数。

设 Q_1 是第一个势阱电荷，I_1 是第一个残余势阱的电荷，在经过 N 次转移后，剩余在势阱中的电荷数量是

$$Q_N=(1-\varepsilon)^N \tag{3-8}$$

经过 N 次转移之后，在残余势阱的电荷数量是

$$I_N=N(1-\varepsilon)\varepsilon^{N-1} \tag{3-9}$$

图 3-8 给出了一个像元的电荷在不同的转移效率下经过 100 次转移之后的电荷分布情况。第一个势阱中损失的大部分电子都出现在第二和第三个势阱中。对于高 CTE 阵列，电荷的转移损失可以忽略。

从图 3-8 中可以看出，电荷转移效率低的情况下，经过多次转移，一个像元的电荷大部分都分布在后面的残余势阱中，这样相邻像元之间的电荷就会发生混叠，从而造成输出图像的混叠。图 3-9 给出了不同电荷转移效率下，相对信号强度 Q_N 随转移次数增加的分布曲线。图 3-10 给出了不同电荷转移效率下，第一个残余势阱中

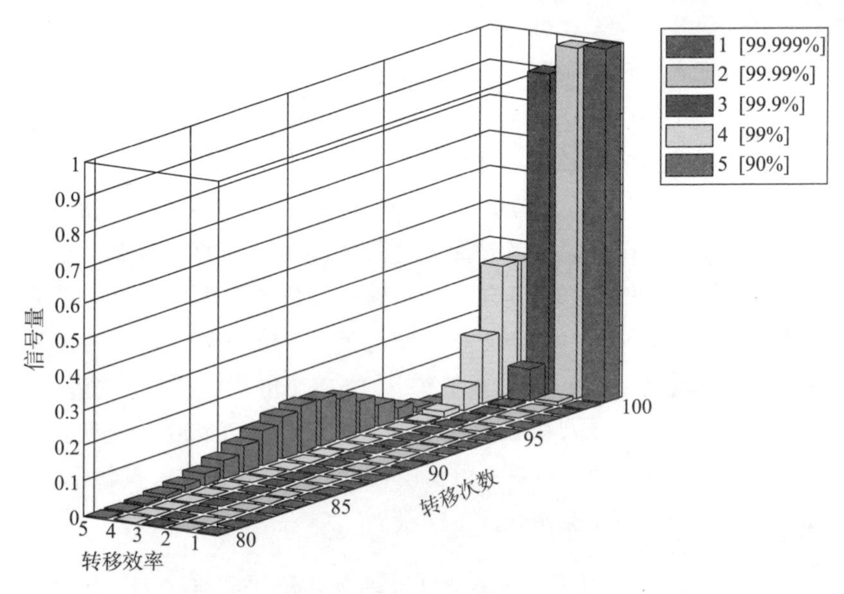

图 3-8　电荷信号转移分布图

相对信号强度 I_N 随转移次数增加的分布曲线。

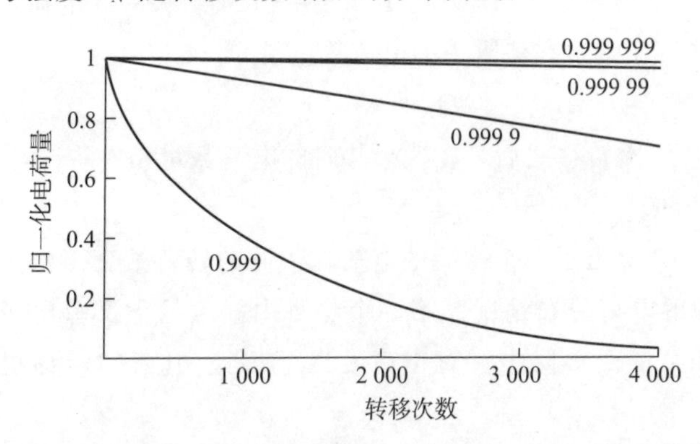

图 3-9　不同电荷转移效率下相对信号强度 Q_N 与转移次数的关系

若 CCD 像元数为 1，2，3，…，N，CCD 的电荷转移效率为 CTE，电荷转移损失率为 ε，m 为残余像元数。那么，CCD 电荷经过 N 次转移后，电荷的总损失为

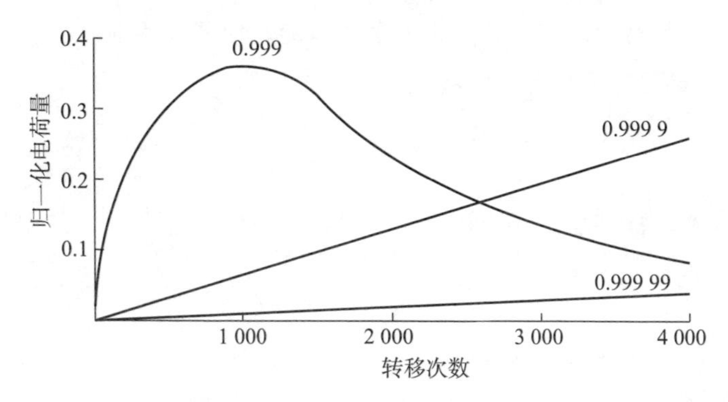

图3-10　不同电荷转移效率下相对信号强度 I_N 与转移次数的关系

$$Q_{N+m}=\frac{Q_i N!}{(N-m)!\ m!}(1-\varepsilon)^m\varepsilon^{(N-m)} \tag{3-10}$$

式中，Q_i 为第一个CCD目标有效像元数的电荷；Q_{N+m} 为CCD电荷经过 N 次转移后，电荷的总损失；如果使用泊松分布（接近于正态二项式分布），那么，CCD电荷经过 N 次转移后，电荷的总损失为

$$Q_{N+m}=\frac{Q_i\ (N\varepsilon)^m}{m!}e^{(-N\varepsilon)} \tag{3-11}$$

（3）电荷转移机制对电荷转移效率的影响

在实际电路中，电荷的转移效率与驱动时钟的上升沿时间有关，对于三种转移机制（热扩散、自感应漂移和边缘场效应），都与上升沿时间有关。

1）热扩散转移损失率为

$$\text{CTI}_D=e^{-t/\tau_{\text{th}}} \tag{3-12}$$

式中，τ_{th} 为热扩散的时间常数

$$\tau_{\text{th}}=\frac{L^2}{2.5D_n} \tag{3-13}$$

其中，L 为电极长度（cm），电荷扩散因子 D_n 为

$$D_n=\frac{kT}{q}\mu_{\text{SI}} \tag{3-14}$$

μ_{SI} 为电子的迁移率，随着工作温度的增加，造成晶格中原子的振

动，破坏晶格的周期性，阻止电子的运动，使得迁移率减小。

2）自感应漂移造成的转移损失率为

$$\mathrm{CTI}_{\mathrm{SID}}=\left(1+\frac{t}{\tau_{\mathrm{SID}}}\right)^{-1} \tag{3-15}$$

式中，τ_{SID} 为

$$\tau_{\mathrm{SID}}=\frac{2L^2 C_{\mathrm{EFF}}}{\pi\mu_{\mathrm{SI}} qQ} \tag{3-16}$$

其中，C_{EFF} 为像元等效电容（$\mathrm{F/m^2}$）；Q 为单位面积的电荷数量（$\mathrm{e^-/m^2}$）。

由于随着电荷的转移，电场强度减小，所以随着时间的增加，$\mathrm{CTI}_{\mathrm{SID}}$ 增大，在自激场作用下经过 $t=\tau_{\mathrm{th}}$ 后，热扩散开始占据主导作用。

3）边缘场造成的电荷损失率为

$$\mathrm{CTI}_{\mathrm{FF}}=\mathrm{e}^{-t/\tau_{\mathrm{FF}}} \tag{3-17}$$

式中，τ_{FF} 为边缘场时间常数

$$\tau_{\mathrm{FF}}=\frac{L}{2\mu_{\mathrm{SI}} E_{\min}} \tag{3-18}$$

其中，$E_{\min}$ 为电极下最小的电场强度（V/cm）

$$E_{\min}=\frac{2.09\Delta V_G \varepsilon_{\mathrm{SI}}}{L^2 C_{\mathrm{EFF}}} \tag{3-19}$$

式中，ΔV_G 为不同电极下的电势差。

由以上分析可知，热扩散、自感应漂移和边缘场效应三部分的电荷损失率随时间呈指数衰减，即三部分的电荷转移效率都随着转移时间增加而提高，所以电路设计时应尽量降低转移时钟的频率，增加转移时间来提高转移效率。

3.1.2.5 驱动信号波形化

几乎所有的高速电荷转移效率（CTE）问题都与驱动信号的上升和下降时间有关。事实上，驱动信号高低电平（V/s）变换得越快，CCD 的电荷转移效率（CTE）越低。因此，驱动信号的上升和

下降时间应尽可能缓慢（驱动信号需要波形化）。例如，如果驱动信号的下降沿比电荷从一相扩散到另一相所需的时间快，将会导致信号溢出弥散。同样，被称为“衬底反弹”的高速问题也与驱动信号的上升沿速度有关，它的速度必须进行限定，否则会导致弥散。

对于三相驱动信号波形化公式为

$$\tau_{WS}=\frac{t_L}{12} \tag{3-20}$$

式中，τ_{WS} 为波形化时间常数（s）；t_L 为垂直转移一行所需时间（t_{LT}）或水平转移一个像元所需时间（t_{LP}）。图 3-11 给出了驱动信号上升时间为两倍时间常数的示意图，对于完整一行或一个像元时钟转移周期需要 12 倍的时间常数。

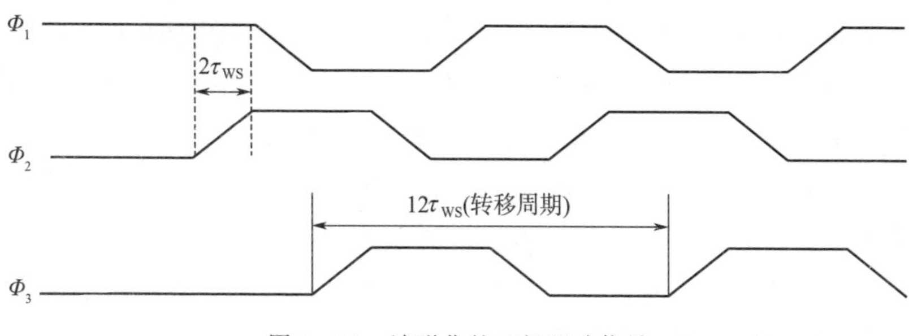

图 3-11　波形化的三相驱动信号

下面来分析一下三相驱动信号，理想情况下驱动信号没有上升和下降时间，在极短的时间内完成电平的转换。但是实际情况不是这样，由于器件的驱动性能不同，造成了驱动信号的上升和下降都有一个过渡阶段。由于三相驱动信号的工作机理是靠时钟沿来完成电荷的转移，如图 3-11 所示，三个驱动信号互相交叠 1/3 的脉宽，从而保证了电荷在上升和下降沿的推动下可以连续地朝一个方向转移下去。上升和下降时间越长，电荷转移得越干净，电荷转移效率越高，但是上升和下降时间的增大，会造成时序信号交叠的区域减少，图 3-11 中 Φ_1 的第一个下降沿时间变大，势必会占用和它相邻的高电平和低电平的时间，同样 Φ_2 的第一个上升沿也会发生同样的变化，随着这种趋势的不断发展，就会变成图 3－11 中的波形，通过计算可得这时上升沿时间占了整个时钟周期的 1/6。如果上升和下降时间超过这个界限，将会使三相驱动信号中没有重叠的区域，从而无法进行电荷的转移。图 3－11 是三相驱动信号边沿时间的最大值。

再看一下 RC 时间常数 τ，电压经过一个时间常数 τ 后，可以上升到幅值的 63.2%；经过两个时间常数 2τ 后，电压可以上升到幅值的 86.5%。平时测得波形的上升时间或下降时间都是指幅值从 10% 到 90%或从 90%到 10%的时间。按照这个关系可以把上升、下降时间近似地看成是 2 倍的时间常数，图 3－11 中，上升和下降时间的最大值为两倍的时间常数 τ，占了整个时钟周期的 1/6，从而可以推出时间常数 τ 占整个周期的 1/12。这个时间常数 τ 也是 CCD 管脚处三相驱动信号的最大时间常数，如果三相驱动信号的 RC 时间常数超过整个周期的 1/12，CCD 将无法完成电荷的转移。

四相驱动信号和三相驱动信号的工作机理相同，都是靠信号沿来完成电荷的转移。根据三相驱动信号的分析，又因为四相驱动信号互相交叠 1/2 个时钟脉宽，可以推出四相驱动信号上升和下降时间最大是占整个时钟周期的 1/4，从而可以推出四相驱动信号波形化的公式为

$$\tau_{\mathrm{WS}}=\frac{t_{\mathrm{L}}}{8} \tag{3-21}$$

式中，τ_{WS} 为 RC 时钟波形化时间常数（s）；t_{L} 为垂直转移一行所需时间（t_{LT}）或水平转移一像元所需时间（t_{LP}），对于完整一行或一个像元时钟转移周期需要 8 倍的时间常数。

二相驱动信号的工作机理和三相、四相驱动信号不同，由于二相驱动信号始终有一个固定深度的势阱，所以它是靠电平来完成电荷的转移，如图 3－12 所示。二相驱动信号对时序波形的占空比要求比较严格，应该限定在 50%左右，这样才能保证电荷经过不同的势阱时转移时间相同。如果二相驱动信号的占空比不在 50%左右，

将会导致电荷经过不同的势阱时转移时间不同，从而造成电荷无法完全转移，降低了电荷转移效率，特别是在器件的极限驱动速度下，这种影响更为显著。由于二相驱动信号是反相的关系，利用同样的方法可以推出二相驱动信号的波形化公式为

$$\tau_{WS}=\frac{t_L}{4} \tag{3-22}$$

式中，τ_{WS} 为 RC 时钟波形化时间常数（s）；t_L 为垂直转移一行所需时间（t_{LT}）或水平转移一像元所需时间（t_{LP}），对于完整一行或一个像元时钟转移周期需要 4 倍的时间常数。

RC 时间常数的控制都可以通过在驱动信号到 CCD 管脚之前串接电阻和电容来实现，即 $\tau_{WS}=R_{WS}C_{WS}$，如图 3-12 所示。R_{WS} 要考虑驱动器件的等效输出电阻。

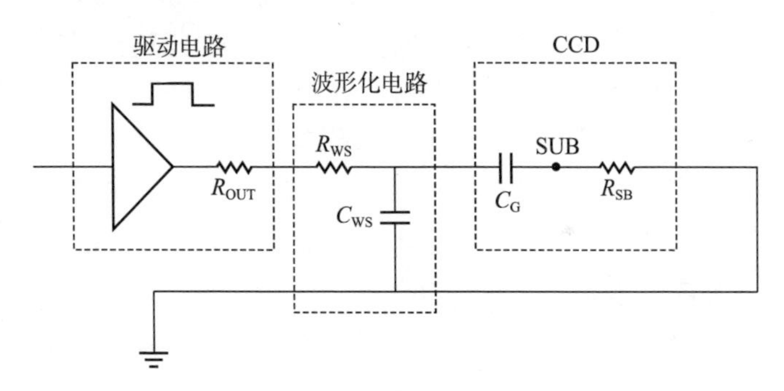

图 3-12　驱动信号波形化 RC 电路实现方法

3.1.2.6　衬底反弹

衬底电压是保证 CCD 工作的基本电压中的一种，用来提供 CCD 电荷移位寄存器工作的基准电压。衬底反弹（Substrate Bounce）可以解释为衬底电压在 CCD 工作时出现了波动，影响了电荷的转移，不仅会降低电荷转移效率，而且还可能出现弥散现象，从而严重影响图像质量。

电子在 CCD 电极电势的驱动下被收集到目标像元中，CCD 像元内电势分布如图 3-13 所示。

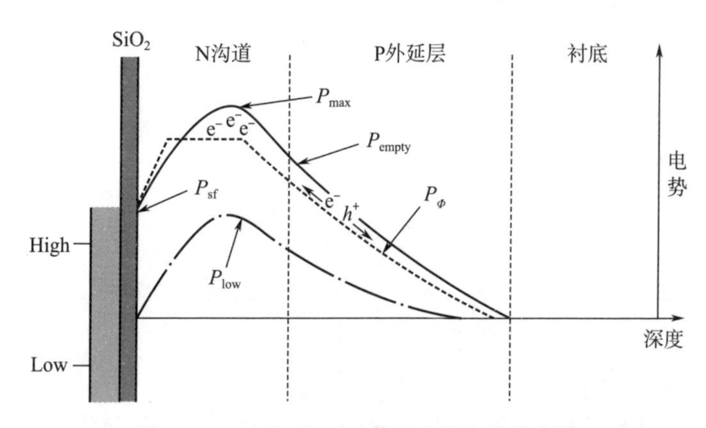

图 3-13　N 沟道 CCD 像元内部电势分布图

CCD 像元结构由表面透明电极、SiO_2绝缘层以及半导体材料中进行不同掺杂的 N 沟道和 P 外延层构成，由 N-P 构成的类似二极管结构，会在其分界面形成耗尽层，耗尽层内的自感生电场造成了 CCD 像元内部的电势分布。当电极电势为高，并且没有收集到电荷时，电势曲线如图中曲线 P_{empty}，当光子激发电子后，电子会在电势的驱动下向电势最大 P_{max} 处移动，此时峰值电势会随着电荷收集逐渐降低，如图中曲线 P_{Φ}。当电极电势为低时，电势分布如图中 P_{low} 曲线。CCD 像元势阱所能吸收的最大电子数由 P_{max} 最高点和 P_{low} 最高点的差所决定，衬底电压是所有电势的基准，为像元势阱的电势分布提供一个基准平面。

衬底反弹是一个能够影响 CCD 高速性能的重要现象。CCD 加上驱动信号后，电荷转移时形成的转移电流会从衬底流进或者流出，这时反弹就产生了。例如，对 N 沟道 CCD 来说，电流以耗尽区和衬底门翻转区产生的空穴形式存在。如果地线上存在阻抗，从而引起衬底电压的波动，产生了反弹现象。在 CCD 驱动端等效电容后的 SUB 点（图 3-12 中）就会产生衬底反弹现象，如图 3-14 所示。

驱动信号的上升沿可以引起衬底电压正向波动，因为此时 CCD

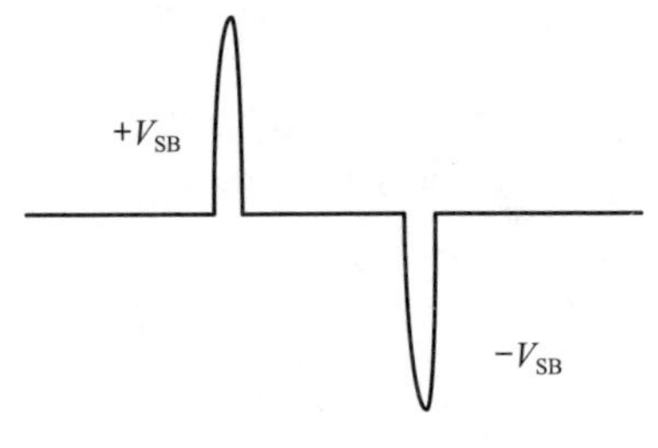

图 3 - 14　衬底反弹现象

中的空穴被填充；而驱动信号的下降沿会产生负向波动，因为此时 CCD 中的空穴被释放。由于衬底电压非常敏感，所以衬底反弹会给 CCD 的性能带来巨大的影响。例如，反弹会严重降低电荷容量，这一点将会在下面的实例中进行说明。衬底反弹问题在垂直转移驱动信号中也比较常见，这是由于垂直转移移位寄存器的等效电容和驱动信号的翻转电流都比较大造成的。下面的讨论以三相驱动信号 CCD 为例进行，但是在所有类型的 CCD 中，衬底反弹问题是普遍存在的。

衬底反弹问题大都是由驱动信号的上升沿造成的。图 3 - 15 给出了在地线回路上＋5 V 反弹产生前后的电势分布图。

衬底电势和隔离栅电势的表面电势近似为零，反弹发生之后，隔离栅的表面电势跟着衬底的反弹上升了 5 V。另一方面，势阱的最大电势只有微小的上升，因此势阱和隔离栅之间的电势差（V_C-V_B）由于反弹的发生大概降低了 5 V，从而引起了满阱容量的下降，造成信噪比的下降。驱动信号的下降沿由于隔离栅翻转的原因起到相反的作用。

有一点值得注意，对于三相 CCD 来说，衬底反弹在一个转移时钟周期内会发生三次。如图 3 - 11 所示，Φ_1 的上升沿会引起 Φ_2 反弹，同时引起 Φ_3 弥散。与之相似，Φ_3 的上升沿会引起 Φ_1 反弹，同时引起 Φ_2 弥散。最后，Φ_2 的上升沿会引起 Φ_3 反弹，同时引起 Φ_1 弥散。对满阱容量较小的势阱来说，弥散的影响非常大。

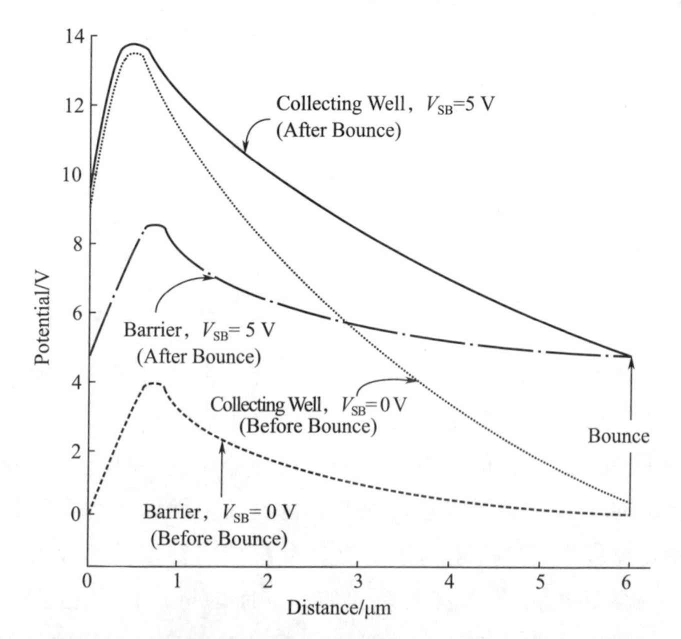

图 3-15　带有 5 V 衬底反弹现象前后的像元电势分布图

衬底反弹大小会因为驱动信号的负载电容和衬底阻抗的增加而增加，同时也会因为驱动信号上升时间的增大和驱动信号幅值的减小而减小。如果衬底阻抗看作是 CCD 驱动端对地的阻抗，衬底反弹大小可由下式决定

$$V_{SB}(t)=\frac{A_C}{1-\tau_{WS}/\tau_{SB}}(\mathrm{e}^{-t/\tau_{SB}}-\mathrm{e}^{-t/\tau_{WS}}) \tag{3-23}$$

式中，A_C 是驱动信号的幅值；τ_{WS} 是波形化时间常数；τ_{SB} 是衬底的时间常数。

$$\tau_{SB}=R_{SB}C_G \tag{3-24}$$

式中，R_{SB} 是 CCD 驱动信号端口的等效阻抗；C_G 是 CCD 驱动信号端口的等效容抗。

下面来看一个试验，根据式（3-24）分别计算一下 $\tau_{WS}/\tau_{SB}=0.1$，1 和 10 的情况下，衬底反弹 V_{SB} 的变化情况。一个三相

1 024 μm×1 024 μm×12 μm 像元的CCD，驱动端的等效容抗是480 pF，等效阻抗是500 Ω，驱动信号幅值是 $A_C=1$ V，从而可以得到 $\tau_{SB}=500\times(4.8\times10^{-10})=2.4\times10^{-7}$ s。

改变不同的 τ_{WS}，从而得到 V_{SB} 和时间的关系图，如图3-16所示。

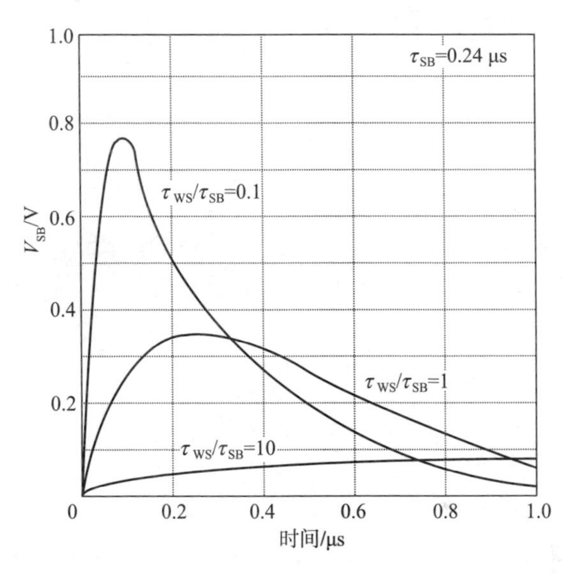

图3-16 衬底反弹电压和时间的关系图

最大的衬底反弹时间发生的时刻可由式（3-25）给出

$$t_{max}=\frac{\ln(\tau_{WS}/\tau_{SB})}{1/\tau_{SB}-1/\tau_{WS}} \tag{3-25}$$

图3-17给出了最大的衬底反弹发生时，衬底反弹电压和 τ_{WS}/τ_{SB} 关系图，此时驱动信号电压幅值是1。值得注意的是，τ_{WS} 必须至少是 τ_{SB} 的10倍以上时，衬底反弹的影响才可以忽略不计。

二相CCD对衬底反弹的敏感性要小于三相CCD，因为二相CCD的相位关系正好相差180°。在这种驱动信号驱动下，空穴可以从一个相位转移到另一个相位，而不需要离开衬底。空穴将会沿着信号电流的反方向转移，一个信号上升沿对着另一个信号的下降沿，

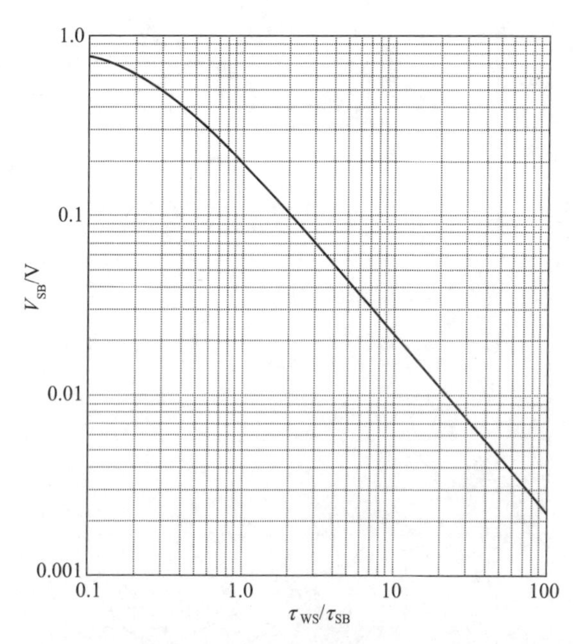

图 3-17　衬底反弹最大值与驱动信号波形化关系图

互相之间造成的影响较小，因此衬底反弹的影响也会变小。四相CCD也可以按照二相CCD的模式进行相位的锁定，从而减小衬底反弹的影响。另外，由于工艺的不同，背照式CCD驱动端口的等效阻抗要大于正照式CCD驱动端口的等效阻抗，所以受到衬底反弹的影响也大。

3.1.3　CCD探测器模拟信号处理

3.1.3.1　模拟信号滤波与整形

CCD输出模拟信号为电流型输出，需要通过电流-电压变换转化为电压信号，输出电流为mA级。

图 3-18 给出CCD输出的模拟信号的基本处理电路构成，包括输出负载电阻 R_L，隔直电容 C_C，前置放大器A1、主放大器、相关双采样电路和AD转换电路共六个部分。

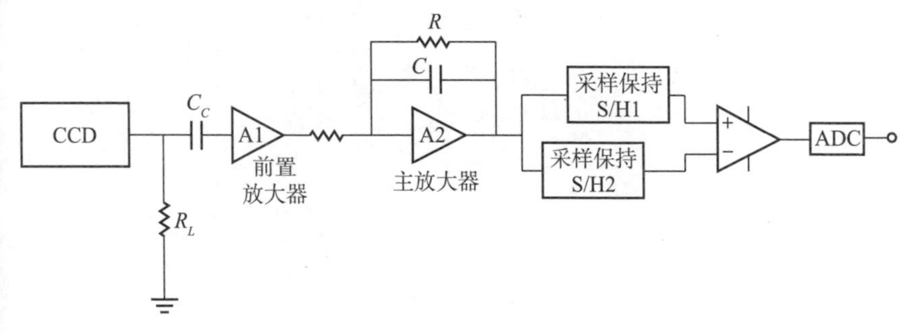

图 3－18　CCD 探测器模拟信号处理电路示意图

负载电阻 R_L 是将 CCD 输出电流信号变为电压信号，因此电阻越小，CCD 输出能力越强，模拟信号上升/下降沿越快。

隔直电容 C_C 是隔离掉 CCD 输出放大器输出的直流电压，这个直流电压通常为 3～17 V 不等，由 CCD 芯片内的输出放大电路设计决定。

前置放大电路是对 CCD 模拟信号的第一级功率放大，由于 CCD 输出信号呈现高阻高灵敏度特性，因此极易受扰，驱动能力也有限，因此通常在 CCD 输出管脚的临近位置设计前置放大器，采用低噪声 JFET 或专用运放，提高信号驱动能力。

主放大器主要实现带通滤波功能，设计 RC 电路，实现需要信号的带通滤波，提高系统信噪比。典型的运算放大器频率响应曲线如图 3－19 所示。

从图 3－19 中可以看出较小的反馈电阻（147 Ω）其频率响应曲线会产生过冲，而反馈电阻较大（600 Ω）其频率响应曲线下降得过快，300～400 Ω 的反馈电阻其频率响应具有最大的带宽。设计时带宽选择为 CCD 模拟信号的 4～8 倍，例如对于 25 MHz 模拟信号，带宽选择 100～200 MHz，因此选择 510 Ω 的反馈电阻即可以满足要求。

3.1.3.2　相关双采样电路

相关双采样是指对 CCD 输出的模拟信号分别在复位段采样和信

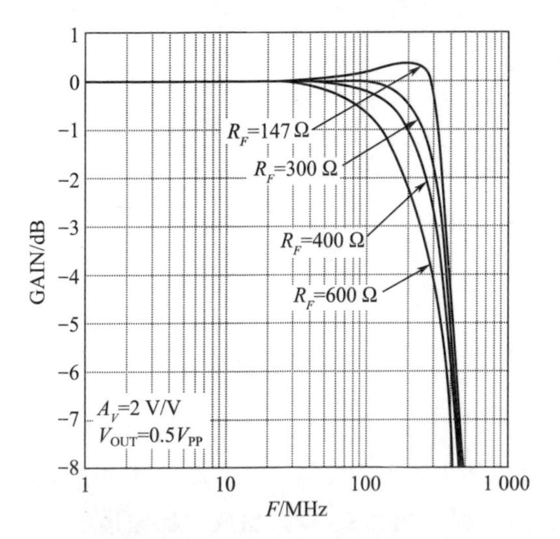

图 3 - 19　运放频率响应与其反馈电阻关系

号段采样，两次采样值相减得到该像元电压。相关双采样利用噪声的短时相关特点实现高通滤波，可以将相关噪声降低一个数量级，其理论原理详见第 4 章。

CCD 模拟信号的相关双采样可以有效滤除低频噪声，同时，通过分别对复位段和信号段的多次采样，求取平均值，滤除高频噪声，最终实现带通目的。

在设计中可以直接选用具有相关双采样、自动增益控制和 AD 量化功能的集成芯片，实现 CCD 信号的数字化过程。

3.1.4　CCD 探测器电源设计

CCD 探测器及其成像电路为典型的模数混合电路，该电路涉及的电源包括 CCD 探测器偏置电源、CCD 探测器输出端驱动电源、垂直/水平驱动信号供电电源、模拟信号处理供电电源、AD 转换供电电源以及数字图像处理电路电源。现分别对这些电源的设计要点进行说明。

3.1.4.1　CCD 探测器偏置电源设计

CCD 探测器偏置电源通常包括衬底电压偏置和抗弥散电源两种。

CCD 探测器衬底电压偏置虽然经常作为驱动信号的参考电平，从电源定义上来说属于数字电，但是衬底电压偏置与 CCD 成像区（N 沟道区）耦合较强。

如图 3－20 所示，衬底电压偏置连接在 P^+ 衬底区域，通常接负电压或地（N 型衬底接正电压）。该电源与感光区耦合电容较大，因此该电源的噪声会通过等效电容耦合到 N 沟道区域，最终增加图像信号的噪声。

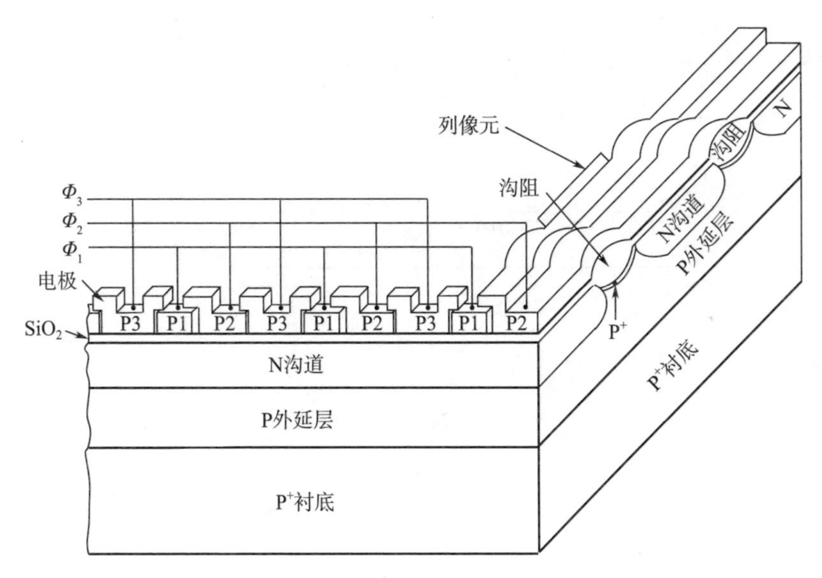

图 3－20　N 沟道 CCD 物理结构

因此在设计中要严格控制该电源的噪声，遵循以下设计原则：

1）采用线性稳压电源、恒流源或运算放大器供电，要求电源抑制比（纹波抑制比）大于 48 dB；

2）CCD 管脚处采用对地去耦电容，每个管脚采用 0.1 μF 与 1 μF 电容并联；

3）通过布局的方式，使衬底电压偏置与图像处理的数字电源、模拟电源隔离，避免受到数字电源的干扰，或对模拟电源进行干扰。

抗弥散电源在 CCD 内部的位置，以及与感光区信号的耦合强度均与衬底电压偏置高度相似，因此电源设计原则可参考抗弥散电源的设计，此处不做赘述。

3.1.4.2 CCD 探测器输出端驱动电源

CCD 探测器输出端驱动电源包括输出端复位电源和输出放大器供电电源。

如图 3-21 所示，输出端复位电源为 V_{REF}，其作用是在 CCD 模拟信号读出后，将探测器输出进行复位。输出放大器供电电源为 V_{DD}，其作用是提供 CCD 输出放大器电源。

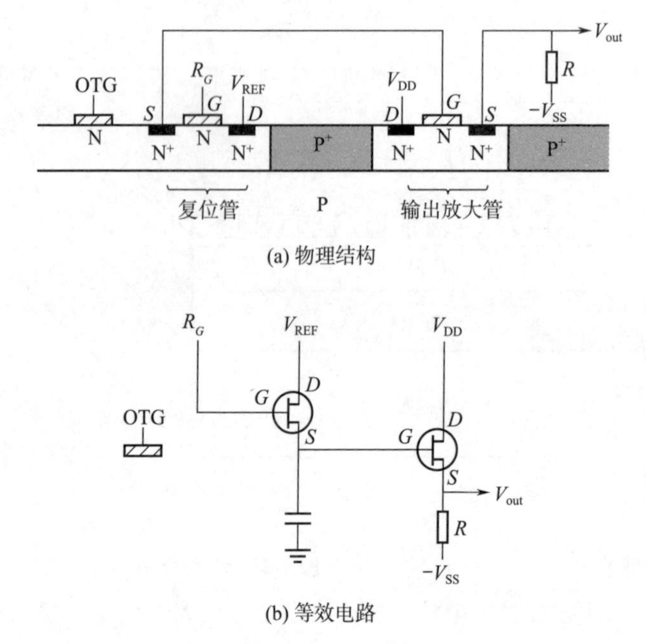

图 3-21 CCD 输出端结构

输出端复位电源和输出放大器供电电源均位于 CCD 探测器水平读出通道的末端，对噪声非常敏感，是输出放大器噪声的主要耦合渠道，因此在电源分类上属于严格意义上的模拟电源，在设计中要比其他电源更重视噪声抑制问题，因此须遵循以下设计原则：

1）采用线性稳压电源、恒流源或运算放大器供电，要求电源抑制比（纹波抑制比）大于 54 dB；

2）CCD 管脚处采用对地去耦电容，每个管脚采用 0.1 μF 与 1 μF 电容并联，并在相对较近位置设计钽电容等大容量、低 ESR 电容器，每通道应不小于 10 μF 电容量；

3）严格与数字电源/地、偏置电源/地进行空间隔离，远端共地采用磁珠连接。

3.1.4.3　垂直/水平驱动信号供电电源

垂直/水平驱动信号供电电源是为 CCD 工作时序驱动信号提供供电电源，不直接与 CCD 管脚连接。

相对于模拟信号，CCD 驱动信号负载重、功率大、终端耦合严重，信号完整性受终端反射影响较大，波形表现出严重的过冲/下冲特性，尽管如此，如果 CCD 驱动信号电源具有明显的开关噪声，导致 CCD 驱动信号也存在开关噪声，那么该信号直接连接到 CCD 驱动电极（如图 3－20 所示的电极 Φ_1、Φ_2、Φ_3）上，则会造成 CCD 探测器大面积耦合该开关噪声，最终造成图像信号干扰严重。

因此，垂直/水平驱动信号供电电源设计时应遵循以下原则：

1）采用线性稳压电源供电，噪声小于 10 mV；

2）通过布局的方式，与模拟电源隔离，避免对模拟电源进行干扰。

3.1.4.4　模拟信号处理供电电源

模拟信号处理供电电源通常指 3.1.3 节中 CCD 模拟信号处理中的运算放大器或 CCD 输出端恒流源的供电电源，在电源分类中属于严格意义上的模拟电源，与 CCD 输出放大器供电电源一样，应遵循以下设计原则：

1）采用线性稳压电源、恒流源或运算放大器供电，要求电源抑制比（纹波抑制比）大于 54 dB；

2）在运算放大器或恒流源三极管供电管脚处采用对地去耦电容，每个管脚采用 0.1 μF 与 1 μF 电容并联，并在相对较近位置设计钽电容等大容量、低 ESR 电容器，每通道应不小于 22 μF 电容量（运算放大器输出功率大于 CCD 输出放大器端，因此要求电容量更大）；

3）严格与数字电源/地、偏置电源/地进行空间隔离，远端共地采用磁珠连接，不需要与 CCD 输出端驱动电源空间隔离。

3.1.4.5 AD 转换供电电源

AD 转换供电电源是为 AD 转换芯片提供电源，AD 转换芯片通常会区分数字电、模拟电和参考电，其数字电对应芯片中的数字逻辑，模拟电为芯片模拟接收端提供电源，参考电为内部比较器提供参考电平，因此，在设计中应遵循以下设计原则：

1）AD 芯片数字电建议采用线性稳压电源供电，避免采用 DCDC 电源芯片直接供电，造成电源开关噪声在芯片内部耦合到模拟电源中，增加 AD 过程的噪声；

2）模拟电源设计与 3.1.4.4 节模拟信号处理供电电源设计原则相同，在布局上要求与数字电源空间隔离，共地采用桥接方式或磁珠连接；

3）参考电采用电源基准设计，为 AD 中各个比较器提供准确的参考电平，要求该电源噪声小、温度稳定性高、时间稳定性高，噪声小于 100 μV。

3.1.4.6 数字图像处理电路电源

数字图像处理电路电源通常是为经过 AD 量化后的数字图像处理电路提供各种供电电源，随着数字图像处理硬件技术的发展，该电源呈现明显的低压大电流趋势，通常电压有 1.0 V、1.2 V、1.5 V、1.8 V、2.5 V、3.3 V、5 V 等，以 Virtex 7 系列 FPGA 为例，其核电 1.0 V 的工作电流接近或超过 5 A，因此如果采用线性稳压电源供电，其电源效率和电源芯片发热情况都是难以忍受的工程问题。因此，在设计中应遵循以下设计原则：

1）采用 DC/DC 类电源转换芯片进行供电，电源转换效率高（通常达到 90%以上），芯片功率大、体积小，便于数字电路小型化；

2）要与 CCD 电路上其他电源空间隔离，避免开关噪声污染其他电源；

3）根据电路需要设计去耦电容，在数字电路中通常要求电源噪声小于 50 mV。

3.1.5　CCD 探测器驱动与模拟信号处理电路设计举例

以某国产 4 096×96 TDICCD 为例，如图 3 - 22 所示，其器件的主要参数见表 3 - 1。

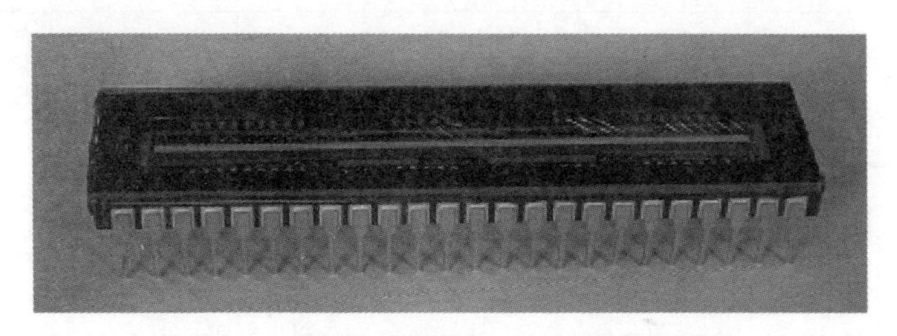

图 3 - 22　某国产 4 096×96 TDICCD 探测器

表 3 - 1　器件的主要参数

	参数项	指标
1	光敏区像元数	4 096(H)×96(V)
2	像元尺寸	13 μm×13 μm
3	输出端口	4 个
4	可选 TDI 级数	96,64,48,32,16
5	输出速率	单输出端数据速率 25 MHz
6	垂直转移信号	−5 V～+5 V 等
7	水平转移信号	−3 V～+3 V 等

其垂直转移驱动时序和水平转移驱动时序如图 3 - 23、图 3 - 24 所示。

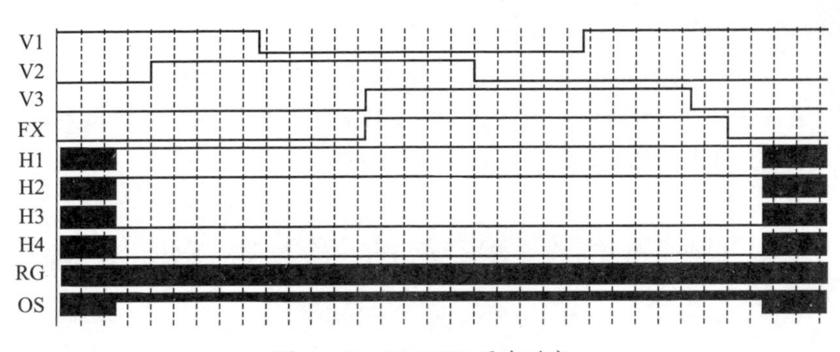

图 3-23 TDICCD 垂直时序

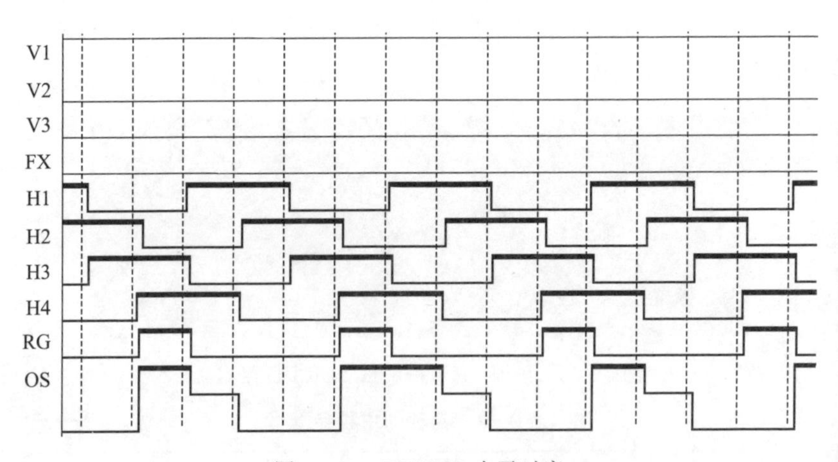

图 3-24 TDICCD 水平时序

实现以上时序，其驱动电路原理图如图 3-25 所示。

垂直转移驱动电路设计根据垂直转移负载大小（2 nF），设计隔直电容为 1 μF，驱动限流电阻为 50 Ω，在满足行频 7.8 kHz 的前提下，实现垂直转移信号上升/下降沿时间为 1 μs，根据实测，其波形化程度满足相位间串扰要求。

水平转移驱动电路设计根据负载大小（100 pF），设计隔直电容 1 nF，驱动限流电阻 10 Ω，实现 15 MHz 水平驱动时序，驱动波形类似于正弦波。

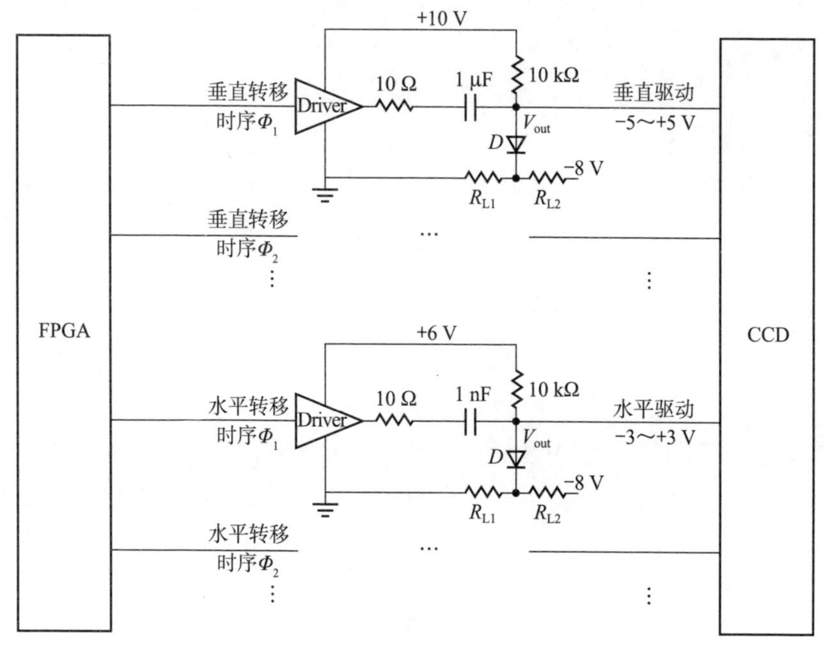

图 3-25 驱动电路原理图

CCD 由驱动信号控制，由光电效应产生对应的视频模拟信号，模拟信号处理电路如图 3-26 所示。

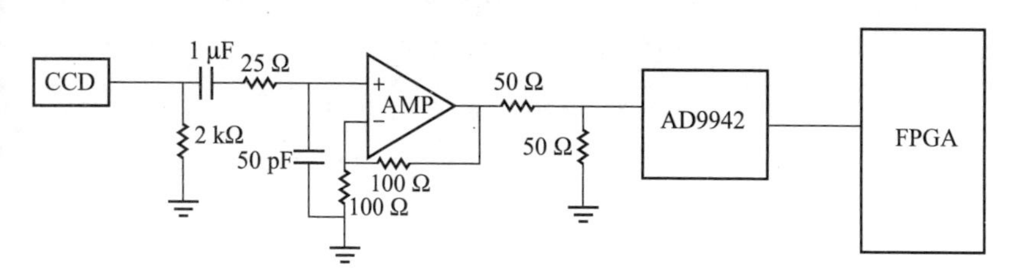

图 3-26 CCD 模拟信号处理电路

根据 CCD 输出管脚驱动电流能力（4～9 mA），采用对地 2 kΩ 电阻进行电流电压转换。

带通滤波频率设计为 6.37 kHz～120 MHz，低频截止频率大于

50 Hz 工频，可有效滤除 50 Hz 工频对电路的耦合干扰，高频截止频率设计为输出模拟信号 15 MHz 的 8 倍带宽，既实现滤波效果，又保证 CCD 模拟信号的参考电平和信号电平均有足够的采样位置。

模拟信号经运放驱动放大后，输出给专用图像处理芯片，实现自动增益控制、相关双采样、AD 量化等功能，量化后的图像输出给 FPGA，进行必要的图像拼接和图像处理。

3.2 红外探测器驱动与模拟信号处理

本节主要介绍红外探测器驱动与模拟信号处理电路的设计思想和方法。基于红外探测器的功能和性能，重点讨论红外探测器偏置电压的产生方法、时序驱动信号的产生方法以及红外探测器输出模拟信号的调理，较为详细地介绍驱动与模拟信号处理电路的设计过程及设计重点。

3.2.1 红外探测器驱动与模拟信号的特点

利用目标与背景之间的红外辐射差所形成的热点或图像获取目标及背景的信息的技术称之为红外探测技术。红外探测技术有其独特的优点：1）环境适应性好，在夜间和恶劣气候条件下的工作能力优于可见光；2）隐蔽性好，不易被干扰；3）识别伪装目标的能力优于可见光；4）体积小、重量轻、功耗低。红外探测器（Infrared Detector）是非常关键的器件，它可以察觉红外辐射的存在并测量其强弱，将入射的红外辐射经光电转换，变为人眼可观察的图像。

要使红外焦平面探测器正常工作，必须具备一定的条件，需要外部电路为其提供正常工作所需的偏置电压以及时序驱动信号。此外，红外探测技术的核心就是将探测器内部光电转换得到的模拟信号，进行向数字信号的转换，随后利用图像处理算法将得到的数字信号转换为肉眼可分辨的图像以达到探测的目的。红外探测器的偏置电压具有种类多、噪声小、误差小的特点，时序驱动信号通常包括主时钟周期信号、积分时间信号、增益控制信号等，输出的模拟信号具有输出阻抗大、输出信号电平是某一范围、输出为单端模拟信号、每个像元的输出信号在快速建立后保持一个电平值的特点。

依据红外探测器输入输出信号的特点开展外围电路的设计，我们将实现上述功能的外围电路称为红外探测器驱动与模拟信号处理电路。

3.2.2　红外探测器驱动与模拟信号处理电路的典型组成

红外成像系统中最核心的器件是红外探测器，而从电子学设计的角度考虑，红外探测器驱动与模拟信号处理电路则是非常重要的。想要提高整个红外成像系统的成像质量，除了选择高性能的红外探测器外，设计出高质量的红外探测器驱动与模拟信号处理电路是非常关键的。

依据3.2.1节中红外探测器驱动与模拟信号的特点，可将红外探测器驱动与模拟信号处理电路的功能归纳为三个部分，分别是负责提供探测器所需的多路偏置电压及时序驱动信号、对探测器输出的模拟信号进行前级调理。

1）偏置驱动：产生红外焦平面探测器所需的低噪声偏置电压；

2）时序整形：对红外探测器所需的时序驱动信号进行整形驱动；

3）信号预调理：对红外探测器输出的模拟信号进行调理，以便后级电路进行模数转换、数据合成等。

3.2.3　偏置电压的产生

红外探测器的偏置电压具有种类多、噪声小、误差小的特点。各类型红外探测器的偏置电压种类不尽相同，取值范围也不同。各类型偏置电压的不同取值，都会直接影响探测器的响应，且不同的探测器有不同的最优偏置电压值。

红外探测器的偏置电压一般包括光伏二极管偏置电压、积分电容复位电平、TDI 放大器参考电压、采样保持放大器参考电压、TDI 采样保持参考电压、输出动态范围调节电压等。

光伏二极管偏置电压的功能是调节探测器的注入电流，会直接影响探测器的盲元。

积分电容复位电平即读出电路积分电容积分起始电平，影响探测器的模拟输出电平，以及探测器对弱信号的响应。

TDI 放大器参考电压是 TDI 级采样保持电路中运放的参考电压，与 TDI 采样保持参考电压共同影响探测器的模拟输出电平。

采样保持放大器参考电压作为最后一级 TDI 采样保持电路中运放的参考电压，与 TDI 采样保持参考电压共同影响探测器的模拟输出电平。

输出动态范围调节电压直接影响模拟输出电压范围。

某些类型的偏置电压设计为某一固定值即可满足探测器的需求，例如复位偏置电压等；某些类型的偏置电压的不同取值会直接影响探测器的成像质量，例如光伏二极管偏置电压等。基于此，偏置电压的种类可以归纳总结为固定偏置电压和可调偏置电压两大类。

偏置电压的产生方法主要有通过高精度运算放大器设计稳压电路、稳压源结合分压电阻网络、通过高精度数模转换芯片输出电压值等。将上述三种方式互相结合，可总结归纳出以下几种偏置电压的产生方式：可编程逻辑器件搭配高精度数模转换器、应用模拟开关实现偏置电压可调、偏置电压的自适应调整技术等。但有些方案调节精度不高，灵活性不足。

目前比较常用的设计思路是：固定偏置电压的产生方式为基准电压芯片加运算放大器，如图 3 - 27 所示。通过低噪声、低温漂、低电压调整率的电压基准芯片产生一个稳定的基准电压值；然后再经电阻分压网络得到合适的电压值；对分压得到的电压值通过低噪声、低漂移、高共模抑制比的运算放大器进行缓冲或放大，最终得到所需的偏置电压。

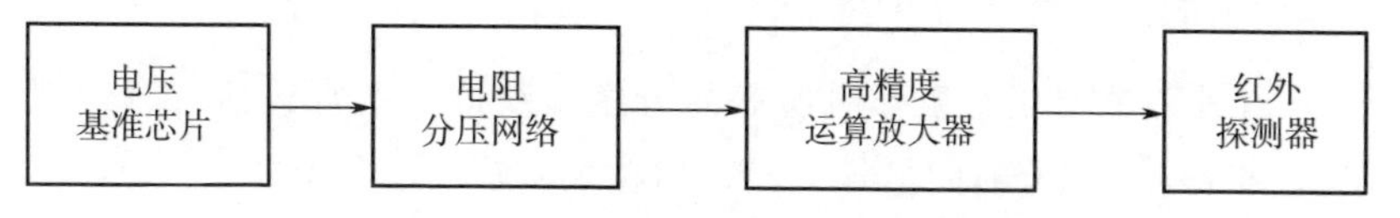

图 3 - 27　固定偏置电压产生方式示意图

可调偏置电压的产生方式为高精度数模转换芯片解析编码指令，如图 3 - 28 所示。由接口驱动芯片接收数模转换芯片的控制指令，经高精度数模转换芯片转换为相应的模拟电压值输入至探测器。在上述电路的基础上，为提高驱动能力，可以设计数模转换芯片输出的电压值再经一级高精度运算放大器进行缓冲调理。

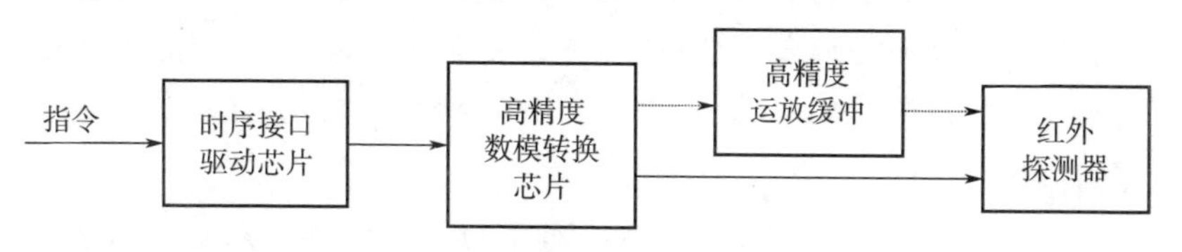

图 3 - 28　可调偏置电压产生方式示意图

设计过程中需重点考虑以下几点：

1）为保证输出电压的精度符合探测器误差要求，在选用电阻时重点关注电阻的温度特性指标；

2）选用基准电压芯片时，重点关注其噪声、温漂和电压调整率等性能指标参数；

3）选用运算放大器时，重点关注其噪声、温漂和共模抑制比等性能指标参数；

4）最大电流值超过 20 mA 的探测器偏置电压，若为固定电压值设计，则需在运算放大器后级添加三极管以增大驱动能力；若为可调电压值设计，则在数模转换芯片后端增加一级高精度运算放大器以增大驱动能力。

3.2.4 时序驱动信号的产生

红外探测器正常工作时所需的时序驱动信号通常包括主时钟周期信号 MC、积分时间信号 INT、增益控制信号 GAIN 等。

主时钟信号 MC：主时钟信号是红外探测器整个电路同步工作的基础，各类红外探测器的主时钟频率范围不尽相同，主时钟信号的功能是控制红外探测器内的静态同步计数器为探测器的像元进行地址编码，像元信息在每一个主时钟周期中读出。

积分时间信号 INT：一般情况下，红外探测器的积分时间信号的下降沿必须与主时钟信号的上升沿对齐，积分时间信号处于高电平时表明允许像素将电荷储存在输入电容中，当积分时间信号变为低电平时，则是使输入 MOS 管截止，表示电荷的积分结束。积分时间的高电平持续时间必须是主时钟信号的整数倍，具体设计值各类探测器均有不同。

增益控制信号 GAIN：红外探测器的读出电路对探测器内部的光伏二极管的信号进行采集、存储、延时积分，并进行信号传输及读出。读出电路输入级设置多挡增益，以保证读出电路的电荷处理能力。增益控制信号即用来选择不同挡位的增益，对应不同数值的积分电容，不同级别的积分电荷处理能力。

探测器输出信号的读出方式一般分为两种，边积分边读出（IWR）和先积分后读出（ITR）。不同的读出方式会对应不同的时序要求，主要的差异在于积分时间信号 INT 的低电平持续时间，具体如图 3－29、图 3－30 所示。

图 3－29 的时序关系图对应的是 IWR 读出模式，图 3－30 的时序关系图对应的是 ITR 读出模式，由时序图可以清晰地看出，ITR 模式下积分时间信号 INT 的低电平持续时间要求大于等于所有模拟信号输出所需的时间，而 IWR 模式下则没有此种要求。

时序驱动信号的产生，严格按照红外探测器的时序关系图，重点考虑信号电平值要求、相位要求、时钟要求以及安全性要求。

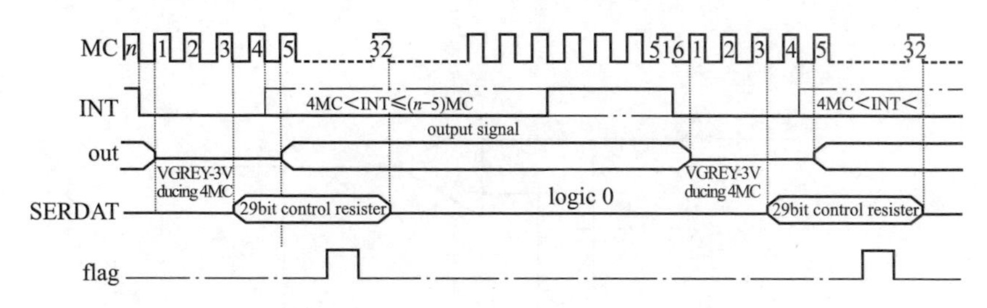

图 3 - 29 IWR 读出模式时序关系示意图

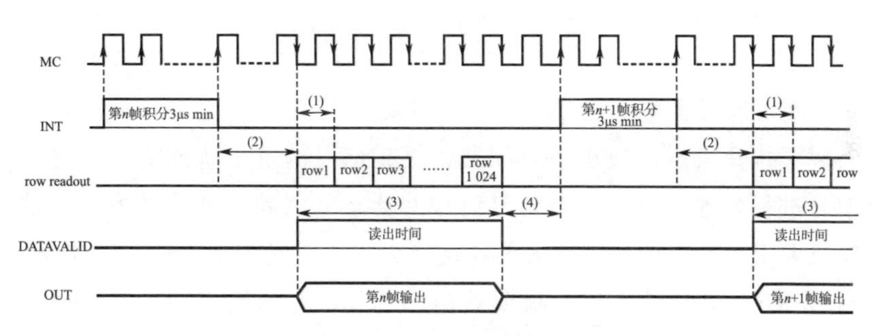

图 3 - 30 ITR 读出模式时序关系示意图

3.2.5 模拟信号的调理

模拟信号调理模块的功能是对红外探测器输出的模拟图像数据进行调理，抑制共模干扰及噪声，减小信号漂移，以适应远距离信号传输。探测器输出的是单端模拟信号，信号具有输出阻抗大、输出信号为直流且动态范围较小的特点，基于此，该模块包括阻抗变换电路和单端转差分电路两部分。

阻抗变换电路的功能是对探测器的输出信号进行缓冲，改变其阻抗特性，同时满足探测器对负载电阻和负载电容的要求。设计方式为将运算放大器构成增益为 1 的电压跟随电路，探测器输出信号直流耦合输入端串联 51 Ω 电阻，同时对地并联小电容 C（取值小于 10 pF）构成 RC 电路，对探测器输出信号进行低通滤波。选取运算放大器时要求其具有高输入阻抗、低输出阻抗、低失调电压的温漂系数等性能指标，以减小电路的噪声和温度漂移，如图 3 - 31 所示。

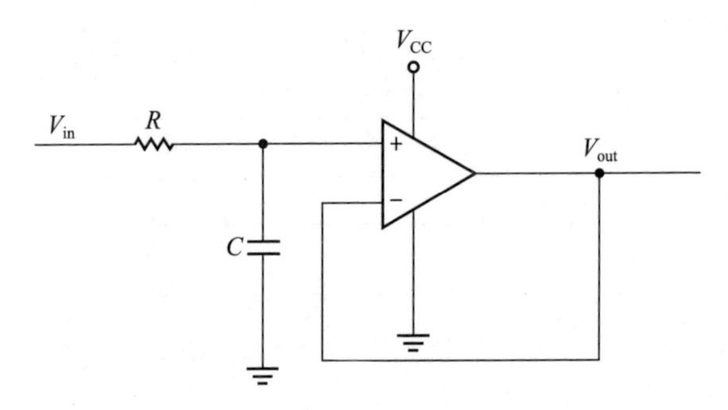

图 3 - 31 阻抗变换电路示意图

单端转差分电路的功能一是将单端信号转换为差分信号，抑制共模干扰及噪声，减小信号漂移，提高信号的抗干扰能力；二是对信号进行处理，使探测器输出信号的动态范围满足模数转换芯片的输入要求。选取的运算放大器在性能方面，需具备低噪声、宽带宽、高 SFRD，以便于驱动后级模数转换芯片；在功能方面，能够通过配置外围电阻实现单端信号向差分信号的转换及信号放大倍数的设置，能够通过外围管脚设置其输出差分信号的共模电压，保证输出信号共模电平与后续模数转换芯片的输入共模电平相一致，如图 3 - 32 所示。

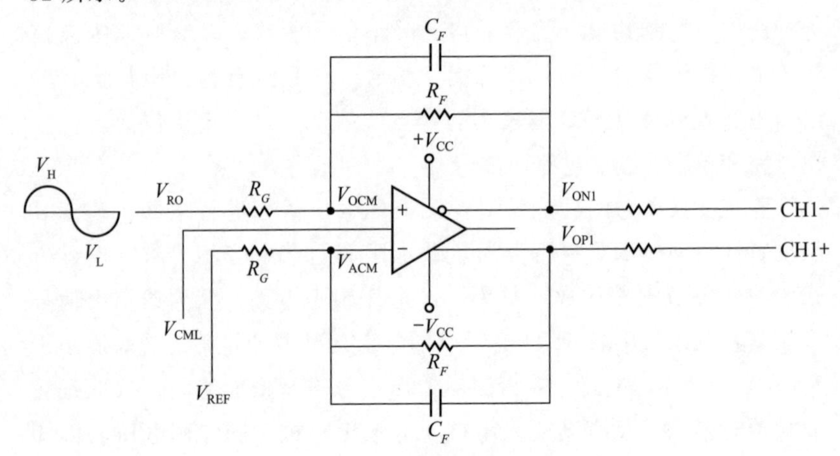

图 3 - 32 单端转差分电路示意图

探测器输出的是差分模拟信号：只需要设计差分转换电路即可，参照上述单端转差分电路开展设计，选取的运算放大器需能够实现差分至差分的处理。

3.2.6　应用设计举例

结合上述内容，以 1 024×1 024 面阵中波红外探测器组件为例，详细介绍红外探测器驱动与模拟信号处理电路的设计重点。

3.2.6.1　红外探测器的性能需求

（1）红外探测器工作模式要求

该红外探测器工作模式采用 1 024×1 024 制式、4 通道输出，探测器主时钟采用 5 MHz，探测器增益、积分时间可调。

（2）红外探测器偏置电压要求

红外探测器工作时所需的偏压值、容差、可变范围、偏置噪声、最大电流如表 3－2 所示。

表 3－2　红外探测器所需偏置电源

电学名称	偏压类型	取值范围	典型值	容差	最大电流	给定带宽内的最大噪声 RMS(f>1kHz)
VDDA（模拟电源）	固定	—	5 V	±0.05 V	≤50 mA	<1 mV
VDD（数字电源）	固定	—	5 V	±0.05 V	≤5 mA	<10 mV
GPOL（光伏二极管偏置）	可调	0.7～1.1 V	0.82 V	±0.05 V	≤5 mA	<100 μV
VGGAS（调频电压）	可调	1.2～1.5 V	1.35 V	±0.05 V	<1 mA	<10 mV
VREF① （运放参考电压）	固定	—	—	—	—	—
VAB（抗晕控制）	可调	0～1 V	0 V	±0.05 V	<2 mA	—

续表

电学名称	偏压类型	取值范围	典型值	容差	最大电流	给定带宽内的最大噪声 RMS(f>1kHz)
SUBPV（光伏二极管衬底）	固定	接地	0 V			

注：①VREF 由内部产生，但是外部必须接一个 0.1 μF 的去耦电容。

（3）时序控制信号要求

红外探测器时序信号要求如表 3－3 所示。

表 3－3　探测器驱动与控制信号

脉冲名称	低电平/V		高电平/V	
	典型值	要求值	典型值	要求值
MC（主时钟）	0	<0.6	5	>2
INT（积分时间控制）	0	<0.6	5	>2
GAIN（增益控制）	0	<0.6	5	>2

（4）探测器输出信号要求

探测器有两类输出，一种是八个通道模拟信号输出端 OUT1、OUT2、OUT3、OUT4、OUT5、OUT6、OUT7 和 OUT8；一种是数字输出信号（DATAVALID）。

模拟输出 OUTn 的典型负载由杜瓦外部的一个 $R \geqslant 100$ kΩ 的电阻与一个 $C \leqslant 10$ pF 的电容并联组成。

图 3－33 为探测器输出要求，表 3－4 列出了探测器输出信号标准。

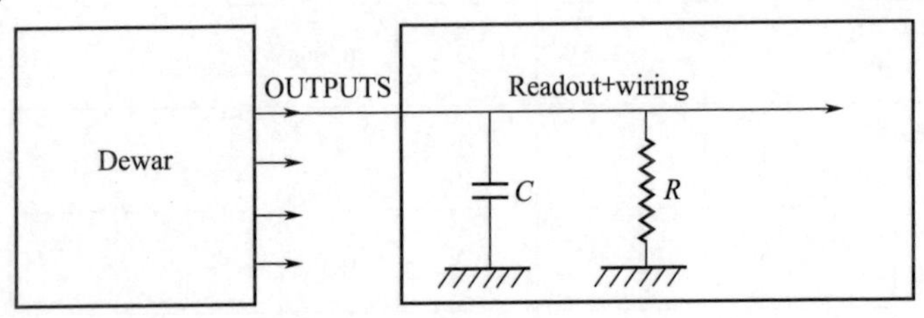

图 3－33　探测器输出要求

在以上负载条件下，输出端口对应的信号电平在 1.6 V 至 4.4 V 之间，其动态范围是 2.8 V。

表 3-4　探测器输出信号标准

电学名称	典型低电平	典型高电平
OUT1,OUT2,OUT3,OUT4,OUT5,OUT6,OUT7,OUT8 （模拟输出）	1.6 V （零电流）	4.4 V （饱和）
DATAVALID （数字输出）	0 V	5 V

数字输出 DATAVALID 处于高电平时表明模拟输出 OUTn 数据有效。数字输出的负载典型值为杜瓦外部的一个 $R \geqslant 10\ \text{k}\Omega$ 的电阻与一个 $C \leqslant 80\ \text{pF}$ 的电容并联组成。

3.2.6.2　电路功能框图

依据上述内容进行功能分解，得到如图 3-34 所示的电路功能框图。

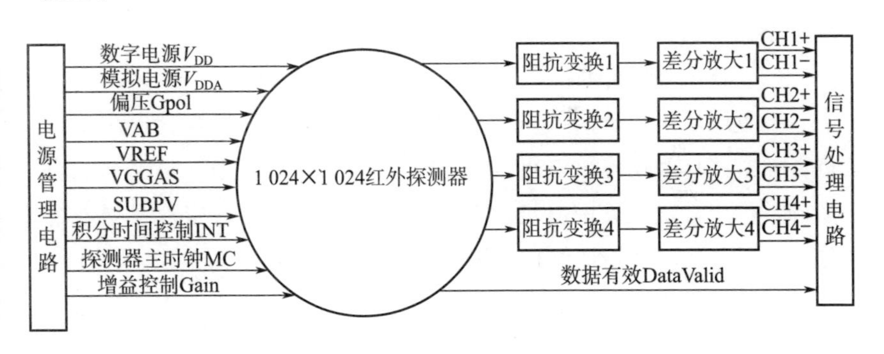

图 3-34　电路功能框图

1 024×1 024 红外探测器焦面电路各部分的功能说明如下：

1）对二次电源输入的 3 种电源进行滤波，并对其进行电源转换，转换为各芯片所需电压。

2）偏置电压产生电路：根据中波红外探测器对偏置电压的技术要求，对电源转换电路传输过来的二次电源进行滤波，保证探测器供电电源质量，产生低噪声、高精度的偏置电压提供给探测器。

3）时序驱动电路：根据中波红外探测器对时序控制信号的要求，对传输过来的时序与控制信号进行整形滤波；产生主时钟 MC、积分信号 INT 及增益控制信号 GAIN 送到探测器时序驱动接口，同时将输出的数据有效信号以 LVDS 的形式发送给后续处理电路。

4）前级预处理电路：根据中波红外探测器对负载的要求，以及探测器输出信号的特点，对探测器输出的信号进行缓冲和阻抗匹配，便于模拟信号的传输和后级处理。

5）后级信号调理：对前级处理的结果进行再次调理，以差分方式输出给信号处理器，使其满足模数转换器的输入动态范围要求。

3.2.6.3　偏置电压产生电路设计

（1）电压基准设计

本设计中各个偏置电压的产生需要一个高精度的电压基准，电压基准的选择主要考虑芯片的线路调整率、温度系数、噪声及负载调整率四个指标，另外兼顾封装和输出电压值。

（2）稳压电路分析

偏置电压产生电路的主要形式采用运算放大器组成的电压串联负反馈电路，利用输出电压 U_o 本身通过反馈网络对放大电路起到自动调整作用，负反馈网络可以起到稳定输出电压和稳定放大增益的作用，典型的电路组成结构如图 3-35 所示。

（3）各偏压设计实现

考虑到电源对信号的影响较大，因此红外探测器所需要的工作电源 VDDA 和 VDD 由电源管理电路通过 π 型滤波网络进行滤波处理后直接供给，在探测器管脚附近还要放滤波电容以进一步减小电源噪声。

偏置电压的产生是首先通过电阻对基准电压进行分压，然后通过高精度运放构成的电压串联负反馈电路缓冲输出，如图 3-36 所示，图中 R_1、R_2 电阻分别并联一个电阻，是为了微调阻值而设计。

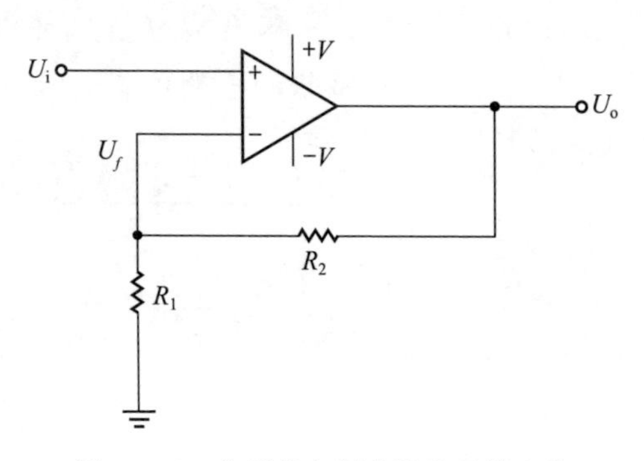

图3-35　典型的电压串联负反馈电路

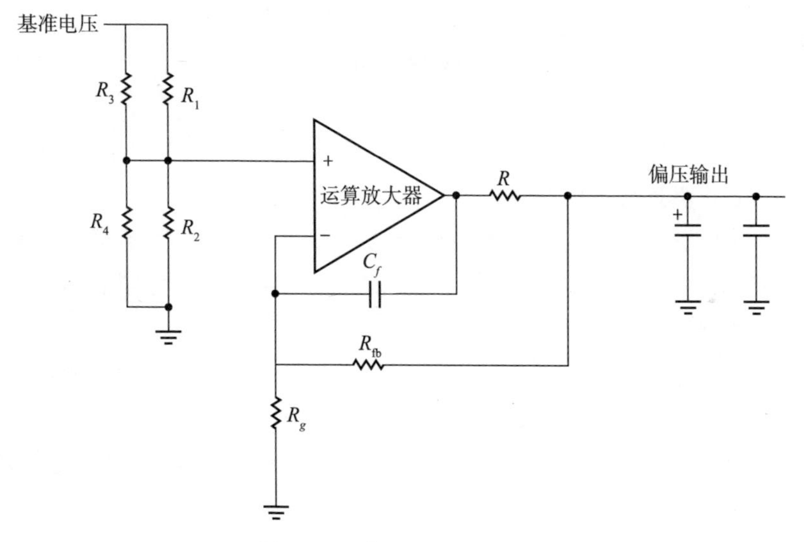

图3-36　偏置电压设计电路

3.2.6.4　时序驱动电路设计

时序驱动电路的功能主要是为红外探测器工作提供需要的主时钟MC、积分控制信号INT、增益控制信号GAIN，并处理红外探测器输出的有效信号DATAVALID。

为了保证时序信号在不同的电路板间传送时，抗干扰能力强且抖动小，采用LVDS电平信号，选用有较好抗辐照性能的LVDS发送和接收芯片进行调理，时序驱动电路的设计实现如图3-37所示。

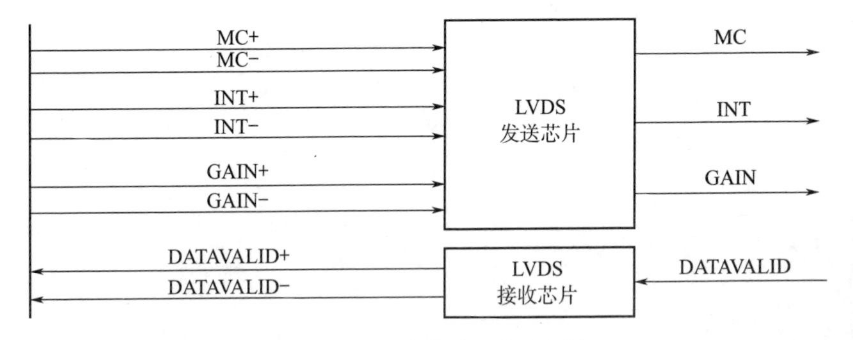

图3-37 时序驱动电路示意图

3.2.6.5 模拟信号调理电路设计

(1) 阻抗变换电路设计

该中波红外探测器具有输出阻抗大、输出信号为直流信号且动态范围相对较小的特点，后级单端转差分电路的输入电阻较小，所以探测器输出的信号应首先经过阻抗变换电路，改变探测器输出信号的阻抗特性，满足红外探测器对负载电阻和负载电容的要求，然后再进行单端转差分的处理。

阻抗变换电路是利用高输入阻抗低输出阻抗运放，设计增益为1的电压跟随电路，对输出信号进行缓冲，改变探测器输出信号的阻抗特性，便于后续电路对信号的处理。由于阻抗变换电路位于整个处理链路中的最前端，反映了输入电路与输出电路之间的功率传输关系，当电路实现阻抗匹配时将获得最大的功率传输，红外信号的能量得到最大化的转移。因此，阻抗变换时必须合理选择运放，减小电路噪声和温度漂移，以降低经后级放大后的噪声和信号漂移量对有用信号的影响。

本设计中主要从四个方面选择阻抗变换电路中所用的运放。

1）红外探测器的输出内阻较大，要求负载满足 $C\leqslant 10$ pF，$R\geqslant$ 100 kΩ 的条件，因此应选择高输入阻抗的运放；

2）为了保证经过探测器大的输出电阻后，探测器输出信号衰减较小，运放的输入偏置电流要低；

3）选择低电流噪声的运放，以保证输入电流噪声与探测器大的输出电阻的乘积较小，从而降低电路噪声；

4）选择低温度漂移系数的运放。

根据以上四点原则，选用合适的运算放大器，设计电压跟随器构成的阻抗变换电路如图 3 - 38 所示，探测器输出信号直流耦合输入端串联电阻 R（R 取值为 51 Ω），同时对地并联小电容 C（C 的取值小于 10 pF），构成 RC 电路，对探测器输出信号进行低通滤波。此时，将探测器看为信号源，RC 及阻抗变换电路为负载，负载电阻为选取的运算放大器输入电阻与 R 的和。

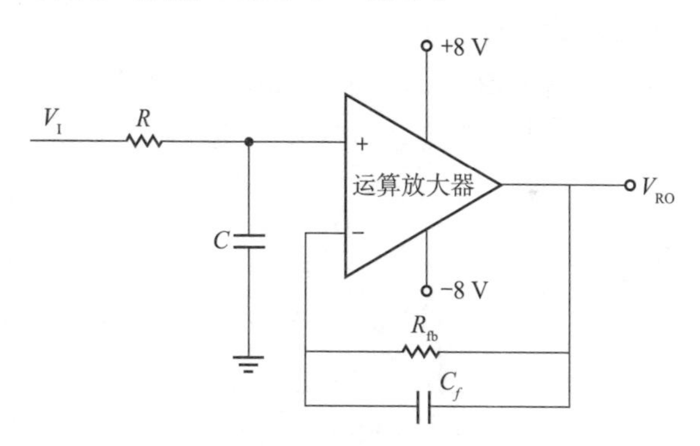

图 3 - 38　直流耦合阻抗变换电路示意图

（2）单端转差分电路设计

由于前后级信号传输时，直流电平信号更容易受到干扰，因此为了抑制共模干扰和噪声，减小信号漂移，前端的模拟放大和信号调理采用差分处理的方式，并且前后级信号传输采用差分传输，提高了传输的信号的抗干扰能力。同时利用差分运放做减法的原理，将探测器输出信号的 3 V 中间电平减掉，保证只对变化的 2.8 V 的动态信号进行放大处理。前后级信号差分传输时，会由于端接造成信号的衰减，因此在单端转差分及模数转换电路之间加入差分放大电路，对后级接收到的信号进行调理，使其适应模数转换器的动态范围，如图 3－39 所示。

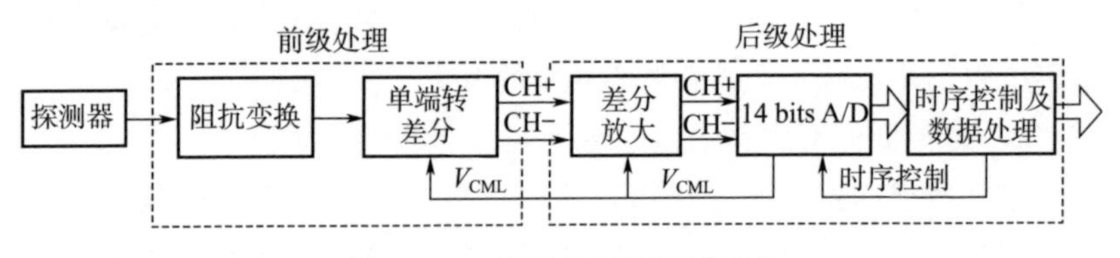

图 3－39　信号处理链路示意图

单端转差分电路主要实现两个功能：1）完成单端到差分的转换，以便前后级信号处理电路通过差分方式传输；2）对探测器输出的信号进行调理，使探测器输出 1.6～4.4 V 的模拟信号经调理后与模数转换器的输入动态范围相适应。

单端转差分电路如图 3－40 所示，图中输出端串接 51 Ω 电阻，主要是为了与传输线及后级处理电路阻抗匹配。

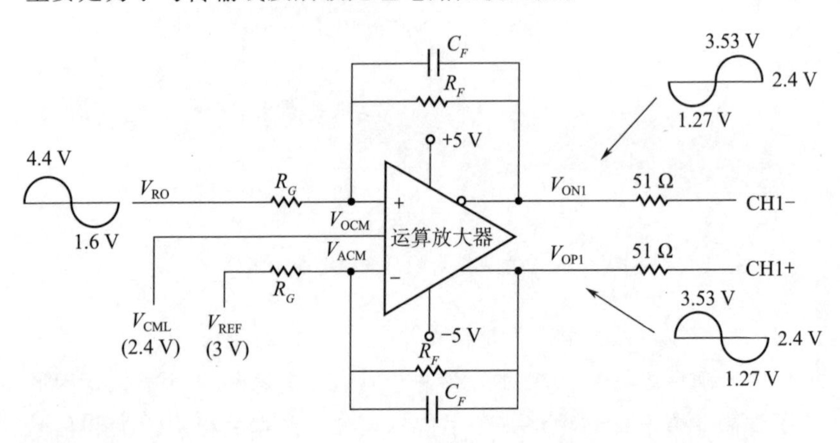

图 3－40　单端转差分电路示意图

3.3　单光子探测器及焦面电路

单光子探测器包括 Si - APD（Si 雪崩二极管）、SDD 等，其工作电路的原理基本相同，主要由探测器驱动电路、偏置电压调节电路、前置放大电路和主放大电路构成，如图 3 - 41 所示。

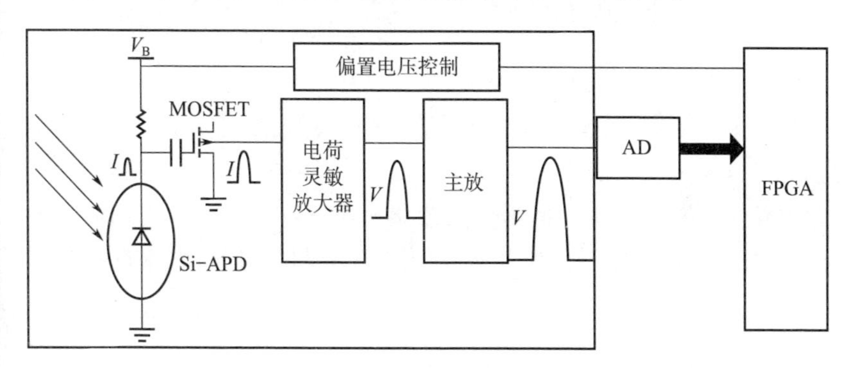

图 3 - 41　X 射线探测系统框图

Si - APD 是一种典型的单光子探测器，J 型场效应管 MOSFET 和电荷灵敏放大器共同实现高灵敏度前置放大功能，主放大器实现电信号的放大整形功能，偏置电压控制电路调节 Si - APD 加载的偏置电压。

偏置电压需要根据每个探测器进行单独调整，调整范围通常为 80～400 V。采用 FPGA、DA 型电位计、带控制端的 DC/DC 模块和变阻器实现偏置电压的调节，其中 FPGA、DA 型电位计放置于信号处理电路内，带控制端的 DC/DC 模块位于供电系统内，变阻器放置于焦面电路。具体方法是：

1）由 FPGA 根据温度信息或地面发送的控制指令发出电压调节指令，多路探测器采用统一的外接电压；

2）DA 型电位计根据指令变换输出电阻；

3）DC/DC 模块根据电位计输出的电阻值调整所有探测器的偏

置电压；

4）探测器驱动电路将外输入偏置电压进行分压，加于探测器两端，分压采用变阻器或电阻阵列，分压比例固定，由地面测试得到。

下面将分别介绍 Si - APD 及其驱动电路、偏置电压调节电路、前置放大电路和主放大电路设计。

3.3.1 Si - APD 及其驱动电路

Si - APD（Silicon - Avalanche Photo Diode）是硅雪崩光电二极管的简称，是在探测器 PN 结两端加一个强电场造成探测器雪崩，从而提高探测器灵敏度和响应速度。它是一种单元型光电探测器件，具有量子效率高、响应速度快和载流子倍增统一等突出优点，在光纤通信、激光测距、X 射线探测、紫外探测等领域得到了广泛的应用。

3.3.1.1 Si - APD 工作原理与结构特性

Si - APD 是一种在 PN 结上进行重掺杂而制作的半导体光电探测器件。它通过光电效应将入射半导体材料的光子转化为电子，在此基础上，通过反向高偏压作用下的雪崩效应实现光生电子的雪崩式倍增。常见的光电探测 Si - APD 采用拉通型结构，图 3 - 42 给出了 Si - APD 探测器的基本结构。

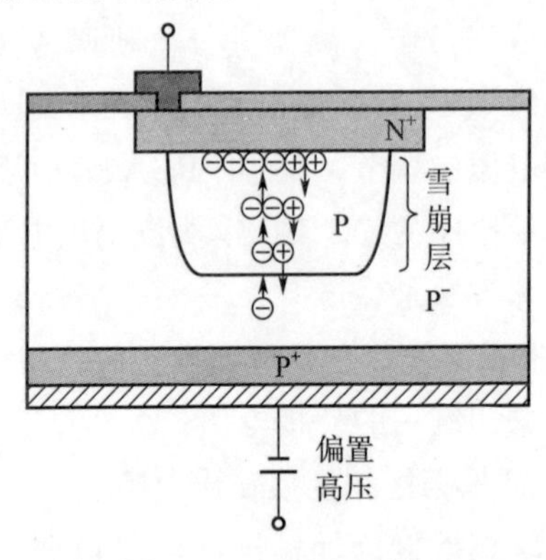

图 3 - 42 APD 结构示意图

从图中可以看到拉通型 Si－APD 是一种 $P^+P^-PN^+$ 的多层结构，当入射光子进入到半导体材料上时，通过光电效应在吸收区产生电子-空穴对。在外加反向偏压的作用下，PN^+ 结附近会产生强度很高的电场。当反向电场达到或超过碰撞电离所需的最小场强时，光生载流子会碰撞能带中束缚的电子和空穴，使之电离，产生雪崩效应。正是由于耗尽层的宽度会随着反偏电压的增大而变宽，当反向偏压达到某一数值时，耗尽层的宽度“拉通”到了几乎整个本征的 P^- 区，所以称这种结构的 APD 探测器为拉通型 APD 探测器。在拉通型 APD 探测器中，P^- 区比 P 区要宽很多，电场强度比高场强区要弱很多，但依然可以保证载流子有一定的漂移速度，使其在 P^- 区的渡越时间很短，这是拉通型探测器具有高增益、快响应和低过剩噪声的内在原因。图 3－43 给出了 APD 探测器雪崩击穿的示意图，图 3－44 是雪崩击穿的能带图。

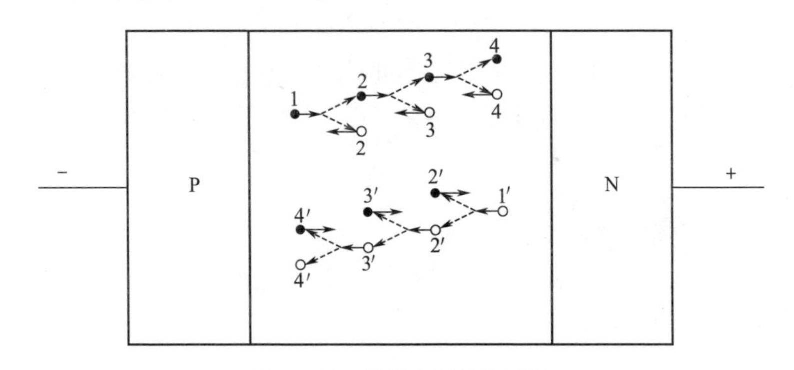

图 3－42　雪崩击穿的示意图

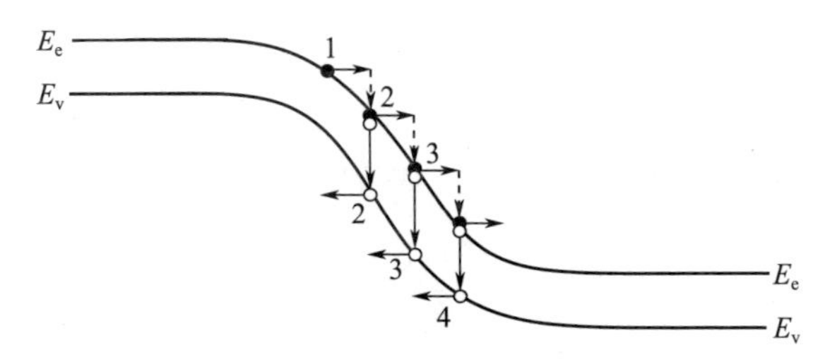

图 3－43　雪崩击穿的能带图

要想了解雪崩效应发生到什么程度，必须分析两个物理量：有效电离率和雪崩倍增因子，而使 Si - APD 发生雪崩击穿的条件也是一个关键量。

（1）有效电离率

电子-空穴在 Si 基材料中与相邻原子碰撞产生新的电子-空穴对，但是，并不是每次碰撞都能产生有效的电子-空穴对，因此一个载流子漂移单位距离和晶格原子碰撞产生的电子-空穴对的数目用电离率这个参数来表征，它可以表示碰撞电离能力的强弱。电离率和反向偏压的场强有关，电场强度越大，电离率就越高。如果忽略电子和空穴电离率的差异，则电离率 α_{eff} 与 E 的关系可表示为

$$\alpha_{\text{eff}} = c_{\text{i}} E^{n} \tag{3-26}$$

式中 c_{i}，n ——常数，对于硅 PN 结，$c_{\text{i}} = 8.45 \times 10^{-36}$，$n = 7$。

电场强度在势垒区 X_m 内存在不均匀性，因此有效电离率在探测器内部分布并不均匀。当 X_m 发生变化时，势垒区的电场强度也随之改变。根据式（3 - 26），有效电离率主要集中在电场强度最大处附近，可以算出一个电子在势垒区产生的电子-空穴对数量为

$$N = \int_0^{X_m} \alpha_{\text{eff}} \mathrm{d}x \tag{3-27}$$

（2）雪崩倍增因子

当反向偏置电压接近击穿电压时，反向电流迅速增大，用参数 M 表示增大的程度

$$M = \frac{I}{I_0} \tag{3-28}$$

式中 I ——发生雪崩倍增以后流过 PN 结的反向电流；

I_0 ——没有雪崩倍增时流过 PN 结的反向电流。

α_{eff} 和 M 都和碰撞电离有关，它们的关系为

$$M = \frac{I}{I_0} = \frac{1}{1 - \int_0^{X_m} \alpha_{\text{eff}} \mathrm{d}x} \tag{3-29}$$

（3）雪崩击穿条件

由式（3-29）可知，当 $\int_0^{X_m} \alpha_{\text{eff}} \to 1$ 时，$M \to \infty$，$I_0 \to \infty$，可以得到 PN 结的击穿条件为

$$\int_0^{X_m} \alpha_{\text{eff}} \mathrm{d}x = 1 \tag{3-30}$$

由此可见，雪崩击穿不仅取决于电场强度 E，也和空间电荷区的宽度有关。通过试验得到的 M 和 U 的关系为

$$M = \frac{I}{1 - \left(\dfrac{U}{U_b}\right)^n} \tag{3-31}$$

式中，n 是一个常数，取决于低掺杂材料的导电类型。

3.3.1.2　Si-APD 的工作方式

Si-APD 工作模式通常有线性放大模式和盖革模式，对于 X 射线、紫外等需要测量光谱谱段信息的应用场景，需要采用线性放大模式；对于激光测距等仅需探测单光子事件的应用场景，通常工作在盖革模式下，即饱和电流输出。当光生电子触发自持雪崩，电流以纳秒级的上升时间迅速达到肉眼可见的稳定水平（mA 级）。如果初始载流子为光生载流子，则雪崩脉冲的上升沿标志着被探测光子的到达时间。如果没有外部条件变化雪崩状态将始终维持，需要将偏置电压设置低于雪崩电压才会使得雪崩终止，以探测下一个光子。

因此，需要借助抑制电路来完成偏置电压控制。抑制电路必须实现以下几个功能：1）感应雪崩电流的发生时刻并产生与雪崩上升沿同步的输出脉冲；2）探测结束后降低偏置电压至小于雪崩电压，从而抑制雪崩；3）重建偏置电压到雪崩电压之上，以探测下一个光子。抑制电路的特性会影响探测器的信噪比和速度，进而影响实际性能。抑制电路一般有无源抑制和有源抑制两种。

（1）无源抑制电路

无源抑制电路由一个 MΩ 级电阻和 Si-APD 串联组成，输出端在探测器上端，光子产生雪崩由于电阻的作用会产生电压波动，如

图 3－45 所示。反向偏置电压施加到高阻 R 和 APD 两端，把 APD 看作一个理想的光控开关 K 和一个电压源 V_b 串联（V_b 为 APD 的雪崩电压值），当光子入射时开关 K 闭合。图中 R_d 为 APD 等效内阻，C_d 为结电容，C_s 为电路中存在的分布电容。

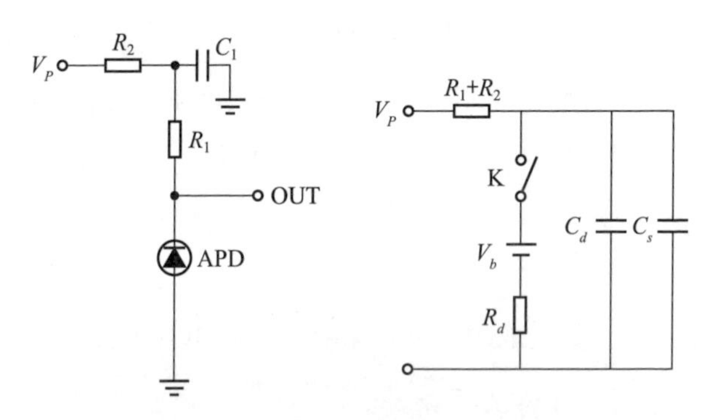

图 3－45　无源抑制电路及其等效电路

在初始阶段，在 APD 上加高于雪崩电压的偏置电压，此时无自由电子事件，对应于等效电路中的开关 K 打开。当光子入射产生电子，或热噪声产生电子时，雪崩发生，等效为开关 K 闭合，APD 两端的电压在极短时间内降到低于雪崩电压，电容 C_d 和 C_s 开始放电，OUT 端产生一个脉冲信号。经过约 $R_d(C_d+C_s)$ 时间后，C_s 上的电压下降为与 APD 两端的电压一致，此后流经 APD 的电流低于 APD 的熄灭阈值，雪崩终止。

雪崩停止等效为开关 K 打开，偏压电源以时间常数 $(C_d+C_s)(R_1+R_2)$ 通过电阻 (R_1+R_2) 向 APD 和电容 C_s 充电，使 APD 上的工作电压恢复高于雪崩电压，等待下一次事件发生。在恢复阶段，到达 APD 的光子也会触发雪崩：在恢复初期，雪崩触发概率很低，到达的光子几乎全部损失；接着到达的光子有稍高的雪崩触发概率，但由于此时 APD 偏置电压未能恢复到初始值，导致了较小的光子探测效率，从而产生较小的电压和电流。另外，雪崩过程中被杂质捕陷的电子在有效探测结束后被随机释放出来，会产生非光子探测脉冲，这被称为后脉冲。后脉冲与热噪声产生的脉冲作为暗计数的一部分，对光探测是有害的。在无源抑制电路中，随着恢复时间的增加，信号高度增加，发生后脉冲几率减小。

无源抑制电路结构简单，集成化程度高，但是由于恢复速度较慢，影响探测器计数率。Si－APD有一个猝灭时间和恢复时间，两个时间主要是由（R_1+R_2）、C_s、C_d 决定。由于（R_1+R_2）必须很大才能够使雪崩中断，同时造成恢复时间增加。这个时间一般为几百纳秒，因此，无源抑制电路的时间分辨率至多为百纳秒量级。

（2）有源抑制电路

有源抑制电路相较于无源抑制电路具有更短的猝灭时间和更少的暗计数。采用有源抑制电路可以缩短恢复时间和降低暗计数，典型的有源抑制电路原理如图3－46所示。其工作原理如下：雪崩过程被触发后，APD两端偏置电压降低，当偏置电压降低到参考电压 V_{ref} 以下时，比较器OA的一端输出高电平，此时 Q_1 导通 A 点电位被迅速拉低，当APD两端电压降低到击穿电压以下时，雪崩被抑制；比较器另一端输出经过RC延时控制 Q_2，当 Q_2 导通时 B 电位升高，D_2 截止，比较器反向输出使 Q_1 截止。此时 D_1、D_2 同时截止，APD充电，经RC延迟时间 t 后，Q_2 截止，D_2 导通，电路恢复到初始雪崩触发就绪状态。

可以通过设置参考电压来改变雪崩抑制时间。由于电阻 R_1 较小，恢复时间要比无源抑制电路小两个数量级。因此相比无源抑制方式，有源抑制方式的恢复时间更短，而且提高了光子计数率，单光子探测器件的探测性能得到了提高。需要特别指出的是，有源抑制电路由于引入多个三极管，其开关噪声将严重影响输出信号的信噪比，因此在线性度和信噪比要求高的场合，其使用条件受到限制。

综上所述，Si－APD的驱动分为有源抑制和无源抑制两种，对于高时间分辨率要求来说（10 ps量级），需要采用有源抑制电路，对于低时间分辨率要求，可采用无源抑制电路，这样电路简单，信噪比高，功耗较低。

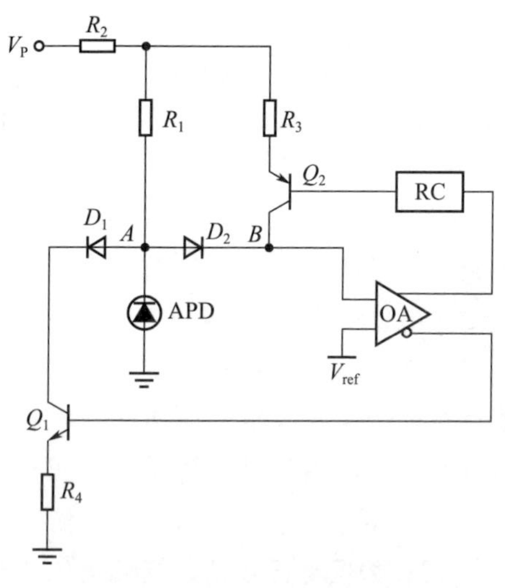

图 3-46 一种有源抑制电路原理图

3.3.1.3 Si-APD 驱动电路设计实现

无源抑制电路关键是确定电阻 R_1 的值，要求

$$R_1 \times I_{\mathrm{Dark}} < V_{\mathrm{DG}} \tag{3-32}$$

式中 I_{Dark} ——探测器暗电流，A；

V_{DG} ——允许电阻两端的暗电流噪声阈值，V。

这里根据电源特性选择 0.5 V，取暗电流最大值 2 nA，则要求电阻<200 MΩ。

另外，要求探测器击穿后，电阻能够将探测器两端的电压降为 0，关断 Si-APD，即

$$R_1 > \frac{V_{\mathrm{Br}} \times t_{\mathrm{rise}}}{A_{\mathrm{Si\text{-}APD}} \times Q_{\mathrm{Pluser}}} \tag{3-33}$$

式中 V_{Br} ——探测器两端的雪崩电压；

t_{rise} ——雪崩时间；

$A_{\mathrm{Si\text{-}APD}}$ ——探测器增益；

Q_{Pluser} ——单光子所带电量，1 eV $=1.602 \times 10^{-19}$ C。

代入设计的具体参数，则 $R_1 > 12.5\ \text{M}\Omega$ 。因此对于无源抑制电阻 R_1 的要求为 $12.5\ \text{M}\Omega < R_1 < 200\ \text{M}\Omega$ 。

3.3.2　偏置电压调节电路

由于要使用探测器的临界雪崩状态，需要对探测器偏置电压进行精细调节，探测器雪崩特性如图 3-47 所示。

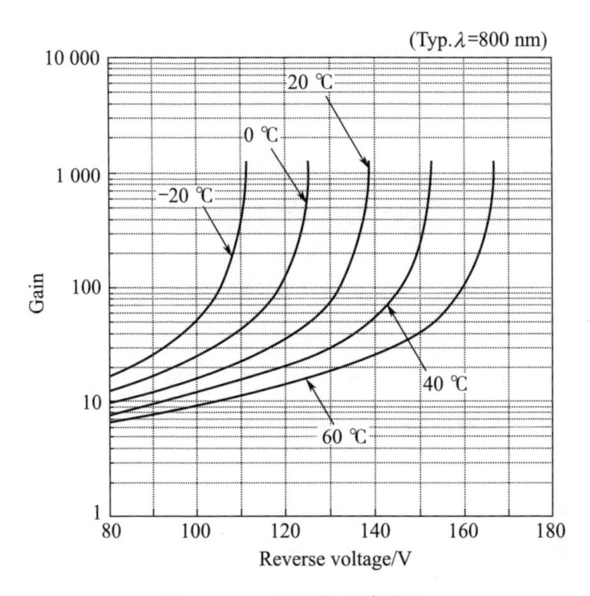

图 3-47　探测器雪崩特性

偏置电压的大小是 APD 能够正常工作的关键，电压过大时，APD 内部热噪声引起的雪崩使 APD 按照上述工作模式连续不断输出脉冲，即暗计数，光子输出淹没在这些脉冲中；电压较小时，APD 雪崩增益不足或无法发生雪崩效应，使得单光子输出淹没在底噪声中，无法探测。APD 外加偏置电压工作可调范围根据 APD 掺杂层厚度不同而不同，通常为 10 V 量级。

偏置电压随温度变化明显，如图 3-48 所示为真空试验下取得的偏置电压随温度变化曲线。

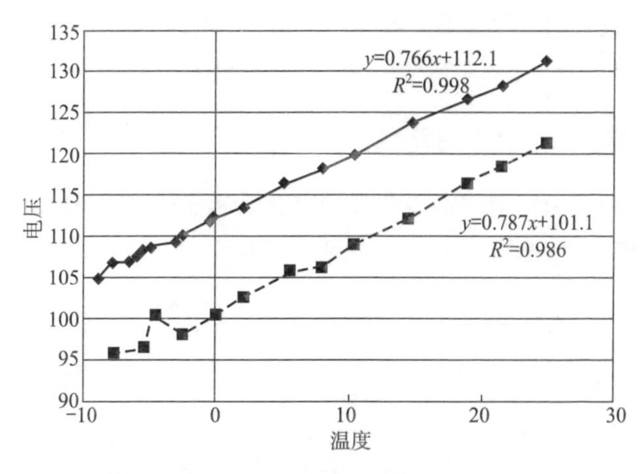

图 3－48　APD 偏置电压随温度变化曲线

其中实线表示偏置电压上限，虚线为偏置电压下限。

由图 3－48 可知，偏置电压随温度线性变化，探测器在轨工作时受太阳辐射会产生温度变化，且在轨工作与地面试验时存在温度差异，这都需要对偏置电压 V_p 进行实时在轨调节，其原理框图如图 3－49 所示。

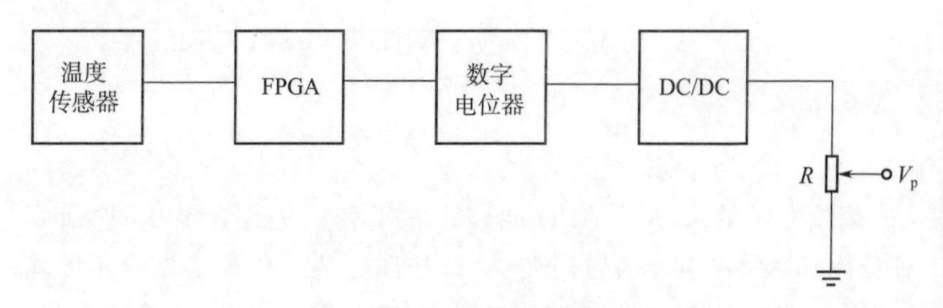

图 3－49　偏置电压控制电路

由温度传感器、FPGA 和数字电位计组成的 DC/DC 控制端，实现输出电压的自动调节功能。由于每个 Si－APD 的掺杂程度不同，其雪崩电压存在天然差异，所以不同探测器要输入不同的偏置电压，该功能由变阻器 R 实现。则不同的探测器由变阻器 R 实现偏置电压差异调节，不同温度时由温度传感器、FPGA、数字电位计和 DC/DC

实现偏置电压调节，从而实现 APD 探测器单光子探测。

数字电位计是一种利用数字信号控制输出电阻值变化的元器件，较传统的机械式电位计有耐冲击、封装尺寸小、调节准确方便、性能稳定、可编程、接口丰富、应用领域广等优点。

基于数字电位计的 Si - APD 探测器偏压调节原理如图 3 - 50 所示，DC/DC 电源模块与高压电源模块将接收的外部一次电源（+28 V）转变为采集电路与探测器工作电压。其中，DC/DC 模块为 FPGA、数字电位计等提供电路板上必要的工作电源以及探测器外围电路的驱动电压，高压电源模块为探测器提供反向偏置电压，最后探测器将放大后的信号给采集电路进行后续的信号处理识别。

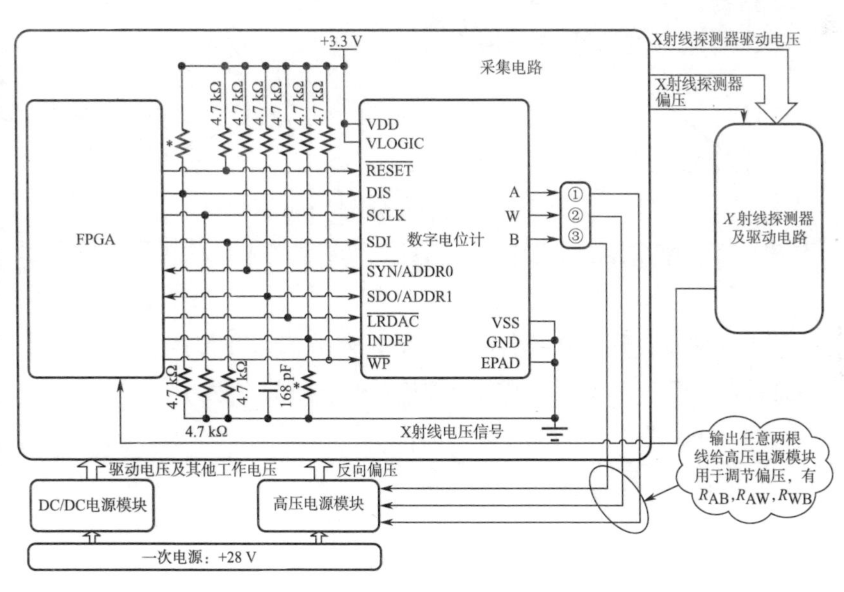

图 3 - 50　偏置电压控制系统原理图

数字电位器采用 SPI 的配置方式对数字电位计的寄存器进行配置，未上电时，器件输出为断路，上电后，滑动游标 W 依据 EEPROM 的存储值停留在相应的位置，出厂时默认在中间端。

测试结果如图 3 - 51 所示。

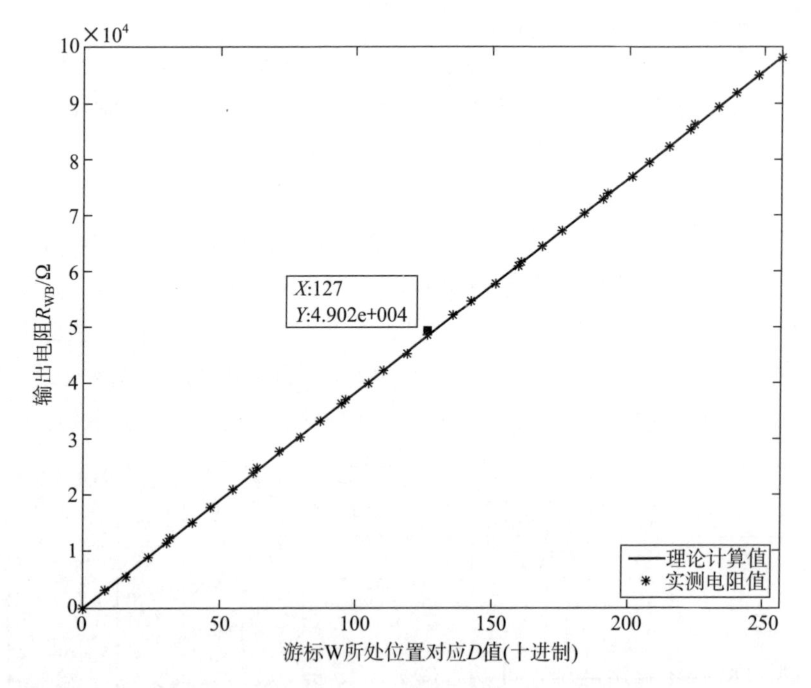

图 3-51　输出电阻 R_{WB} 随输入数值 D 变化关系图

从图中可以看出输出电阻 R_{WB} 随输入数值的变化具有良好的线性关系，按照一元线性相关回归理论，假设回归方程为

$$\hat{R} = k\hat{D} + b \tag{3-34}$$

利用最小二乘法求得

$$k = \frac{\sum_{i=1}^{n}(D_i - \overline{D})(R_i - \overline{R})}{\sum_{i=1}^{n}(D_i - \overline{D})^2}, b = \overline{R} - k\overline{D} \tag{3-35}$$

式中，$\overline{D} = \frac{\sum_{i=1}^{n} D_i}{n}$，$\overline{R} = \frac{\sum_{i=1}^{n} R_i}{n}$，$n = 40$。

代入测试数据可得 $k = 384.425$，$b = 71.45$，所以 $\hat{R} = 384.425\hat{D}$

$+71.45$。

利用相关系数检验输出电阻随输入数值的线性相关性，两者的相关系数为

$$r=\frac{\sum_{i=1}^{n}(D_i-\overline{D})(R_i-\overline{R})}{\sqrt{\sum_{i=1}^{n}(D_i-\overline{D})^2\cdot\sum_{i=1}^{n}(R_i-\overline{R})^2}}=1.000 \qquad (3-36)$$

综上可知，输出电阻与输入数值为完全线性关系，输出电阻可按照 $\hat{R}=384.425\hat{D}+71.45$ 计算。

偏置电压的典型值为 150V，最大值为 200 V，因此根据偏置电压电路结构，设计 DC/DC 模块的工作范围为 80～200 V，由输入数字电位器电阻线性控制，数字电位计为 8 bit 量化，范围为 0～100 kΩ，则 1DN 控制 0.5 V 电压变化。根据实验室测试，不同温度变化下，偏置电压可调范围为 5～10 V，电压调节精度满足要求。

综上所述，采用 FPGA 与数字电位计互联，根据温度变化控制 DC/DC 模块输出电压，可以通过 I^2C 或 SPI 通信方式实现寄存器的配置，设计灵活、易于实现。实际测试中所选数字电位计线性度良好、可靠性高、输出电阻容差小、256 挡调节，实现单光子探测器的偏压调节功能。

3.3.3　前置放大电路

3.3.3.1　前置放大器的作用

Si－APD 探测器输出的信号较小，需要加以放大再进行处理。探测器-放大器系统的连接方式如图 3－52 所示，通常的放大电路分为前置放大器与主放大器两部分。前置放大器的主要作用为：

（1）提高系统的信噪比

由图 3－51 中可见，探测器与放大器连接存在分布电容 C_s。C_s 越小，则探测器输出负载越小，输出信号强度越大，信噪比越高。减小 C_s 的一个主要措施就是将前置放大器尽量靠近探测器输出，以

减小连接导线等电路寄生参数造成的分布电容。在一些高精度应用中，前置放大器与 Si - APD 集成在一个封装内，作为一个整体减小了 C_s，提高了信噪比。

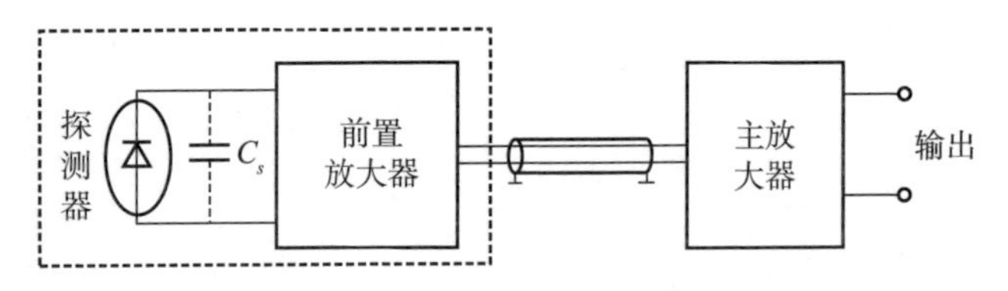

图 3 - 52　探测器-放大器系统的连接方式

（2）提高探测器驱动能力

前置放大器需要与传感器尽量靠近，从而提高源端信噪比。前置放大器输出的信号可通过长线或电缆传输到后续电路中，由于信号经过放大，干扰对信号的影响相对减小。前置放大器输出也尽量要有良好的屏蔽，必要时还可使用低噪声双层屏蔽电缆或双芯电缆，以减小共模噪声干扰，但要求主放大器为差分输入。

3.3.3.2　前置放大器的分类

在能谱和时间测量系统中，前置放大器大致可以分为两类：一类是积分型放大器，包括电压灵敏前置放大器和电荷灵敏前置放大器，它的输出信号幅度正比于输入电流对时间的积分，即输出信号的幅度和探测器输出的总电荷量成正比。另一类是电流型放大器，即电流灵敏前置放大器，它的输出信号波形与探测器输出电流信号的波形保持一致，不过，探测器的电流信号往往非常快，由于受到前置放大器频带的限制，输出信号的变化速度相对较慢，两者之间实际上仍有显著差别。

电压灵敏前置放大器如图 3 - 53 所示。图中 i_i 为 Si - APD 探测器输出的电流，设 t_w 为信号持续时间，$Q=\int_0^{t_w} i_t \mathrm{d}t$ 为每次雪崩发生时的总电荷量，C_D、C_A、C_s 分别为探测器的等效电容、放大器等效输入电容和输入端等效分布电容，则输入端总电容为 $C_i=C_D+C_A$

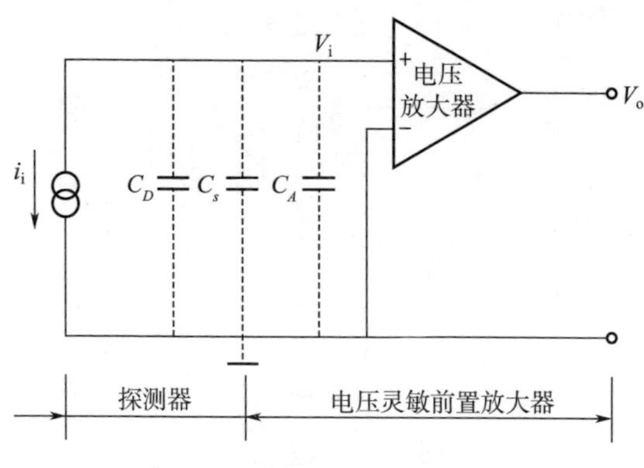

图 3 - 53　电压灵敏前置放大器

$+C_s$ 。当放大器为输入电阻较大的电压放大器时，i_i 在输入端总电容 C_i 上积分为电压信号 V_i ，其幅度 V_{iM} 等于 Q/C_i ，与 Q 成正比。输入电压信号 V_i 由电压放大器进行放大。因此，输出电压信号的幅度 V_{oM} 也与 Q 成正比。应当注意，当该放大器输入端的总电阻足够大时，不论探测器电流脉冲的形状如何，只要它们所携带的电荷量相等，放大器输出电压信号的幅度也相等，电流形状仅影响电压信号前沿的变化速度，而不影响其幅度 V_{oM} 与 Q 的正比关系。

但是，在实际工作中，输入端等效电容 C_D 、C_A 和 C_s 并不是稳定不变的。例如，若温度因素引起输入级增益不稳定，放大器输入电容 C_A 将发生变化；若探测器偏压不稳定，结电容 C_D 将发生变化，这时 C_i 也就随之变化。当 C_i 不稳定时，输出电压幅度 V_{oM} 也不稳定，在能谱测量中，这将使系统的能谱分辨率降低。如果在输入端并联大容量电容器，可减小输入总电容中不稳定因素的相对影响，但会造成探测器输出信号衰减，系统的信噪比显著降低，所以图 3 - 52 所示的电压灵敏前置放大器一般只适于稳定性要求不高的低能谱分辨率系统。

图 3 - 54 是利用密勒积分器构成的电荷灵敏前置放大器。图中 C_f 为反馈积分电容，C_i 是不考虑 C_f 时输入端总电容。当输入电流信号为 i_i 时，输出电压 V_o 上升。设电压放大器的增益 A_0 足够大（实

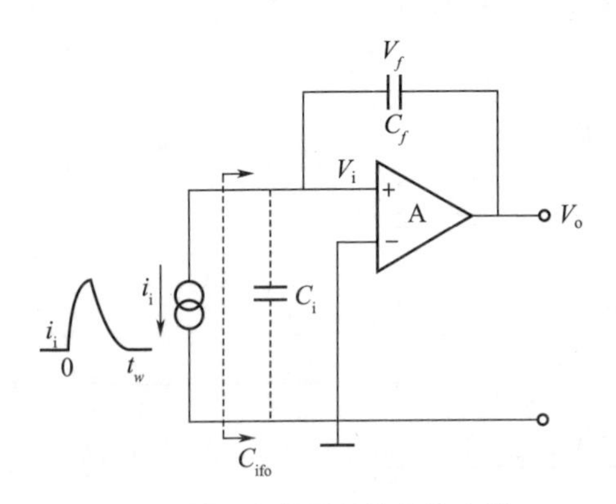

图 3-54　电荷灵敏前置放大器

际使用中通常>60 dB)，使得 C_f 对输入电容的贡献 $(1+A_0)C_f$ ，远大于 C_i ，则输入电荷 Q 主要累积在 C_f 上。注意 $A_0 \gg 1$ 时输出信号电压幅度近似等于 C_f 上的电压 V_f ，则

$$V_{oM} \approx V_f \approx \frac{Q}{C_f} \tag{3-37}$$

实际上反馈电容 C_f 可以足够稳定，所以输出幅度 V_{oM} 反映了输入电荷 Q 的大小且与 C_i 无关。因此输出电压幅度 V_{oM} 有很好的稳定性，同时有较高的信噪比。鉴于这一特点，将这种前置放大器称为电荷灵敏前置放大器。

电流灵敏前置放大器是一个并联反馈电流放大器，如图 3-55 所示，其输出电流（或电压）与输入电流成正比。这种形式的电流放大器的噪声较大。

3.3.3.3　电荷灵敏前置放大器的设计与分析

电荷灵敏前置放大器具有良好的低噪声性能，输出信号幅度基本上不受探测器极间电容、放大器开环时输入电容和电压增益等参数稳定性的影响。目前高分辨率能谱测量系统中使用的几乎都是电荷灵敏前置放大器。

基本的电荷灵敏前置放大器如图 3-53 所示，不难看出，输出信号电压稳定值

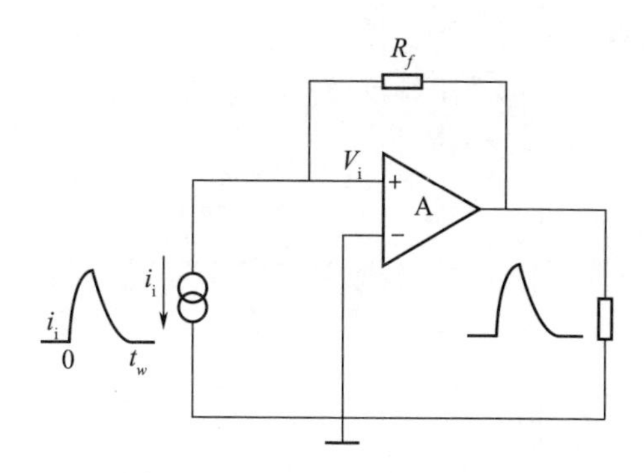

图 3－55　电流灵敏前置放大器

$$V_o(\infty) = -A_0 V_t(\infty) \tag{3-38}$$

式（3－38）中 $V_t(\infty)$ 为输入信号电压稳定值

$$V_t(\infty) = \frac{Q}{C_{ifo}} \tag{3-39}$$

其中，Q 为输入电荷

$$Q = \int_0^{t_w} i_t \, dt \tag{3-40}$$

则电荷灵敏前置放大器低频等效输入电容为

$$C_{ifo} = C_i + (1 + A_0) C_f \tag{3-41}$$

由于输出信号电压幅度 V_o 为输出信号电压稳定值 $V_o(\infty)$

$$V_o = V_o(\infty) = \frac{A_0 Q}{C_{ifo}} = \frac{A_0 Q}{C_i + (1 + A) C_f} \tag{3-42}$$

通常情况下 $A_0 C_f \gg C_i + C_f$，则

$$V_o \approx \frac{Q}{C_f} \tag{3-43}$$

当$A_0 C_f \gg C_i + C_f$ 时，只要 C_f 保持恒定不变，不论 C_i、A_0 是否稳定，输出电压幅度对输入电荷的放大倍数都是稳定的，所以输出幅度 V_o 反映了输入电荷 Q 的大小且与 C_i 无关，从而使得电荷前放的输出电压 V_o 有很好的稳定性。电荷灵敏前置放大器输出脉冲的上升时间，在理想情况下就等于探测器输出电流脉冲的宽度。

电荷灵敏前置放大器的电路形式有很多种，阻容反馈电荷灵敏前置放大器是最常用的一种。图 3-56 中 $C_f - R_f$ 构成反馈网络，这种形式的前置放大器称为阻容反馈电荷灵敏放大器。

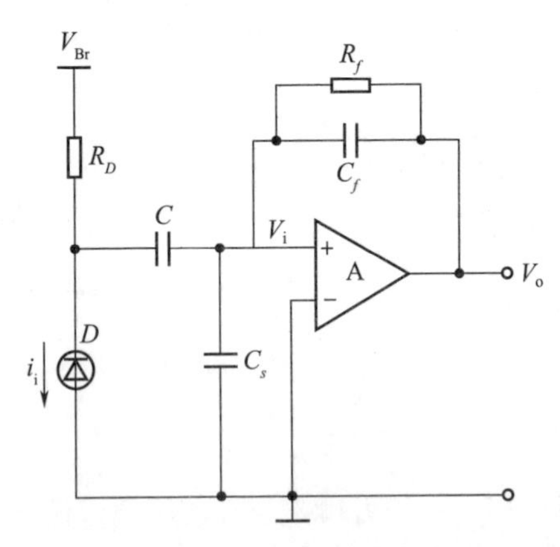

图 3-56 电荷灵敏前置放大器

Si-APD 经过负载电阻 R_D 由高压电源 V_{Br} 供电。C 为隔直电容。R_f 用来释放 C_f 上积累的信号电荷，并提供直流负反馈以稳定电路的直流工作点。这种电路的特点是：

1）第一级的电压放大倍数小、输入电容小，开环输入端总电容满足式（3-43）所要求的条件：$A_0 C_f \gg C_i + C_f$。

2）上升时间小，动态范围大，稳定性好。

根据以上分析，选用阻容反馈电荷灵敏前置放大器作为 Si-APD 前置放大电路，电路原理如图 3-57 所示。

采用电荷灵敏前置放大器，其等效噪声如图 3-58 所示。

漏电流噪声

$$\mathrm{d}i_{DL}^2 = 2eI_D\mathrm{d}f \tag{3-44}$$

电阻 R_D 热噪声

$$\mathrm{d}i_{R_D}^2 = \frac{4kT}{R_D}\mathrm{d}f \tag{3-45}$$

场效应管栅极漏电流噪声

$$\mathrm{d}i_{TL}^2 = 2eI_g\mathrm{d}f \tag{3-46}$$

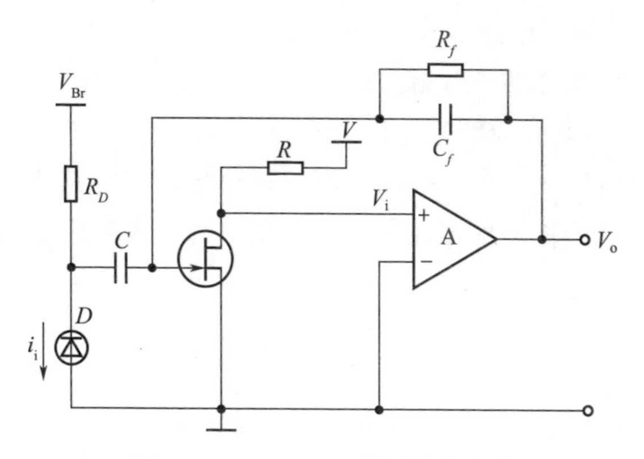

图3-57　Si-APD前置放大电路

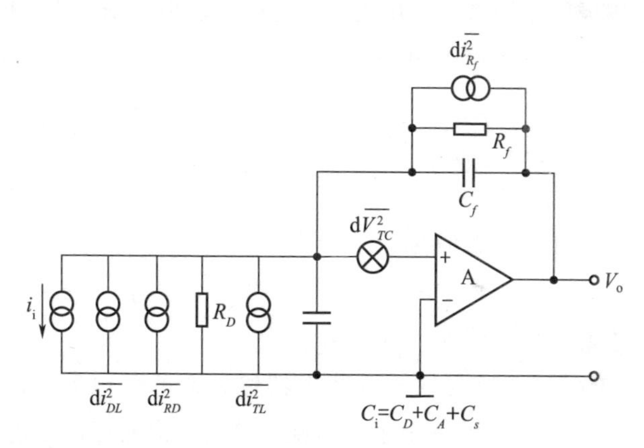

图3-58　探测器前置放大器系统的信号和噪声

场效应管沟道噪声

$$dV^2_{TC} = \frac{8kT}{3g_m}df \tag{3-47}$$

电阻 R_f 热噪声

$$di^2_{R_f} = \frac{4kT}{R_f}df \tag{3-48}$$

式中　I_D，I_g ——探测器漏电流和场效应管栅极漏电流，A；

e ——每个电子携带的电荷量，C；

k ——玻耳兹曼常数；

T ——电阻的绝对温度；

g_m ——场效应管跨导。

以上所有噪声源产生的噪声都将被前置放大电路放大，在放大器输出端等效为输出电压噪声。经理论推导，场效应管沟道噪声在放大器输出端等效电压噪声用 $\mathrm{d}V_a^2$ 表示

$$\mathrm{d}V_a^2 = \left(\frac{4kT}{3\pi g_m}C_\Sigma^2\right) \times \frac{1}{C_f^2}\mathrm{d}\omega = a^2\mathrm{d}\omega \tag{3-49}$$

式中，C_Σ 为探测器的极间电容 C_D 、放大器的输入电容 C_A 、输入端的分布电容 C_s 及前放电路的反馈电容 C_f 之和。探测器漏电流噪声、场效应管栅极漏电流噪声、电阻 R_D 热噪声、电阻 R_f 热噪声，在放大器输出端等效电压噪声用 $\mathrm{d}V_b^2$ 表示

$$\mathrm{d}V_b^2 = \left\{\frac{1}{2\pi}\left[2e(I_D + I_g) + \frac{4kT}{R_D \ / \ R_f}\right]\right\} \times \frac{1}{\omega^2 C_f^2}\mathrm{d}\omega = b^2\mathrm{d}\omega \tag{3-50}$$

输出总电压噪声近似为

$$\mathrm{d}V_n^2 = \mathrm{d}V_a^2 + \mathrm{d}V_b^2 \tag{3-51}$$

从上述公式可得到如下重要结论：

1）尽量减少电荷灵敏前置放大器输入端的总电容，即式（3－49）中 C_Σ 。减小 C_Σ 的一个主要措施就是将放大器尽量靠近探测器，以减小连接导线造成的分布电容 C_s 。此外，设计电路时要保证放大器第一级的电压放大倍数要小，以减小放大器的输入电容 C_A ，最终达到减小 C_Σ 的目的。

2）必须选用低噪声场效应管作为输入级放大管。目前电荷灵敏前放中几乎都采用噪声性能较好的 J 型场效应管作为输入级放大器。在某些要求较高的应用中，还要使输入级场效应管处于低温状态，以进一步改善其噪声性能。

3）电阻 R_D 、R_f 同样会对噪声做出贡献，其电阻值越大，对噪声做出的贡献越小，因此在要求较高的应用中，通常选择 MΩ 量级

电阻。

为了保证电路的可靠性和低噪声，电路板的设计工艺也是很重要的一环。除了考虑到元件布局合理、分布均匀之外，元件间连线要尽量短，电源线尽量远离信号线，偏置电压支路与电路部分隔离外，还要对电路板上的地线做特殊设计。为了尽量地减小噪声和干扰，在布线时电源线、高压线、信号线要尽可能短且彼此拉开距离。

敷设地线时，在电路板的电源部分与后级电路部分实行大面积敷铜地，而在电荷灵敏级一侧则不铺设大面积地且与参考地平面保持一定距离，场效应管的源极接地线用线式地线与参考地平面相连。此外，对所有输入、输出、高压线实行良好接地，将它们分别就近与电路板的地线相连接。由偏置电压引起的探测器反向漏电流也是系统的噪声来源之一，在不影响分辨率的情况下，适当减小探测器偏置电压、增大探测器偏压电阻都是行之有效的措施。

3.3.4　主放大电路

主放大器是单光子探测电子学系统中的重要组成部分，它对来自前置放大器的输出信号进行滤波和成形，并输出到信号处理电路进行模数转换。放大器输出信号的幅值与输入信号应保持良好的线性度，因此主放大器又称为线性脉冲放大器。

在对信号进行处理过程中，它的最基本的功能是对前置放大器输出信号进行放大（一般从mV量级到0.1～10 V的范围），以提供合适的脉冲幅度给后续电路（AD量化或比较器）使用。此外，放大器对前放输出的信号进行滤波成形，以满足实际应用需求。

3.3.4.1　滤波和成形

根据上一节的分析，从前置放大器输出的信号通常混杂有各种噪声。因此主放大器的一个重要目的就是通过滤波来滤除各种噪声，从而提高信号的信噪比。在频域里看，主放大器滤波电路的作用是尽可能地滤去噪声频率成分，而保留信号的频率成分。在时域里看，滤波器能使输出信号满足后续信号处理所需波形，因此对后端而言滤波又称为信号的整形。

图 3－59（a）为从前置放大器来的典型的输出脉冲形状。输出由迅速上升的跳变前沿和一个指数衰减后沿组成。它的跳变幅度代表着入射探测器光子的能量。脉冲的上升时间主要由探测器和前放本身决定，通常为 ns 量级。指数衰减的时间常数通常为 20 μs 量级。

当连续的单光子事件发生时，每个事件在前放输出信号上引起的上升沿都是在前一个事件的指数衰减波形上发生的。两脉冲的中间，波形可能不能回到基准电平。当计数率增加时，这种偏移会进一步增加。前放的线性工作范围会最终限制这个偏移，并决定系统最大计数率或时间分辨率。

在主放大器设计时，要求其脉冲形成时间要远小于前置放大器的衰减时间。此外，可接收的被测信号的计数率也应加以严格限制。图 3－59（b）示意了这一功能（此图为简单的单延迟线脉冲整形放大器输出波形）。前放输出的幅值代表单光子能量信息，被检测出来后在下一个脉冲到达之前脉冲返回到基准电平。这样测量的脉冲幅度，再将其进行模数变换，即可得到代表入射能量的数字量。

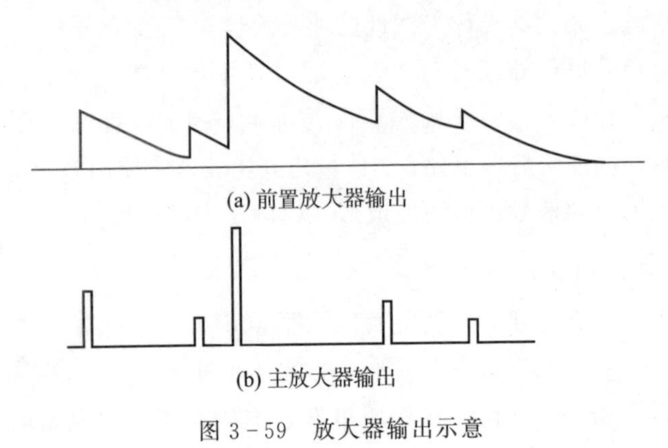

图 3－59　放大器输出示意

3.3.4.2　主放大器的总体设计与分析

主运放是将前级电荷灵敏前置放大器的输出进行整形放大，理想的运放具有增益无穷大、非线性为零、带宽无穷大、噪声无穷小的特性，然而实际中为了尽可能实现以上特点，通常采用多级负反馈放大电路，从而使每一级具有较大的开环增益和较小的闭环增益，提高系统的稳定性和输出特性。

（1）放大器的放大倍数及其稳定性

放大器的放大倍数设计需要综合考虑前置放大器输出幅值和后续信号处理要求的幅值大小。通常前置放大器输出幅度约在毫伏量级，而信号处理要求多在几伏左右，因此，通用放大器的放大倍数要求通常为 100～1 000 倍量级，而且可以调节。放大器的放大倍数稳定性是放大器在连续使用的时间内，不受环境温度等因素的影响，保持稳定的能力。当放大倍数不稳定时，测量到的能谱产生畸变，试验结果误差增大。

提高放大倍数稳定性的方法主要有：

1）整个线性脉冲放大器内部加深的负反馈，并选用高温度稳定性的精密电阻作反馈网络。这时放大器的放大倍数 $A_t \approx \dfrac{1}{F}$ 基本就由反馈系数来决定。

2）提高放大器的开环增益 A 。开环增益越大，反馈放大器的稳定度越高。

3）在多级放大系统中，要稳定每一级的静态工作点和放大倍数，所以在每一级放大器内部都结合使用直流负反馈和交流负反馈。

4）放大倍数的稳定性还取决于放大器的响应时间。这是因为当输入脉冲时，如果脉冲宽度和上升时间与放大器的响应时间 t_r 相仿或更小，放大器开环放大倍数 A 将大大减小，不满足远大于 1 的条件。所以要提高稳定度还必须使放大器响应时间小于输入脉冲的上升时间，或将输入脉冲整形变宽后再输入主放大器中。

(2) 放大器的线性度

放大器的线性度是指放大器的输入信号幅度和输出信号幅度之间的线性程度。应保证在允许的信号幅度范围内，对于不同输入信号幅度，放大倍数应保持不变。但实际上，当幅值过小或过大时，都会存在非线性的问题。当这个非线性超过允许的数值时，就会给能谱测量带来畸变。“线性”在放大器中是一个很重要的指标，理想的放大器幅度特性是一条通过原点的直线。实际上放大器总是存在着非线性。通常把非线性分为积分非线性与微分非线性。

积分非线性（INL）定义

$$\mathrm{INL}=\frac{\Delta V_{\mathrm{omax}}}{V_{\mathrm{omax}}}\times 100\% \tag{3-52}$$

如图 3-60（a）所示，ΔV_{omax} 指放大器的实际输出特性与理想输出特性之间的最大偏差，V_{omax} 为最大输出额定信号幅度。

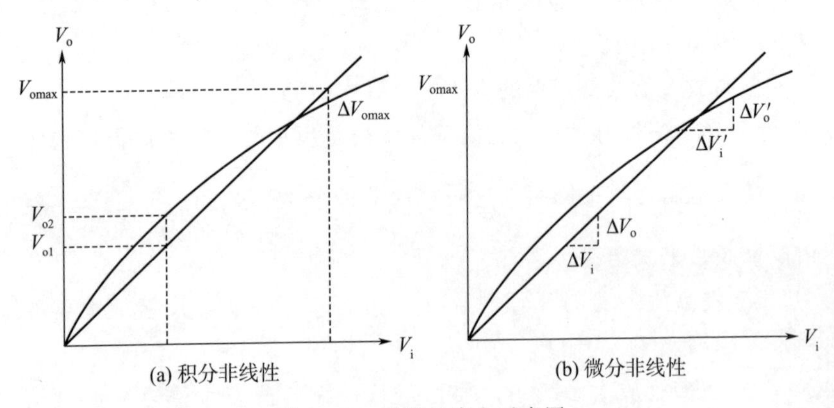

图 3-60 非线性定义示意图

微分非线性（DNL）定义为

$$\mathrm{DNL}=\left[1-\frac{\dfrac{\Delta V_{\mathrm{o}}'}{\Delta V_{\mathrm{i}}'}}{\dfrac{\Delta V_{\mathrm{o}}}{\Delta V_{\mathrm{i}}}}\right]\times 100\% \tag{3-53}$$

如图3-60（b）所示，$\frac{\Delta V_o'}{\Delta V_i'}$是指实际测量到的放大器输出特性曲线上某处的斜率，即放大器放大倍数。微分非线性表征了放大器在不同幅度时放大倍数的变化。放大器通常只给出积分非线性的指标，其值一般为千分之几。

（3）主放大器的响应时间

前置放大器的输出信号通常有快的上升沿和指数下降的后沿，主放大器响应时间主要对信号前沿有意义。放大器的响应时间过长，会使输入信号产生畸变，输出幅值变小。如果放大器响应时间非常小，意味着电路噪声和功耗很大，增加电路本身的噪声，因此需要有一个合理的选择。

放大器输出信号的形状，取决于滤波成形电路，所以放大器响应时间必须比滤波成形电路的响应时间要小得多。设放大器响应时间为t_r，滤波成形电路的响应时间一般为百纳秒量级，故要求t_r小于100 ns。

当有n个放大器时，放大器响应时间与各级放大器响应时间的关系为

$$t_r \approx \sqrt{t_{r1}'^2 + \cdots + t_{rn}'^2} \tag{3-54}$$

当每一级放大器响应时间相同时，则

$$t_r \approx \sqrt{n t_r'^2} \tag{3-55}$$

$$t_r' \approx \frac{t_r}{\sqrt{n}} \tag{3-56}$$

当$t_r \leqslant 100$ ns时，$t_r' \leqslant \frac{100}{\sqrt{n}}$ ns，当$n=5$时，每一个放大器的上升时间应小于45 ns。

已知上升时间和带宽的关系为

$$\Delta f \approx \frac{0.35}{t_r} \tag{3-57}$$

因此单光子探测系统中采用负反馈是提高放大器响应时间的有

效方法。

（4）放大器的输入阻抗和输出阻抗

对于放大器输入阻抗大小的要求，取决于前置放大器输出端等效串联电阻大小，通常的负反馈电路其等效输入电阻较大，为百 kΩ 量级；而放大器的输出阻抗则取决于后续电路的要求，通常放大器输出阻抗较小，可提高放大器驱动能力，适应不同负载情况下工作。在模拟信号系统中，通常采用 50 Ω 或 75 Ω 设计，实现阻抗匹配。

参 考 文 献

［1］ 董龙，李涛．线阵CCD成像仿真研究［J］．航天返回与遥感，2008，29（1）：43－49．

［2］ 董龙，李涛．CCD成像模型及仿真系统研究［J］．系统仿真学报，2009，21（14）：4520－4523．

［3］ 董龙，李涛．面阵CCD时序抗弥散方法研究［J］．航天返回与遥感，2012，33（6）：86－92．

［4］ 董龙，梁楠．TDICCD连续转移模式对成像的影响［C］// 2013年光学遥感载荷与信息处理技术学术交流会议论文集．北京，2013：5－1．

［5］ 董龙，梁楠．CCD连续转移技术研究［J］．航天返回与遥感，2015，36（3）：33－39．

［6］ 王衎，李涛．CCD衬底反弹防护的工程实现［J］．航天返回与遥感，2012，33（2）：54－59．

［7］ James R. Janesick. Scientific charge－coupled devices. SPIE—The International Society for Optical Engineering，2000．

［8］ 许嘉林，卢艳娥，丁子明．ADC信噪比的分析及高速高分辨率ADC电路的实现［J］．电子技术应用，2004，30（4）：64－67．

［9］ 黄星，尹达一，钱炜峰．低噪声CCD信号采集与处理系统技术研究［J］．激光与红外，2010，40（6）：639－643．

［10］ 吴春蓉．便携式X射线荧光分析仪的放大电路研制［D］．成都理工大学，2007．

［11］ 居峰．带前放Si－APD探测器的动态特性研究［D］．南京理工大学，2011．

［12］ 董龙，傅丹膺，龚志鹏．一种基于Si－APD的X射线单光子探测电路设计［J］．航天返回与遥感，2016，37（1）：55－62．

［13］ 倪建军，董龙，龚志鹏，等．基于FPGA的X射线脉冲信号数据采集系统设计［J］．电子测量技术，2016，39（2）：126－130．

[14] 倪建军，董龙，郑先国，等．基于FPGA的X射线脉冲信号数据采集系统设计 [J]. 电子设计工程，2015，23 (14)：80 - 83.

[15] 徐伟，陈钱，顾国华，等．用于APD激光探测的电荷灵敏前置放大器设计 [J]. 激光与红外，2011，41 (1)：27 - 30.

第 4 章　信号采样与数字化

遥感成像技术发展至今，传输型遥感已经完全取代老式的胶片回收式遥感方式。光学成像后，经过光电探测器转换为模拟信号，再由 AD 转换为数字信号，最终通过高速数字图像传输通道进行数据传输。因此本章从模数转换过程中的信号的采集开始，阐述了 AD 通道带宽的设计、模拟信号传输，以及最终由高速数字图像传输通道进行的数据传输。

4.1　信号采样与数字化理论概述

4.1.1　采样定理

采样定理表明，在一定条件下，经过采样的信号包含了原始输入信号的所有信息。为了确保恢复的信号不失真，输入信号的频率和采样频率必须满足一定的关系。根据奈奎斯特采样定理，当输入信号的频率小于采样频率的一半时，频谱不会发生混叠，并且还原的信号也不会失真[1]。

图 4－1 给出了理想采样过程的原理示意图。在时域范围内，通过对输入信号施加一个周期性的开关函数也就是脉冲函数来执行采样处理。周期性地每隔一个采样周期 T_S 对输入信号采样一次。采样输出可以用输入信号乘以脉冲函数来表示，这就意味着对采样的信

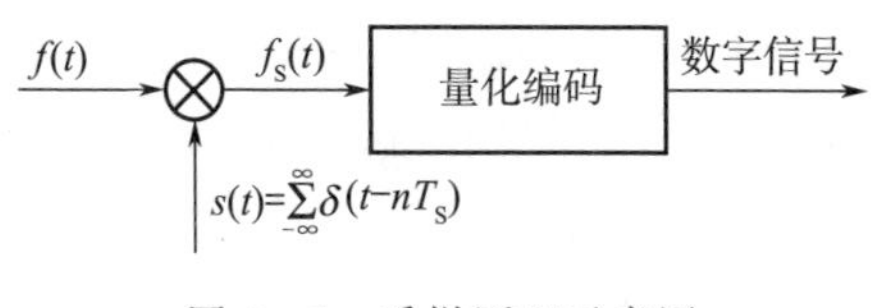

图 4－1　采样原理示意图

号输出进行量化和编码，就能实现数字信号输出。在满足采样定理的情况下，可以通过上述过程的反变换将其还原为原始输入信号。

从采样原理可知，输入信号经过采样后，输出结果为

$$f_S(t)=f(t)s(t)=f(t)\sum_{-\infty}^{\infty}\delta(t-nT_S)=\sum_{-\infty}^{\infty}f(nT_S)\delta(t-nT_S) \tag{4-1}$$

由式（4-1）可知，整个采样过程在时域上的描述如图4-2所示，在经过一个周期性的开关函数（脉冲函数）对一个连续的输入信号采样后，采样后的信号也是一个类似的脉冲函数，但是幅度不是单位幅度，而是等于采样时刻输入信号的瞬时值。实际采样还会在一段时间内保持采样的瞬时值，并且所产生的采样信号是一个时间上的离散信号，通过量化可以实现数值上的离散化，实现从连续到离散的转换。

以上是时域空间内对采样过程进行分析，而通过傅里叶变换，在频域空间内分析频谱的变化能更好地了解采样的全过程。傅里叶变换的性质表明，在时域中两个信号的乘法，转换到频域等效于两信号傅里叶变换后的卷积。例如 $f(t)$ 和 $s(t)$ 的傅里叶变换为

$$f(t)\longleftrightarrow F(\mathrm{j}\omega)\quad s(t)\longleftrightarrow S(\mathrm{j}\omega)$$

可得

$$F_s(\mathrm{j}\omega)=\frac{1}{2\pi}F(\mathrm{j}\omega)*S(\mathrm{j}\omega)=\frac{1}{T_S}\sum_{-\infty}^{\infty}F[\mathrm{j}(\omega-n\omega_S)] \tag{4-2}$$

式中，$F_S(\mathrm{j}\omega)$ 是 $f_S(t)$ 的傅里叶变化。

整个采样过程中频谱的变化如图4-3所示，信号带宽为 ω_m，是在时域中输入信号的理想采样，在输出频谱中出现在采样频率倍频处，当采样频率 ω_S 逐渐降低时，会导致相邻的 $F[\mathrm{j}(\omega-n\omega_S)]$ 之间的间隔减小，也就是说，相邻间隔的频谱会发生重叠，从而使系统恢复的信号出现失真，所以只有当 $\omega_S\geqslant 2\omega_m$ 时，才不会出现相邻频谱的重叠，采样信号才能包含原始输入信号的所有信息，因此我们可以基于采样信号恢复原始输入信号，这就是时域采样定理[2]。

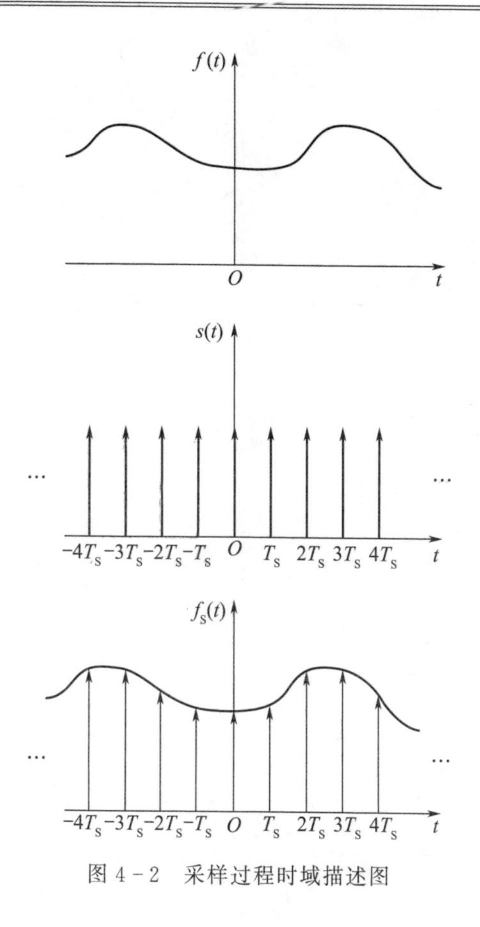

图 4-2　采样过程时域描述图

4.1.2　采样保持

采样保持电路是为了缓解后续电路对速度的要求，保证量化处理的是同一时刻的输入信号值。在处理过程中采样保持电路分为两个步骤，第一步信号采样，第二步信号保持。通过固定的时钟相位来控制每个工作阶段的切换。第一步，利用周期信号对输入信号进行采样。第二步，保持输入信号末端时刻的瞬时值不变。在采样阶段，使用跟踪保持电路，利用周期性时钟信号将开关闭合，此时输入信号与储能元件连通，储能元件可以存储电压信号，使得输出信

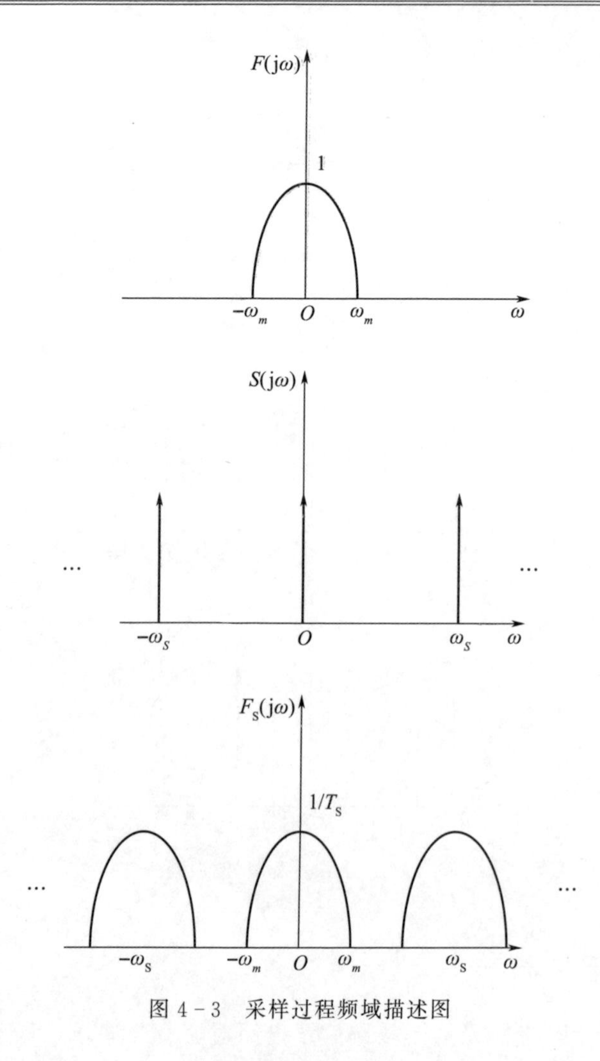

图 4-3　采样过程频域描述图

号跟随输入信号变化，达到采样的目的。采样值为采样阶段结束时的瞬时值。在保持阶段，利用周期性时钟信号将开关断开，此时输入信号与储能元件分离，利用储能元件的特性，其电压值保持采样结束时的瞬时值不变。经过采样保持电路，采样阶段结束时稳定于一个准静态的值，供后面的电路进行量化、编码处理。

4.1.3 噪声的种类和分布

光电探测系统的噪声主要来自探测器和模拟信号处理电路。

4.1.3.1 光电探测器噪声

光电探测系统的噪声主要包括以下两种。一种为固定图形噪声（Fixed - Pattern Noise，FPN），是指出现在图像的固定位置的噪声；另一种为暂态噪声，是指噪声分布随时间变化的噪声。

（1）固定图形噪声

固定图形噪声通常在多个像元组成的阵列探测器中较为常见。这种噪声与光照强度无关，即使在黑暗条件下也存在。在实践中，为了更准确地描述这种噪声，通常用暗信号非均匀性（Dark Signal Non Uniformity，DSNU）和光响应非均匀性（Photo Response Non Uniformity，PRNU）来描述。其中 DSNU 噪声主要由暗电流噪声构成，PRNU 主要受光电二极管灵敏度、源级跟随器、存储电容等因素影响。由于固定图形噪声能够均匀地分布在通带范围内，所以不能通过相关双采样或者信号滤波的方式进行抑制，但可以通过数字信号的方式消除。

（2）暂态噪声

暂态噪声是光电探测系统的另一类噪声，其主要包括热噪声、散粒噪声、$1/f$ 噪声、复位噪声、读出噪声等。

①热噪声

热噪声是一种由电子热运动产生的噪声，也称约翰逊噪声，通常使用热噪声功率谱密度函数来表示噪声的强度。具体公式如下

$$S_V(f)=4kTR \tag{4-3}$$

式中，k 为玻耳兹曼常数；T 为温度（绝对温度）；R 为电阻阻值。上述公式表明，该噪声与频率无关，即在频谱上为恒定分布，类似于“白噪声”。

②散粒噪声

散粒噪声是电流流过势垒所产生的一种噪声。该噪声与入射光

子、暗电流有关。散粒噪声发生符合统计学中的泊松分布。其数学模型如下

$$P_N = \frac{(\overline{N})^N \times e^{-\overline{N}}}{N!} \tag{4-4}$$

式中，N 表示粒子数量，$\overline{N}$ 表示平均值。

③ $1/f$ 噪声

$1/f$ 噪声是一种噪声功率与频率成反比的低频噪声。这种噪声不但可以在电子设备中探测到，而且还可以在音乐领域、生物领域中探测到。与之前的热噪声不同，$1/f$ 噪声的功率谱密度不是常数，而且主要分布在低频范围，在实际应用中可通过滤波器进行抑制。

④复位噪声

复位噪声是在浮置电容复位时，电容节点产生的一种噪声。它本质上是 MOS 管开关引起的热噪声。当 MOS 管关断时，这种噪声会出现并被采样和保持。复位噪声也属于白噪声，实践中通常使用相关双采样技术进行消除。

⑤读出噪声

读出噪声也称为本底噪声，是读出电路产生的噪声。具体来说，对于 CCD 探测器，当 CCD 探测器能够完全转移电荷时，读出噪声将主要由输出放大器的噪声决定；对于 CMOS 探测器，读出噪声由探测器读出电路决定。如果探测器中存在未能消除的复位噪声，以及增益放大器噪声、固定图形噪声校正电路的噪声等，那么这些噪声通常也要折算到读出噪声中去。所以，读出噪声也具有广泛的分布特性，在很宽的频率范围内都具有白噪声的特点。

4.1.3.2 模拟信号处理电路噪声

探测器输出的模拟信号通常需要经过阻抗变换、放大、滤波等处理后，进入 ADC 器件，实现模数转换。在这个过程中，模拟信号处理电路也会引入一定的噪声。模拟信号处理电路主要使用运算放大器实现，因此，该电路噪声的分布情况应和运算放大器的噪声特性相同。

模拟信号处理电路所使用的运算放大器中包含有多种噪声，有输入电压噪声、输入电流噪声、$1/f$ 噪声等。这些噪声综合作用在一起使得运放的噪声在频率谱上呈现明显的两个区间，如图4-4所示。

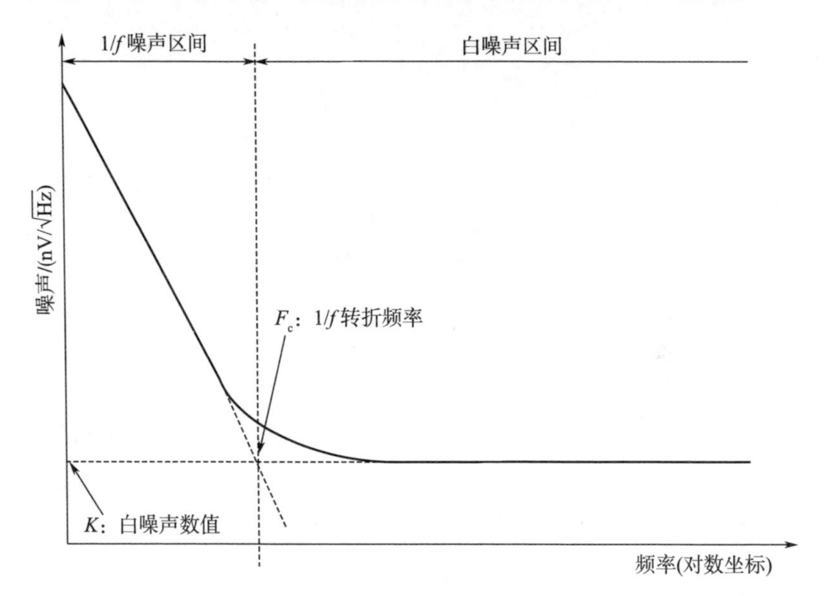

图4-4 运算放大器的噪声频率特性图

第一个区间是 $1/f$ 噪声区间。该区间内的噪声功率密度与频率成反比。频率越低，噪声功率密度越大。$1/f$ 噪声开始趋于稳定的频率点称为“$1/f$ 转折频率”（F_c）。这个转折频率也是品质因数之一，该频点越小越好，对于特定运放，电压噪声和电流噪声的转折频点不一定为同一频点。有些电流反馈型运放可具有3个转折频点，其中一个对应电压噪声，一个对应同相输入电流噪声，一个对应反向输入电流噪声。

第二个区间是白噪声区间。该区间内的噪声功率密度为常数。某些运算放大器在高频下，其噪声电压密度会略微增加。所以，使用常数值计算时，应注意这一现象。

4.1.4 均方根噪声与信噪比

均方根噪声是一项十分重要的指标，在统计学上称为样本方差

$$s=\left(\frac{1}{n-1}\sum_{i=1}^{n}(x_i-\overline{x})^2\right)^{\frac{1}{2}} \tag{4-5}$$

式中 s ——均方根噪声；

x_i ——同一像元不同采样点时的响应；

$\overline{x}$ ——同一像元不同采样点时的响应平均值；

n ——采样点个数。

一个理想的 N 位 ADC 的理论 SNR（单位为 dB）由以下公式给出

$$\mathrm{SNR}=6.02\times N+1.76 \tag{4-6}$$

信噪比的具体算法有很多，应用于不同领域时它的定义也不尽相同，当然从本质上来讲都是信号与噪声之比。信噪比计算公式如下

$$\mathrm{SNR}=20\times\log_{10}\frac{S}{N} \tag{4-7}$$

评估 ADC 动态性能的 SNR 定义如下

$$\mathrm{SNR}=20\times\log_{10}\frac{S_{\mathrm{signal}}}{N_{\mathrm{noise}}} \tag{4-8}$$

其中，S_{signal} 为满幅度正弦模拟输入信号的有效值；N_{noise} 为所有噪声源之和的均方根。对于视频电路系统，CCD 器件噪声、焦面电路系统噪声、连接线串扰等都会造成系统 SNR 的下降。

4.1.5 无噪声码分辨率和有效分辨率

ADC 的无噪声码分辨率意味着，超过此位数，则无法清晰地区分单个编码的分辨率。该限制是由上述与所有 ADC 相关的有效输入噪声（或折合到输入端的噪声）引起的，通常以一个以 $\mathrm{LSB}_{\mathrm{rms}}$ 为单

位的 RMS 值表示。RMS 噪声乘以 6.6 倍，转换为有用的峰峰值（P－P）噪声（可表示编码的实际不确定性），表示为 LSB_{P-P}。由于一个 N 位 ADC 的总转换编码数是 2^N LSB，因此无噪声码总的数量等于

$$无噪声码数量 = 2^N/(P-P\ 输入噪声) \tag{4-9}$$

无噪声编码数量可通过计算以 2 为底的对数转换为无噪声码分辨率用下式表示

$$无噪声码分辨率 = \log_2[2^N/(P-P\ 输入噪声)] \tag{4-10}$$

无噪声码分辨率指标通常与高分辨率 ADC 有关，后者通常是采样速率、数字滤波器带宽和可编程增益放大器（PGA）增益（因此关系到输入范围）的函数。满量程范围与 RMS 输入噪声（而不是 P－P 输入噪声）之比有时用于计算分辨率。在这种情况下，使用有效分辨率的概念。应当注意的是，在相同条件下，有效分辨率比无噪声码分辨率大 $\log_2 6.6$，约为 2.7 bit。

$$有效分辨率 = \log_2(2^N/\text{RMS}\ 输入噪声) \tag{4-11}$$

$$有效分辨率 = 无噪声码分辨率 + 2.7\ \text{bit} \tag{4-12}$$

4.1.6　滤波器

滤波器是具有频率选择功能的电路。当信号与噪声分布在不同频带时，可以使用滤波器从频率域实现信号分离。滤波器是对通道带宽进行限制的主要方式。

4.1.6.1　滤波器种类分类

对于不同频率的信号，滤波器可以有三种不同的作用方式。第一种是对于通带内的信号，滤波器对其衰减很小；第二种是对于阻带内的信号，滤波对其衰减很大；第三种是对于通带与阻带之间的过渡带的信号，滤波器使其受到不同程度的衰减。

通过控制滤波器的三种信号作用方式在频带中的分布，可实现对不同频率信号的不同作用。根据不同的作用方式，滤波器分为四种不同的基本类型：1）低通滤波器；2）高通滤波器；3）带通滤波

器；4）带阻滤波器。

上述分类方式是从作用效果的维度来分类的，如果根据滤波器的电路组成形式的不同来分类，滤波器还可以分为：

（1）无源 LC 滤波器

无源 LC 滤波器主要使用电感、电容器件搭建而成，具有频率选择特性良好，信号损耗小、噪声低的特点。但由于电感器件通常体积较大，因此在低频范围内频率选择性较差，不利于集成化。

（2）无源 RC 滤波器

无源 RC 滤波器主要使用电阻、电容器件搭建而成，其频率选择特性较差，一般只作为低性能滤波器使用。

（3）特殊无源滤波器

特殊无缘滤波器的工作原理是通过电能与机械能、分子振动能的相互转换，并与器件固有频率谐振，从而实现频率选择。特殊无源滤波器主要包括机械滤波器、压电陶瓷滤波器、晶体滤波器、声表面波滤波器等。这种滤波器主要用于频率选择性能要求较高的情况，通常以带通滤波器或带阻滤波器的形式使用。此时，滤波器的品质因数可以达到几千以上，同时还具有较好的稳定性，但是由于其品种有限，调试烦琐，因此只用于一些特殊的场合。

（4）有源 RC 滤波器

无源 RC 滤波器使用的电阻元件会造成信号功率的消耗，从而导致滤波效果不佳。如果能够使用有源器件，例如电子管、晶体管、运算放大器等，对电路中损失的信号进行补偿，就可以获得良好的频率选择特性。按照这一理论设计的滤波器称之为有源 RC 滤波器。

除此之外，还可以将滤波器按照许多其他的特征进行分类。例如，根据滤波器传递函数的微分方程阶数，可分为一阶滤波器、二阶滤波器、高阶滤波器。

4.1.6.2 传递函数

模拟滤波电路通常由基本的线性四端网络构成。其传递函数的具体形式如下

$$H(s)=\frac{U_o(s)}{U_i(s)}=\frac{\sum_{k=0}^{m} b_k S^k}{\sum_{l=0}^{n} a_l S^l}=K\frac{\prod_{k=1}^{m}(s-z_k)}{\prod_{l=1}^{n}(s-p_l)} \tag{4-13}$$

式中，S 为拉氏变换的变量；分子和分母中的各项系数 a_l 和 b_k 通常由网络结构和元器件参数决定，一般为实数常数；K 为实常数；z_k 为零点，p_l 为极点，通常是复数。由于实系数分式中任何复数的零点或极点均共轭出现，因此，传递函数的公式还可以改写为

$$H(s)=\frac{\prod_{i=1}^{M}(b_{i2}s^2+b_{i1}s+b_{i0})}{\prod_{j=1}^{N}(a_{j2}s^2+a_{j1}s+a_{j0})} \tag{4-14}$$

4.1.6.3　频率特性

在模拟滤波器的传递函数 $H(s)$ 中，如果 $s=\mathrm{j}\omega$，则传递函数可写为

$$H(\mathrm{j}\omega)=\frac{U_o(\mathrm{j}\omega)}{U_i(\mathrm{j}\omega)}=\frac{\prod_{i=1}^{M}(-b_{i2}\omega^2+b_{i1}\mathrm{j}\omega+b_{i0})}{\prod_{j=1}^{N}(-a_{j2}\omega^2+a_{j1}\mathrm{j}\omega+a_{j0})} \tag{4-15}$$

其中，$H(\mathrm{j}\omega)$ 称之为滤波器的频率特性函数。

$H(\mathrm{j}\omega)$ 是一个复函数，其幅值函数 $A(\omega)=|H(\mathrm{j}\omega)|$ 表征滤波器的幅频特性。理想滤波器在通带内，信号可以无损耗地通过，在阻带内，信号被完全衰减。实际的滤波器无法像理想的滤波器一样具有完美的幅频特性，只能通过调整适当的电路阶数、零点和极点位置向理想滤波器逼近。

$H(\mathrm{j}\omega)$ 的幅角函数表征输入信号和输出信号的相位偏差。其表达式为 $\varphi(\omega)=\arctan H(\mathrm{j}\omega)$ 。对于理想滤波器，其信号可以无失真地通过，$\varphi(\omega)$ 是线性函数，此时输出信号相对输入信号具有固定延时 T_0 ，否则就存在相位失真。

4.1.6.4 主要特征指标

(1) 特征频率

滤波器的主要特征指标包括通带截止频率、阻带截止频率、转折频率和谐振频率。

通带截止频率 ω_p，该频率定义了通带和过渡带之间的边界，在该频点上信号幅值衰减规定的倍数。

阻带截止频率 ω_r，该频率定义了阻带和过渡带之间的边界，在该频点上信号幅值衰减规定的倍数。

ω_p 和 ω_r 的位置与规定的衰减程度有关。图 4-5 表示了在低通滤波器、高通滤波器、带通滤波器和带阻滤波器中 ω_r，ω_c，ω_p 的位置关系。

另外，还有一个频率叫固有频率（或谐振频率），该频率为传递函数中 $a_{j1}=0$ 时的极点所对应的频率。对于复杂电路，往往会有多个谐振频率，其计算公式如下

$$\omega_{0j}=\sqrt{a_{j0}/a_{j2}} \tag{4-16}$$

(2) 增益和损耗

滤波器的增益在通带范围内并非常数。对于低通滤波器，增益通常为 $\omega=0$ 时的增益；对于高通滤波器，增益通常为 ω 趋近于无穷大时的增益；对于带通滤波器，增益通常是中心频率处的增益；对于带阻滤波器，通常用通道阻带损耗来表述，它定义为增益的倒数。

(3) 阻尼系数与品质因数

滤波器中表示能量衰耗的指标为阻尼系数。它表示滤波器对角频率为 ω_0 的信号的阻尼作用。其计算公式如下

$$a=\frac{a_{j1}}{a_{j2}\,\omega_0} \tag{4-17}$$

阻尼系数 a 的倒数被定义为品质因数 Q，它主要用于评价带通滤波器或带阻滤波器的频率选择能力。

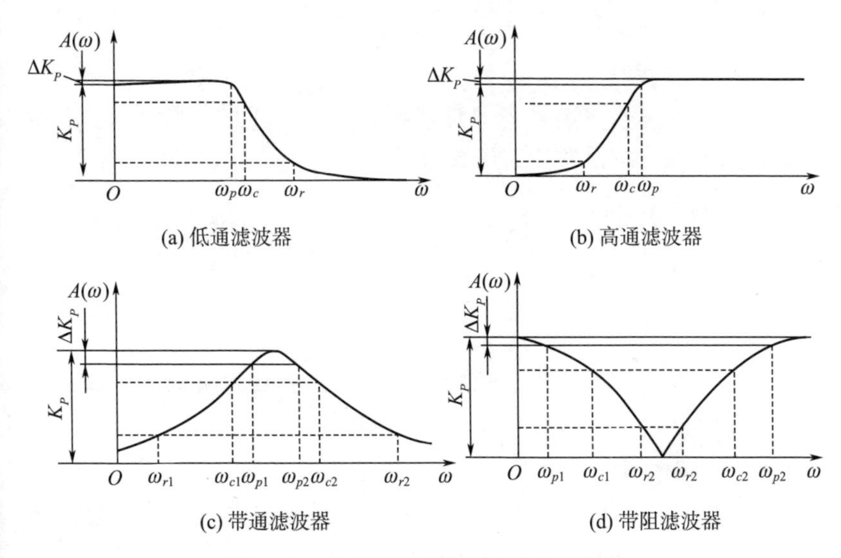

图 4－5　各种滤波器的频率特性示意图

（4）灵敏度

灵敏度主要用来表征滤波器的稳定性。它由组成滤波电路的元器件的稳定性决定。滤波器的某项指标 y 对某个元器件的参数 x 变化的灵敏度可以记作 S_x^y，其公式为

$$S_x^y = \frac{\mathrm{d}y/y}{\mathrm{d}x/x} \tag{4-18}$$

（5）群时延特性函数

群时延函数主要用于表征滤波器的相频特性，评价信号的失真情况。群时延特性函数的公式为

$$\tau(\omega) = \mathrm{d}\varphi(\omega)/\mathrm{d}\omega \tag{4-19}$$

4.1.6.5　滤波器特性的逼近

理想滤波器只存在于理论中，在工程应用中，往往需要根据实际情况侧重于滤波器的某一特性，采取适当的方式进行逼近设计。另外，理论上对低通滤波器传递函数进行频率变化就可以得到高通、带通和带阻滤波器的传递函数。因此，下面以低通滤波器为例，介

绍 3 种常见的逼近方式。

（1）巴特沃斯

巴特沃斯滤波器侧重于通带内最为平坦，并且单调变化。N 阶巴特沃斯低通滤波器的传递函数如下

$$H(s)=\begin{cases} K_p\prod\limits_{k=1}^{N}\dfrac{\omega_c^2}{s^2+2\,\omega_c\sin\theta_k s+\omega_c^2}, n=2N \\ \dfrac{K_p\,\omega_c}{s+\omega_c}\prod\limits_{k=1}^{N}\dfrac{\omega_c^2}{s^2+2\,\omega_c\sin\theta_k s+\omega_c^2}, n=2N+1 \end{cases} \tag{4-20}$$

其中，$\theta_k=(2k-1)\pi/2n$ 。巴特沃斯低通滤波器随阶数的增加逼近理想的矩形滤波器，但其相频特性的线性度会随之变差。

（2）切比雪夫

切比雪夫滤波器侧重于幅频特性更接近矩形，因此其通带内会存在波动。N 阶切比雪夫低通滤波器的传递函数如下

$$H(s)=\begin{cases} K_p\prod\limits_{k=1}^{N}\dfrac{\omega_p^2(\sinh^2\beta+\cos^2\theta_k)}{s^2+2\,\omega_p\sinh\beta\theta_k s+\omega_p^2(\sinh^2\beta+\cos^2\theta_k)}, n=2N \\ \dfrac{K_p\,\omega_p\sinh\beta}{s+\omega_p\sinh\beta}\prod\limits_{k=1}^{N}\dfrac{\omega_p^2(\sinh^2\beta+\cos^2\theta_k)}{s^2+2\,\omega_p\sinh\beta\theta_k s+\omega_p^2(\sinh^2\beta+\cos^2\theta_k)}, n=2N+1 \end{cases} \tag{4-21}$$

其中，$\theta_k=(2k-1)\pi/2n$ ，$\beta=[\mathrm{arcsinh}\,(1/\sqrt{\varepsilon})]/n$，$\varepsilon$ 为通带增益波纹系数，$\varepsilon=\sqrt{10^{\Delta K_p/10}-1}$ 。切比雪夫滤波器通带内的波动越大，其过渡带越陡峭，但失真也越大。

（3）贝塞尔

贝塞尔滤波器侧重于通带内的相频特性具有最高的线性度，群时延特性近似常数，从而使相位失真最小。

4.1.6.6 滤波器的设计

任何滤波网络均由若干个一阶或二阶滤波电路级联组成。其中一阶滤波器相对比较简单，但性能较差，在实际应用中远不如二阶滤波器应用广泛，因此本节不作重点介绍。本节将以二阶有源低通

滤波器为例，介绍滤波器的设计方法。

有源滤波器的设计包括如下四个步骤：1）确定传递函数；2）选择电路结构；3）选择有源器件；4）选择无源器件。

（1）确定传递函数

确定传递函数应根据实际应用的需要，确定一种逼近方式。通常在电路复杂性一定条件下，各方面特性难以兼顾，因此需要先确定侧重原则。其次，需要确定电路阶数，可通过通带截止频率、阻带截止频率、通带增益变化量来确定电路阶数。最后，根据选定的逼近方式确定传递函数。

（2）选择电路结构

滤波器的电路构成有很多种，常见的构成结构有压控电压源型、无限增益多路反馈型以及双二阶环型。

压控电压源型滤波器具有结构简单、调试方便、对有源器件的性能要求低的特点，应用十分普遍。在实际应用中需要注意的是，压控电压源型滤波器当反馈量过强时会降低电路稳定性，导致电路自激振荡。

无限增益多路反馈型滤波器由于构成中没有正反馈环节，因此稳定性高。但是该型滤波器对有源器件要求较高，而且调整不便。

双二阶环型滤波器所用元件数目稍多一些，但电路性能稳定，调整方便，很多高性能有源滤波器或集成有源滤波器大多以双二阶环型为原型。

同一种结构类型的滤波器的特性基本相同，因此掌握多种滤波器结构将有利于滤波器的设计。通常滤波器的结构类型与应用需要的特性紧密相关。性能要求高时，应选择灵敏度低的结构，另外还要注意滤波器的品质因数，多级级联的滤波器，应将高 Q 值的一级安排在前面。

（3）选择有源器件

有源滤波电路的核心是有源器件，该器件通常使用运算放大器，其性能对滤波器特性影响很大。在设计时需要注意：1）运算放大器如果单位增益带宽较窄，开环增益不稳定，则会改变传递函数性质，限制信号频率上限；2）有源器件会引入噪声，降低信噪比，从而限制信号幅值下限；3）有时还应考虑运放的输入输出阻抗。

（4）选择无源器件

在有源器件满足要求的情况下，滤波器的特性将主要由电阻和电容等无源器件决定。传统的滤波器设计方法，滤波器设计多基于图表法，即电路结构由图决定，无源器件的取值由表决定。随着计算机辅助设计能力的提高，现在的滤波器可利用计算机仿真软件进行优化设计，同时各大运算放大器制造公司也针对自身产品的特性推出在线辅助设计工具。这些工具可以协助设计师方便地确定无源器件的取值。

4.2 CCD 的采集与数字化

4.2.1 CCD 信号采集与双采样理论

遥感成像中 CCD 器件是其中主要的成像器件之一。由于 CCD 输出信号存在着一定的直流偏置电平和暗电平，如图 4-6 所示，而我们关心的只是图像数据信号，因此需要通过技术手段将其有效的 Video 信号提取出来。相关双采样法是目前 CCD 信号处理中最有效、最可行的方法。而之后的暗电平处理可以通过测量 CCD 输出暗像元的电平值来去除。

相关双采样法就是在两次采样时间间隔远小于复位 MOSFET 截止时的时间常数 $R_{\mathrm{OFF}}C$ 的情况下，对同一像素的一个周期内进行先后两次采样。利用电容上的噪声电压涨落缓慢的特点，分别在输出电荷包之前和输出电荷包之时进行采样，这样对于 KTC 噪声来说，第一次采样与第二次采样相差十分微小。利用这种相关性可以有效抑制低频噪声，并且 KTC 噪声在输出信号中得到抑制，两次采样值之间的差就是图像信号的真实部分。由于前后两次采样时间是相关的，因此这种方法被称为相关双采样法。

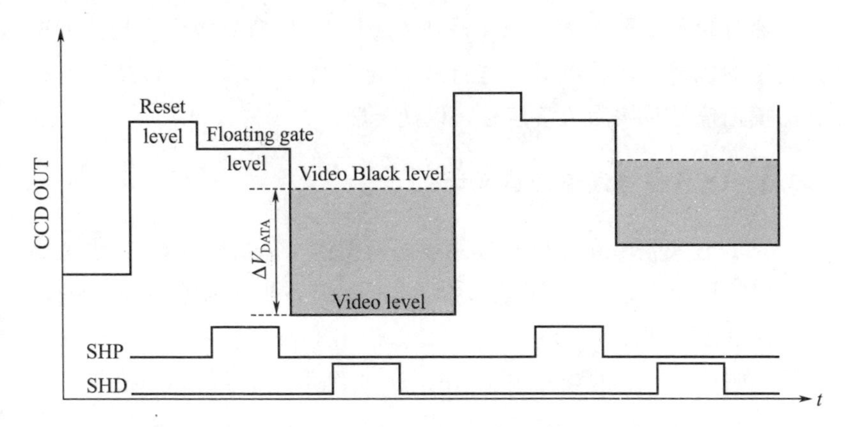

图 4-6　CCD 模拟信号模型

相关双采样部分的主要功能就是去除复位噪声，它以相关采样的方式将 CCD 信号进行两次采样，对这两次采样再做差分处理，就可以得到 CCD 信号的变化趋势，这个信号的变化趋势给后面的量化采样提供了依据。图 4-7 为相关双采样模型示意图，其中运放起到放大、缓和及调节的作用；差分放大器，用于求两个样本之差。通过采样保持器 1 的 SHP 信号和采样保持器 2 的 SHD 信号分别对 CCD 信号中参考电平和信号电平进行采样，然后输入差分放大器相减，得到真实图像信号输出。SHP 和 SHD 相隔 $T_p/2$（T_p 是 CCD 信号周期）左右，分别用作参考采样脉冲和信号采样脉冲，其周期都是 T_p 。CLK 是采样脉冲，周期是 T_p。

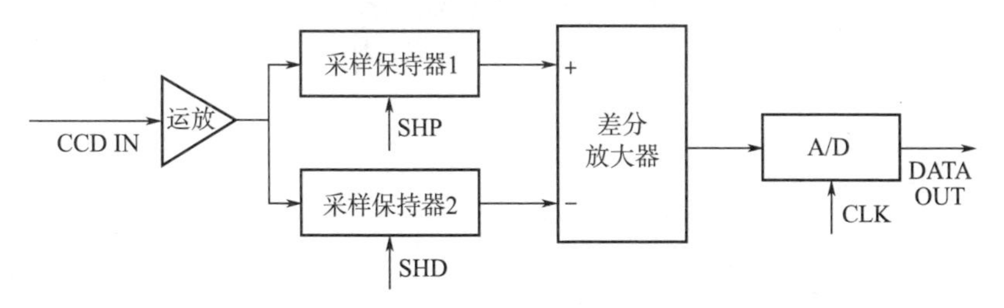

图 4-7　相关双采样模型示意图

通过相关双采样 ADC IN 得到了表征 CCD 信号的变化趋势的差分输出的包络，之后再对它进行放大处理及采样。A/D 转换将所得到的模拟信号转换为数字信号，以便传输。

4.2.2　CCD 信号通道带宽设计

CCD 输出信号是空间采样离散的模拟信号。信号以 CCD 水平驱动时序的周期为重复周期按照复位电平、基准电平和有效信号的顺序依次输出，如图 4-8 所示。因此，CCD 信号实质上属于一种周期性的调幅信号。它的频率主要由 CCD 水平驱动信号的频率决定。但是，由于 CCD 器件输出的模拟信号具有较高的直流偏置电压，为匹配后端电路的输入信号范围，需要对 CCD 器件输出信号使用交流耦合技术进行输出。因此，整个 CCD 信号传输通道实际上是一个带通通道。通道的高频截止频率主要由 CCD 水平驱动时间决定，取 CCD 水平驱动信号频率的 4～7 倍。通道的低频截止频率主要由交流耦合传输环节决定，通常这部分的带宽由 CCD 输出端对负载的要求、$1/f$ 噪声、CCD 水平驱动周期等因素决定。

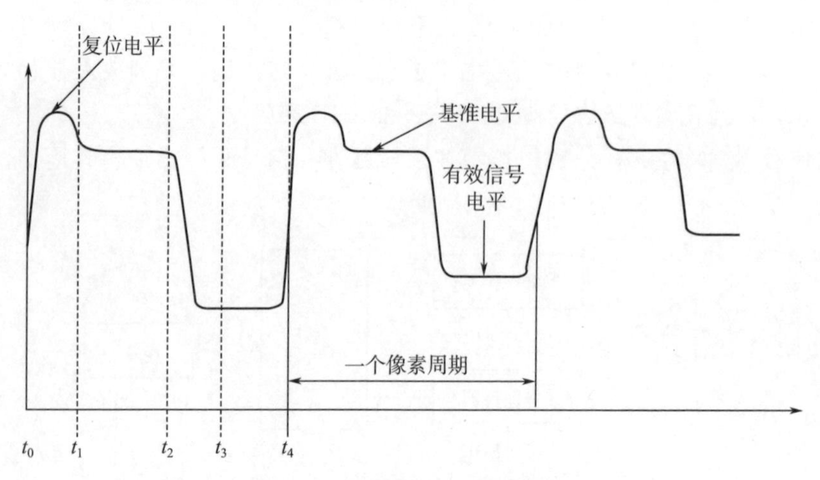

图 4-8　CCD 输出信号示意图

在实际设计中，如果 CCD 水平转移信号频率为 8 MHz，根据上述原则 CCD 模拟信号的高频截止频率应设计在 32～56 MHz 之间，低频截止频率考虑到 CCD 信号基准电平和有效信号电平传输的需要，可使用 RC 高通滤波器电路实现，电容选择 1 μF 电容，电阻选择 15 kΩ，低频截止频率为 10 Hz 左右。该频点可根据后端运放 $1/f$ 噪声转折频率进行适当调节，以抑制 $1/f$ 噪声的传输。

4.2.3　CCD 模拟信号传输

空间遥感相机焦平面电路输出的模拟信号需要传送到信号处理器中实现模数转换。模拟信号在传输过程中容易受到外界噪声的干扰，因此在传输过程中需要对模拟信号进行细致的处理，从阻抗控制、噪声抑制等方面入手，保证模拟信号的传输质量。在实际应用中，模拟信号的传输方式主要分为单端传输和差分传输两种。CCD 信号主要以单端传输，下面主要介绍单端传输情况。

模拟信号单端传输的方式通常用于传输距离比较短的情况，使用单端输出的运算放大器实现。在实际应用中如果模拟信号在设备内部传输，则可以使用单端传输的方式。单端传输具有设计简单、信号数量少、实现方便的特点。

4.2.3.1　阻抗控制

模拟信号在短距离传输时也要严格控制信号的阻抗，使用阻抗受控的信号线和采取必要的端接技术是保证信号完整性的关键。

信号线阻抗受控通常使用特征阻抗来描述。特征阻抗定义为 $Z_0=\sqrt{\dfrac{L}{C}}$，其中，L 是每英尺同轴电缆的分布电感，C 是每英尺同轴电缆的分布电容。信号线常用的特征阻抗值分别为 50 Ω、75 Ω、93 Ω 和 100 Ω。在实际应用中，可以根据设计需要选择合适阻值的电缆和 PCB 走线。

信号线端接技术是保证信号完整传输的关键。如果一段信号线端接得适当，那么在驱动器看来它是一个电阻负载。然而，如果信号线没有进行端接，那么在驱动器看来，它是一个与输出频率相关的电容负载。受电容负载的影响，信号会出现过冲和严重的振铃现象。

推荐的端接方式是在源端 R_S 和负载端 R_L 都端接电阻。这种端接方式可以消除因为负载寄生电容造成的阻抗不匹配而引起的反射。该电路的缺点是源端电阻和负载端接地电阻之间的分压会造成 2 倍增益损失。然而，该电路结构对低损失信号线进行了源和负载端接，它的突出优点是具有良好的带宽平坦度特性，在较低频率的应用中这个优点尤其突出。除此之外，该脉冲输入放大器工作在最优的负载条件下，即阻性负载。

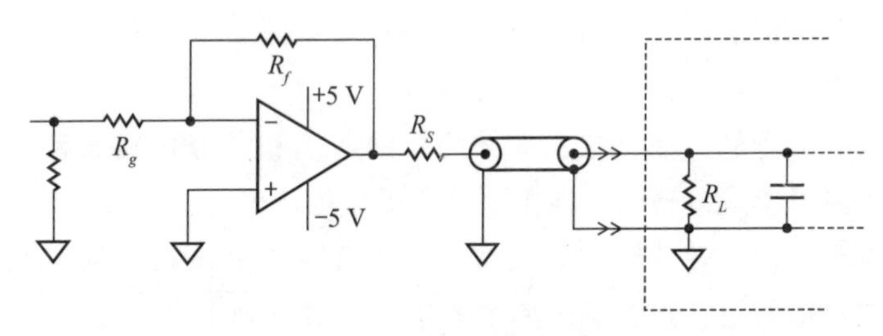

图 4-9　阻抗匹配示意图

4.2.3.2　噪声抑制

(1) 噪声特性

运放的噪声由两部分组成：低频噪声和白噪声。低频噪声的频谱密度与频率的平方呈反比，而白噪声产生在中频和高频段。低频噪声又称作 $1/f$ 噪声。在 $1/f$ 噪声频谱密度范围内，频率等于白噪声的频率称为"$1/f$ 截止频率"，它是评价运算放大器性能的一个指标，其值越低表示性能越好。在最新的低噪声低频放大器中，$1/f$ 截止频率从数赫兹到数百赫兹不等，对于高速运放甚至达到数千赫兹。

在大多数的高速运放应用中，通常重点关注总输出 RMS 噪声。因为带宽比较宽，所以 RMS 噪声主要是由白噪声引起的，而 $1/f$ 噪声则可以忽略不计。为了更好地理解高速运放的噪声影响，图 4-10 给出了经典的噪声模型结构。图中示出了所有可能产生白噪声的噪声源，包括噪声源的外部噪声和反馈电阻。图中的公式可算出运放的整个闭环带宽的总输出 RMS 噪声。当运放的频率响应相对平坦的时候，该公式计算出的结果能很好地吻合，如果存在几分贝的高频峰值，则实际噪声将比公式计算出的理论噪声大。因此，在大多数应用中，运放的反馈回路应使带宽平坦，使用该公式可以很好地进行性能估算。在实际应用中，可以使用 EDA 工具对运算放大器的输出噪声进行仿真计算，得到噪声在一定带宽下的总值（RMS 值）或噪声密度分布图。

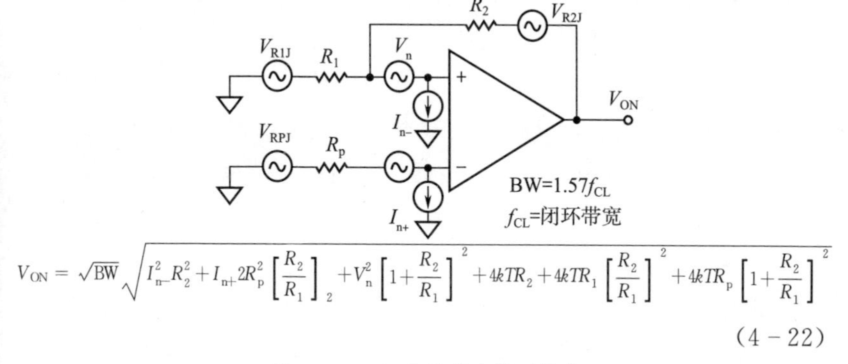

$$V_{ON}=\sqrt{BW}\sqrt{I_{n-}^2R_2^2+I_{n+}2R_p^2\left[\frac{R_2}{R_1}\right]_2+V_n^2\left[1+\frac{R_2}{R_1}\right]^2+4kTR_2+4kTR_1\left[\frac{R_2}{R_1}\right]^2+4kTR_p\left[1+\frac{R_2}{R_1}\right]^2}$$

（4 − 22）

图 4 − 10　经典的噪声模型结构

（2）抑制方法

抑制噪声比较常用的方法是使用运算放大器搭建有源滤波器。在实际应用中，有源滤波器的种类较多。

巴特沃斯（Butterworth）滤波器实现了衰减和相位响应的最佳平衡，通带和阻带均不存在纹波，因而也被称为最平坦滤波器。巴特沃斯滤波器幅度的平坦度是以通带和阻带间相对较宽的过渡带为代价的，其瞬态特性表现一般。与相同阶数的巴特沃斯滤波器相比，切比雪夫（Chebyshev）滤波器的过渡带较窄，但这是以通带中的纹波为代价的。这种滤波器的名称源自切比雪夫准则，该准则使最大纹波的高度降低。贝塞尔（Bessel）滤波器具有通带内线性相位（即恒定延迟）的特性，因此能获得更好的瞬态响应，但是频率响应相对较差。

滤波器按照结构构成来分，可以分为 SallenKey 滤波器、多路反馈滤波器、状态变量滤波器等。

SallenKey 结构也称为压控电压源（VCVS）结构。这是应用最广的滤波器拓扑结构之一。其中的一个原因是，在这种结构中，滤波器的性能对运算放大器性能的依赖程度最低。这是因为，运算放大器被配置为放大器而非积分器，由此降低了其增益带宽要求。整个滤波器中的信号相位保持不变（同相配置）。这种配置的另一优势在于，最大电阻值与最小电阻值之比以及最大电容值与最小电容值之比较低，有利于提高可制造性。

多路反馈结构是另一种常用的滤波器结构。它将一个运算放大器用作积分器，因而，其传递函数对运算放大器参数的依赖性高于 SallenKey 结构。多路反馈型滤波器只能用反相端输入，对外围器件的性能要求较低。

状态变量结构的滤波器具有最高的精确度，但其代价是电路元件数量更多。三个主要参数（增益、Q 和 ω_0）都可单独进行调节，并可同时提供低通、高通和带通三种输出。需要注意的是，低通和高通输出为反相，而带通输出为同相。

在确定了滤波器的衰减特性、相位要求、实现结构后就可以开始滤波器的设计。滤波器的设计通常使用专业的设计软件来实现。将通带、阻带、增益和衰减，以及结构要求输入到软件中就可以完成滤波器设计。常用的滤波器设计软件有 Filter Solutions、MultiSim、Cadecne 等，另外也可以利用器件厂商提供的在线设计平台进行滤波器设计。

4.3 红外探测信号的采样和数字化

4.3.1 红外探测信号的采集

红外探测器模拟信号的采集和 CCD 略有不同，可直接采集。通常为提高信噪比，可采用过采样技术。红外探测器模拟信号过采样流程可以参照图 4－11。以下举例说明：某红外探测器的像元读出频率为 5 MHz，根据过采样理论，设计模数转换器采样频率为 50 MHz，在一个像元读出周期内，模数转换器可以采到 10 个该像元的数据；对每个像元的 10 个采样数据进行选取，去除模拟信号建立过程中的 6 个（1、2、3、8、9、10）不稳定数据，保留稳定的 4 个（4、5、6、7）采样点数据，对其进行累加求平均的均值滤波处理，降低模数转换器的量化噪声和电路热噪声，提高系统的信噪比。

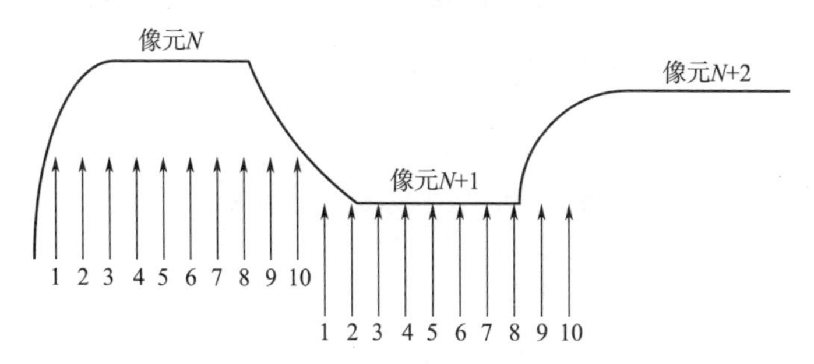

图 4－11　一种面阵红外探测器模拟信号过采样示意图

4.3.2　红外信号通道带宽设计

红外探测器输出的信号也属于空间采样离散的模拟信号。红外信号以输入的主时钟为周期，逐个像元地输出红外信号。因此，CCD 信号实质上也属于一种周期性的调幅信号。它的频率主要由探测器主时钟信号的频率决定。考虑到相机响应特性的原因，红外信号最好采用直流耦合的方式进行传递。因此红外模拟信号的传输通道通常显现为低通特性。由于红外信号的输出波形类似于方波信号。因此，工程上通常按照最佳带宽原则计算系统带宽

$$f = K \times \frac{0.5}{T_r} \tag{4-23}$$

式中，T_r 为信号脉冲上升沿 10％到 90％的时间，由于电路中各类寄生电容的影响，T_r 的实际时间会接近整个像元周期的 50％；K 为工程系数，通常取 5～7。在实际设计中，如果红外模拟信号的频率为

2 MHz，T_r 为像元周期的 50%，则根据上述带宽设计原则，红外模拟通道的带宽应设计为 10～14 MHz。图 4－12 为红外模拟信号示意图。

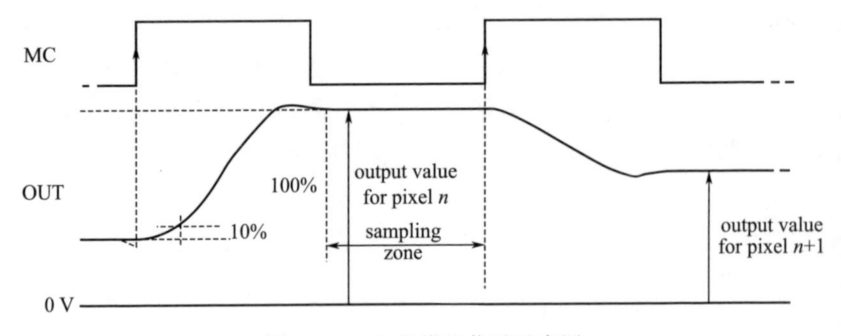

图 4－12　红外模拟信号示意图

4.3.3　红外模拟信号传输

空间遥感相机红外焦平面电路输出的模拟信号需要传送到信号处理器中实现模数转换。红外信号在传输过程中容易受到外界噪声的干扰，因此需要对红外信号进行细致的处理。红外信号主要以差分传输，下面介绍差分传输情况。

模拟信号差分传输的方式通常用于传输距离比较长的情况，使用全差分输出的运算放大器实现。在实际应用中如果模拟信号在设备之间传输，则可以使用差分传输的方式。差分传输具有抗共摸噪声干扰能力强、信号传输频率高等特点。

4.3.3.1　阻抗控制

差分运算放大器通常用于设备间模拟信号的传输和高速 ADC 器件的输入驱动。在用于设备间模拟信号传输时，必须通过阻抗受控的电缆相连，同时在电缆两端进行阻抗端接，以获得最佳性能。在用于驱动 ADC 器件时，由于高速差分运算放大器距离 ADC 器件较近，因此两者之间可不使用阻抗受控线连接。

差分运算放大器的输入阻抗，必须大于或等于目标端电阻，以

便同一个端电阻 R_T 与放大器输入端并联，获得所需电阻，如图 4-13 所示。由于负反馈使放大器两个输入端之间的电压变成零，因此，两个输入端为虚连接，差分输入电阻 R_{in} 等于 $2\times R_G$。为了匹配传输线电阻 R_L，可在差分输入端之间并联电阻 R_T。R_T 的取值可以通过如下公式计算

$$R_T = 1/(1/R_L - 1/R_{in}) \tag{4-24}$$

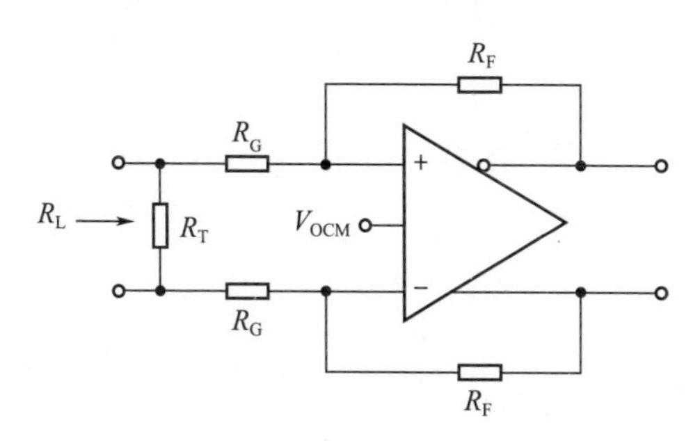

图 4-13　差分运放的阻抗匹配示意图

4.3.3.2　噪声抑制

(1) 噪声特性

差分输出运算放大器的噪声分布和单端输出运算放大器的相同，由低频噪声和白噪声组成。由于差分输出运算放大器经常用于高速模拟信号的传输，因此噪声特性通常用白噪声的噪声密度来表示。差分输出运算放大器的噪声模型如图 4-14 所示。图中各噪声源的对总输出噪声密度 $V_{no\ dm}$ 的贡献可使用如下公式计算

$$V_{no\ dm}(V_{nIN}\text{ 贡献的部分}) = \frac{2V_{nIN}}{\beta_1+\beta_2} \tag{4-25}$$

$$V_{no\ dm}(V_{nCM}\text{ 贡献的部分}) = \frac{2V_{nCM}(\beta_1-\beta_2)}{\beta_1+\beta_2} \tag{4-26}$$

$$V_{no\ dm}(i_{nIN+}\text{ 贡献的部分}) = \frac{2i_{nIN+}(1-\beta_1)R_{G1}}{\beta_1+\beta_2} \tag{4-27}$$

$$V_{no\ dm}(i_{nIN-}\text{ 贡献的部分}) = \frac{2i_{nIN-}(1-\beta_1)R_{G2}}{\beta_1+\beta_2} \tag{4-28}$$

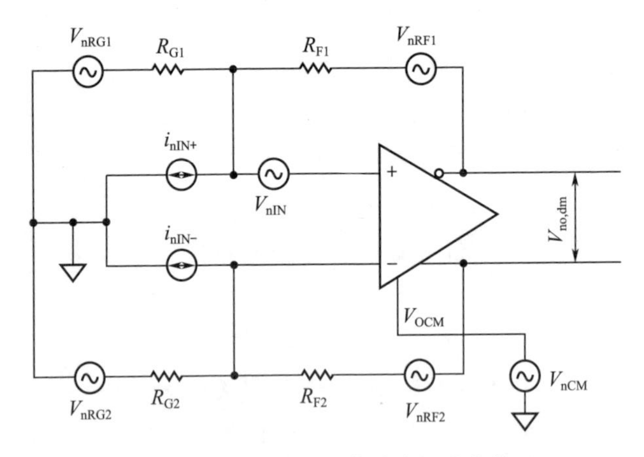

图 4-14　差分输出运算放大器噪声模型

$$V_{no\ dm}(V_{nRG1}\text{ 贡献的部分})=\frac{2\sqrt{4kT}(1-\beta_1)}{\beta_1+\beta_2} \tag{4-29}$$

$$V_{no\ dm}(V_{nRG2}\text{ 贡献的部分})=\frac{2\sqrt{4kT}(1-\beta_2)}{\beta_1+\beta_2} \tag{4-30}$$

$$V_{no\ dm}(V_{nRF1}\text{ 贡献的部分})=\frac{2\beta_1\sqrt{4kT}}{\beta_1+\beta_2} \tag{4-31}$$

$$V_{no\ dm}(V_{nRF2}\text{ 贡献的部分})=\frac{2\beta_1\sqrt{4kT}}{\beta_1+\beta_2} \tag{4-32}$$

$$\beta_1=\frac{R_{G1}}{R_{F1}+R_{G1}} \tag{4-33}$$

$$\beta_2=\frac{R_{G2}}{R_{F2}+R_{G2}} \tag{4-34}$$

总输出噪声密度 $V_{no\ dm}$ 为上述这些成分的均方根。在实际应用中可以通过 PSpice 仿真工具或者芯片厂商的在线评估软件对输出噪声的总噪声密度进行计算。

(2) 抑制方法

差分输出运算放大器通常用于对长距离传输信号的驱动，以及对高速差分 ADC 模拟输入端的驱动，重点关注信号的平衡传输、幅值缩放、共模噪声抑制、单端转差分变换、缓冲驱动等，滤波不是其主要用途。差分输出运算放大器作滤波器使用时通常被设计成低通滤波器，或结合交流耦合输入的用法实现带通滤波器的作用。图 4-15 为用差分输出运算放大器实现低通滤波器的示意图。差分运放滤波器的设计过程比单端复杂，通常采用器件厂商提供的在线设计平台来辅助完成。

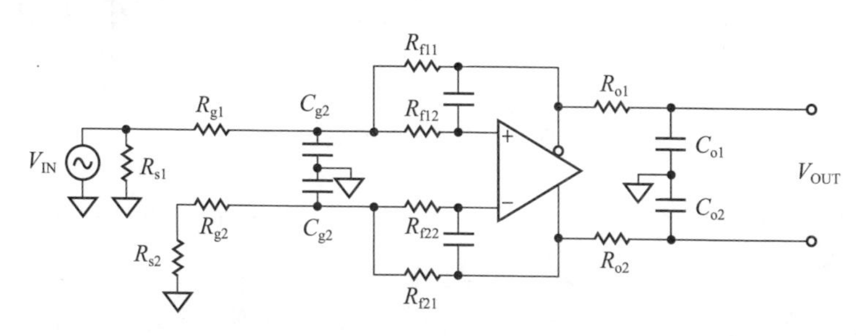

图 4-15　差分输出运算放大器做低通滤波器

4.4　单光子探测信号的采集和数字化

4.4.1　单光子探测信号的采集

目前，单光子探测技术在空间应用中主要用于对地测绘。基于单光子技术的星载激光测距仪的测距原理是通过测时的方法得到距离信息。即通过激光发射机向地面目标发射一束很窄的激光脉冲，然后接收地面返回的单光子回波信号，通过测量从发射信号和发回的单光子信号的时间间隔（time-of-flight，TOF)，得到发射目标和发射端的时间间隔，从而得到距离信息。

$$R=\frac{1}{2}ct \tag{4-35}$$

式中，R 为单光子信号测距仪到地面目标的距离；c 是光在空气中的速度；t 是光从发射到接收的时间间隔。由此可见，对于单光子信号主要使用它的时间信息，整个系统是一个时间量测量系统，如图 4-16 所示。

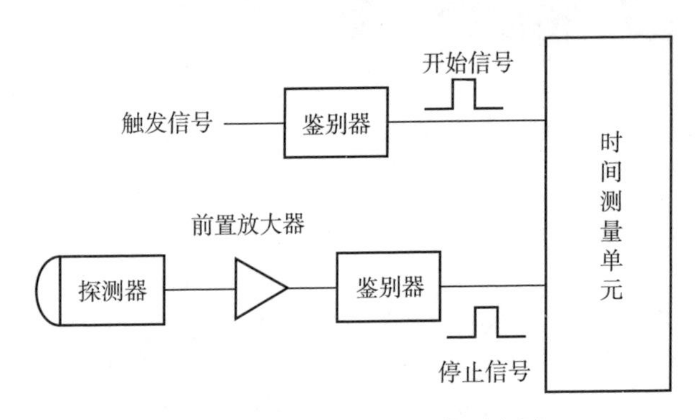

图 4-16 时间量测量系统示意图

对于单光子探测信号的时间信息采集，通常使用粗计时和精计时相结合的方式实现。以图 4-17 中 start 和 stop 两个信号的时间量测量为例，其中 start 是激光发射机发送起始时刻信号，stop 信号是接收到的并数字化处理后的单光子返回信号。T 为需要测量出的时间间隔；T_p 为粗计时时钟的周期；T_1 代表 start 上升沿到粗计时脉冲之间的小于 T_p 的残余时间；T_2 代表 stop 上升沿到粗计时脉冲之间的小于 T_p 的残余时间。系统工作时，粗计时部分通过使用高稳定度的恒温晶振同步 T_p 时钟，对 T 时间以 T_p 为周期进行粗计时来实现；而 T_1 和 T_2 的精计时部分，则需要使用时间数字转换器（Time-to-Digital Converters，TDC）技术来实现。

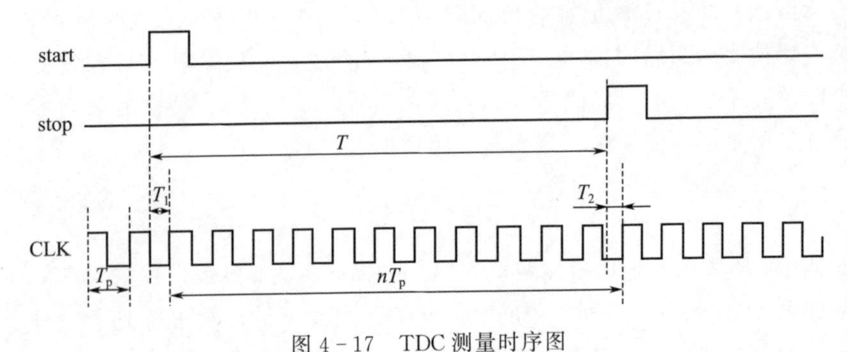

图 4-17 TDC 测量时序图

TDC 的技术目前在精密时间测量领域应用广泛，实现方式较多，可以通过专用的 TDC 芯片实现，也可以使用 FPGA 器件通过“源语”设计实现。考虑到可靠性因素，在宇航应用中通常采用 FPGA 的方式来实现。具体实现方式是将脉冲信号输入到延迟链组成的测量单元中，通过统计窄脉冲经过延迟链的数量，反算出窄脉冲的时间长度。这种技术可以将时间分辨率精确到 100 ps 以内。

4.4.2　单光子信号通道带宽设计

单光子信号由于能量较弱（如图 4－18 所示），即使使用增益较高的探测器，往往也不能得到满足需要的输出信号，因此需要继续对信号进行放大。放大信号的方法是使用前置放大器来实现，而不是继续增加探测器的增益。这是因为一方面受到探测器制造技术的限制，探测器的增益是有限的，另一方面如果继续增大探测器增益，造成探测器出现使用问题，会对探测结果造成干扰，甚至损坏探测器。而使用前置放大器可以避免上述问题。

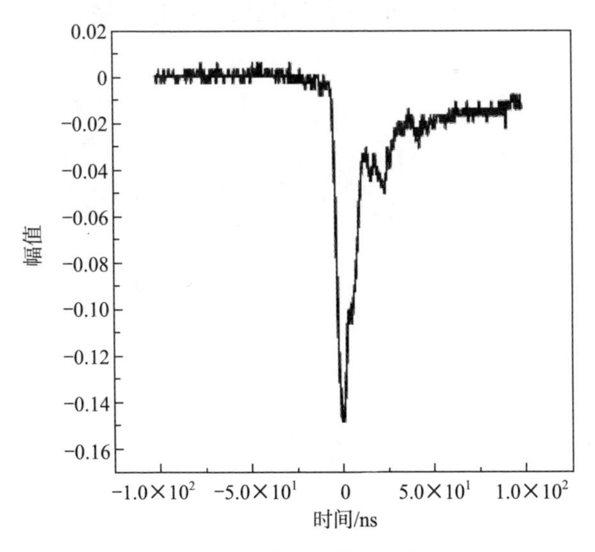

图 4－18　单光子信号示意图

选择合适的前置放大器对于探测系统来说尤为关键。选择前置放大器首先要看放大器的带宽和单光子信号频谱是否匹配。如果信号的频谱和放大器的带宽不匹配，那么放大器就不能对信号进行放大或者不能进行完全放大，即波形会失真。

前置放大器的带宽计算公式如下

$$f=\frac{0.35}{T_r} \tag{4-36}$$

式中，T_r 为信号脉冲上升沿。通过此方法可以得到系统带宽的设计值。

4.4.3 单光子模拟信号传输

单光子模拟信号由于能量弱，高频率成分多，因此不适用于长距离传输。通常在探测器输出后，即进入前置放大器，信号经前置放大器放大后马上进入鉴别器，与预置的鉴别电平进行比较，二值化后以数字电平的形式输送给时间测量单元。考虑到时间量测量对数字信号跳变沿速度有较高要求，因此通常使用速度较快的 PECL 电平来传递。图 4-19 为单光子信号处理流程图。

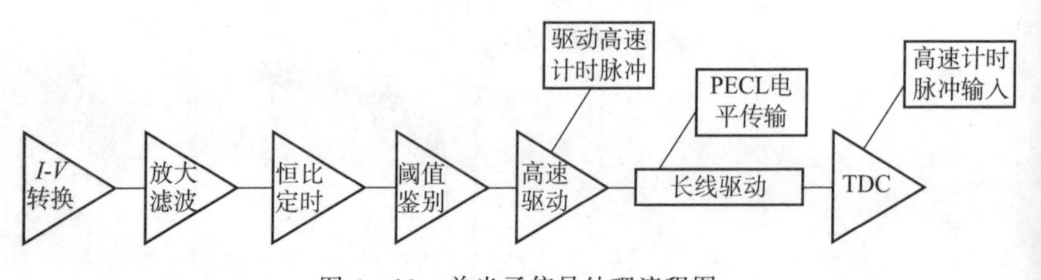

图 4-19 单光子信号处理流程图

4.5 高速数字图像传输

4.5.1 CCD 图像高速数字传输

4.5.1.1 传输协议

(1) SerDes 接口技术

高速串行数据传输的关键是串行发送器/串行接收器（SerDes）

的应用，如图 4 - 20 所示。在发送端多路低速并行信号被转换成高速串行信号。这种点对点的串行通信技术充分利用传输媒体的信道容量，减少所需的传输信道和器件引脚数目，从而大大降低通信成本。

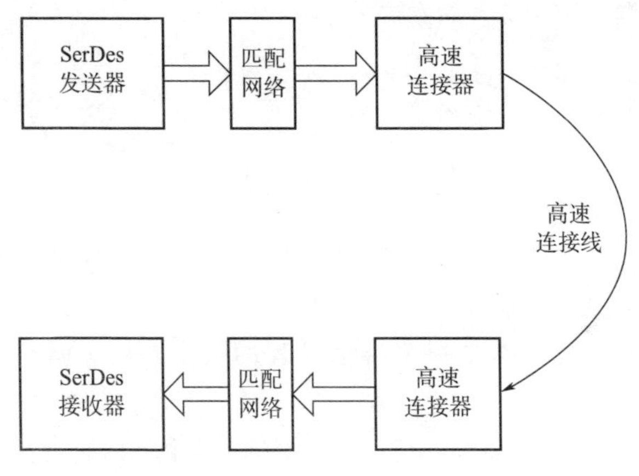

图 4 - 20　SerDes 传输接口示意图

基于 SerDes 的高速串行接口采用以下两种措施突破传统并行 I/O 接口的数据传输瓶颈：一是使用差分信号传输而不是单端信号传输，从而增强了抗噪声、抗干扰能力；二是采用时钟和数据恢复技术取代了数据和时钟的同步传输，从而解决了限制数据传输速率的时钟信号偏斜问题。

针对航天应用，基于点对点的单工串行传输做如下的约定[5]：

1）数据以数据帧的形式在数据通道上传输。分别用帧头控制字符和帧尾控制字符作为每个数据帧的开始和结束的标识。按约定输出每一帧的数据量（不包括数据帧的帧头和帧尾标记）。

2）在传输期间，数据帧与数据帧之间发送同步字符以保持传输链路的同步状态，如果发送方和接收方在传输过程中失去同步，则通过帧间的同步字符来重新建立同步。

3）在系统上电或重置后，发送器和接收器首先要建立同步。发送端首先发送同步字符用以和接收端建立同步关系，然后再发送数据帧。

协议工作过程如图 4-21 所示，系统上电或重置后，发送方和接收方都处于失步状态（要求在发送方重置后，接收方必须确保已经处于接收状态），发送方发送同步字符一段时间后，系统认为已完成同步过程，发送方开始发送数据帧。

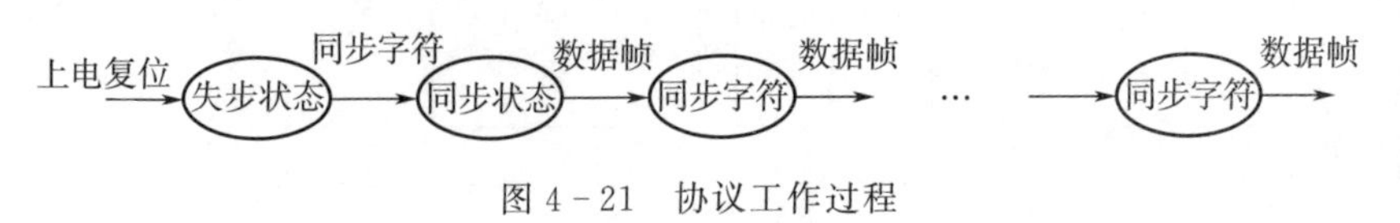

图 4-21　协议工作过程

在数据传输的每一数据帧发送结束后和下一数据帧开始发送前，发送方必须发送同步字符，以保持数据传输链路的同步状态，发送同步字符的个数取决于传输逆程的长度，依次循环直至停止工作。

在建立同步状态后，接收方会连续检测输出控制信号，如果在数据发送过程中该控制信号变高，即认为出现失步。

如果接收方在数据帧传输过程中出现失步状态，则依靠数据帧之间的同步字符来重新建立起发送方与接收方之间的同步关系；同步关系建立后，立刻切换到正常数据接收状态。

（2）CXP 接口技术

CXP 全称是 CoaXPress，它是工业机器视觉领域的一种较新标准，通常用于相机或图像采集卡接口。通过单根 Coaxial 线缆，传输速度最高可达 6.25 Gbps，通过一根线缆即可完成数据传输、相机控制和电源管理等多种功能，易于集成。基于 CXP 的高速串行通信协议，是一种点对点高速数据协议。

发送数据的数据包由包头 SPH、数据包 DATA、包尾 SPT 组成，如图 4-22 所示。每一行由第一个像元起始，顺序发送。其中 SPH、SPT 的内容见表 4-1。

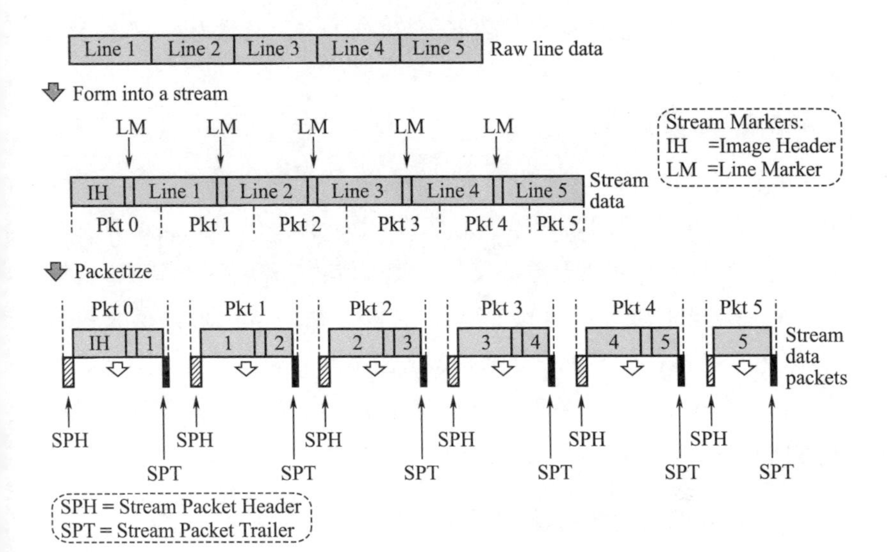

图 4－22　数据包格式

表 4－1　SPH、SPT 的内容

字节	内容	描述	
	4x K27.7	包起始标识	SPH
	4x 0x01	流数据包标识	
0	4x Stream ID	图像数据唯一的标识码	
1	4x Packet Tag	8 位数据包序列号，同一个 Stream ID 内每包递增，从 0 到 0xFF	
2	4x 包大小(15：8)	16 位代表数据流每包 N 字节	
3	4x 包大小(7：0)		
4 to $N+3$	流数据	N 字节流数据	
5	CRC	32 位 CRC 校验码，从数据流 4 到 $N+3$ 计算	SPT
6	4x K29.7	包结束标识	

K27.7 为数据包起始标志位，Stream ID 为相机数据唯一的标识码，范围为 00H－FFH，Packet Tag 为数据包序列号，Stream

Number 为该数据包所包括的数据个数，16 bit。最后为 CRC 校验和帧尾标志。总共 $8+N$ 个字。

4.5.1.2 传输介质

光纤通道是 X3T11 小组在 20 世纪 80 年代末由美国国家标准委员会（ANSI）制定的高速串行通信协议系列[5,6]。光纤通道具有很多的先进特性：使用串行差分接口，使得传输速率可以达到 Gbps 级别；最大传输距离可以达到 1 km；可以容纳的节点理论最大值为 1 600 万个；提供了多种拓扑结构，适应不同的应用环境与要求。光纤传输具有频带宽、传输距离长、抗干扰能力强、不易磨损和耐腐蚀等优点，因此适用于大规模数据的远距离传输[7]。

4.5.2 红外图像数字传输

红外图像与 CCD 图像相比数据量较小，在图像数据传输方面对于传输速率要求不高，下面介绍几种传输协议与传输介质。

4.5.2.1 传输协议

（1）Camera Link 接口技术

Camera Link 接口是一种连接便利、低成本、高性能的标准工业接口。标准中定义了 3 种传输模式：基本模式（Base Configuration）、中级（Medium Configuration）和完整模式（Full Configuration）。

Camera Link 传输技术是建立在 LVDS 和 TTL 电平标准之上的，接口采用低压摆幅的差分电流模式驱动，由一个串并转换信号接收器和一个并串转换信号发送器组成。输入包含 28 位单端并行信号和 1 个单端时钟信号，28 位 CMOS/TTL 信号经过信号发送器串并转换处理后，成为 4 路 LVDS 信号数据流。4 路串行数据流加 1 路时钟流共 5 路，在 LVDS 信号差分对中传输。信号接收器接收从 5 路信号差分对中传输过来的数据信号和时钟信号，并将其恢复成 28 位的 CMOS/TTL 并行数据和与其对应的同步时钟信号，完成数据传输。

(2) USB接口技术

USB（通用串行接口）是一种在民用消费电子产品领域使用最为广泛的计算机总线接口技术，从1994年第一次提出USB接口技术以来，它经历了多个版本，目前已经发展到USB 3.0。USB 3.0继承于USB 2.0，与之相比同样具有批量传输、中断传输、控制传输、实时传输四种传输类型，设计人员可以根据所需要的功能、传输速率高低、有无容错性及实时性等方面的要求选用适合的传输类型。表4-2列举了USB3.0与USB2.0版本的一些特性对比。

表4-2　USB 3.0与USB 2.0的对比

特性	USB 3.0	USB 2.0
最大传输距离	3 m(常规条件下)	5 m
数据传输接口	双单工，支持超高速的四线差分信号与USB 2.0信号分离，同时实现双向数据流	半双工，只支持传输USB 2.0二线差分信号
总线事务协议	主机导向，异步传输流，USB包传输通过确定路由传送给特定设备	主机导向，轮询传输流，USB包以广播方式传送给所有设备
编码	8B/10B	NRZI
总线类型	USB 3.0线缆在USB线缆基础上，增加了两对对偶单纯型差分信号线，可进行点对点全双工通信	USB 2.0为半双工二线制总线，可进行广播模式通信
线缆	USB 3.0采用多核SDP(Shield Differential Pair，有遮蔽差分信号对)线	USB 2.0采用非屏蔽的双绞线(Unshield Twisted Pair)
端口状态	端口硬件检测连接事件，并将端口置于操作状态以备超高速数据通信	端口硬件检测连接事件，主机发送端口命令将端口切换到使能状态
电源管理	支持分层多级电源管理，具有待机、休眠、暂停及启动四种电源管理模式	仅支持工作和暂停两种电源管理
总线供电能力	为低功耗设备提供+5 V、最大150 mA电源支持，为高功耗设备提供+5 V、最大900 mA电源支持	为低功耗设备提供+5 V、最大100 mA电源支持，为高功耗设备提供+5 V、最大500 mA电源支持

4.5.2.2 传输介质

(1) 短距离无线通信技术

随着航天事业的发展，图像数据传输不再只是在航天器内部或航天器与地面之间的传输需求，对于地外星球的探索带来了新的需求。例如在着陆器与巡视器之间的数据通信可由短距离无线通信技术实现。

当前，市场上三种应用最为广泛的短距离无线通信技术是ZigBee、蓝牙和WiFi。

ZigBee技术是基于IEEE802.15.4通信协议标准开发的一种短距离、小范围、低速的和低功耗的无线通信技术。ZigBee技术的缺点也十分明显，其设计初衷就是在低速的数据通信环境中使用，这就导致其最高传输速率限制在250 kbps。因此其并不适用于这种大数据量和高传输速率通信的航天遥感图像数据传输场合[8]。

蓝牙（Bluetooth）诞生于1998年5月，是由东芝、诺基亚、IBM等公司共同提出的一种短程无线通信技术标准。蓝牙技术的优点在于高安全性和便捷的组网，缺点在于其传输速率低和传输距离较短。蓝牙设备之间的通信速度相对比较慢，目前最高只能达到2 Mbps，不适合有较高传输速率要求的环境。由于蓝牙协议的设计初衷就是短距离内的通信，因此它的通信距离通常不大于10 m，这一点极大地限制了其使用范围[9]。

WiFi协议制定于1999年，它是一种基于802.11协议的无线局域网访问技术。与之前介绍的两种短距离无线通信协议相比，WiFi协议明显的优势在于它具有半径可达100 m的局域网覆盖范围，极大地扩展了该技术的应用领域。WiFi技术的另一个巨大优势是传输速率高。基于802.11g协议的WiFi数据传输速率最高可达54 Mbps，而在802.11n协议下最高能达到350 Mbps，可以满足高速传输的需求。因此，它较为符合航天应用的环境场景，实现对探测器的无线控制，提高使用灵活性[10]。

4.5.3　单光子点云数据传输

单光子点云信号数字量化后，图像数据量与数据速度与 CCD 图像数据相似，因此数据传输也与之相类似，对于传输协议与传输介质，前文已经做了描述介绍，在此不再赘述。

参考文献

[1] 李醒飞．测控电路［M］. 5版．北京：机械工业出版社，2016.

[2] 程芸，李涛．提高全民科学素质、建设创新型国家［G］//2006年中国科协年会论文集（下册），2006.

[3] 张国雄．测控电路［M］. 北京：机械工业出版社.

[4] 程芸，王建宇，黄巧林．一种高分辨遥感卫星高速串行接口设计［J］. 航天器工程，2013，22（1）：78-81.

[5] ANSI X3.230 - 1994. Fibre Channel Physical and Signaling Interface (FC-PH)，REV 4.3，June1，1994.

[6] ANSI INCITS. Fibre Channel - Framing and Signaling（FC-FS）. REV1. 90 April，2003.

[7] 吴德明．光纤通信原理与技术［M］. 北京：科学出版社，2004.

[8] 周怡頲，凌志浩，吴勤勤．ZigBee无线通信技术及其应用探讨［J］. 自动化仪表，2005，26（6）：5-9.

[9] 符鹤，周忠华，彭智朝．蓝牙技术的原理及其应用［J］. 微型电脑应用，2006，22（3）：7-9.

[10] 陈文周．WiFi技术研究及应用［J］. 数据通信，2008（2）：14.

[11] 黄华兵．单光子雷达深林结构参数提取［D］. 北京：中科院遥感应用研究所，2008.

[12] 王瀚基．基于时间相关单光子计数技术的激光测距试验研究［D］. 哈尔滨：哈尔滨工业大学.

第 5 章　星上数据处理技术

5.1　遥感器星上处理技术概述

遥感器星上处理技术经历了从无到有、从单一压缩编码到多种模式处理的飞跃发展，目前正加速向着智能处理方向发展。通过遥感信息的星上处理，可以在卫星遥感数据下传甚至成像前便剔除掉大量无用的数据，并提取出真正包含观测任务目标的数据，例如可以通过星上自动云检测剔除掉云量过大无法有效应用的数据，通过星上自动目标识别提取出包含任务目标的数据，并剔除掉不包含任务目标的数据，从而大大降低无效数据量及其比例，显著减少地面接收、处理和应用资源占用的盲目性和无效性，适应各类遥感数据的高效快速应用需求。

世界航天强国一直很重视星上数据处理技术的研发与在轨应用。目前星上图像处理任务主要集中在图像预处理、海量数据存储、数据压缩与下传、星上数据的自动分析与目标的特征提取，以及特征识别等方面。自 2000 年以来，国外遥感卫星上陆续采用高速处理器件来实现特定实时或离线处理功能。以图像预处理、变化检测、特定目标检测、图像分类等为代表的大数据量星上实时处理系统已在美、欧、澳、新等多个国家和地区的遥感卫星中在轨应用，力图依靠星上自主处理，最大限度地减少地面干预，提高卫星的智能化水平。目前，国外典型高分辨率对地观测卫星已经实现了辐射校正、大气校正和几何校正等一系列常规预处理，以及目标分类、检测等星上智能处理。欧洲的高分辨率对地观测卫星已经具备常规星上预处理能力，而美国正在向常规星上预处理和智能化星上产品处理方向发展[1]。

我国遥感星上处理技术起步较晚，国内相关科研单位在星上数据处理方面开展了相关研究，涉及星上数据压缩、星上图像预处理、星上数据存储等。星上图像压缩方面，硬件上主要采用FPGA、专用芯片实现，针对不同的应用背景，研制的压缩处理器涵盖DPCM、JPEG2000、JPEG _ LS等算法标准。与国外星上压缩主要采用ASIC技术相比，国内主要采用FPGA技术，其处理速度、功耗、体积存在一定差距。星上图像处理方面，目前已经实现了在轨辐射校正、自动曝光、噪声抑制等处理功能。风云-4号卫星搭载的闪电成像仪实现了在轨闪电检测与识别处理。

近年来，随着信息技术和互联网技术的飞速发展，大数据已融入社会发展的各个领域，数据的供给侧与需求侧都有了深入的拓展。针对卫星遥感领域，近几年涌现的商业航天公司都各自描绘了对地遥感星座应用规划蓝图，智能化和网络化的概念已贯穿始终，这为传统的航天领域带来了新思维并极大地拓展了航天遥感的应用发展空间；另一方面，传统的遥感应用服务领域对信息的快速化、精确化、准确化也提出了较高的需求，新的应用模式和需求成了发展智能遥感对地观测的核心推动力。目前不同应用领域的用户对遥感信息有不同的要求，但现有应用模式提供给用户的产品主要是遥感影像数据，而不是用户最终所需的有效信息产品。发展星上智能处理能够在轨实时生产用户需求的产品，并将产品高效分发到终端用户，从而提升用户使用体验，拓宽面向大众遥感领域的应用市场，为大众用户提供个性化的服务[2]。

5.2 星上遥感器预处理技术

星上预处理技术是提升遥感器成像质量的核心技术，通过对图像数据的分析、处理，消除成像过程引入的一些噪声，减少辐射、几何等信息失真，使得获取的遥感图像具有更丰富的遥感信息，实现遥感器更精确的感知，涵盖辐射校正技术、成像参数自适应调整技术、图像增强技术、HDR 技术等。

5.2.1　星上遥感数据辐射校正技术

5.2.1.1　暗信号校正

相机输出图像数据中除了与景物有关的辐射信息外，还有各种噪声成分，严重影响了探测器的探测灵敏度和成像能力。探测器在无入射光辐照的情况下也有输出（这里称暗信号），它的主要组成是暗电流。由于暗电流是由探测器内部少数载流子受热激发而产生，因此主要影响因素为探测器的器件工作温度。在已知暗电流存在的情况下，尽量消除暗信号对相机成像图像的影响，就是暗信号校正的目的。

暗信号电荷的计算公式为

$$D_R(e^-) = 2.5 \times 10^5 P_S D_{FM} T^{1.5} \mathrm{e}^{-E_g/2kT} \tag{5-1}$$

式中，$D_R(e^-)$ 为单位时间产生的暗电流电荷数；T 为探测器器件的工作温度（K）；E_g 为硅元素带隙能量；k 为玻耳兹曼常数；P_S 为像元面积（cm^2）；D_{FM} 为温度 300 K 时的暗电流品质因数（$\mathrm{nA/cm}^2$）。

暗电荷从探测器流出后经电压转换、输出放大、采样、量化等环节，最后以图像信息的形式叠加在输出图像中，此时的相机输出暗信号为

$$D_R = D_R(e^-) * I_T * G + N \tag{5-2}$$

式中，D_R 为图像中的暗信号量化值；I_T 为积分时间；G 为成像电路特效增益；N 为电路噪声。

当同一片探测器不同像元处的温度梯度相差不大时，暗信号的差异可以用一次线性关系表示[3]，即

$$D_R(n) = D_R(m) \times k + b \tag{5-3}$$

多数探测器在感光像元前端设计有几个暗像元，它的特点是不具备感光特性，但制作工艺与其他感光像元相同，暗像元的输出直接反映了探测器在该像元处的暗信号信息量。目前所使用的暗

信号校正方法：以探测器暗像元的输出信号为基准，估计每个感光像元的暗信号，进而消除图像中每个像元的暗信号量。其数学模型为

$$D_{S_i}=S_i-(\mathrm{Dark}\times r_{1i}+r_{2i}) \tag{5-4}$$

式中，D_{S_i} 为暗信号校正后第 i 个像元的灰度；S_i 为处理前第 i 个像元的灰度；Dark 为基于暗像元的暗信号估计；r_{1i} 和 r_{2i} 为第 i 个像元的暗信号校正系数。

由于实时的暗像元输出信号叠加了电路噪声，直接使用会引入额外的信号噪声。目前为了去除随机噪声的影响，对实时的暗像元输出实施低通滤波，从而获得当前的暗信号估计值 Dark ，其滤波方法为

$$\mathrm{Dark}_j=\begin{cases}\mathrm{Dark}_{j-1} & j=1\\ \alpha\mathrm{Dark}_{j-1}+(1-\alpha)\dfrac{1}{N}\sum\limits_{n=1}^{N}d_{jn} & j\neq 1\end{cases} \tag{5-5}$$

式中，d_n 代表第 n 个暗像元的输出信号；Dark_j 表示当前行暗电流估计；α 为权值，由探测器中随机噪声的大小决定。

图 5－1 为 CCD 探测器暗电流校正对比试验结果，试验表明，采用暗电流校正技术后，暗电流信号可以消除 95％以上，有效提升了图像的质量。

5.2.1.2　光电响应非均匀性校正

像元光电不一致性校正过程就是对探测器每个像元输出信号实施函数补偿，从而实现所有像元具备一致响应关系的目的。导致相机像元不一致性响应的原因包括：探测器器件材料、加工工艺、像元尺寸等原因造成的各个像元响应度的差异；相机光学组件引起的光场的非均匀性；视频电路引起的通道不一致性噪声。

基于探测器光电响应线性特性的像元不一致性校正基础模型为

$$Y_{m,n}=k_{m,n}\times S_{m,n}+b_{m,n} \tag{5-6}$$

式中，$S_{m,n}$ 为原始图像数据；$Y_{m,n}$ 为校正后图像数据；$k_{m,n}$ 和 $b_{m,n}$ 分别为一次线性校正系数。

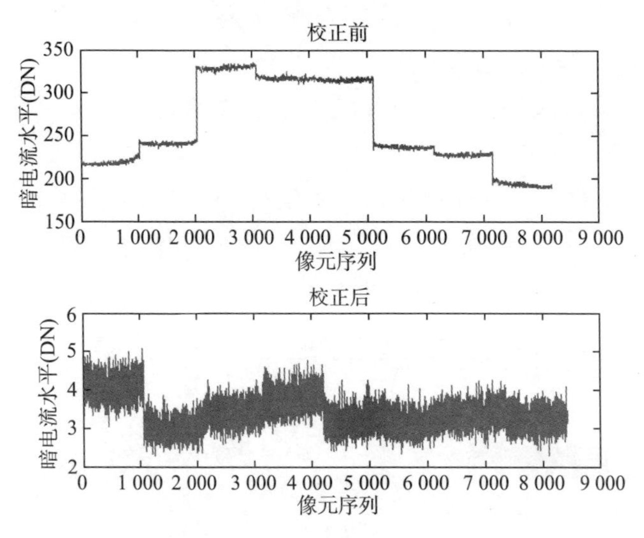

图 5-1　暗电流校正前后对比图

TDI 探测器是目前常用的成像器件，级数调节是相机具备的基本功能，除此之外积分时间调节、增益调节也是相机必要的可调项。相机随着工作参数（包括级数、积分时间、增益）的调整，像元响应不一致性分布也在发生变化，实时相对辐射校正要适应相机的参数变化动态调整不一致性校正关系，从而实现自适应的校正功能。

从 TDI 探测器的工作原理可知，探测器工作在不同级数时像元不一致性分布会发生根本性的变化。级数调节时，校正模块需要重新调入相应的校正系数来适应新级数下的图像不一致性关系。通常相机积分时间连续可调，理论上积分时间的变化不影响探测器像元不一致性分布。

目前相机执行的增益调节操作多数由模数转换器完成，这个环节处于视频电路模拟信号的最终端，基本上实现了信号与噪声的同样放大。建立这个过程的图像信号退化模型，可以得到如下的校正模型

$$Y_{m,n}=k_{m,n}(\mathrm{stg})\times S_{m,n}+b_{m,n}(\mathrm{stg})\times \mathrm{gain} \tag{5-7}$$

式中，$S_{m,n}$ 为原始图像数据；$Y_{m,n}$ 为校正后图像数据；$k_{m,n}(\mathrm{stg})$ 为级数 stg 对应的线性校正系数；$b_{m,n}(\mathrm{stg})$ 为级数 stg 对应的常数项校正系数；gain 为增益因子。

图 5－2 为 CCD 探测器光电响应不一致性校正对比试验结果，试验表明，采用不一致性校正技术后，像元间不一致性可以从 3%降低到 0.3%，有效提升了图像的质量。

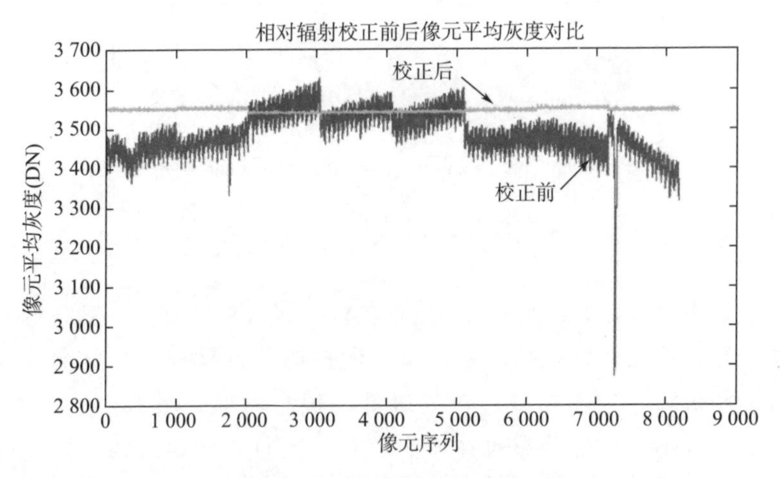

图 5－2　非均匀性校正前后对比图

5.2.1.3　相对辐射校正

光电探测系统对均匀辐射场成像具有非均匀响应的特点，这是引起遥感图像质量退化的一个重要原因。它在线阵探测器成像图像中表现为条带、条纹等形式的固定图像噪声，在对均匀景物或低对比度物体成像时尤其明显，相对辐射校正技术用于消除或减少系统像元响应非均匀性引起的图像退化或失真，改善图像质量，是提高空间光学遥感器成像性能的有效技术。

结合暗信号校正与像元光电响应不一致性校正的相对辐射校正技术能够基本解决由于辐照度引起的图像信息退化，改善相机高、低不同辐照水平成像时的图像质量，提高相机的成像性能。

由式（5－4）和式（5－7）可以得到相对辐射校正模型

$$Y_{m,n} = K_D \times k_{m,n}(\mathrm{stg}) \times [S_{m,n} - (\mathrm{Dark} \times r_{m,n}(\mathrm{stg}) + c_{m,n}(\mathrm{stg}) \times \mathrm{gain})] \tag{5-8}$$

式中，$S_{m,n}$ 为原始图像数据；$Y_{m,n}$ 为校正后图像数据；$k_{m,n}(\mathrm{stg})$ 为级数 stg 对应的线性校正系数；gain 为增益因子；$r_{m,n}(\mathrm{stg})$ 为暗信号校正线性系数；$c_{m,n}(\mathrm{stg})$ 为综合校正偏移量；K_D 为校正模块的数字增益。

数字增益 K_D 解决了校正本身存在的两个问题：1）暗信号校正本身会导致图像灰度降低；2）光电响应不一致性校正会减小响应度较大的像元的灰度值；这就使得校正后的图像数据无法达到 AD 的满量程，原来饱和的图像不饱和会引起图像的误判，因此需要对校正后的图像数据进行灰度拉伸，K_D 就是拉伸因子。

图 5－3 和图 5－4 分布为未采用相对辐射校正技术和采用相对辐射校正技术的遥感图像，从对比结果可以看出，校正后的图像条纹噪声得到了很好的抑制，图像质量得到了较好的提升。

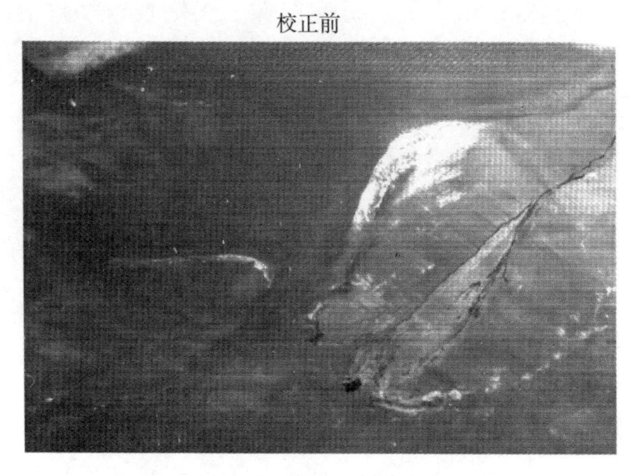

图 5－3　相对辐射校正前遥感图像

校正后

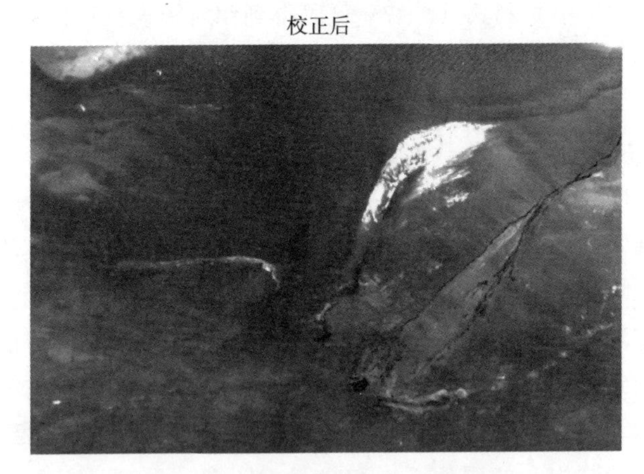

图 5 - 4 相对辐射校正后遥感图像

5.2.2 星上成像参数自适应调整技术

光电探测系统的成像参数自适应调整技术属于智能成像控制技术，是确保遥感器输出高质量遥感图像的关键技术，包括：根据轨道高度自动调整 TDI 探测器积分时间、级数、电路增益；面阵 CMOS 探测器根据太阳光照条件调整曝光时间；根据太阳天顶角和太阳方位角调整光电探测系统自动开关机等。本节主要介绍基于图像内容的遥感器成像参数自适应调整技术，即自动曝光技术，该技术利用图像灰度的统计信息获得成像参数调整的判据，根据已知设定的调整策略由判据得到调整方案，再由调整方案给出参数控制信号，可调整的参数包括曝光时间、TDI 级数和电路增益。

目前商用相机自动曝光方法有亮度均值法（一般均值法、权重均值法、基于直方图的加权亮度均值法）、亮度最值法、图像熵法。其中亮度均值法通过计算当前帧图像平均亮度并结合传感器特性来调整下一帧曝光时间；而权重均值算法区别于亮度均值法，通过为不同区域分配不同加权值来计算图像亮度；基于亮度直方图的算法认为直方图中峰值区域代表人眼不感兴趣的区域，通过为直方图中不同区域分配不同加权值来计算图像亮度；基于图像熵的算法认为图像信息熵与曝光时间呈抛物线关系，且当图像信息熵达到最大值时，得到最佳曝光图像，并据此提出一种基于爬山法的自动曝光算法。

均值法无论是基于整幅图像的均值，还是局部感兴趣图像区域的均值，或者感兴趣灰度区域的均值，用于遥感图像动态范围调整有明显不足。首先，基于均值的调整，可能导致图像中出现过多饱和像元；其次，遥感图像的感兴趣区域与应用领域和用途有关，测绘用图像更是各区域都需要适度曝光，没有感兴趣区域或不感兴趣区域的划分。亮度最值法，对图像噪声、探测器中的奇异点或者图像中的个别景物反光点异常敏感，容易出现误判。图像熵法则对于调整相机动态范围效率较低。

空间光学遥感器所使用的自动曝光方法主要有两种：以全局图像作为感兴趣区域的，使用基于直方图分布特征的自动曝光方法；以局部目标作为感兴趣区域的，结合目标检测，找出感兴趣区域，对感兴趣区域使用图像均值自动曝光法。最终根据遥感器的任务特点，选择合适的自动曝光方法。

基于直方图分布特征的自动曝光算法设定如下自动曝光调整策略：1）由于成像地物的连续性和成像时间的连续性，相机成像的直方图信息不会发生突变，因此相机的动态范围调整（除开机时刻）不应过于频繁。2）具备“就高”和“就低”两种工作模式，“就高”模式的工作原则是，优先保证图像中高辐亮度景物的成像性能，在尽量避免图像出现饱和或允许少量饱和区域的情况下，调整相机动态范围，扩展图像灰度直方图，增加景物的灰度细节；“就低”模式的工作原则是，优先保证图像中低辐亮度景物的成像性能，使其具有合适的灰度分层，不能保证或不完全保证高辐亮度景物成像，图像可能出现一定面积的饱和。用户根据目标特性和成像需求选择工作模式。3）动态范围调整应快速高效[5]。

遥感云图的动态范围调整仿真效果如图 5-5 所示，其中原始图像数据为 14 bit，直方图为截取数据高 5 位后统计的信息。

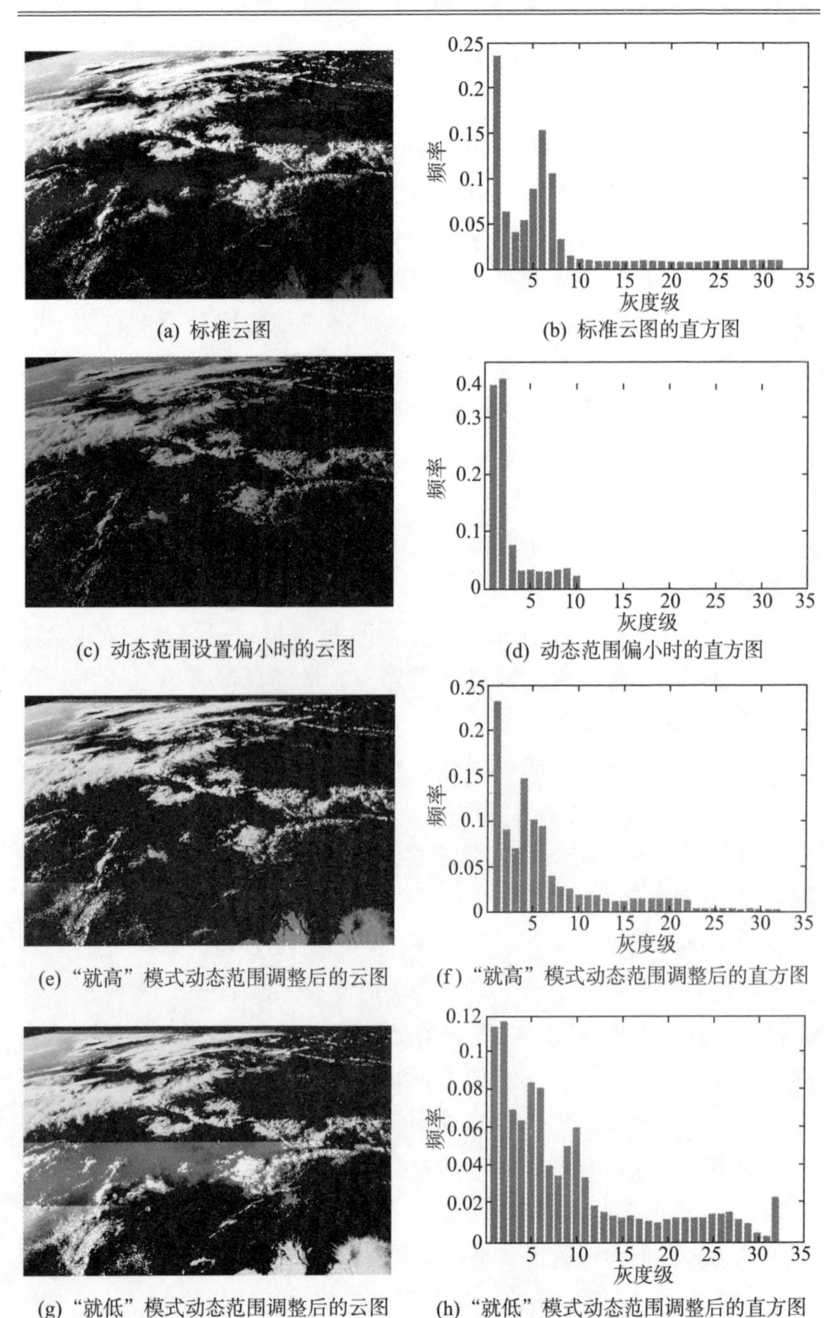

(a) 标准云图　(b) 标准云图的直方图

(c) 动态范围设置偏小时的云图　(d) 动态范围偏小时的直方图

(e)“就高”模式动态范围调整后的云图　(f)“就高”模式动态范围调整后的直方图

(g)“就低”模式动态范围调整后的云图　(h)“就低”模式动态范围调整后的直方图

图 5－5　两种模式调整效果（直方图为数据高 5 位统计信息）

标准云图（a）经过人为动态范围压缩为云图（c）。对云图（c）使用“就高”模式动态范围调整后的云图为（e），在保证图像不饱和或少量饱和的前提下实现了直方图拉伸。对云图（c）使用“就低”模式动态范围调整后的云图为（g），在保证图像中低灰度直方图拉伸的前提下做到了尽可能少量像元饱和。结果显示，经算法调整后的图像具有较好的主观评价结果，其图像直方图也表现出较宽的动态范围，达到了动态范围调整的目的。

5.2.3　星上图像增强技术

5.2.3.1　基于灰度变换的图像增强

基于灰度变换的图像增强是图像增强技术中最简单的一类。它可进行图像的灰度全局拉伸，通过线性变换或非线性变化将图像从较窄的灰度分层扩大到较宽的灰度分层，从而实现图像增强。

处理前后的像素值用 r 和 s 分别定义。表达式 $s=T(r)$，是把像素值 r 映射到像素值 s 的一种变换。

常用的线性拉伸，增强算法为

$$s=T(r)=kr+b \tag{5-9}$$

式中，系数 k 和 b 为拉伸因子。

两种常用的非线性灰度变换有对数变换和幂次变换，对数变换的表达式

$$s=T(r)=c\times\lg(1+r) \tag{5-10}$$

傅里叶频谱分析图动态范围较大，直接灰度显示无法显示出它丰富的细节，常用对数变化后的图像表示，能够显示较大动态范围的灰度细节。一般图像处理的出版物中所看到的绝大多数傅里叶频谱都用这种方式调整过。

幂次变换的数学表达式为

$$s=T(r)=cr^{n} \tag{5-11}$$

幂次变换相比指数变化更灵活，n 的取值不同，变化曲线有较大差异，n 为1时就是线性变换。

硬件实时图像处理中对数和指数变换运算复杂，可以用查找表来实现。

5.2.3.2　基于直方图处理的图像增强

直方图是多种空间域处理技术的基础，直方图操作能有效地用于图像增强。直方图在硬件中相对易于计算，因此成为实时图像处理的一个常用工具。

直方图均衡化和直方图匹配是最常用图像增强技术。前者寻求产生有均匀直方图的输出图像，后者产生具有指定直方图形状的输出图像。

直方图均衡化的变换函数表达式为

$$s_k = T(r_k) = \sum_{i=0}^{k} \frac{n_i}{n} \tag{5-12}$$

式中，$k=0$，1，2，…，$L-1$；n 是图像中像素的总和；n_k 为灰度级为 r_k 的像素个数；r_k 为待增强图像的灰度级；s_k 为输出图像的灰度级。虽然上述离散变换不能产生均匀概率密度的直方图，但有展开图像直方图的一般趋势，使直方图均衡化后的图像灰度级能跨越更大的范围。

直方图匹配可以理解为对直方图均衡化的结果再做指定直方图形状的输出变换，而且有

$$G(z_k) = s_k \tag{5-13}$$

因此

$$z_k = G^{-1}(s_k) \tag{5-14}$$

从灰度级 r 到 s 的灰度映射由式（5-12）给出，而从灰度级 s 到 z 的映射是已知的像素值间的简单查找表。

无论是直方图均衡化还是直方图匹配技术，并不增加图像细节，通常只用在遥感图像的显示处理中。

5.2.3.3　基于空间滤波处理的图像增强

根据空间滤波器的种类，将空间滤波器分为低通（平滑空间）滤波和高通（锐化空间）滤波。空间滤波的机理如图 5-6 所示，该

处理就是在待处理图像中逐点地移动卷积模板，在每一点（x，y）处，滤波器在该点的响应通过滤波器系数与卷积模板扫过区域的相应像素值的事先定义的关系计算得出。而低通滤波与高通滤波的功能由卷积模板的系数决定。对于线性空间滤波，其响应为滤波器系数与直接在卷积模板下的相应像素值的乘积之和

$$g(x,y)=\sum_{s=-a}^{a}\sum_{t=-b}^{b}\omega(s,t)f(x+s,y+t) \tag{5-15}$$

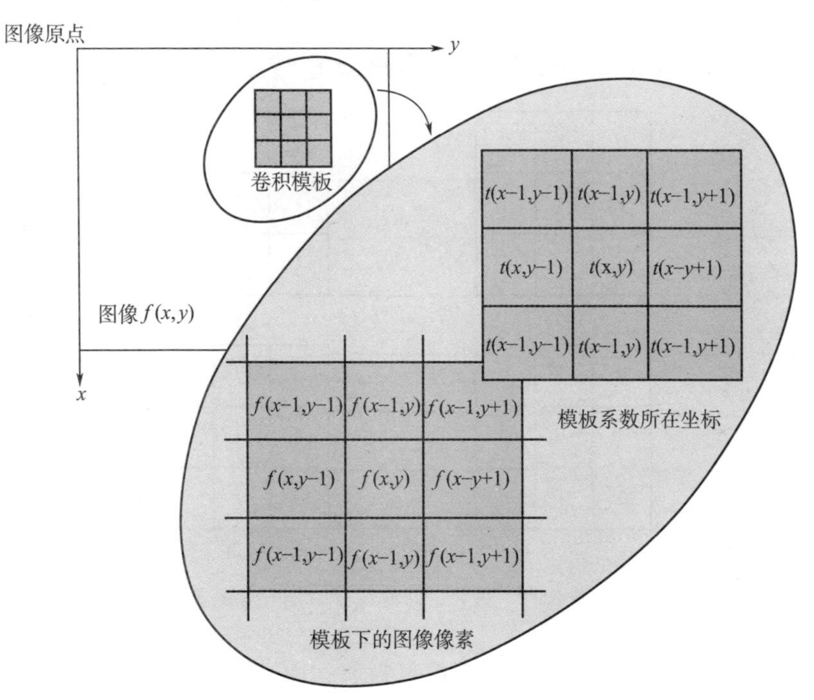

图 5-6 空间滤波的机理

平滑空间滤波器常用于图像的降噪处理，消除图像中表现为灰度级尖锐的随机噪声。常用的平滑空间滤波器有均值滤波器、加权平均滤波器、中值滤波器，前两者是线性滤波器，可以由公式描述，而中值滤波器是非线性滤波器，不能用公式来描述。平滑空间滤波器的卷积模板如图 5-7 所示。

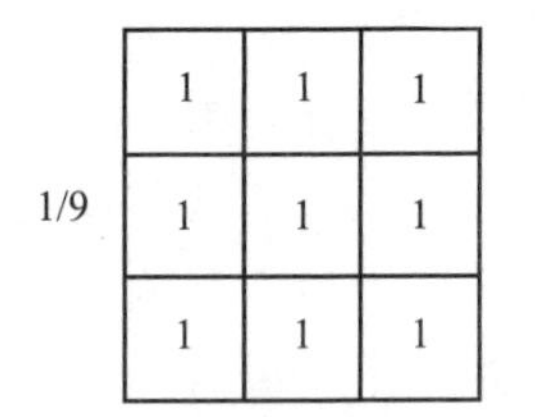

1/9

1	1	1
1	1	1
1	1	1

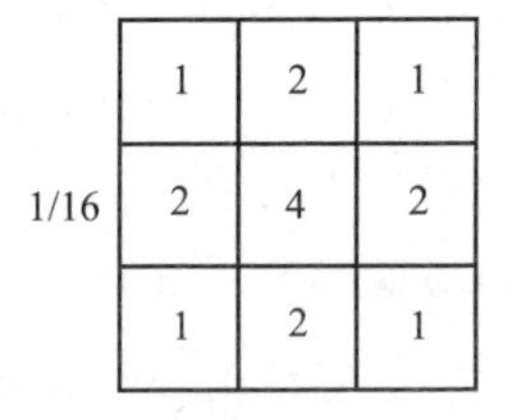

1/16

1	2	1
2	4	2
1	2	1

图 5-7　两个 3×3 平滑（均值）滤波器卷积模板

锐化空间滤波的主要目的是突出图像中的细节或者增强被模糊了的细节。锐化空间滤波器的卷积模板如图 5-8 所示。

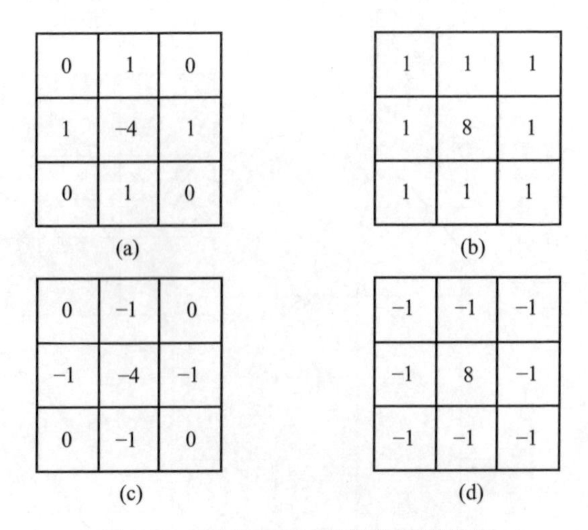

0	1	0
1	-4	1
0	1	0

(a)

1	1	1
1	8	1
1	1	1

(b)

0	-1	0
-1	-4	-1
0	-1	0

(c)

-1	-1	-1
-1	8	-1
-1	-1	-1

(d)

图 5-8　锐化空间滤波器的卷积模板

滤波算子组成决定了空间滤波器的功能，设计人员可根据需求选择合适的滤波器。基于空间滤波的图像增强处理如图 5-9 所示。

5.2.4　星上图像 HDR 技术

HDR（High Dynamic Range）即高动态范围，具有更大动态范围、更多细节。基于多曝光图像配准的 HDR 图像合成技术，是利用图像处理技术将多幅 LDR 图像合成为一幅高动态范围图像，从而提高相机输出图像质量。

(a) 原始图像

(b) 锐化增强处理后图像

图 5－9　基于空间滤波的图像增强处理

图像配准是多幅图像 HDR 的重要处理过程，对于同时曝光的多幅图像，图像间相位差固定，图像配准相对简单，而对于分时曝光的多幅图像，图像间的相位移动不固定，图像配准是一个重点，也是难点。

将配准后的图像，裁剪图像并保留公共部分；对序列图像进行采样，拟合出相机的光照响应曲线；最后融合得到高动态范围的 HDR 图像。HDR 技术的基本流程如图 5－10 所示。

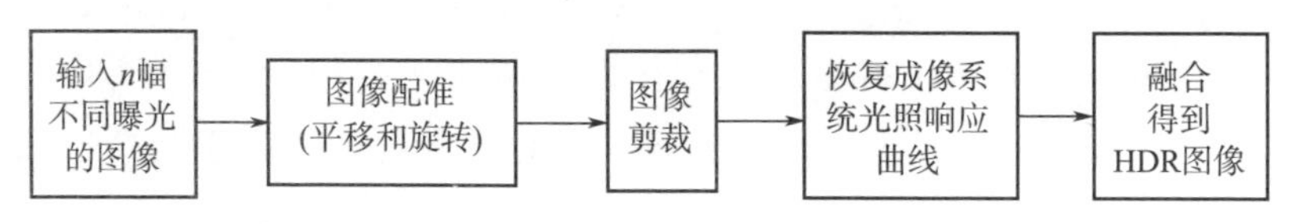

图 5－10　HDR 技术的基本流程

星上 HDR 技术，根据定制探测器能同时产生高、低增益两组图像的特性，设计了产生高动态范围图像的技术。其中探测器高增益图像是将探测器输出信号按较大增益进行放大，目的是保证场景中较暗处细节信息能够完整捕获。低增益图像相较而言是为了保证场景中亮处景物不至于过曝。由于该相机的高低增益图像是同时成像，不存在因为相机抖动、场景中物体移动或者曝光时间差等外界因素造成的合成后图像伪影、鬼影等现象，因此在HDR技术处理过程中免去了图像配准工作。

相机电子学成像系统中的探测器感应场景中物体反射光线，经过光电转化、模数转换等过程，得到图像的亮度值 I。一般地，图像亮度值与模数转换时的增益 Δg 呈线性关系

$$R = \text{linear}(O \times \Delta t \times \text{stg} \times g) \tag{5-16}$$

$$I = f(R) = f(O \times \Delta t \times \text{stg} \times g) \tag{5-17}$$

式中，R 为图像辐照度；O 为光照度；Δt 为积分时间；g 为增益；stg为级数；I 为图像亮度值。由此得到图像亮度值和曝光时间为正比关系。

由于亮度值映射函数与像素点的位置无关，仅和图像的亮度值有关。因此可减少映射关系求解所需的像素个数，具体方法为：对短曝光的每个亮度值，计算长曝光对应位置的平均亮度值，得到的映射图如图5-11所示。可以看出，在正常曝光区域，二者呈现较明显的线性关系。将长曝光图像像素点亮度超过某一阈值的像素点认为是过曝像素点，短曝光图像中低于最大亮度某一阈值的像素点认为是欠曝光点。过曝光区域取反与欠曝光区域取反求交集得到曝光良好区域，过曝光区域与欠曝光区域求交集得到曝光盲区。如此将图像分为欠曝光区域、过曝光区域、曝光良好区域、曝光盲区。

色调映射分为全局色调映射和局部色调映射，相比于全局色调映射，局部色调映射更能提高映射图片的质量，局部映射因子不仅着眼于全局的对比度，也利用了局部的对比度。

色调映射处理流程如图5-12所示。

色调映射采用摄影学色调重现的方法。算法的全局分量主要对高亮度的部分进行压缩

$$L_d(x) = \frac{L_w(x)}{1 + L_w(x)} \tag{5-18}$$

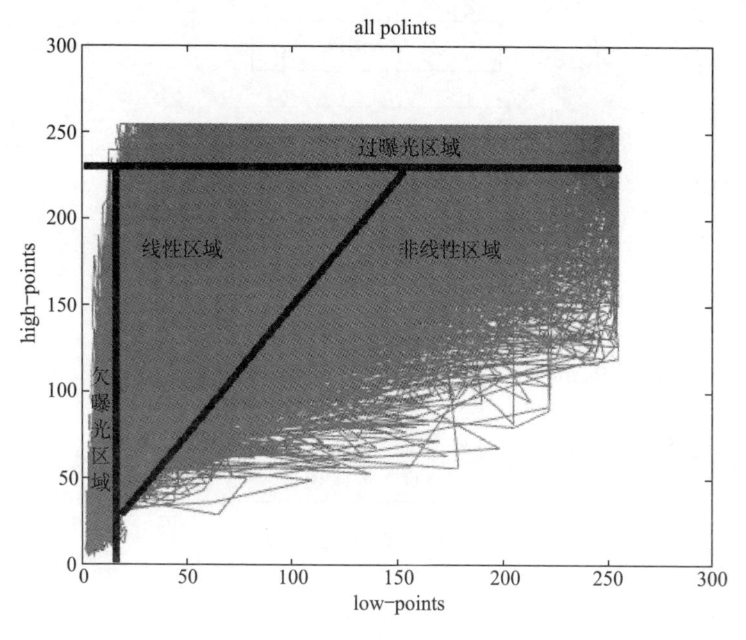

图 5-11　映射关系图

式中，$L_w(x)$ 是进行缩放的原始亮度。

对数平均亮度为

$$L = \exp\left\{\frac{1}{N}\sum_{(x,y)} \lg[\delta + L_w(x,y)]\right\} \tag{5-19}$$

式中，δ 为极小数，解决 $L_w(x)$ 为 0 的情况。

$L_w(x)$ 为真实世界亮度，δ 是一个很小的量，其目的是为了保证对数式的真数的结果大于 0。L 表征整幅图像的亮度等级，而每个像素点的亮度值需要根据平均亮度值重新调整，映射值域为

$$L_d(x,y) = \frac{\alpha}{L} L_w(x,y) \tag{5-20}$$

式中，α 为缩放参数，L 为整幅图片的亮度表征值。

最终归一化亮度值为

$$L_d(x,y) = \frac{L(x,y)}{1 + L(x,y)}\left[1 + \frac{L(x,y)}{L^2_{\text{white}}(x,y)}\right] \tag{5-21}$$

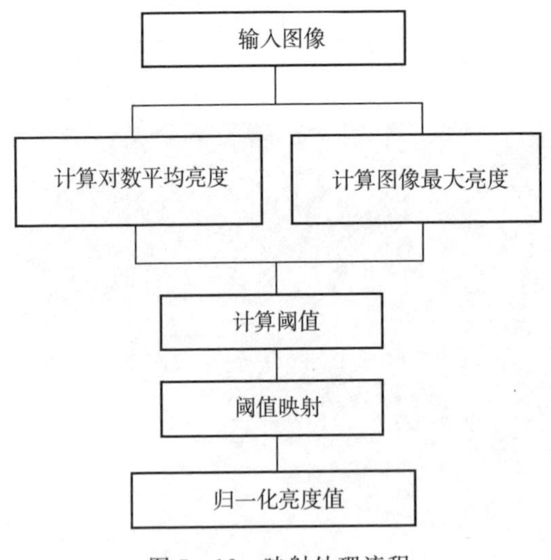

图 5-12 映射处理流程

由于星上数据成像范围最大为 2^n，式中 $L_{\text{white}}(x, y)$ 设为 2^n。

因此，在设计过程中，设计人员发现通过建立不同增益图像的亮度值映射关系，可以间接恢复相机响应曲线。在不考虑过曝情况下，高增益图像具有较高的信噪比，包含的图像细节也更多。因此，在未过曝区域（灰度值小于 90%满量程），可以只使用高增益图像，对于过曝区域，可以利用低增益的数据恢复出相应的像元灰度值。这种方法相比同时使用高低增益两幅图像数据进行合成具有更高的信噪比和更多的图像细节。

首先需要对两幅图像进行预处理，去掉过曝像元（大于 90%满量程）和欠曝光像元（小于 10%满量程），然后建立曝光良好区域两幅图像的函数关系，再通过最小二乘法进行线性拟合，并计算系数。这种方式拟合出来的图像，在两幅图拼接边缘还是会出现过渡不平滑的现象，因为在像元电荷充满后，还存在溢出扩散现象，会影响周围像元，导致周围像元量化后数据有误。因此还需对合成后的图像进行进一步的平滑处理，生成最终平滑的高动态范围图像。图 5-13、图 5-14 分别是 HDR 融合处理前后的图像。

(a) 高曝光成像图像

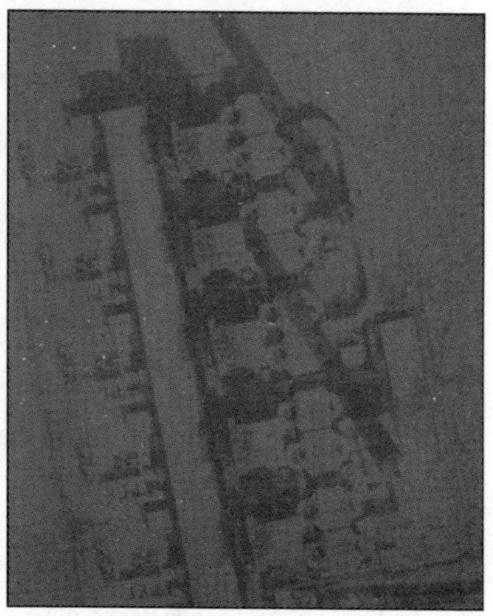

(b) 低曝光成像图像

图 5-13　HDR 融合处理前图像

图 5-14　HDR 融合处理后图像

5.3 星上云检测技术

5.3.1 基于阈值法的云图像分割

云检测方法千差万别，但总而言之可归为三类：基于辐射（灰度）特征、基于纹理特征和基于光谱特征的检测方式。其中，基于辐射特征的检测方式方法简单，计算量小，但是难以与冰雪、荒漠甚至水泥道路等地物区分，准确度难以保证；基于纹理特征的检测方式准确度高，能够与其他辐射亮度相近的地物区分，但是计算量大、算法复杂度高；基于光谱特征的检测方式利用云的光谱反射特性随波长变化，包括在红外波段较均匀的特征进行检测，准确度较高，计算量适中，但需要多光谱特别是红外谱段信息。由于这三种方式各有优势与不足，从保证云检测准确性与降低处理难度的要求综合考虑，可以考虑采用基于辐射特征的检测方式进行粗检测，对粗检测结果采用基于光谱和纹理的检测方式进行精检测[7-10]。

目前，阈值分割是云检测中最为常见的一种算法。该方法直接用一个或几个阈值对图像的亮度直方图进行分类，直接分割出检测区域。其中，只使用一个阈值的方法为单阈值分割，主要将图像分割为目标物体和背景；如果选取多个阈值，则称为多阈值方法，可以将图像按照不同的层次分割为背景区域、目标区域 1、目标区域 2 等。与云检测中的阈值法类似，图像分割的阈值法也非常依赖阈值的选择，阈值分割方法的关键就是如何找到合适的阈值。目前比较常用的阈值选择方法有直方图分布峰值谷值法、特点最小误差法、目标类间最大方差法等。

阈值法的优点是简单、易于实现，应用比较成熟，适合于目标和背景的特征参数互不重叠、在直方图上符合双峰的形式且双峰交差范围较小的情形；缺点是仅局限于特定的遥感传感器数据，普适性较差，而且需要提前假设待处理的图像中含有云，如果没有云，则该算法基本失效[7]。

在遥感图像的下垫面比较简单的情况下，云的亮度相对较高，地物亮度较低，因此可以以灰度值的阈值为主要依据来对云覆盖区域进行检测，而阈值的选取则依靠图像直方图。由于云在可见光和近红外波段具有较高的反射率，而水体的反射率约为 10%，在遥感图像上表现为亮度的较大差异，因此可以采用灰度阈值法对云像素进行分割。该方法是基于对图像灰度直方图的分析，直方图上的峰代表图像上主要灰度级，谷代表次要的灰度级，对于简单图像，目标对象和背景是相对恒定的灰度级，但两者的灰度级不同，在灰度图上表现为间隔的峰，其他区域由两者之间灰度级组成，数目相对较少，表现为谷，以低谷处对应的灰度值为界，就可以区分出目标物体和背景，实际图像的直方图常常是多峰的，不平滑，峰谷有时不分明，这给阈值选取带来了困难，为了能够更好地选取阈值，有必要利用图像自身的一些性质来改善直方图。

首先可采用梯度加权的方法，计算每一点的差分算子，值越低的点给的权重越大，这样对于灰度值变化平缓的区域，其差分值低，所给的权重就大，而那些纹理复杂、灰度变化大的点差分值高，所给的权重小，整体加权的效果使得直方图的峰更锐、更高，谷更低，从而更易于寻找阈值。

然后对直方图进行平滑，平滑的目的是在保留原图基本变化的基础上消除小峰的跳动，平滑的方法通常是进行滤波，滤波窗口的选择是关键，窗口太小不足以消除跳动，太大会改变原直方图的基本变化特性，为此采用空间域自动平滑的方法，这种方法作出原直方图的差分曲线，找出过零点，统计出各小峰宽度，作出峰宽度的直方图，从而确定出合适的滤波窗口尺寸，然后采用加权的滤波函数进行滤波，不仅平滑了图像，而且改善了峰谷的性质。

图 5－15 是采用阈值法结合云纹理特征的云检测算法示意图。首先将待检测的遥感图像分割为 $R \times L$ 个子图像块，其中 R，L 为正整数；然后，判断每个子块图像中亮度大于阈值 T_1 的像元个数 N，若 N 小于第二阈值 T_2，说明子图中的亮像元较少，则判断该子块图

像为非云图像，若 N 大于等于 T_2，说明亮像元较多，说明子图很有可能是云，则进入步骤 3 做进一步的精确判断；步骤 3 中，对步骤 2 中获得的大于等于第二阈值 T_2 的子块求纹理特征，纹理特征包括平均梯度和灰度共生矩阵的角二阶距；最后，将平均梯度、角二阶距和事先训练好的权值代入预设的核函数获得函数值，若函数值大于第三阈值 T_3，则该子块图像为云图像。

图 5-16、图 5-17 给出了阈值法的云图像分割实例。

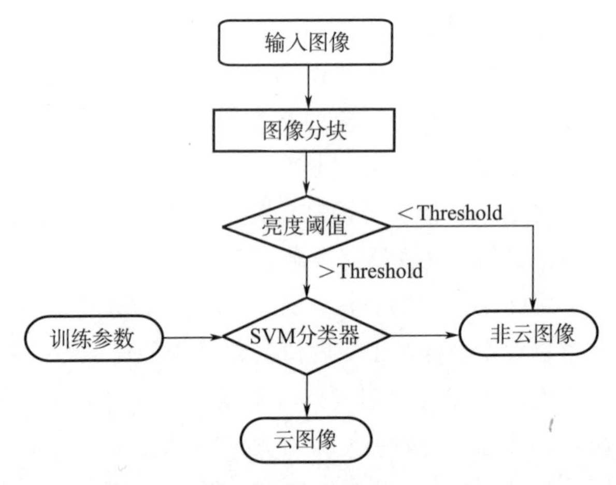

图 5-15　阈值法云检测方案流程图

图 5-16　原始云图像

图 5-17　基于阈值法的云分割结果

5.3.2　基于光谱特征的云检测技术

基于空间高光谱信息的自动云判算法，分为地面模型训练以及在轨图像分类两个阶段。图5-18给出了基于光谱特征云检测处理流程。该技术结合图像分割、目标分类识别和机器学习技术，解决了高光谱云判问题，避免了仅利用纹理信息或者仅利用亮度信息造成的低检测精度的问题。该方法实现自动云检测主要分为两步，即地面模型训练和在轨云检测[8]。

1）根据云、雪和水等光谱样本进行预处理和波段选择，之后进行特征提取；

2）采用分离器进行样本训练，得到云的光谱分类模型。

3）在高光谱图像的云检测阶段，通过与训练阶段相同的预处

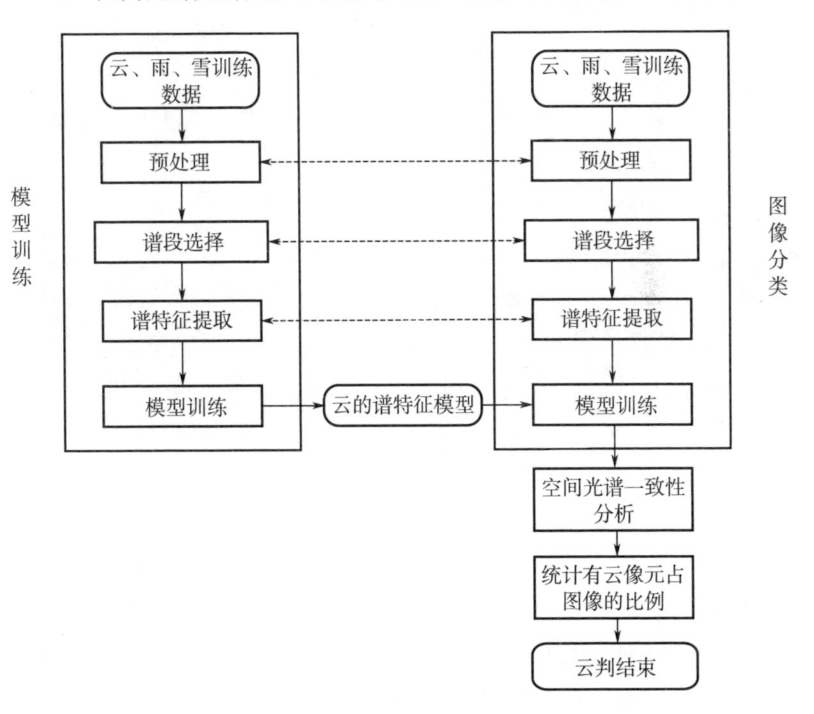

图5-18　基于光谱特征云检测流程

理、波段选择和特征提取，对高光谱图像进行逐像元分类；

4）考察像元与领域像元的一致性，最终确定该像元是否为有云像元，最后统计有云像元所占的比例，给出云判的结果。

5.4 星上瞬态点目标（闪电）检测识别技术

闪电作为一种重要的自然现象，是云与云之间、云与地之间或者云体内各部位之间的强烈放电现象，是唯一的代表大气对流强度的因子，同时也是空间探测对流的重要手段。认识闪电的特性，高精度定位、分析闪电对防火、抗灾和国民经济都有重要意义[11]。

卫星闪电探测最大的困难在于白天闪电信号的提取。太阳光照射在云顶被反射的亮度远远高于闪电产生的辐射亮度，白天闪电信号往往被背景噪声掩埋，白天闪电探测必须采用相对于亮背景加强闪电信号强度的技术。卫星闪电成像仪采用四种滤波技术，即空间滤波、光谱滤波、时间滤波和背景减光技术，加强闪电信号的强度，达到闪电探测目的[12]。

美国从 20 世纪 60 年代就开始开展多种类型卫星探测闪电的研究工作，1995 年发射了低轨道卫星闪电成像仪——光学瞬闪探测仪（Optical Transient Detector，OTD），这是全球第一台发射上天的卫星闪电探测仪。美国在 1997 年发射了其改进型的闪电成像仪（Lightning Imaging Sensor，LIS），该闪电成像仪至今仍在工作。OTD 和 LIS 的实践证明了利用光学成像技术实现闪电观测的可行性。但是这两颗卫星都是低轨道卫星，无法对某一特定区域进行全天时的观测，而静止轨道的气象卫星可以对某一特定地区进行全天时的观测，被认为是闪电观测的最有效手段。我国发射的风云-4 气象卫星就是一颗静止轨道的气象卫星，其搭载的闪电成像仪可以从静止轨道高度对中国及其周边区域的闪电进行全天时连续不断的观测。该闪电成像仪主要利用光谱滤波、空间滤波、时间滤波和帧-帧背景去除四种方法来实现闪电信号的增强与探测[13]。

闪电探测系统最重要的任务就是从高速的图像背景信号中检测出闪电事件，需要对闪电成像仪视场中焦面成像电路所拍摄的每个像元都进行处理，输出闪电事件的位置、强度、背景评估值等信息。系统从焦面接收到数据，需要在每一个帧周期内完成闪电事件的探测识别。闪电事件定义为一帧的时间内辐射超过背景阈值的像素点。要实现星上闪电事件探测的功能，需要根据系统的功能需求，设计出能够完成该任务的硬件系统，配合闪电探测识别软件，完成闪电事件的探测识别。闪电事件探测识别系统的主要难点在于：1）需要实时接收处理焦面输入的高速图像数据；2）背景数据的存储处理；3）闪电事件的快速识别与编码。其工作的基本原理如图 5－19 所示。

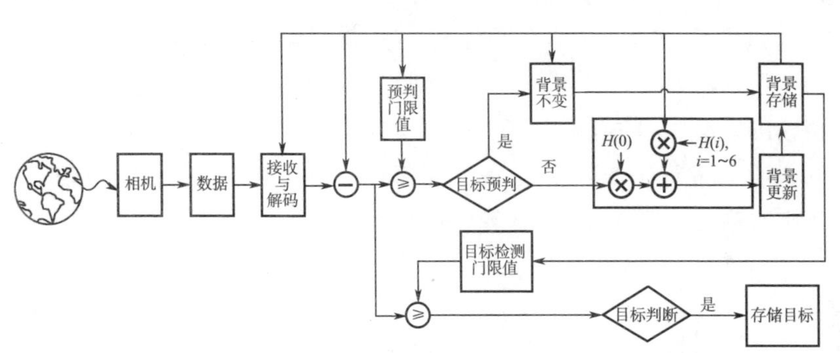

图 5－19　闪电探测系统的工作原理

其中背景信号是前 k 帧（$k=6$）背景的加权平均；在平均中，最新帧的权重大于其前面的帧。背景信号评估器（背景信号的加权平均）、背景信号去除器和闪电信号识别器相结合，执行时域低通滤波器的功能。焦平面图像信号离开焦面后送入外部缓存器，当前帧图像信号与缓存的前 N 帧图像信号进行加权平均，从而得到背景评估值。得到的背景评估值和对应的焦平面输出信号被送到背景信号去除器和闪电信号识别器，从而判断出闪电信号。其计算公式为

$$\begin{aligned}Y_i(0) &= H(0)\times X_i(0)+H(1)\times X_i(1)+\cdots+\\ &\quad H(k-1)\times X_i(k-1)+H(k)\times X_i(k)\\ S_i &= X_i(0)-Y_i(0)\end{aligned} \tag{5-22}$$

式中 $X_i(k)$——前 k 帧($k=6$)的第 i 像元的信号；

$X_i(k-1)$——前 $k-1$ 帧的第 i 像元的信号；

…

$X_i(1)$——前 1 帧的第 i 像元的信号；

$X_i(0)$——当前帧的第 i 像元的信号；

$Y_i(0)$——当前帧的第 i 像元的评估背景；

S_i——当前帧的去除评估背景后的第 i 像元的信号。

如果 S_i 大于 0，那么说明 S_i 有可能是闪电信号，则将 S_i 送到闪电识别器单元进行进一步的识别；反之则认为不是闪电信号，直接输出数据 0。闪电识别器接收输入的 S_i，将 S_i 跟背景评估值对应的阈值 T 进行比较，若 S_i 大于阈值 T，则认为该信号是闪电信号；否则，输出数据 0。H 的计算公式如下

$$\begin{cases}H(0)=\alpha/b\\ H(1)=(1-\alpha)/b\\ H(2)=(1-\alpha)^2/b\\ \cdots\\ H(k)=(1-\alpha)^k/b\\ b=\alpha+(1-\alpha)+(1-\alpha)^2+\cdots+(1-\alpha)^k\end{cases} \tag{5-23}$$

式中 b——所有系数之和；

α——增益系数，$\alpha=0.125$。

图 5-20 为利用美国 LIS 卫星拍摄的真实遥感图像数据来做闪电识别的试验结果，(a) 为原始序列图像，(b) 为采用帧间背景评估方法得到的试验结果。图 5-21 为风云-4 搭载闪电成像仪于 2017 年 6 月 21 日华北出现大范围强对流天气时获取的闪电事件探测处理结果，获取的闪电探测信息数据跟同期地面系统探测到的闪电事件

高度一致，充分验证了在轨闪电探测技术的功能和性能，为相关气象预报和评估等提供了新的技术途径。

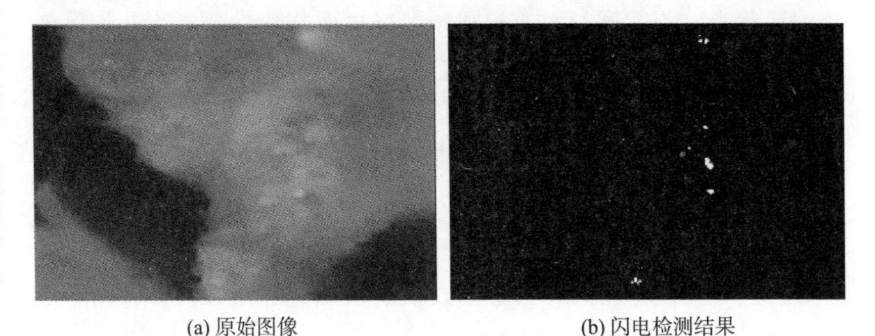

(a) 原始图像　　(b) 闪电检测结果

图 5 - 20　闪电探测试验结果

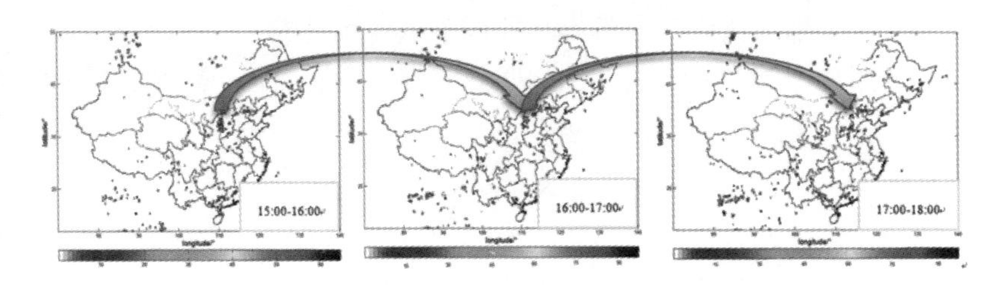

图 5 - 21　风云- 4 闪电探测试验结果

5.5　基于深度网络学习的遥感目标检测技术

5.5.1　遥感目标检测特点

目标检测与识别在卫星遥感中有着广泛的应用，目标检测、识别处理技术可以快速准确地实现遥感信息的获取、处理和传输，提升遥感器的智能化处理水平，对支撑目标监视预警、防灾救灾等具有重要意义[14]。进行目标检测，传统方法是基于人工设计并提取目标特征，也可以采用基于深度学习的方法[15]。深度学习方法依靠卷积神经网络实现对目标的检测、分类。同人工设计特征相比，卷积神经网络（Convolutional Neural Networks，CNN）提取特征的过程更为智能、方便，可以通过学习实现自主的特征提取。深度卷积神经网络已被成功应用于图像分类、目标检测等领域[16]，具有泛化能力强等优点，与此同时，卷积神经网络也面临着参数量大、训练速度慢、计算复杂度高的问题。

基于深度学习的目标检测信息提取技术在普通图像数据上取得了良好的效果，其性能已远远领先于传统的目标检测技术。在基于深度学习的遥感目标检测方面，相关学者也做了许多工作[17-19]，但相比普通图像数据，遥感图像目标检测在检测精度、图像适应能力方面仍然存在一些问题，主要原因在于相比一般图像目标检测，遥感图像目标检测具有一些特殊性。

（1）目标尺度多样性

卫星遥感图像成像分辨率从亚米到几十米不等，导致同一目标在成像图像上表现的尺度变化很大。另外，地面同一类别的目标，尺度变化较大，比如海面舰船，长度从几十米到几百米不等，其在卫星图像上的目标大小差异较大。

（2）目标方向多样性

遥感相机在卫星轨道上对地成像，对地观测的目标的方向是不确定的（地面常规图像集上目标往往有一定的确定性，比如行人、车辆都是正立的），比如海面行进的船只，其行进方向有多种，在遥感图像上的姿态方向也有多种，需要算法对目标具有完全的旋转不变性，即算法对目标姿态方向具有鲁棒性。

（3）遥感图像背景复杂度高

卫星遥感对地成像覆盖范围大，幅宽几十千米甚至上千千米，视场内的地物背景各种各样，对目标信息检测提取产生的干扰较大。

（4）大范围空间内小目标问题

卫星遥感中待处理的目标很多都是小目标（目标面积为几十个甚至几个像元），导致目标蕴含的信息量相对较少，从相机成像涵盖的几亿像元内快速完成小目标的信息提取是一件相当有挑战性的工作。

5.5.2　卷积神经网络原理及实现

卷积神经网络是受生物神经学启发，同时参考其结构原理设计的一种具有深度学习能力的神经网络系统，可以实现对图像的分类。同传统的基于特征的图像识别方法相比，基于卷积神经网络识别方法具有两个显著特点：一是提取特征前不需要进行目标分割，卷积神经网络可直接对输入的二维图像进行分类识别；二是不需要主动选择描述目标的特征，卷积神经网络通过卷积层内的卷积核进行特征提取。

卷积神经网络中卷积核的初始值按照分布函数随机产生，只需要设定好各卷积层内初始卷积核的数量和大小，网络可以通过一定规则不断对初始的卷积核进行修正，最终获得能有效提取特征的卷积核。

5.5.2.1　卷积神经网络结构

卷积神经网络与人工神经网络在结构上最大的区别是卷积神经网络在输入层后增加了卷积层和下采样层，因此卷积神经网络不但具有分类能力，还具备了提取图像特征的能力。卷积神经网络主要由输入层、卷积层、激活函数层、下采样层（池化层）、全连接层以及输出层组成。

（1）输入层

数据通过输入层进入网络，卷积神经网络的输入层可以直接用于输入图像。

（2）卷积层

卷积层是卷积神经网络的核心，也被称作特征提取层。网络中一个卷积层由若干卷积核组成，卷积核的本质就是滤波器，采用矩阵进行描述，大小为 $m \times n$ 的卷积核对输入大小为 $M \times N$ 的图像进行卷积操作，会得到大小为 $(M-m+1)\times(N-n+1)$ 的响应矩阵，这个矩阵包含了图像的特征信息，被称为特征图。对于同一幅图像不同的卷积核会产生出不同的特征图，提取出不同的特征，卷积层的卷积核数量越多，就能提取越多的输入图像特征。

(3) 激活函数层

激活函数层的主要功能是对卷积层的输出数据进行一次映射，进行这个映射的目的是为了给整个卷积神经网络引入非线性特征。由于不同类别在其特征空间中往往不是线性分布关系，所以很难用一个线性网络将这些类别分开。激活函数给整个网络带来了非线性的特征，便于卷积神经网络更好地进行分类。常见的激活函数有 ReLU 函数，Sigmoid 函数等。图 5-22 中的 ReLU 函数将小于 0 的值映射为 0，大于 0 的值映射为自身。此外，从图中可以看出 ReLU 函数有单侧抑制的特点。而且由于将大于 0 的值映射为自身，所以不同的值映射结果不同，这也可以称为稀疏激活。由于这些特点与人类神经皮层的工作特点很相似，所以 ReLU 函数得到了广泛的应用。

(4) 下采样层

在卷积层后会连接一个下采样层，下采样层将卷积层输出的特征图矩阵进行下采样压缩。一般尺寸压缩为输入特征图像的一半，即将输入大小为 $(M-m+1)\times(N-n+1)$ 的输入特征图像压缩为大小为 $[(M-m+1)/2]\times[(N-n+1)/2]$ 的输出特征图像，方便后续的运算。卷积神经网络通过多个卷积层和下采样层交替组合获取描述图像的特征图，卷积层的数量越多，就越能够提取更多更加抽象的特征。

(5) 全连接层

将获得的特征图矩阵展开为向量形式输入，可以设置多个全连接层，全连接层实质上就是人工神经网络的隐含层部分。卷积神经网络依靠全连接层对提取的特征进行分类。

5.5.2.2 卷积神经网络前向传播算法

同人工神经网络相类似，卷积层内初始的卷积核与偏置参数等也通过分布函数随机产生，产生过程服从下面的数学分布

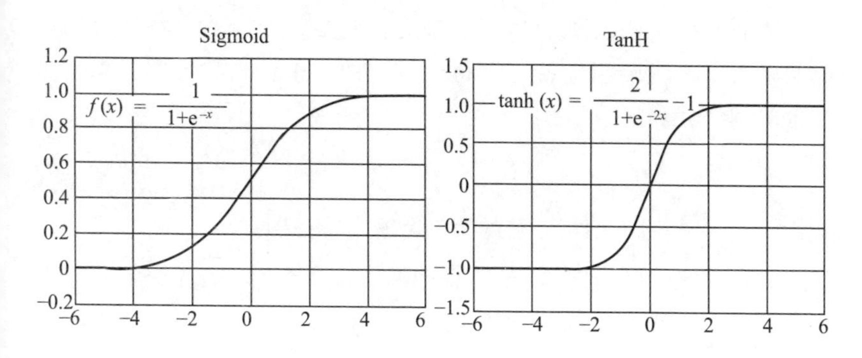

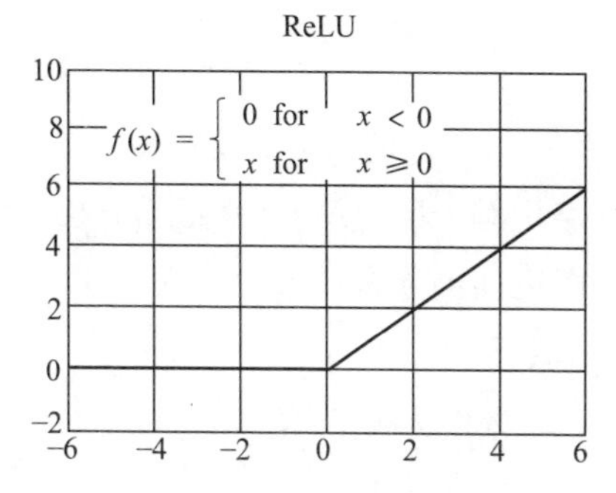

图 5 - 22　不同激活函数图形

$$U\left[-\frac{\sqrt{6}}{\sqrt{p^{(l)}+p^{(l-1)}}},\frac{\sqrt{6}}{\sqrt{p^{(l)}+p^{(l-1)}}}\right] \tag{5-24}$$

式中　U——均匀分布；

$p^{(l)}$——卷积网络第 l 层的特征图数量。

图像由输入层进入网络，至最后通过全连接层计算出输出结果的过程称为前向传递。前向传播过程中特征图尺寸持续下降，获得各层次的特征图不断增多。前向传递过程通过交替组合的卷积层和下采样层，以及全连接层完成。全连接层的计算方法同人工神经网络相同，因此在这里重点介绍卷积层和下采样层的计算原理。

（1）卷积层前向传递运算

卷积神经网络的卷积层和下采样层交替排列，上一下采样层运算得到的特征图输出是这一卷积层的输入，被这一层不同的卷积核进行卷积。对这些卷积的运算结果进行线性组合，然后将组合后的结果通过一个激励函数就可以得到该层的一个输出特征图，以上过程的具体公式如下

$$x_j^l = f\left(\sum_{i \in M_j} x_i^{l-1} * k_{ij}^l + b_j^l\right) \tag{5-25}$$

式中 x_j^l ——网络中第 l 层的第 j 个输出特征图；

x_i^{l-1} ——网络中第 $l-1$ 层的输入特征图；

f—— 激活函数，常用的激活函数为 $f(x)=1/[1+\exp(-x)]$；

M_j ——选择的输入特征图像的集合；

b_j^l ——网络中第 l 层的第 j 个特征图对应的偏置项；

k_{ij}^l ——网络中第 l 层的第 j 个特征图和第 $l-1$ 层的第 i 个特征图之间的卷积核。

（2）下采样层运算

下采样层对上一卷积层输出的特征图进行采样运算，压缩特征图的尺寸大小，然后输出。具体公式如下

$$x_j^l = f[\beta_j^l \mathrm{down}(x_j^{l-1}) + b_j^l] \tag{5-26}$$

式中 β_j^l ——网络中第 l 层的第 j 个特征图对应的系数；

b_j^l ——网络中第 l 层的第 j 个特征图对应的偏置项；

down——下采样函数。

（3）全连接层运算

全连接层将获得的特征图由矩阵形式转变为向量形式，运算规则同人工神经网络相同。网络通过全连接层最终获得计算出的分类结果。

5.5.2.3 卷积神经网络反向传播算法

随机产生的初始卷积核和偏置量等同样无法实现有效的分类，需要按照一定规则进行修正。同人工神经网络相同，卷积神经网络也采用计算出的输出与先验知识之间的均方误差作为代价函数，参数修正的目的也是使得代价函数降低，修正方法也采用梯度下降原

则。残差计算时仍旧通过后一层的残差 $\delta^{(l+1)}$ 反向推导前一层的残差 $\delta^{(l)}$。通过残差计算代价函数对于参数的偏导，由偏导确定网络参数的修正量。不同的是，卷积神经网络在前向传递算法中计算出的是特征图矩阵，与之相对应，残差也以矩阵形式表现，被称为残差图。

全连接层的参数修正方式同人工神经网络相同，卷积层和下采样层的参数修正方式有所不同，因此本节重点介绍卷积层和下采样层的参数修正方法。

(1) 卷积层参数修正方法

卷积层参数修正的关键是要计算出对应的残差图。一般每个卷积层 l 后都会接一个下采样层 $l+1$。根据 BP 算法的原理介绍，如果要得到卷积层 l 内的残差 $\delta^{(l)}$，需要首先得到 $l+1$ 层内神经元的残差 $\delta^{(l+1)}$，令 $\delta^{(l+1)}$ 乘以这些连接对应的权值 $W_{ij(l)}$，再乘以 l 层中该神经元输入的激活函数的偏导值，由此获得 l 层中每个神经元的残差 $\delta^{(l)}$。但是因为卷积层后下采样层的存在，由 l 层到 $l+1$ 层，特征图和残差图在尺寸上都在下降，所以采样层一个神经元节点的残差 δ 对应于前一层卷积层输出特征图的一片区域（该区域大小取决于下采样窗口），卷积层 l 中特征图的每个神经元节点只与 $l+1$ 层中的一个神经元节点相连接。因此需要对下采样层 $l+1$ 的残差图进行上采样操作，使之大小与前一卷积层的特征图大小一致。然后将这个上采样得到的残差图中元素与卷积层 l 特征图的激励值的偏导数逐元相乘。因为下采样层特征图的权值都取一个相同值 β，所以将上一步骤得到的结果统一乘以 β 就完成了卷积层 l 的残差的计算。上述过程用公式描述为

$$\delta_j^l = \beta_j^{l+1}\left[f'(x_j^l)\ .^*\ \mathrm{up}(\delta_j^{l+1})\right] \tag{5-27}$$

式中　$.^*$——两个同等大小矩阵内相同位置对应元素之间的相乘操作；

up——上采样操作，即当下采样的采样因子为 n 时，将矩阵内每个元素在水平和垂直方向上拷贝 n 次，获得一个扩充后的矩阵。

由得到的残差矩阵，通过 MATLAB 中的卷积函数 rot180，可以计算出代价函数 J 对于卷积核参数 $k_{ij}{}^{l}$ 和偏置量 b_j 的偏导

$$\frac{\partial J}{\partial k_{ij}^{l}}=\text{rot180}\{\text{conv2}\,[x_i^{l-1},\text{rot180}(\delta_j^l),\text{'valid'}]\}\tag{5-28}$$

$$\frac{\partial J}{\partial b_j}=\sum_{u,v}(\delta_j^l)_{uv}\tag{5-29}$$

式中　u，v ——特征图中的坐标。

通过偏导数计算出卷积层参数的修正量 $\Delta k_{ij}^{(l)}$ 和 $\Delta b_j^{(l)}$，完成对卷积核和卷积层偏置量的修改

$$k_{ij}^{(l)}\leftarrow k_{ij}^{(l)}+\Delta k_{ij}^{(l)}=k_{ij}^{(l)}-\alpha\frac{\partial}{\partial k_{ij}^{(l)}}J\tag{5-30}$$

$$b_j^{(l)}\leftarrow b_j^{(l)}+\Delta b_j^{(l)}=b_j^{(l)}-\alpha\frac{\partial}{\partial b_j^{(l)}}J\tag{5-31}$$

（2）下采样层参数修正方法

计算下采样层的残差时，首先应确定当前层的残差图中哪个小块与下一层的残差图中哪些像素之间是互相对应的，然后，利用反向传播算法进行参数修正计算。在计算时，需要先将下一卷积层的卷积核旋转 180°，使得卷积函数可以进行相关计算。full 为 MATLAB 中的全卷积函数，它能够对卷积边界进行处理，对于缺少的像素进行补 0 操作。下采样层残差的具体计算公式如下

$$\delta_j^l=f'(x_j^l)\,.^{*}\,\text{conv2}[\delta_j^{l+1},\text{rot180}(k_j^{l+1}),\text{'full'}]\tag{5-32}$$

由得到的残差矩阵，可以计算出代价函数 J 对于下采样层参数 β_j 和 b_j 的偏导

$$\frac{\partial J}{\partial b_j}=\sum_{u,v}(\delta_j^l)_{uv}\tag{5-33}$$

$$\frac{\partial J}{\partial \beta_j}=\sum_{u,v}[\delta_j^l\,.^{*}\,\text{down}(x_j^{l-1})]_{uv}\tag{5-34}$$

其中，u，v 表示特征图中的坐标。

通过偏导数计算出下采样层参数的修正量 $\Delta\beta_j{}^{(l)}$ 和 $\Delta b_j{}^{(l)}$，完成对下采样层参数和偏置量的修改

$$\beta_j^{(l)} \leftarrow \beta_j^{(l)} + \Delta\beta_j^{(l)} = \beta_j^{(l)} - \alpha \frac{\partial}{\partial\beta_j^{(l)}} J \tag{5-35}$$

$$b_j^{(l)} \leftarrow b_j^{(l)} + \Delta b_j^{(l)} = b_j^{(l)} - \alpha \frac{\partial}{\partial b_j^{(l)}} J \tag{5-36}$$

5.5.3　基于卷积神经网络的遥感目标检测

在大范围遥感图像中完成对小目标检测是遥感图像处理分析的主要问题。虽然深度学习方法为普通图像目标检测提供了许多方法，但将这些技术转化为遥感图像目标检测仍然面临很多问题。1）遥感图像要处理的图像像素数目远超普通地面图像，数码相机拍摄的普通地面图像像素一般为几百万到一千多万，而遥感相机单次成像需要处理的像素达到几百亿甚至上千亿；2）遥感图像星上处理对处理速度要求高，要达到准实时甚至实时处理才有意义；3）遥感成像图像上目标一般较小，像大的海面舰船一般也就几百个像素，小的甚至只有十几个像素；4）可供学习训练的有效样本数据获取困难，地面图像学习训练一般有公开的训练数据集，其样本数量达到几万甚至几十万，而遥感图像学习训练目前公开可用的数据集非常有限，且有效样本数不能满足学习训练要求。

目标检测可以理解为是物体识别和物体定位的综合，不仅仅要识别出物体的类别属性（属于哪一类），更重要的是要给出物体在图像中的几何位置信息（具体位置）。为了实现这两个关键任务，目前的目标检测模型一般分为两类：two - stage 方法和 one - stage 方法。two - stage 方法将物体识别和物体定位分解为两个步骤来分别完成，这一类的典型代表是 R - CN、fast R - CNN、faster R - CNN 家族。该类方法检测精度高，漏警率也较低，但缺点是计算复杂度高，运行速度较慢，难以满足实时目标检测应用要求。为了解决算法的运行速度瓶颈问题，one - stage 方法应运而生，典型代表是 SSD 算法、YOLO 系列算法，该类算法计算复杂度相对较低，运行速度很快，可以达到实时性处理要求，而且准确率也基本达到了 faster R - CNN

的水平[20-26]。

2014 年 R－CNN 算法被提出，基本奠定了 two－stage 方式在目标检测领域的应用。R－CNN 较传统的目标检测算法获得了 50％的性能提升，其主要缺点是速度较慢，占用较多的存储容量，主要原因是采用选择搜索策略查找候选框，且对多达 2 000 个候选框均需做卷积网络计算来实现目标识别，其计算开销非常巨大。针对 R－CNN 存在的主要问题，2015 年微软公司提出了 fast R－CNN 算法，该算法主要在两个方面进行了改进，一是提出了 ROI pooling 池化结构，解决了候选框子图必须将图像裁剪缩放到相同尺寸大小的问题；二是提出了多任务损失函数思想，将分类损失和边框定位回归损失结合在一起进行统一训练，最终输出类别信息和坐标信息。R－CNN 和 fast R－CNN 都存在一个问题，那就是由选择性搜索来生成候选框，这种搜索方法比较慢。faster R－CNN 针对这个问题，提出 RPN 网络来进行候选框选取，从而摆脱了选择性搜索算法并且仅需一次卷积层操作，计算速度获得了较大提升。针对 two－stage 目标检测算法普遍存在运算速度慢的缺点，YOLO 创造性地提出了 one－stage 方法，将目标分类和目标定位在一个步骤内完成，直接在输出层回归 bounding box 的位置和 bounding box 的类别信息。faster R－CNN 准确率较高，漏检率较低，速度较慢，而 YOLO 则相反，速度快，但准确率和漏检率相对较差。SSD 综合了它们的优缺点，速度较快，准确率也较高。SSD 和 YOLO 一样，主要分为卷积层、目标检测层和 NMS 筛选层，SSD 在多个卷积层上进行目标位置和类别的训练和预测，从而达到多尺度检测的目的，这也是 SSD 相对 YOLO 准确率提高的一个关键。后续的 YOLO v2 和 YOLO v3 都在前期版本的基础上进行了改进，算法性能和运算速度都有了很大提升。

初始的 YOLO v3 网络具备对目标的检测能力，但因其训练样本中不包含飞机、舰船等目标，所以需要通过迁移学习的方法，使得网络具备对飞机、舰船目标的检测能力。

设计的迁移学习方法为保持原有网络的结构（卷积层数量、各层卷积核数量、卷积层和下采样层排布）不变，导入制作出的包含飞机图像以及边界框位置信息的样本集合，对网络进行再训练。训练过程采用CUDA加速方法解决深度学习网络训练速度过慢的问题。CUDA是NVIDIA公司开发的通用计算架构，其中包含了CUDA指令集架构（ISA）以及GPU并行计算引擎，可以调用GPU能力加快网络训练速度，相比于CPU，GPU处理器的体系结构包含上千流程处理器，GPU在运行时间上仅仅为CPU的几十分之一，甚至上百分之一。用训练获得的迁移学习后的卷积核替代原有的卷积核，从而使得网络对飞机目标具备检测能力。

采用迁移学习后的网络对含有飞机、舰船目标的遥感图像进行目标检测验证仿真，检测结果如图5-23和图5-24所示。试验结果表明，迁移学习后的网络模型对飞机、舰船等遥感图像目标检测具有良好的检测能力，目标检测率达到92%以上，能够满足在轨部署需求。

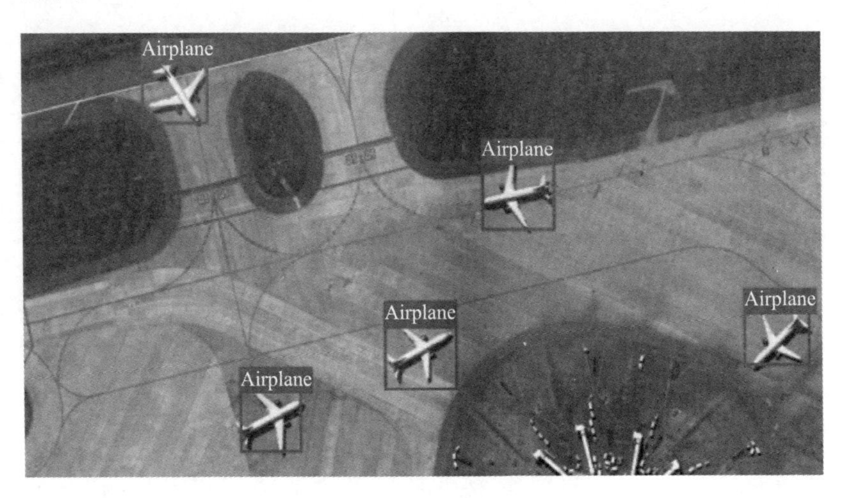

图5-23　机场飞机检测

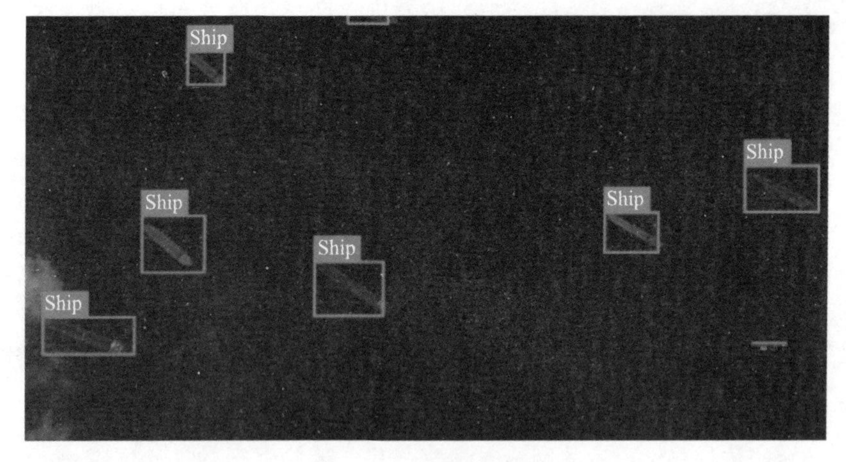

图 5-24 海面舰船检测

5.6 星上数据压缩编码技术

近几年来遥感成像技术发展很快，遥感器获取的图像在空间分辨率、时间分辨率和光谱分辨率上都有了显著的提高，与此同时，相应的数据量和数据率都急剧膨胀，给数据的存储、处理和传输带来了极大的困难。压缩编码技术仍然是当前解决星上遥感图像存储、数据传输的有效途径。目前，研究高性能的星上遥感图像压缩技术仍然是卫星遥感器发展的一项关键技术。

当前主要的图像压缩标准有 JPEG、JPEG2000 和 CCSDS。JPEG 是由联合图像专家组于 1980 年制定的静态图像压缩标准，它对图像分块进行 DCT 变换，采用量化矩阵对系数进行量化，再进行游程和 VLC 编码，计算复杂度适中，具有较高的编码效率，在实际中得到了广泛应用。2001 年发布的 JPEG2000 是取代 JPEG 的新一代标准，采用了小波变换、位平面预测、算术编码和率失真最优码流等措施，压缩性能比 JPEG 提高了 30%[27]。同时，JPEG2000 解决了 JPEG 在高倍压缩时造成的方块效应，扩充了应用的功能，比如支持渐近传输、感兴趣区域编码和随机码流访问等。空间数据系统咨询委员会（The Consultative Committee for Space Data Systems，CCSDS）于2005年推出了针对空间数据压缩的标准，该标准算法采用小波变换，虽然压缩性能略低于JPEG2000，但算法复杂度较低，适用于星上的硬件。

在实际星上应用中，一般要求压缩系统的体积小、功耗低，所以通常采用硬件方式实现。按照所采用的核心处理器件，目前星载压缩方案可以分为三类。第一类是采用专用图像压缩处理芯片，专用处理芯片的特点是支持实现特定的压缩处理算法，具有功耗低、编码处理能力强等优点，缺点是只能支持固化的压缩编码算法，不能灵活选择压缩算法。第二类是采用通用的高性能数字信号处理芯片（DSP），DSP芯片主要面向信号处理，运算单元具有强大的运算能力和较高的运算速度，而且可以充分利用厂家或第三方提供的算法IP库，扩展性与兼容性强，其缺点是功耗较高、并行计算能力较低、高速实时数据处理能力有限。第三类是采用高性能的现场可编程门阵列FPGA（Field - Programmable Gate Array），该方案可以满足运算速度、算法灵活性、功耗、温度等各种要求，其缺点是对复杂算法的适应能力差，且开发难度较大，设计周期长，维护工作量大。

5.6.1　星上JPEG2000压缩技术

JPEG2000图像压缩标准是国际标准化组织ISO和国际电信联盟ITU推出的针对静态图像的最新压缩标准，该标准采用新的变换编码方法，使图像的压缩性能相比JPEG压缩标准有了显著的提升。JPEG2000之所以取得压缩性能的提升，关键在于它采用小波转换多分辨率解析编码代替了JPEG所采用的离散余弦变换区块编码。JPEG2000标准支持无损到任意压缩倍率的压缩编码，编码端以最高压缩质量和最大图像分辨率对图像进行压缩编码，解码端可从码流中以任意的图像质量和分辨率重建图像。JPEG2000目前已广泛应用于航空航天遥感、医疗图像等领域。

5.6.1.1 小波变换

在 JPEG2000 中，图像以子块为单位进行小波压缩编码。不同于其他变换方法，小波变换在支持对信号进行多分辨率分析的同时能够有效提取信号局部特征进行分析。小波变换通过“平移”和“变尺度”运算，在不同尺度空间上对图像进行分析，获取图像在不同空间域和频域上的局部特征。进行一次二维小波变换，图像被分解成为四个子带（LL、LH、HL 和 HH）。其中 LL 子带描述的是图像轮廓等低频信息，而其余三个子带相对于 LL 而言描述的是图像细节等高频信息。

如果对图像数据进行多层小波分解，可以得到不同尺度空间下的图像逼近，从而使得编码码流具有空间分辨率可分级的特性。根据图像的大小以及实际的需要，小波分解的级数可以灵活选取。如果进行 N 级小波分解，则获得的变换子带数目为 $(3\times N+1)$ 个。图 5 - 25 是三级小波分解示意图。

小波变换将原始图像的能量分布进行了重组，使得大部分能量集中于低频部分，为高性能压缩奠定了基础。对小波变换后的系数进行量化是压缩编码的一个关键步骤。基于人类视觉特性，通过适当的量化减小变换系数的精度，可以在不影响图像主观质量的前提下达到压缩图像数据量的目的。量化步长的选择主要根据变换后的数据统计特性、图像重构质量要求等因素进行合理设计。

在 JPEG2000 中，原始图像经过小波分解以后，由于不同子带上的小波系数反映了不同频域的特征，具有不同的统计特性，因此，需对每个子带设计不同的量化步长来进行量化，量化后的小波系数用符号和幅度值来表示。

5.6.1.2 基于上下文信息的 MQ 熵编码

JPEG2000 的熵编码采用的是算术编码，通过算术编码可以消除数据之间的相关性，可达到数据高效压缩的目的。与 Huffman 编码

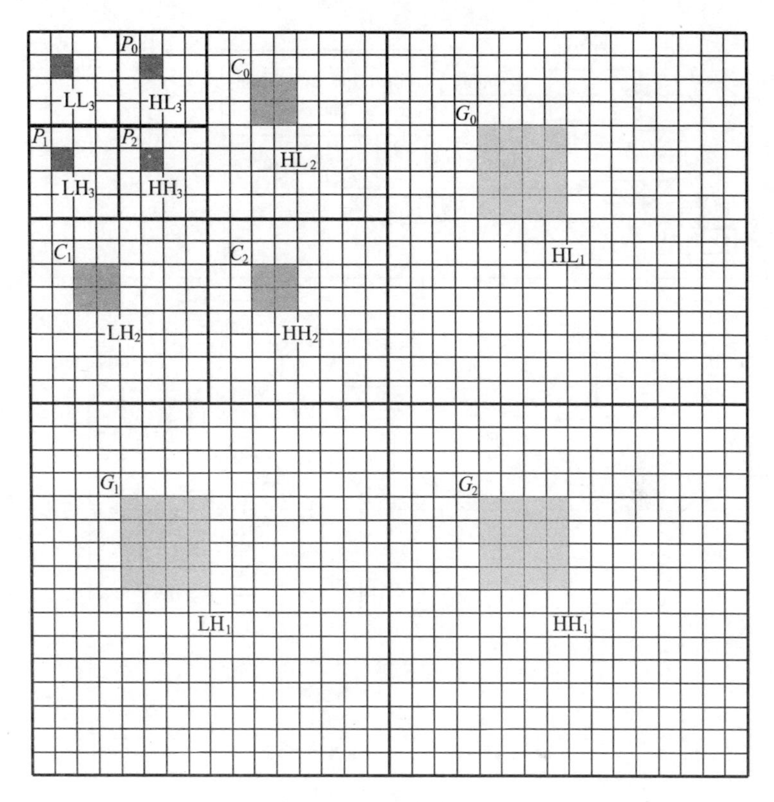

图 5 - 25　小波分解示意图

等熵编码相比，算术编码压缩效果更出色。JPEG2000 采用基于内容的自适应 MQ 编码器，它对标准算术编码进行了优化和改进，在压缩效率略有降低的同时大大提高了算法的运行效率，更加适合于软、硬件的高效实现。

JPEG2000 对小波变换后的系数进行位平面编码，编码后输出二进制数据判决位 D 和上下文 CX，经过 MQ 编码器，生成压缩后的比特流数据。

图 5 - 26 给出了一种基于 4 级流水的 MQ 编码器硬件实现结构。该结构充分考虑每个流水级内部的硬件并行，使得硬件并行性特点得到最大限度发挥，缩减了流水线的关键路径，提高了流水速度。

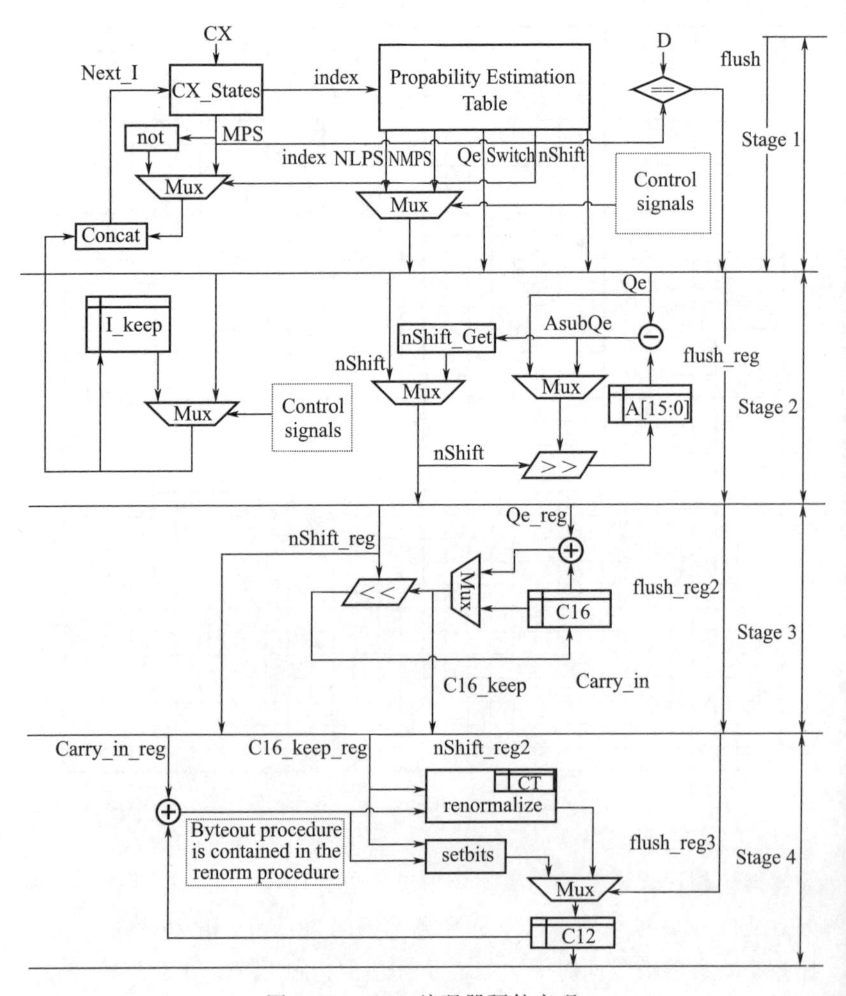

图 5-26 MQ 编码器硬件实现

Stage 1：根据输入的（CX，D）在“上下文索引状态”查找表（LUT1）中查找到相应（index，MPS），再根据 index 查找“概率查找表”（LUT2）得到 Qe、NLPS、NMPS、SWITCH 等信息，同时更新“上下文索引状态”查找表的内容。

Stage 2：在本级流水中，主要是完成间隔寄存器 A 的更新。根据选择的 LPS 或者 MPS 编码流程，计算新的区间值 A，然后通过计算 A 的前导零（重归一化需移位的次数）来一次完成重归一化操作。

Stage 3：为了缩短关键路径延时，将 28 bit 的下限寄存器 C 分为两部分进行更新操作，一个 16 bit 的寄存器 C16 和 12 比特的寄存器 C12。在本级流水中，操作包括 C16 与 Qe 相加，以及移位操作。将 C16 与 Qe 相加后的 16 bit 值及可能的进位 Carry _ in 传递到第 4 流水级，进行 C12 寄存器的更新及字节输出。

Stage 4：本级流水主要完成 C12 寄存器的更新操作、字节输出、CT 的更新及编码结束。C12 的操作主要有跟 Carry _ in 的相加，移位操作；CT 寄存器用来记录新输出 bit 的位置。如果 CT 小于移位次数 nShift，将会有一个新的字节从 C12 寄存器中输出，与此同时，CT 的值更新为一个新的值（7 或者 8）。在编码终止信号来临时，将 C12 寄存器中的有效位数输出。

5.6.2　星上视频压缩编码

在过去的很长一段时间内，相比静态遥感图像数据压缩应用，动态视频压缩在星上的应用相对较少。但最近几年来，伴随着航天技术的不断进步及应用领域的不断拓展，视频相机在航天上的应用越来越多。其典型应用是火星探测，2012 年好奇号火星探测器搭载的相机就具有视频功能，该相机由马林空间科学系统公司负责研制，具有彩色照片拍摄功能，同时可以拍摄高清晰度视频。相机以 10 帧/秒的速度采集压缩 MPEG - 2 视频流，不需要探测器主计算机协助，视频大小由相机内部缓冲区大小决定。目前我国在轨卫星的视频相机已采用 H.264 视频压缩技术，下传的对地观测视频画质优异。

H.264 是国际标准化组织（ISO）和国际电信联盟（ITU）共同提出的继 MPEG4 之后的新一代数字视频压缩格式，于 2003 年 3 月进行官方发布，这个标准通常被称为 H.264/AVC。与早期的视频编码标准类似，H.264 标准也是基于块的混合编码。基本算法依旧是通过帧间预测和运动补偿消除时域冗余，经过变换编码消除频域冗余。但是 H.264 重新定义了编码视频比特流的语法及解码此比特流的方法。除了环路去块效应滤波器，大部分的基本功能元素，包括预测、变换、量化和熵编码在前期标准 MPEG－1、MPEG－2、MPEG－4、H.261、H.263 都已经被广泛使用，但 H.264 在这些功能的具体使用细节上都进行了改进，如图 5－27 所示。

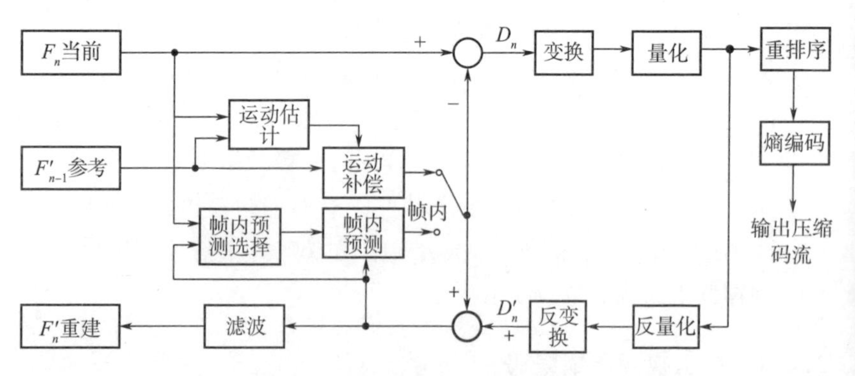

图 5－27　H.264 编码器结构

H.264 编码过程由前向路径和重建路径组成，视频的每一帧以宏块（macroblock）为单位进行处理。每个宏块以帧内或帧间模式编码。无论哪种模式下，都会通过重建路径得到一个预测的宏块 P。在帧间模式下，P 是通过基于一个或多个参考帧的运动估计、运动补偿得到。当前宏块和预测的宏块相减得到残差 D。D 经过变化和量化得到量化系数。这些量化系数经过重排和熵编码，之后与其他编码模式信息组成压缩的比特流。比特流传输到网络提取层（NAL）实现传输或者存储。

图 5－28 为基于 DSP 的遥感相机视频压缩方案框图。该方案中核心处理器件主要包括 FPGA、DSP，FPGA 主要用于接收高速输入图像、图像预处理、系统主控以及跟整星遥测、遥控通信，DSP 主要用于视频图像的 H.264 压缩处理。

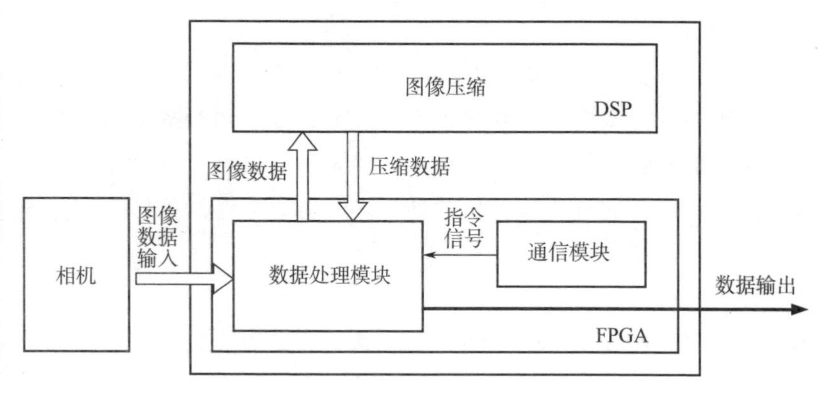

图 5-28　星上视频压缩编码功能框图

5.6.3　图像压缩质量评价

由于遥感图像地物背景复杂、纹理丰富，采用无损压缩技术难以满足数传带宽传输要求，所以一般采用有损压缩技术。有损压缩会造成信息的丢失，一般高频部分损失较大，低频部分损失很小，重建图像相对于原始图像有一定的失真。如果这种失真在人眼的视觉感应能力之外，主观上看不出压缩前后的视觉差别，客观上对图像进行分析处理，处理后的数据精度满足应用需求，那么，可以认为压缩带来的误差不影响图像的质量。

遥感图像的质量可从两个方面进行评价[28]：构像质量和几何质量。构像质量是指图像的可解译性、可识别性；几何质量指图像的可量测性、可定位性。相比一般图像，遥感图像的几何质量显得尤为重要，它表达了遥感图像能正确反映原始景物形状和大小的能力，对遥感测绘应用而言，几何质量的好坏直接决定遥感图像的定位精度。对图像进行有损压缩后，图像质量都有不同程度的下降，这是由压缩的本质决定的。在星上选取压缩算法设计压缩系统时，必须在图像质量和压缩码率两者之间取得平衡，在满足传输带宽的要求下，使压缩造成的图像质量的损失控制在人类视觉和计算机视觉可接受的范围内，为完成这项工作，就需要研究遥感图像压缩质量的评价方法。

5.6.3.1 图像压缩主观评价

主观评价就是让判图专家依据一定的评价准则对测试图像按视觉效果给出判断。为了保证评价具有较高的可信度，可对多个判图专家给出的结果进行统计分析和处理，所得的最终结果即为图像的主观质量评价结果。

评价的内容主要包括[28]：

1）信息损失：重建图像相比原始图像是否存在纹理细节信息丢失的现象；

2）边缘模糊：重建图像相于原始图像是否存在边缘清晰度下降的现象；

3）几何畸变：重建图像相比于原始图像是否存在几何变形和扭曲；

4）虚假噪声：重建图像相比原始图像是否存在灰度平坦区出现虚假噪声；

5）综合评价：综合多种因素后对重建图像的评价。

打分标准可分为 5 挡：

1）90～100 分：重建图像与原始图像相比几乎没有差别，失真极小，可忽略不计；

2）80～89 分：重建图像与原始图像相比略有下降，可看出失真，但不影响判读，可忽略；

3）60～79 分：重建图像与原始图像相比能看出较明显的差别，但基本不影响判读，可以接受，及格分；

4）40～59 分：重建图像与原始图像相比有较大差别，影响判读，不能接受；

5）40 分以下：重建图像与原始图像相比严重失真，不能容忍。

主观评价方法虽然能给出直观图像质量，但是该评价方法受判图专家主观性影响较大，受限于人类视觉特性（如图 5 - 29 所示，压缩 4 倍和 8 倍从人眼视觉上没有显著差异），而且从应用的角度看，过于费时费力，不便于海量数据的评价。

图5-29　压缩4倍重建图像（左）和压缩8倍重建图像（右）

5.6.3.2　图像压缩客观评价

图像压缩客观评价参数可以分为全局性评价参数和局域性评价参数两类。全局性的评价参数包括信噪比、相似度、信息熵等，用于对图像整体进行质量评估；局域性评价参数包括拉氏逼真度、拉氏均方误差、区域最大误差等，用于对图像局部区域进行质量评估[29]。

峰值信噪比：将压缩前后图像相应像元灰度值差看作是噪声，将压缩前原始图像看作是信号，计算其信噪比，对8位图像来说，灰度值最大为255，12位图像最大值为4 095

$$\mathrm{PSNR} = -10\log_{10}\frac{\mathrm{MSE}}{255^2} \tag{5-37}$$

拉氏逼真度（小区域的度量）

$$\text{L\_Fidelity} = -\sum_{i=2}^{M-1}\sum_{j=2}^{N-1}[f'(i,j)^* g'(i,j)] / \sum_{i=2}^{M-1}\sum_{j=2}^{N-1} f'^2(i,j) \tag{5-38}$$

其中

$$f'(i,j) = f(i+1,j) + f(i-1,j) + f(i,j-1) + f(i,j+1) - 4f(i,j)$$

$$g'(i,j) = g(i+1,j) + g(i-1,j) + g(i,j-1) + g(i,j+1) - 4g(i,j)$$

拉氏均方误差

$$\text{L\_NMSE} = \frac{\sum_{i=1}^{M}\sum_{j=1}^{N}[f'(i,j) - g'(i,j)]^2}{\sum_{i=1}^{M}\sum_{j=1}^{N} f'^2(i,j)} \tag{5-39}$$

全图局域最大误差

$$\text{LME} = \text{MAX}\left\{\sum_{i=1}^{M}\sum_{j=1}^{N}[f(i,j) - g(i,j)]\right\} \tag{5-40}$$

图像的拉氏逼真度从字面上非常容易理解为经处理后的图像与原图像的相似程度，因此，经压缩算法处理后图像的拉氏逼真度越大，图像质量越好。当压缩比增大到 16 时，拉氏逼真度降低到 90% 左右，这说明当压缩比增大到一定程度，图像会出现不同程度失真。表 5 - 1 列出了三幅遥感图像不同压缩倍率下的峰值信噪比，图 5 - 30 给出了不同压缩比的 bar 图像拉氏逼真度对比。

表 5 - 1　三幅遥感图像不同压缩倍率下的峰值信噪比

图像	4 倍	8 倍	16 倍	32 倍
city1. bmp	47. 46 dB	41. 62 dB	37. 20 dB	34. 33 dB
grass. bmp	47. 28 dB	42. 25 dB	39. 22 dB	37. 02 dB
bar. bmp	46. 80 dB	40. 43 dB	36. 05 dB	33. 57 dB

拉氏最大均方误差与图像细节的变化量及原始图像的纹理有关，拉氏最大均方误差的值越大，说明处理后图像与原始图像的误差越大，即图像降质越大。图 5 - 31 给出了不同压缩比的 bar 图像拉氏最大均方误差对比。

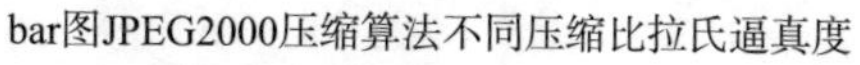

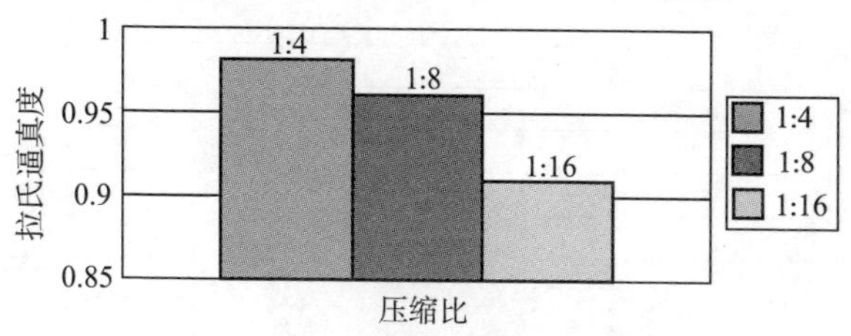

图 5-30 不同压缩比的 bar 图像拉氏逼真度对比

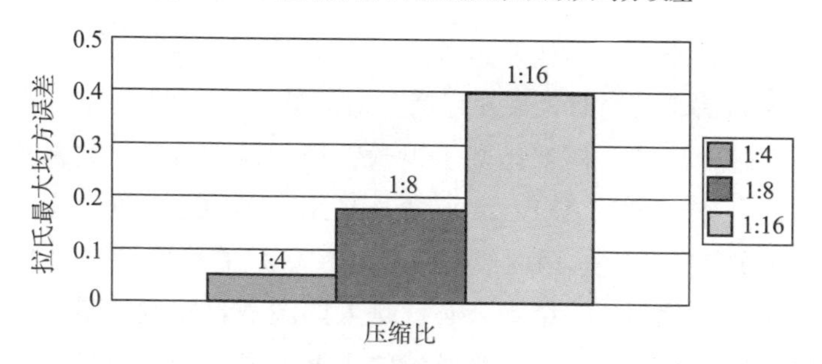

图 5-31 不同压缩比的 bar 图像拉氏最大均方误差对比

一般的评价图像质量参数都是面向整幅图像的，从这些参数无法获知某些特定区域或位置上处理后图像与原始图像的偏差，而全图局域最大误差关注的是处理后图像的某些局部情况，因此该参数可以反映压缩算法有没有造成图像中目标信息的丢失。图 5-32 给出了不同压缩比的 bar 图像全图局域最大误差对比。

5.6.4 星上压缩技术未来发展

在未来的一段时间内，随着遥感卫星应用领域的不断扩展，航天遥感图像压缩应用技术将会在以下几个方面得到一定的发展。

（1）智能化图像压缩技术

结合遥感图像的特征识别和分类技术，将感兴趣目标区域进行

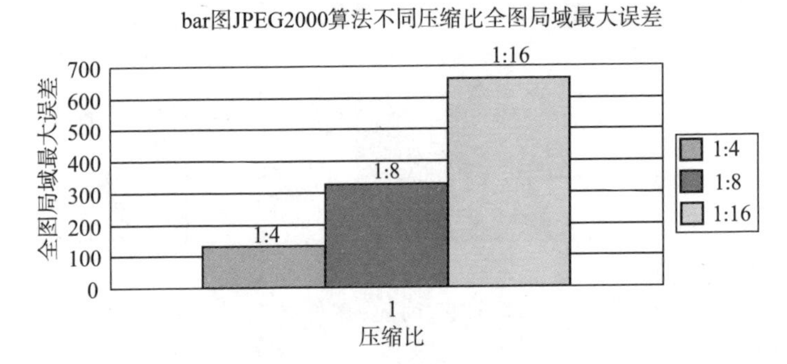

图 5-32　不同压缩比的 bar 图像全图局域最大误差对比

高保真低倍率压缩，其他非感兴趣目标区域进行高倍率压缩，在保留更多遥感信息的同时，最大程度上缩减遥感图像的压缩数据大小。另外一个智能压缩方向就是基于视觉特征的压缩方法。目前流行的压缩方法，如 JPEG、JPEG2000 等，采用的是减少高频、保持全局最优逼近的压缩思路，因而经常可以达到较好的峰值信噪比 PSNR，然而 PSNR 最优的压缩结果未必就是人的主观目视判读最满意的结果。目前的研究表明，基于变换域的压缩方法，对全图采用相对统一的压缩标准，为达到压缩的目标过多地舍弃了图像中的高频分量，致使图像的目标边缘图像频谱变窄，影响图像的视觉效果。而基于空间域的压缩方法重点在于保存图像的纹理细节，能够较好地保持视觉效果，但无法达到较高的压缩倍率。人眼判读图像并不是孤立地看图像的局部，也不是只关心全局，而是两者的结合。如何将空间和频率特性有机结合，体现全局和局部的思想，根据图像内容进行压缩编码，是未来遥感图像压缩技术的发展方向之一。

（2）高可靠性抗误码容错技术

压缩后的图像码流在空间传输过程中，特别是超远距离深空探测，由于受空间条件的限制，导致在通信传输过程中会引入一定的误码。可容错的图像压缩算法在空间技术应用中是非常重要的，它可以防止或限制在压缩或传输过程中的压缩数据发生的错误的影响。通过特殊的错误恢复算法，地面站可以从有损坏的压缩文件中最大程度地得到有价值的信息。此技术的重要性已经在实践中被多次证明，例如，“错误遏制计划”已发展为火星探测器的 ICER 的一个重要部分。GEZGIN - 1 和 GEZGIN - 2 上使用的 JPEG2000 容错技术也是其中一个案例。GeoEye 系列卫星对压缩后的数据采用前向误差校正技术（Forward Error Correction），校正后的误码率小于 10^{-10}。

（3）安全加密技术

为了保证压缩图像数据的传输安全性，在压缩编码的后端加入数据加密环节。在选择加密算法的时候，应尽量令加密前后数据量保持不变，从而不会抵消压缩的性能。国外很多卫星的图像数据，特别是军事卫星的图像数据，都采用了一定的安全性加密技术；很多民用卫星如 SPOT - 5 等也实现了数据的加密处理。

（4）专用化、集成化压缩芯片设计技术

随着超大规模集成电路技术的发展，设计并定制专用压缩处理芯片是解决星载遥感压缩技术发展的有效途径。采用专用压缩芯片，相比其他的压缩实现方案如 FPGA、DSP 等，占用电路板的体积小，功耗也低，在压缩系统的可靠性、安全性方面更有保证，而且便于整星的小型化和轻型化。

5.7　星上数据处理平台技术

5.7.1　星上处理资源分析

地面遥感处理算法在设计时，可以尽量少地考虑算法设计的运算量和复杂度，通过提升硬件系统性能、增加硬件设备数量等方面满足要求，且一般在通用计算机上实现。然而星上处理的硬件平台性能是十分有限的，并且几乎没有可扩展能力，同时一般应基于片上系统实现，因此其硬件架构也与地面处理时有显著的不同。所以星上遥感信息处理系统自设计伊始，便应根据星上设计约束条件，将硬件平台与软件实现一体化，协同进行并行化、冗余化设计，通过算法改进与硬件完善之间的迭代优化，满足星载高可靠信息处理的要求。

随着遥感相机朝着高分辨率、高帧率和大视场方向迅猛发展，星上获取的原始图像数据量成几何级数地增加。由于海量数据受到星地链路带宽限制，无法传输到地面接收站；而把有限的图像数据传输到地面再处理就不能对有效目标进行及时的检测、识别与处理，因此必须依靠在轨处理检测与识别出有效目标信号。星载设备受到体积、功耗等因素的严格约束，星上图像处理方法既要保证时效性、又要在低功耗和高可靠性上取得最佳结果。

FPGA 是目前工业界广泛应用一种高性能处理器，主要由逻辑单元阵列 LCA（Logic Cell Array）组成，包括输入输出模块 IOB（Input Output Block）、可配置逻辑模块 CLB（Configurable Logic Block）和内部连线（Interconnect）。FPGA 主要采用硬件描述语言（VHDL 或 Verilog）进行开发设计，它最大的优势在于高速并行处理和较低的功耗。此外，FPGA 具有丰富的 I/O 引脚，支持多种高速数据接口，支持外挂多种存储器件，有利于高速图像数据的存储和实时处理。FPGA 优势很突出，但也有显著的缺点，星上图像处理算法，特别是智能处理算法涉及大量的复杂运算，单独使用 FPGA 进行设计开发较为困难且周期较长，整体效率较低。

DSP 是专用于数字信号处理的处理器，具有计算速度快、开发便捷的特点，但是 DSP 接口较为单一且数量少，不适合海量遥感图像直接采集，而且不擅长管理与控制大容量缓存。

采用 FPGA 加 DSP 的多处理器异构架构，可以最大程度地发挥各自的优势。通过 FPGA 丰富的 I/O 资源，并行处理资源适合海量遥感图像数据直接采集与缓存。FPGA 将图像数据发送给 DSP，DSP 发挥其长处——专用于数字信号处理计算。这样的构架能够充分发挥 FPGA 和 DSP 各自的优势，具有较好的通用性、可靠性和高效性。

5.7.2 数据处理通用框架设计

5.7.2.1 硬件架构设计

星上数据处理系统硬件架构采用标准 6U 架构，主要由以下模块组成：数据处理电路模块、综合路由电路模块、背板。单机采用母板子板结构。其结构图如图 5-33 所示。

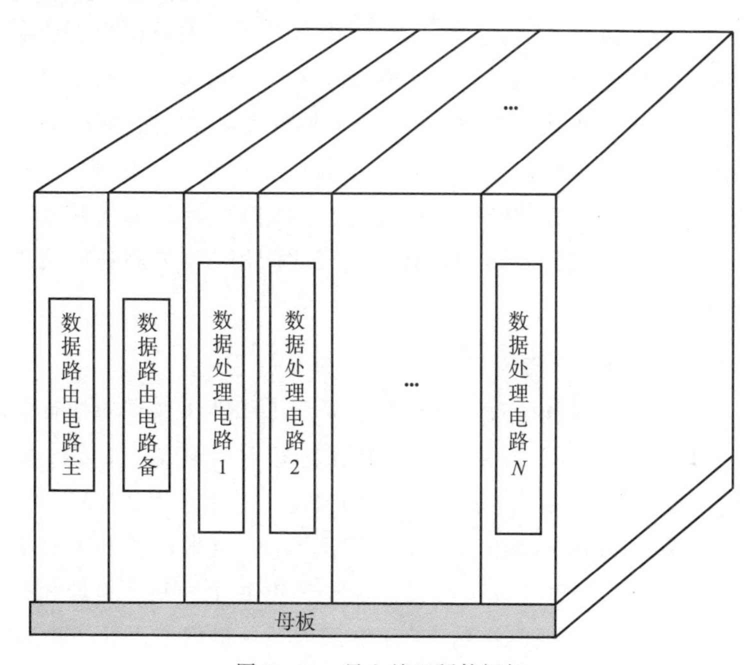

图 5-33 星上处理硬件框架

星上数据处理核心包括 N 块数据处理电路（环备份，$N-1$ 主 1 备）、2 块数据路由电路（1 主 1 备）。数据路由电路主要功能是接收探测器输出的图像数据，对图像数据进行预处理和存储，并将图像数据分发给各个数据处理电路进行信息处理，给数据处理电路提供时钟、主同步信号等控制信号，同时接收数据处理电路发送过来的信息数据，并将数据进行打包传送给整星数传。数据处理电路主要功能是对图像数据进行图像信息处理，并将处理后获取的目标类别、位置等信息传输到路由电路。

5.7.2.2 处理单元设计

数据处理单元作为系统的运算中心，硬件基于异构 FPGA 和多核 DSP，由异构计算部分、缓存部分、接口部分、配置管理组成，电路功能框图如图 5－34 所示。数据处理单元的功能是接收路由板送来的图像数据，依据系统设计处理要求，完成目标检测等相关图像处理。该单元通过高速 Rocket IO 串行总线扩展单机数据流交互通信能力。具备对内两套独立 RS422 总线，具备较高的可靠性；该单元还包括电源生成、时钟、程序上注加载管理等功能部分。

数据处理单元模块主要由 FPGA 与 DSP 组成，以高性能 FPGA 作为数据交换和缓存的管理与控制核心，以高性能 DSP 完成较为复杂的图像算法处理计算。内部计算单元之间用 MGT 高速网络进行数据通信。

5.7.2.3 存储单元设计

高速数据存储和处理方案设计中采用 DDR2 来实现对数据的缓存。采用两组 DDR2 对高速图像数据进行乒乓存储。DDR2 采用 1.8 V 电源供电，容量为 64 M×72 bit，器件采用 FBGA 封装。DDR2 采用 SSTL－18 电平标准，采用 ODT 技术，对 DQ、DQS、DM 等信号使用内部匹配，可大量节省 PCB 板上面积，地址和控制信号仍使用外部的匹配终结。DDR2 需要另外提供专用的 250 MHz 差分晶振。

处理电路接收从数据路由电路发送过来的图像数据，以 250 MPixel/s 数据速率乒乓操作存储在两片 DDR2 中。目标检测与识别算法需要用多帧图像数据进行数据处理，每个 72 bit 的 DDR2 可以存储 6 帧（12 bit×6）图像数据，可与算法数据流完全匹配。

如果一帧图像总数据量为 1 400×1 400×12 bit，以两片 DDR2 实现 7 帧循环存储为例，具体存储和处理过程如下：

1）在每一帧有效时间内，接收新一帧图像数据，并将每一行数

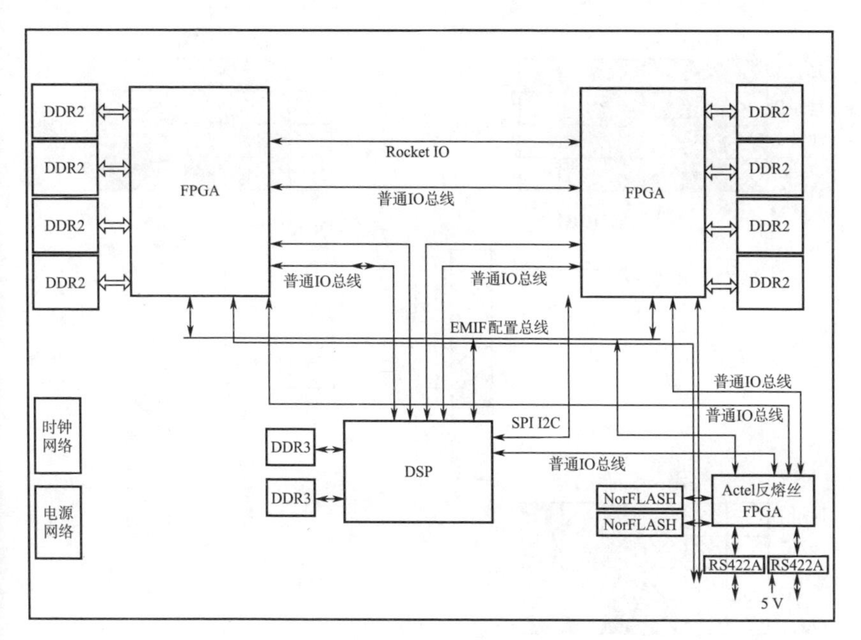

图 5-34　处理单元功能框图

据缓存于内部 RAM；与此同时，在行同步上升沿开始读 DDR2，在 250 MHz 时钟速率下，读取 DDR2 存储器 A 中的 6 帧数据（DDR 数据位宽是 72 bit，一个地址里存储 6 帧同一个位置像元的数据）；

2）将 DDR2 存储器 A 读取的 6 帧数据以及内部存储的当前帧数据共组成 7 帧数据并行流水提供给处理功能模块；与此同时，将 7 帧中的 6 帧数据再组合写入 DDR2 存储器 B。

3）重复执行步骤 1）和步骤 2）。

具体高速数据存储和处理过程如图 5-35 所示。

5.7.2.4　数据调度设计

视频和图像信息的使用与人们的日常生活越来越密切，视频和图像数据量大，实时速率高，对视频图像处理的设备要求越来越高。不同系统之间，各个系统内部电路模块之间数据交互、数据传输速率呈几何级数增加。传统方式是采用 32 位或 64 位并行高速总线，

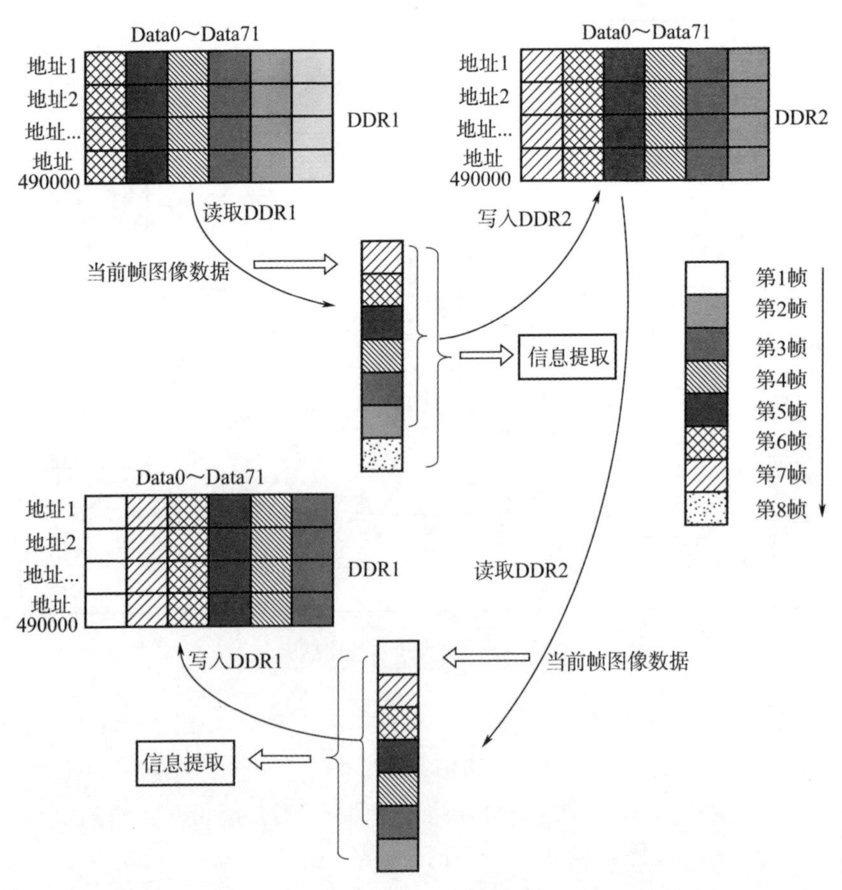

图 5－35　高速图像数据多帧循环流水存储流程图

例如 PCI 32 总线或 PCI 64 总线进行数据通信。多位高速数据传输不仅占用过多的芯片管脚，而且多位数据总线时序关系要求非常苛刻，并行传输速率越高，数据线之间的电磁干扰也日益严重，数据传输效果不佳，而且也严重制约了传输速率的进一步提高。内嵌时钟的高速串行收发器技术得到迅猛发展，目前高速串行收发器的传输速率可以达到 3.125～10 Gbps，更高速的 25 Gbps 已经在电信骨干网的交换机上得到广泛应用。高速串行数据传输技术不仅传输速率得到飞跃发展，而且传输质量高，抗干扰性能佳。32 位/64 位并行传输和高速串行收发的对比见表 5－2。

表 5－2　32 位/64 位并行传输和高速串行收发的对比

传输方式 / 关键指标	32 位/64 位并行总线	高速串行总线
信号类型	LVTTL 或 LVCMOS 信号	低摆幅 CML 信号
数据位宽	32 位/64 位数据总线	单根数据传输线
时钟和控制信号	时钟和多个控制信号	无时钟(内嵌进数据，在接收端解码恢复)
幅值	≫1.8 V	≫350 mV
功耗	高	低

在多位并行数据传输的时候，数据与时钟时序要求严格同步，在时钟采集沿前，数据建立并稳定，且在时钟采集沿后，也要求数据保持一段时间，才能接收到正确的数据。

随着电子技术的发展，时钟数据恢复（Clock Data Recovery，CDR）技术出现了。高速串行收发器进行数据传输成为 Gbit 高速数据传输的主要方式。CDR 技术在数据码流里增加了时钟编码信息提供给接收端，接收端电路通过时钟恢复电路，不仅恢复出内嵌的同步时钟信号，并且将时钟对齐数据。CDR 技术以低摆幅 CML 信号传输数据，通过 8B/10B 编解码（64B/66B 编解码）方法既提供了误码检测机制，且使得传输线路具有优良的直流平衡能力，传输速率高，传输长度大。

目前高性能 FPGA 内部集成有多个高速串行收发器。高速串行收发器基于 CDR 技术，采用 CML 信号传输，支持 8B/10B 编解码（64B/66B 编解码）方法，可以实现万兆以太网通信、PCIE 总线等多种通信标准。高速串行收发器的发送器 TX 和接收器 RX 是独立的，可单独使用。它采用两层通信协议：物理媒介适配层（Physical Media Attachment，PMA）和物理编码层（Physical Coding Sublayer，PCS）。

PMA 包括串并转换、发送信号预加重、接收端直流均衡、时钟生成器及时钟恢复等电路，PCS 包括了 8B/10B 编解码器（64B/66B

编解码器)、弹性缓冲、通道绑定与时钟修正等电路。FPGA 内部集成高速串行收发器，根据传输速率分为 GTX、GTH，其传输速率范围是 500 Mbps～13.1 Gbps。高速串行收发器支持 PCI Express 1.1/2.0/3.0 总线协议、10GBASE－R 万兆以太网协议、10Gb XAUI 接口协议等多个标准通信协议。

Aurora 协议是一种可配置数据链路层的开放协议，支持自定义数据包格式和数据流交换。Aurora 协议中定义的数据帧可以不连续，数据帧可以被空闲信息和流控信息打断。因此 Aurora 协议适合作为单机系统之间以及单机内部各个功能电路模块之间的数据通信接口协议。Aurora 协议数据编码方式有 8B/10B 或者 64B/66B 两种，8B/10B 编码格式可靠性略高，但浪费了 20％的数据带宽，从带宽利用效率和可靠性均衡角度考虑，通常采用 64B/66B 实现大数据量高速数据传输。Aurora 协议包括物理层协议、初始化及误码处理协议、数据分块协议、链路层协议、流控制协议，物理层协议主要定义了物理链路层接口，包括电气属性、时钟切入/提取策略、数据流编码等。

Aurora 协议可为自定义上层协议或标准的上层协议提供透明接口的互联协议，用户可以采用自定义上层协议，也可以通过 Aurora 协议接口与其他标准协议进行通信。使用 Aurora 协议需要设计误码校验机制和多路复用方式。

Aurora IP 核具有两种 NFC 和 UFC 可选的流控制接口，NFC 接口主要用于双工模式下接收数据帧的传输速率控制，UFC 主要用于传输优先级权限信息控制。Aurora IP 核最高可以达到 16 个高速串行数据通道，便于帧格式、流格式数据控制，自动进行初始化和管理数据传输链路。通过集成开发环境对 Aurora IP 核进行参数设置，最终可以生成用户定制电路。

数据路由电路（主备冷备份）通过对外的多通道高速串行总线将焦面所有原始数据都接收下来，然后以路由交换方式通过内部的高速串行总线，把原始数据分发给各个数据处理电路。处理电路采

用 $N+1$ 备份方式，具体实施时采用 4+1 备份方式，备份电路采用冷备份方式；如果 4 个电路中其中一个出现故障，对其断电，将备份电路加电，系统进行重构。对外单通道高速串行总线数据速率最高达到 10.312 5 Gbps，数据通信能力可达到 41.25 Gbps。板间单通道传输速率最高达到 6.25 Gbps，路由电路与每个处理电路数据通信能力达到 25 Gbps。

本文中设计使用 64B/66B 编码规则，遵循 Aurora 协议标准进行数据串行通信。

图 5－36 是基于 Aurora 协议的高速路由进行数据通信的连接关系框图。路由电路是设备内各个电路之间数据交换的核心，MGT0 _ O～MGT9 _ O 是 10 路 Rocket I/O 高速串行总线输出通道，MGT0 _ IN～MGT9 _ IN 是 10 路 Rocket I/O 高速串行总线输入通道。对应到每个识别电路就是有 2 路高速串行总线输出通道和 2 路高速串行总线输入通道。

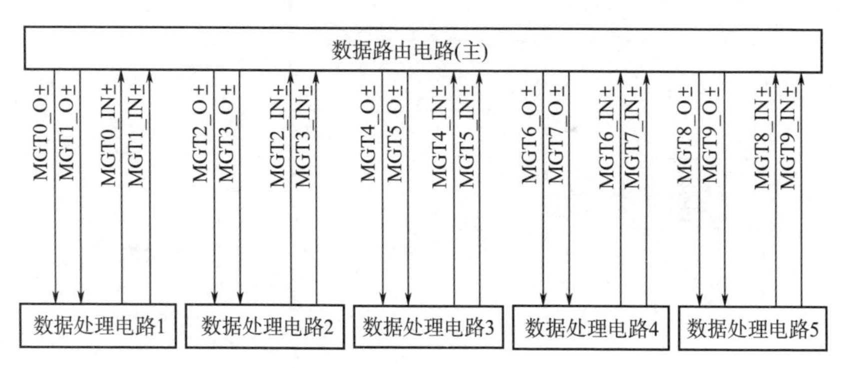

图 5－36　基于路由方式的高速数据传输逻辑框图

5.7.3　星载瞬态点目标（闪电）检测设计与实现

星载闪电检测信息处理系统从探测器焦面接收图像数据，需要对高速图像数据进行实时流水处理，确保对每帧数据在 2 ms 帧周期内完成闪电事件的实时检测处理。同时，为了提高信息处理系统的可靠性和安全性，系统在设计上采用了在轨软件重构技术，通过对FPGA算法软件进行在轨上注重配置，解决传统航天遥感器星上处理软件一旦固化即无法更改的问题，拓展了遥感器在轨软件可维护功能。

闪电检测信息处理单元的硬件框图如图5-37所示。

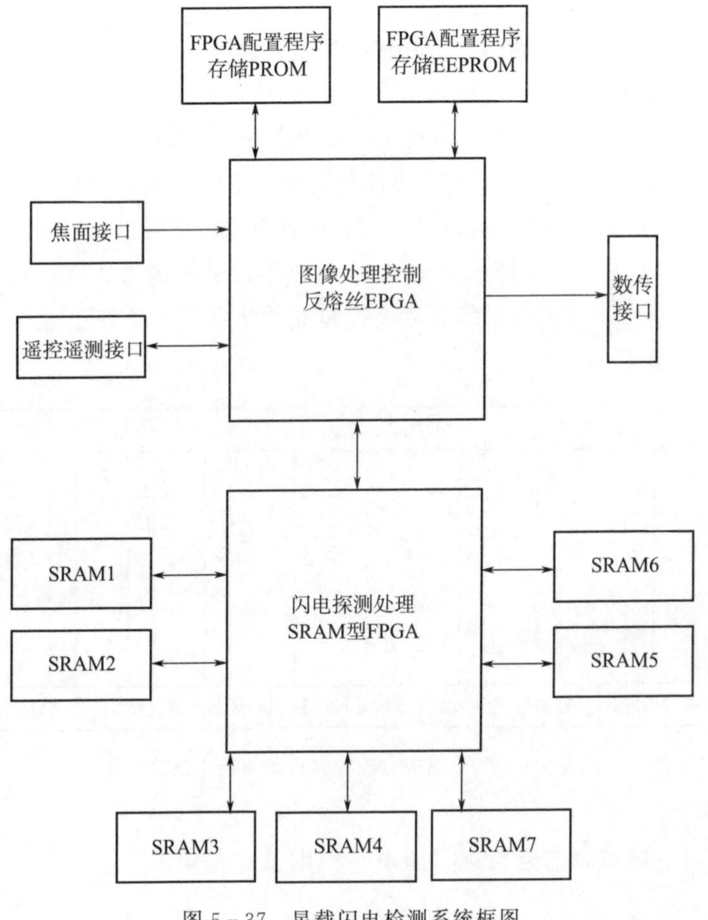

图5-37　星载闪电检测系统框图

单元硬件主要包括：PROM、EEPROM、SRAM、图像处理控制反熔丝FPGA、闪电探测处理SRAM型FPGA。PROM用于存储

SRAM 型 FPGA 的配置程序数据版本 1；EEPROM 用于存储 SRAM 型 FPGA 的配置程序数据版本 2；反熔丝 FPGA 主要用于配置 SRAM 型 FPGA；SRAM 主要用于存储焦面图像数据。

图像处理控制反熔丝 FPGA 接收到闪电探测处理 SRAM 型 FPGA 的配置指令后，启动闪电探测处理 SRAM 型 FPGA 的程序配置。首先根据指令判断是从存储 PROM 加载配置程序版本 1，还是从存储 EEPROM 加载程序版本 2。与此同时，使能闪电探测处理 SRAM 型 FPGA 的 PROG _ B 信号，然后检测 INIT _ B 信号，若 INIT _ B 信号在规定的时间内无效，则表明闪电探测处理 SRAM 型 FPGA 配置失败，向图像处理控制反熔丝 FPGA 发送配置失败信号并结束本次配置操作。若 INIT _ B 信号在规定的时间内有效，则使能闪电探测处理 SRAM 型 FPGA 的 CS _ B 和 RDWR _ B 信号；若选择的配置数据是版本 1，则将读取自存储 PROM 的配置数据通过 SelectMap 模式向闪电探测处理 SRAM 型 FPGA 发送；若选择的配置数据是版本 2，则将读取自 EEPROM 的配置数据通过 SelectMap 模式向闪电探测处理 SRAM 型 FPGA 发送；当所有配置数据发送完成后，检测 DONE 信号是否有效。若在规定的时间内有效，则表明闪电探测处理 SRAM 型 FPGA 配置成功，并向图像处理控制反熔丝 FPGA 发送配置成功信号；若在规定的时间内无效，则表明闪电探测处理 SRAM 型 FPGA 配置失败，向图像处理控制反熔丝 FPGA 发送配置失败信号并结束本次配置操作。

图像处理控制反熔丝 FPGA 接收到程序上注更新的指令后，将地面通过遥控指令上注的闪电探测处理 SRAM 型 FPGA 新程序存储到 EEPROM 中。首先图像处理控制反熔丝 FPGA 接收遥控指令并进行指令解析，判断其是否是上注程序数据。若判断不是上注程序数据，则继续接收下一条遥控指令；若判断是上注程序数据，则将接收到的数据进行 EDAC 校验；然后对 EDAC 校验后的结果进行判断，若校验结果正确，则启动对闪电探测处理型 FPGA 配置程序存储 EEPROM 的写操作，将程序数据写入闪电探测处理 SRAM 型

FPGA 配置程序存储 EEPROM；若校验结果不正确，则对闪电探测处理 SRAM 型 FPGA 配置程序存储 EEPROM 不进行写操作；当上注数据发送完成后，结束本次更新操作。

闪电探测算法需要利用 7 帧数据来完成闪电事件信息的提取，对存储的接口带宽要求较高，并且需要进行流水操作，采用一种循环存储的方法，通过多片存储并行控制实现数据高带宽读写控制、高速实时处理要求。利用 7 片 SRAM 存储器完成多帧图像数据存储方法，如图 5-38 所示。

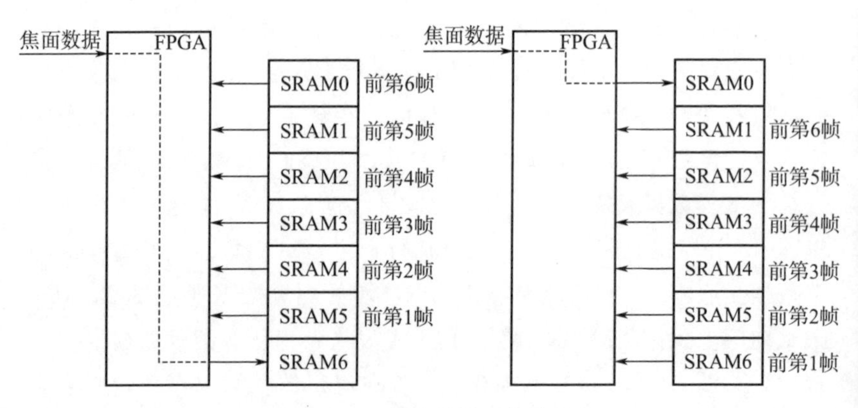

图 5-38　7 帧背景循环存储方法

其原理是采用多片 SRAM 存储，通过对多片存储器进行并行读写控制，实现对多帧图像数据的并行处理。在每一个帧处理周期内，FPGA 首先接收当前帧数据，然后按照循环的顺序，选择 SRAM0～SRAM6 共 7 片中的某一个存储器，将图像数据写入，与此同时读取另外 6 片存储器中的图像数据共同组成 7 帧图像数据，交由闪电检测算法模块实现闪电事件的实时检测处理。举例说明如下。

当往 SRAM3 写入当前帧图像数据时，SRAM2 里存储的是前第 1 帧的数据；SRAM1 里存储的是前第 2 帧的图像数据；SRAM0 里存储的是前第 3 帧的图像数据；SRAM6 里存储的是前第 4 帧的图像数据；SRAM5 里存储的是前第 5 帧的图像数据；SRAM4 里存储的是前第 6 帧的图像数据。通过循环控制 7 片存储器，可以实现 6 帧图像数据的存储，与输入的当前帧图像数据一起组成了算法检测模块需要的 7 帧图像数据。闪电检测算法利用这 7 帧图像数据完成背景评估、闪电事件检测、闪电信息编码等实时处理，输出闪电事件信息包括位置坐标、闪电强度、背景值和阈值等。

5.7.4　基于专用压缩芯片的压缩编码处理设计与实现

遥感相机成像过程中输出的信号主要包括时钟信号、数据同步信号和数据信号。遥感相机在成像工作过程中，需要根据卫星高度变化相应地调整 CCD 的积分时间，从而导致相机输出的数据同步信号会发生变化。在遥感图像压缩系统设计过程中，需要根据相机输出图像数据率、图像幅宽大小及量化位数等数据特点来确定压缩系统总体架构。在设计实现过程中需要考虑以下几个要素。

（1）系统数据吞吐率

系统数据吞吐率是指系统单位时间内的处理能力，单位为像元/秒，即每秒可以处理的最大图像像元数。在设计时，需要考虑相机输出的数据率，然后根据压缩芯片的处理能力，确定整个压缩系统需要采用多少芯片来完成压缩。

（2）图像幅宽大小

专用压缩芯片支持处理的最大图像像元个数是 1.048 M，最大图像幅宽是 4 096[30,31]。CCD 相机输出的图像数据是按照行输出的，没有图像帧的概念，而专用压缩芯片需按照帧进行处理，因此系统需要对输入的图像进行缓存处理，根据专用压缩芯片的处理能力、系统缓存能力及抗误码能力等来确定压缩输入图像帧的大小，比如可以设置图像帧大小为 4 096×256，2 048×128 等。

目前基于专用压缩芯片构建的星上压缩系统主要采用专用压缩芯片＋FPGA 的方式，主要由压缩芯片、FPGA 和存储器件组成。系统可分为三大部分：预处理及控制模块、数据缓存模块、压缩模块。预处理及控制主要负责输入图像的预处理及系统的初始化配置；

数据缓存部分完成对系统输入图像的缓存分割处理，生成专用压缩芯片可以处理的图像数据；图像数据压缩部分是系统的核心，负责完成输入图像的压缩。

以某推扫式CCD相机为例，下面给出了适合于该相机的压缩方案。该相机主要参数如下：像元总数为4 096，分4抽头输出，积分级数为5级。相机图像数据通过LVDS接口并行输出，主要包括时钟（40 MHz）、行同步（高电平有效）和图像数据（10 bit），数据率达到400 Mbit/s。单片专用压缩芯片最大处理能力为65 M像元/s，单帧最大支持宽度为4 096像元，该相机数据率没有超出单片芯片的处理能力，因此采用1片芯片就可以完成整个相机数据的压缩。专用压缩芯片采用用户自定义压缩模式，该模式下通过VDATA接口输入图像数据，HDATA接口输出压缩码流数据，相比其他模式可以最大限度地提升系统的吞吐量。芯片正常工作后须保持输入图像帧数据控制时序不变，因此需要利用SRAM对相机输出的数据进行缓存预处理，生成专用压缩芯片可接受的时序。方案利用2片SRAM采用乒乓操作的方式完成图像数据缓存处理，确保后续对图像数据进行“流水”压缩实时处理。

压缩系统硬件组成如图5-39所示，主要包括FPGA、SARM、PROM和专用压缩芯片。其中FPGA作为系统主控，完成专用压缩芯片初始化配置及后续读写控制，完成SRAM和PROM的读写控制，并负责图像数据的接收及压缩码流的输出编码控制；PROM用于存储专用压缩芯片初始化固件程序；SRAM用于输入图像数据的乒乓缓存处理；专用压缩芯片负责对图像数据进行压缩处理[32]。

专用压缩芯片在正常开始工作前需要对芯片进行初始化配置。芯片的配置项主要包括：工作时钟配置、工作模式配置、固件（Firmware）载入、编码参数配置等[7]。专用压缩芯片支持多种工作模式，不同的工作模式下需配置不同的参数。综合考虑CCD遥感相机的工作特性，充分发挥芯片的工作性能，压缩芯片工作模式采用用户自定义模式（Custom - specific mode）[31]。

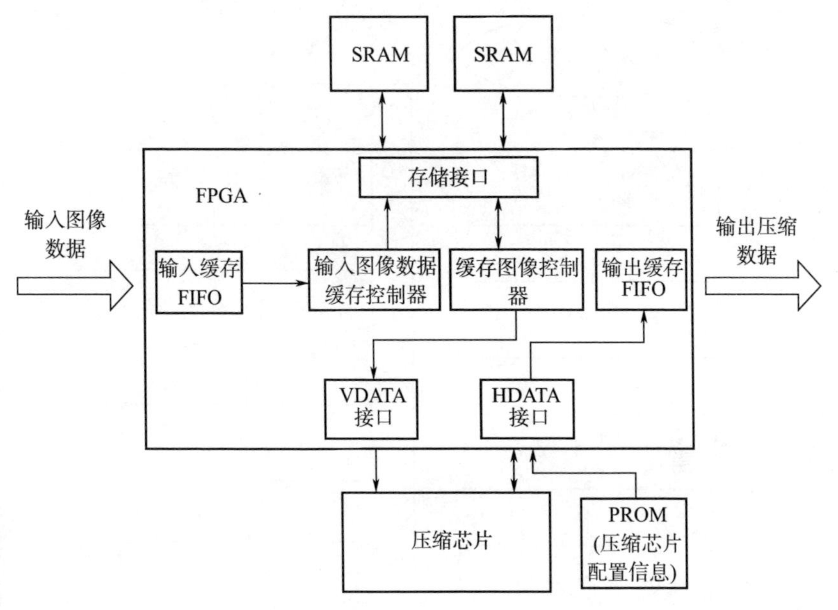

图 5 - 39　遥感图像压缩系统组成框图

芯片整个配置流程如图 5 - 40 所示。芯片配置前首先对芯片进行复位处理，接下来配置内部工作时钟 PLL _ HI 寄存器和 PLL _ LO 寄存器。本设计中，PLL _ HI 寄存器配置为 0x0008，PLL _ LO 寄存器配置为 0x0002，此时芯片内部时钟 JCLK 的频率是主时钟 MCLK 频率的 2 倍，而 HCLK 和 MCLK 的工作时钟频率相同。在时钟寄存器配置完成后，需等待至少 20 μs 以使芯片内部 PLL 单元生效。接下来配置芯片主机模式，配置完成后通过 HDATA 接口完成芯片固件程序写入。固件程序配置完成后，进行编码参数配置。编码参数配置完成后对 DMA 寄存器进行初始化并使能，然后配置外部中断寄存器并检测初始化进程是否完成，待初始化进程完成后清除中断寄存器，至此整个专用压缩芯片配置流程结束，芯片进入正常工作模式。

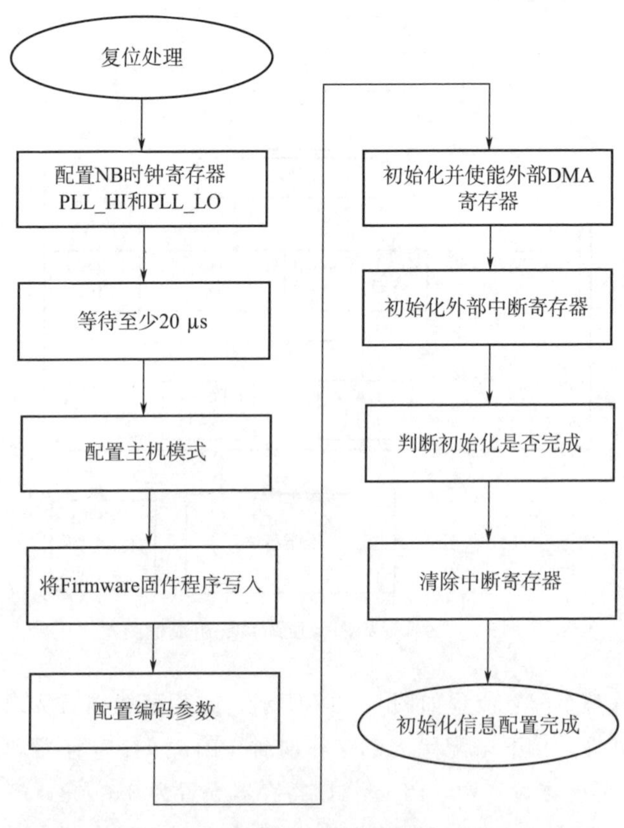

图 5-40 初始化流程图

5.7.5 遥感目标实时检测系统的设计与实现

5.7.5.1 轻量化网络设计

遥感目标检测由两大部分组成，一是确定目标的位置和范围，即确定包围目标的边界框（bounding box），也就是目标的位置信息，二是对边界框内的目标进行分类，确定目标的类别信息。对卫星光学遥感图像中的目标进行检测，目前主要有两类方法：采用传统的基于特征的检测方法和基于深度学习网络的方法。基于特征的检测方法一般通过人工设定并提取的特征对获得的目标进行描述，最后采用分类器计算出目标的类别来实现目标检测，这一检测方法优点是设计思路简单，算法复杂度低，可以检测出背景相对简单的飞机目标，但当背景复杂时（如出现航站楼），或者存在多个目标时，采用传统的图像分割方法难以获得良好的目标图像。此外，人工设定的特征难以描述较为复杂的目标。随着人工智能（AI）技术的飞速发展，基于深度学习网络的方法在计算机视觉、图像处理等领域得到广泛应用，其性能表现已远超传统的机器学习方法。

为实现遥感目标的实时检测，检测网络应具备结构简单、运算量少的特点。目前主流的目标识别算法有 faster R－CNN、Mask R－CNN、SSD、YOLO 等。其中 YOLO 是一种端到端的检测方法，相比于基于候选区域的方法，训练过程更加简单，实时性也更好。YOLO 算法采用一个单独的 CNN 模型实现端到端的目标检测。在 YOLO 基础上改进的 YOLOv3 不仅保证了检测速度，在对于小样本检测的准确性上也有显著提升。本书采用 YOLOv3－Tiny 算法，该算法只有 13 个卷积层，参数数量进一步显著降低，运算速度更快，实时检测的能力更强，更适合于边缘移动设备端部署。由于遥感图像中对舰船等目标的检测对安全监视等具有重要意义，本文针对飞机这一类目标使用轻量化的 YOLOv3－Tiny 网络进行训练，网络结构如图 5－41 所示。

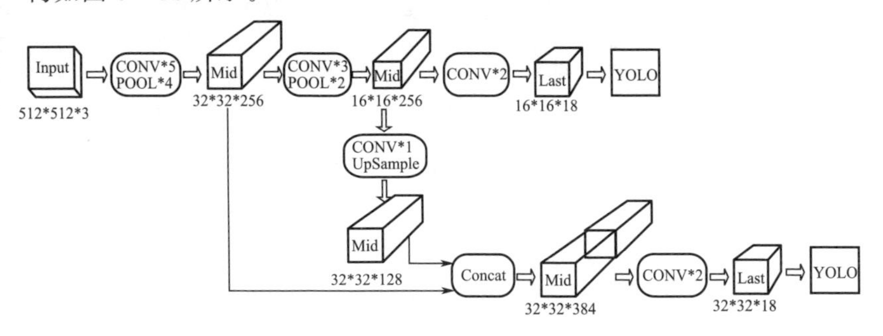

图 5－41　轻量化网络结构

卷积层占据了网络的主要部分，包含大量的乘加运算，而FPGA的并行性和流水线结构最适合对乘加运算进行加速，因此选择在前向推理运算时将主干网络部署在PL端。

5.7.5.2 系统架构设计

以FPGA为核心，配合使用一些外部器件，可以完成目标检测系统的构建。本书选用MPSoC器件作为核心处理器，该异构FPGA包含4核ARM Cortex A53应用处理器、双核Cortex－R5实时处理器、1个Mali－400 MP2图形处理单元，并且支持多种接口的高速率输入输出。该款FPGA器件将ARM处理系统和可编程逻辑完美地结合在一起，使用户可以创建独特而强大的设计，非常适合深度网络目标检测。

系统的整体架构如图5－42所示，硬件部分主要由MPSoC FPGA、高速DDR存储器和相关外设构成。系统共分为四大部分：图像预处理部分、DPU深度学习处理部分、APU应用处理部分、数据存储部分。预处理主要负责接收相机输入图像并将数据通过DMA发送给ARM PS端；DPU是系统的核心，负责完成深度网络硬件加速，该部分运行于FPGA的可编程逻辑PL端；数据存储部分负责图像数据、中间结果数据的缓存；APU应用处理部分负责对DPU硬件加速部分的高性能综合调度及其他处理，该部分运行在FPGA的ARM PS端，ARM CPU运行Linux操作系统。

5.7.5.3 网络参数获取及优化

为获取网络的参数，本文采用飞机目标遥感图像的样本集合进行训练，该集合由若干包含飞机目标的JPG图像和记录先验知识的txt文档组成。每张图像对应一个txt文档，文档内记录了图像中所有飞机目标的类别及边界框的范围。

增加样本的数量有利于网络检测性能的提高。对获得的原始样本图像逆时针旋转90°、180°、270°，并进行镜像变换，可以增加目标域内训练样本数量。图5－43为原始样本图像及进行几何变换前

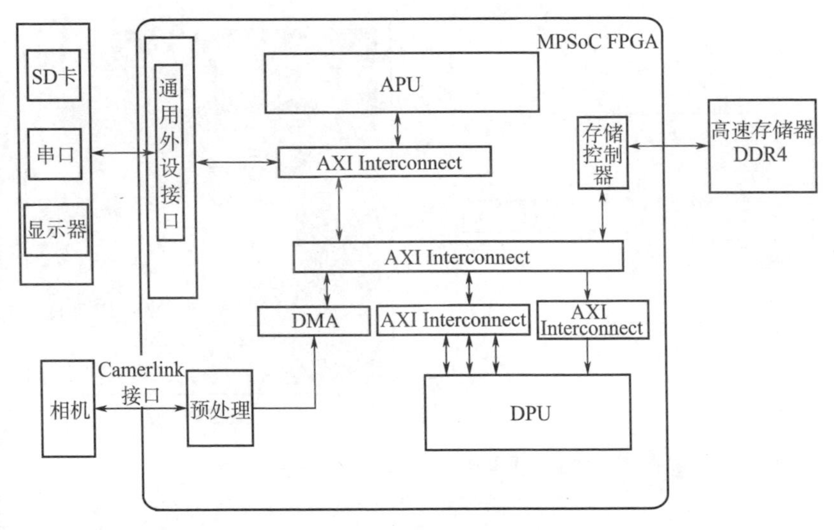

图 5-42　系统整体架构

后的样本图像。几何变换后的目标边界框信息可以通过公式自动计算。例如，原始样本图像中目标的边界框的最小横纵坐标为（x_{min}，y_{min}），最大横纵坐标为（x_{max}，y_{max}），图像尺寸为 L，目标旋转 90°后，最小横纵坐标为（y_{min}，$-x_{min}+L$），最大横纵坐标为（y_{max}，$-x_{max}+L$）。

YOLOv3 - Tiny 深度网络设计用于对普通自然图像进行目标检测，具备对常见目标（汽车、人、猫、狗等）的检测能力，但将其拓展到遥感目标检测时，因其训练样本中不包含遥感飞机目标，因此需要通过迁移学习的方法，使网络具备对遥感飞机目标的检测能力。设计的迁移学习方法为保持原有网络的结构（卷积层数量、各层卷积核数量、卷积层和下采样层排布）不变。在原有训练网络参数的基础上，引入包含遥感飞机目标图像、目标边界框位置信息的样本集合，对网络进行再训练。训练过程采用 CUDA 加速方法解决训练速度过慢的问题，调用 GPU 能力加快网络训练速度。用训练获得的迁移学习后的卷积核替代原有的卷积核，从而使得网络对飞机

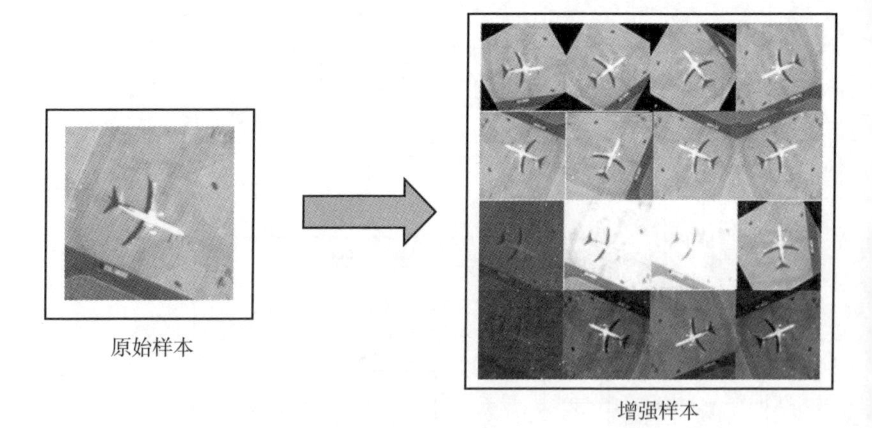

图 5－43　通过样本增广方法增加样本数量

目标具备检测能力。

在迁移学习前，需要根据自定义样本数据集的目标空间分布、大小情况对目标锚框维度聚类，重新确定目标锚框（anchor）的参数。YOLOv3 算法框架的初始锚框由标准数据集 VOC2007 和 VOC2012 聚类确定，所确定的锚框参数适合两个数据集中包含的目标，但对于特定遥感目标检测并不适合，对自定义遥感图像目标检测数据集重新进行聚类并确定锚框参数，可以有效提升目标检测性能。

现有的深度学习推理过程是计算密集型的，需要较高的内存带宽来满足边缘应用程序的低延迟和高吞吐量要求。一般情况下，神经网络训练使用 32 位浮点权值和激活值，因此通过网络训练后获得的网络参数都是浮点数据。FPGA 处理器内部存储资源和计算资源都有限，采用浮点计算需要消耗较多的乘法器等计算资源，且计算速度难以得到充分发挥。为了充分发挥 FPGA 的高性能计算优势，深度学习算法部署到 FPGA 之前通常对网络结构和参数要做一些优化处理，常用的是网络剪枝和参数定点化。通过将 32 位浮点权值转换为 8 位整数（INT8），可以在不损失预测精度的情况下降低计算复杂度。定点网络模型需要的计算资源和内存带宽更少，可以使得计算单元更加高效，因此比浮点网络模型能够提供更快的速度和更高的电源效率。

原模型的权重等参数均为32位的浮点数，为使网络模型适合在FPGA上运行，需要将原始参数转化为定点数或整数，本书采用的策略是将浮点数量化压缩为8位的整型，可以缩减75%的位宽消耗。量化实际是映射的过程，即将浮点数映射到－127到127的整数区间，量化的表达式为

$$Y = \text{scale} * X + \text{bias} \tag{5-41}$$

其中，scale是一个浮点型的缩减系数，bias可取当前层数据的均值，通常为0。根据待压缩数据的分布，可分为饱和与不饱和两种情况，不饱和时可将全部数据全部压缩到INT8的范围内，但过饱和时，就需要设置阈值，将超出阈值范围的数据映射为－127或127。因此，量化方案的设计就是选取合适的阈值 $|T|$，则scale的值也随之确定为 $(127/|T|)$。

阈值的设置采用最小化信息丢失的思想，本书选用KL散度（KL-divergence）来评价映射过程的质量，其公式为

$$\text{KL\_divergence}(P, Q) = \text{SUM}(P[i] * \lg(P[i]/Q[i]), i) \tag{5-42}$$

其中，P，Q 表示两个离散概率分布。首先准备一个校准数据集，对于网络的每一层，在校准数据集上选取不同的阈值进行映射，统计映射结果的分布，对其计算KL散度，取散度最小时对应的阈值。根据这样的方法，对于不同的层采取不同的映射方式，可以尽可能地减少准确率的损失。经过验证，原模型大小为33 MB，压缩后为8.5 MB，约为压缩前的1/4。

深度网络目标检测算法由多层网络组成，包含卷积层、池化层、目标检测层等。对网络架构和计算进行分析，结果表明最大的计算开销在卷积层，每个卷积层包含大量的卷积运算，需要消耗大量的计算资源和存储资源。为了最大限度发挥FPGA的并行计算优势和

能力，本文根据深度网络目标检测算法的处理任务特点，按照任务功能进行划分，将涉及复杂逻辑控制的部分交由 CPU ARM PS 端处理，将适合于高速并行流水处理的部分交由 PL DPU 部分完成，充分发挥异构处理器的性能优势。整个处理架构如图 5－44 所示，计算核心为多个并行的处理单元，负责完成卷积、池化、激活函数等处理；卷积操作的相关参数和中间数据存储在片上存储上；通过 AXI 总线通道实现外部存储和片上存储的高速数据交互；Host CPU 端负责通过一些指令来实现对多个并行的处理单元的高性能调度。

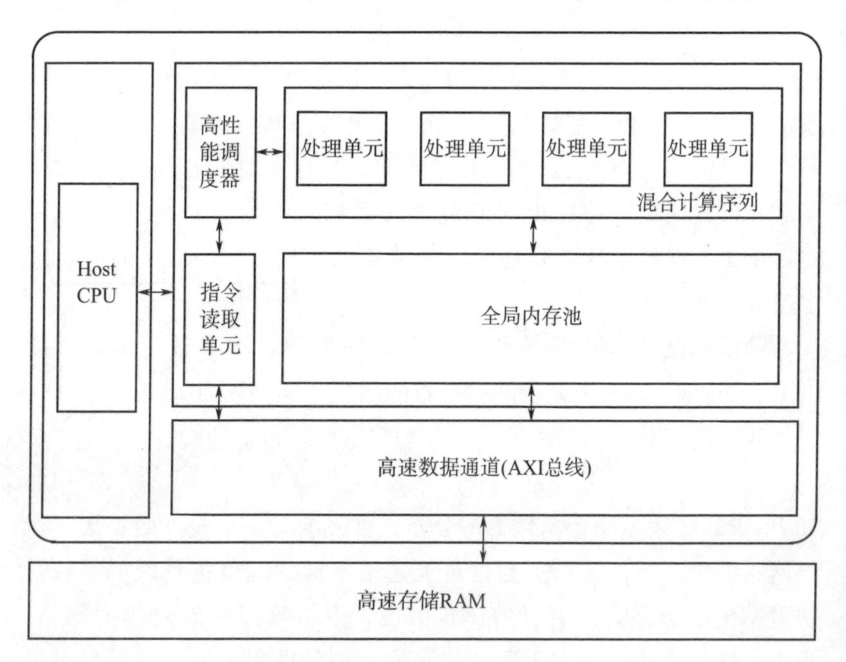

图 5－44　深度学习处理架构

5.7.5.4　系统软件设计

通过移植操作系统，可以方便地实现内存、线程调度等功能，提升系统的运行效率，本书基于 Petalinux 软件，定制了专用于 MPSoC 的 Linux 操作系统，并根据硬件系统对设备树文件进行修改，考虑应用层程序的需求，对内核进行必要的配置，制作了相应的启动文件。

系统的启动流程如图 5 - 45 所示。

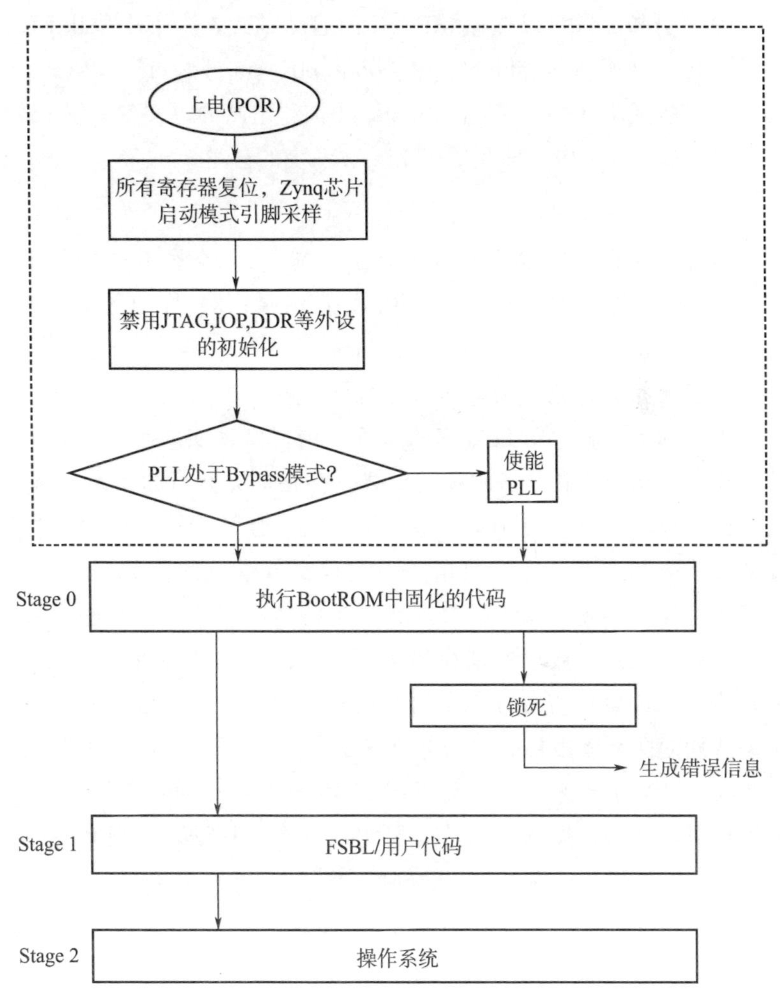

图 5 - 45　Zynq 的系统启动流程

Petalinux 是基于 Yocto 项目实现的，可以通过添加配方来方便地向根文件系统添加所需的库、驱动和用户程序，本书的系统主要添加了 FPGA 加速计算核的驱动模块以及 opencv、v4l2 等视频、图像处理的常用框架。除此之外，为加强系统的人机交互性，还添加了 weston 作为桌面显示程序。

通过引脚配置可以选择 MPSoC 的启动方式，本书中采用 SD 卡启动，将启动所需的 fsbl. elf、u - boot. elf、pumfw. elf、system. bit 等文件打包成 BOOT. BIN 和 image. ub，和定制的根文件系统 rootfs 一并拷贝到 SD 卡中，即完成了 Linux 系统的移植。

5.7.5.5 目标检测程序设计

目标检测程序需要实现以下几个功能：1）从视频流中读取图像；2）对图像数据进行处理，获取处理结果；3）在原图上绘制边界框（bounding box），传输到显示屏显示。

由于视频流源源不断，如果等待第一帧图像完全处理并显示完之后再处理下一帧会导致效率的低下，难以实现实时性。实际上这几个任务的执行应该是流水线的形式，存在部分并行的关系。因此，目标检测程序的设计应用了多线程的思想，使用两个线程分别进行视频的读取和显示，四个数据处理线程交替进行图像数据的处理。程序运行时，视频读取线程将视频流中的每帧图像按读出顺序进行编号并插入队列，数据处理线程从队列头部读取图像进行处理，处理后的图像按编号的先后顺序插入优先级队列，图像显示线程从优先级队列的队首读取图像并显示到屏幕上，这样可以确保先输入的图像最先被显示出来。为避免不同的线程在同一时间对同一帧图像进行操作，在执行操作之前首先要对线程上互斥锁，处理完成后再进行解锁，这样可以保证线程访问的安全性。

数据处理线程的处理流程如图 5 - 46 所示。

软硬件设计完成后，对系统的运行效果进行测试。本书设计了验证系统并采用软硬件协同验证方法来验证目标检测性能，验证系统如图 5 - 47 所示。验证系统由景物模拟器、相机、遥感目标检测系统组成。景物模拟器为验证系统提供图像源，遥感目标检测系统通过接收来自相机或图像模拟源的数字图像数据及同步信号，完成对输入图像数据的目标检测处理，并将检测结果信息通过 HDMI 接

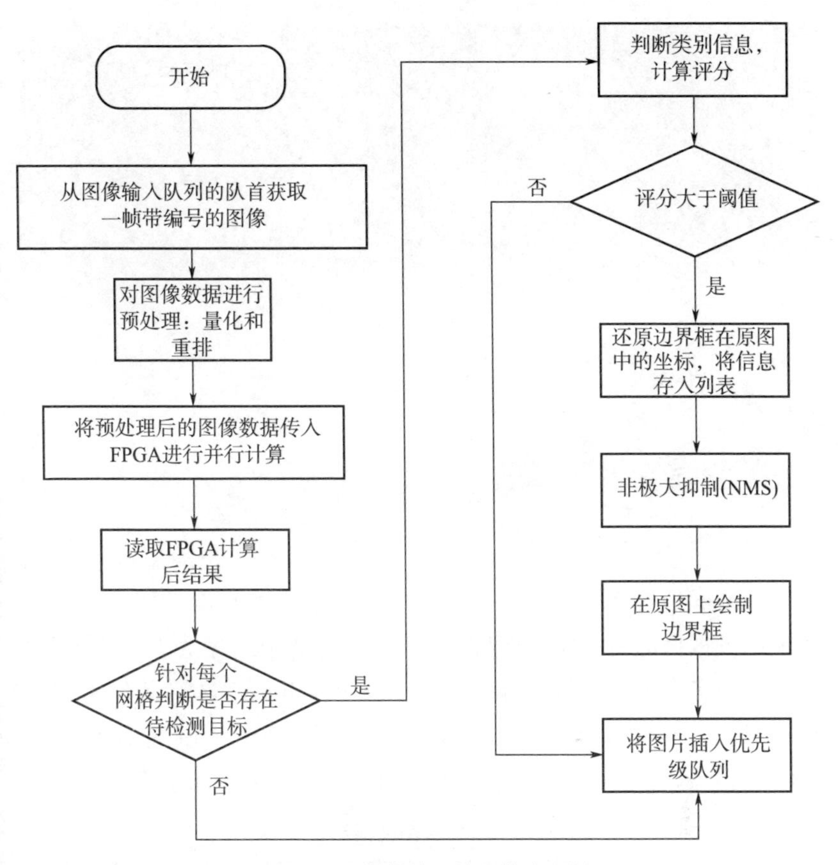

图 5-46　数据处理线程的流程图

口发给目标检测评估终端进行显示和性能评估。设计一组试验对系统进行目标性能测试。测试以北京首都国际机场作为研究对象，使用 Google Earth Studio 模拟航拍采集 1 000 帧连续图像制作视频源，视频中包含平移、旋转、高度变换等操作。

图中相机拍摄左侧屏幕中的视频，传到 MPSoC 硬件电路处理后，将检测结果显示在右侧的屏幕上。可以看到本系统对于视频中的飞机目标有很好的检出效果。经过测试，对于 1 000 帧视频中的飞机目标检出率为 92%，虚警率为 7%，可以满足实际需求。

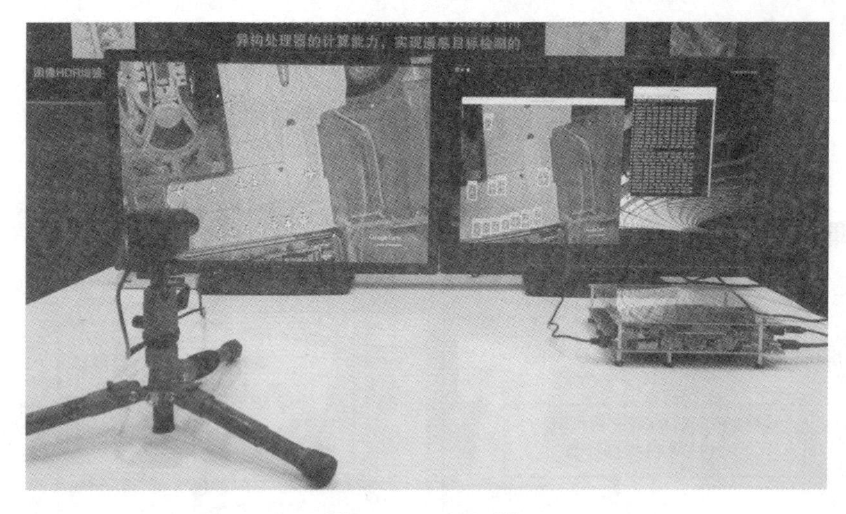

图 5-47　验证系统

为测试异构计算系统与其他系统在目标检测性能上的差异，使用带有飞机目标的图片进行测试，测试图像是分辨率为 984×767 的 RGB 三通道图像，分别在单核 CPU ARM Cortex-A53、六核 CPU Xeon E5-2643 v4、GPU NVIDIA Quadro K620 和本书采用的 MPSoC 上运行 YOLOv3-Tiny 检测算法，检测耗时如表 5-3 所示。

表 5-3　目标检测性能测试结果

平台	嵌入式 CPU	CPU	GPU	MPSoC
测试设备型号	ARM Cortex-A53	Xeon E5-2643 v4	NVIDIA Quadro K620	XCZU9EG (ZCU102)
检测耗时/s	135.3	1.41	0.099	0.007
帧率(FPS)/s^{-1}	0.007	0.709	10.1	142.85

由上表可见，基于异构计算系统的检测速度遥遥领先于 CPU，与擅长并行计算的 GPU 相比也具有一定优势，且在功耗方面具有一定的优势，更加适于星上边缘计算等应用场景。

参考文献

[1] 刘韬．国外对地观测卫星智能化技术发展研究［R］．北京：中国空间技术研究院，2018：4－31．

[2] 杨芳，刘思远，赵健，等．新型智能遥感卫星技术展望［J］．航天器工程，2017，26（5）：74－81．

[3] 张斐然，董方，刘冰洁，等．“高分七号”卫星双线阵相机暗电流特性分析及校正［J］．航天返回与遥感，2020，41（2）：96－107．

[4] 曹伟，董书莉，李春梅．一种改进的多点融合非均匀校正技术［J］．中国空间科学技术，2014，34（3）：61－66．

[5] 李春梅，郭元荣，董书莉，等．基于直方图分布的航天相机动态范围调整方法［J］．航天返回与遥感，2017，38（5）：36－42．

[6] 李正强，陈兴峰，马奕，等．光学遥感卫星大气校正研究综述［J］．南京信息工程大学学报，2018，10（1）：6－15．

[7] 侯舒维，孙文方，郑小松．遥感图像云检测方法综述［J］．空间电子技术，2014（3）：2－5．

[8] 于志成．静止轨道大面阵 CMOS 相机图像的在轨云判技术研究［D］．北京：中国空间技术研究院，2019．

[9] 王得成，陈向宁，李志亮，等．面向星上的云层探测与规避算法［J］．系统工程与电子技术，2019（24）：8－10．

[10] 赵晓利．气象卫星云图云检测及分类的研究［D］．广州：华南理工大学，2014．

[11] 陈圣波，杨莹，崔腾飞．静止卫星闪电探测中云影响研究［J］．地球物理学报，2012，55（3）：797－803．

[12] 陈夺．闪电信号模拟及闪电仪数据处理方法研究［D］．长春：吉林大学，2011．

[13] 陈伟，鲍书龙．FY－4 闪电成像仪实时事件处理器（RTEP）的 FPGA 设计研究［J］．航天返回与遥感，2005，26（3）：31－37．

[14] 林煜东. 复杂背景下的光学遥感图像目标检测算法研究 [D]. 成都：西南交通大学，2016.

[15] 张润鑫，武文波，陈瑞明. 基于组合特征的航母目标识别方法 [J]. 航天返回与遥感，2018，39 (2)：126 - 132.

[16] 周俊宇，赵艳明. 卷积神经网络在图像分类和目标检测应用综述 [J]. 计算机工程与应用，2017，53 (13)：34 - 41.

[17] 王金传，谭喜成，王召海，等. 基于 Faster R - CNN 深度网络的遥感影像目标识别方法研究 [J]. 地球信息科学学报，2018，20 (10)：1500 - 1508.

[18] 史文旭，谭代伦，鲍胜利. 特征增强 SSD 算法及其在遥感目标检测中的应用 [J]. 光子学报，2020，49 (1)：0128002.

[19] 王俊强，李建胜，周学文，等. 改进 SSD 算法及其在遥感影像小目标检测性能分析 [J]. 光学学报，2019，39 (6)：0628005.

[20] HE K，ZHANG X，Ren S，et al. Deep residual learning for image recognition [C] //The IEEE Conference on Computer Vision and Pattern Recognition，2016：770 - 778.

[21] HE K，GKIOXARI G，DOLLAR P，et al. Mask R - cnn [C]. The IEEE Conference on Computer Vision，2017：2980 - 2988.

[22] FARHADI J，DIVVALA S，GIRSHICK R，et al. You only look once：united，real - time object detection [C]. The IEEE Conference on Computer Vision and Pattern Recognition，2016：779 - 788.

[23] REDMON J，FARHADI A. YOLO9000：better，faster，stronger [C]. The IEEE Conference on Computer Vision and Pattern Recognition，2017：7263 - 7271.

[24] REDMON J，FARHADI A. YOLOv3：An Incremental Improvement. arXiv，2018. https：// pjreddie. com/ yolo/.

[25] WANG H，ZENG M. Finding Main Causes of Elevator Accidents via Multi - Dimensional Association Rule in Edge Computing Environment [J]. China Communications，2017，14 (11)：39 - 47.

[26] LI J，LIANG X，SHEN S，et al. Scale - aware fast r - cnn for pedestrian detection [J]. IEEE Transactions on Multimedia，2018，20 (4)：985 - 996.

[27] ISO/IEC 15444 - 1，JPEG2000 Image Coding System [EB/OL]. 2000，

http：//www. jpeg. org.

[28] 李飞鹏．卫星遥感影像压缩 [D]. 武汉：武汉大学，2003.

[29] 马国锐，武文波，秦前清．遥感图像压缩质量评价方法 [J]. 遥感信息，2004 (3)：48-52.

[30] Analog Devices，ADV212 JPEG2000 Video Processor User's Guide [EB/OL]. 2006，http：//www. analog. com.

[31] Analog Devices，ADV212 JPEG2000 Programming Guide [EB/OL]. 2007，http：//www. analog. com .

[32] 武文波，赵海涛，雷宁，等．CCD遥感图像的实时压缩系统设计与实现 [J]. 航天返回与遥感，2012，33 (5)：55-61.

第6章　光电探测系统测试与评价

遥感相机光电探测系统的测试主要分为单板测试和系统测试两个阶段，单板测试阶段主要测试单板电压、电流、阻抗等电参数是否符合设计预期，检测各电信号的相位关系是否满足设计要求以及单板功能是否正常等。系统测试阶段通过分析成像数据的方式，对光电探测系统的功能和性能进行进一步测试验证。

光电探测系统的系统测试是通过采集探测系统最终输出的成像数据，利用数据分析工具，对数据进行信噪比、稳定性、非线性度等指标的计算，来检测光电探测系统的功能和性能。由于是基于成像数据进行分析，系统测试对光电探测系统的评判更加直观也更具灵活性。光电探测系统的测试主要包括光电响应非线性度测试、满阱测试、增益线性度测试、噪声测试、信噪比测试、暗信号测试、稳定度测试、像元非均匀性测试、动态范围测试、缺陷像元测试、红外探测器 NETD 测试等。

光电探测系统测试环境如图 6-1 所示。

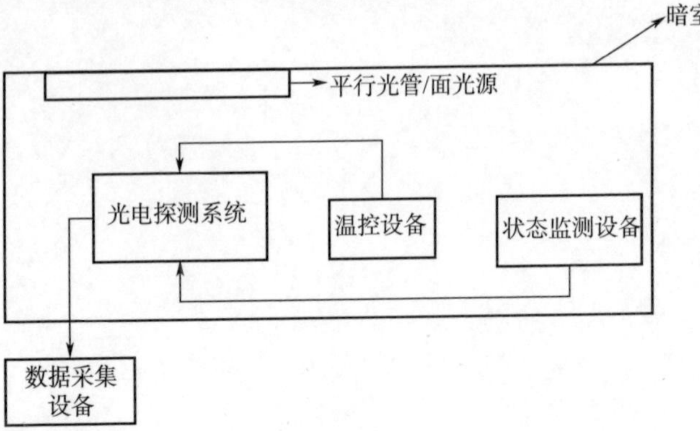

图 6-1　光电探测系统测试平台

图中平行光管/面光源用以提供稳定的光输入，暗室用以减小外界环境光照对测试数据的干扰；数据采集设备具备与待测系统通信、数据采集与数据存储功能，用以遥测相机状态、采集和存储系统输出成像数据；温控装置用以对光电成像系统各部分进行温度控制，防止因为温度变化引起系统性能下降甚至对电子学器件造成损伤。另外，测试环境应当满足相关技术文件要求。

6.1　光电响应非线性度和满阱

6.1.1　定义及物理意义

光电响应非线性度定义为光电探测系统在整个工作范围内实际输出和理想输出曲线的偏离程度[1]，一般用百分比表示。满阱是指探测器的单个像元能够容纳的最大信号电荷量。

光电探测系统的输出随探测器表面辐照度或积分时间的增加而增加。在系统线性区内，二者呈线性关系[2]，即随着光强的增加或者积分时间的增加，输出也会线性增加；当探测器累积电荷接近满阱容量时，输出将不再随着光强或者积分时间明显增加。探测器从线性到非线性的转折点，就是探测器的满阱。一般探测器在设计时都会使其工作在线性区，系统的光电响应线性的程度由光电响应非线性度这一指标来衡量。

6.1.2　测试方法

1）室温下，将线（面）光源架在光电探测系统上方，光源和焦面垂直距离 20 cm 左右，在开始测试半小时前，将线（面）光源打开，提前让光源工作在稳定状态。

2）开启暗室温控装置，防止测试过程中温度过高，器件暗电流偏大。

3）系统供电，调节光源，使探测器在测量的积分时间范围内接近饱和；同时保证电路的满阱输出在 AD 量程范围之内，否则满阱状态无法测量。

4）采集不同积分时间下探测器的输出图像，每个积分时间下采集 N 帧。积分时间由小到大逐步递增，直到图像 DN 值随着积分时间递增不再有显著变化为止。

6.1.3 数据处理

以曝光时间（或入射光强度）为横坐标，输出信号为纵坐标，其中输出信号取 N 帧的统计平均值，绘制散点图。在线性区及饱和区根据最小二乘法原则，分别拟合出一条直线，两条直线交点的纵坐标即为器件的饱和输出信号（即满阱）。在线性统计范围内的测试点中，找到实际输出值与拟合直线上对应信号值偏差的最大点，该最大差值比上满量程输出信号，所得的百分比就是光电响应非线性度。计算公式如下

$$\text{非线性度} = \frac{\Delta Y_{\max}}{Y_{\text{Full}}} \times 100\% \tag{6-1}$$

式中 $\Delta Y_{\max}$ ——实际输出与拟合 DN 值最大偏差；

Y_{Full} ——饱和输出 DN 值。

根据公式计算满阱电压值

$$V_{\text{Full}} = \frac{Y_{\text{Full}}}{\mu} \tag{6-2}$$

式中 V_{full} ——饱和输出电压值；

μ ——灰度和电压转换因子。

光电响应的非线性度目前一般要求达到 3%以内，满阱点的测试结果要符合整个系统的电路设计，保证系统工作在线性响应区间。

图 6－2 为某试验系统光电响应非线性度和满阱测试的结果，横坐标为积分时间，纵坐标为输出图像的平均灰度值。可以看出，在曲线的左半段光电系统的响应与积分时间呈现良好的线性特性，在进入满阱状态后，图像不再随积分时间显著变化。在实际测试中，出现非线性度过大的原因主要为电路工作点设置不合理、探测器性能缺陷等。

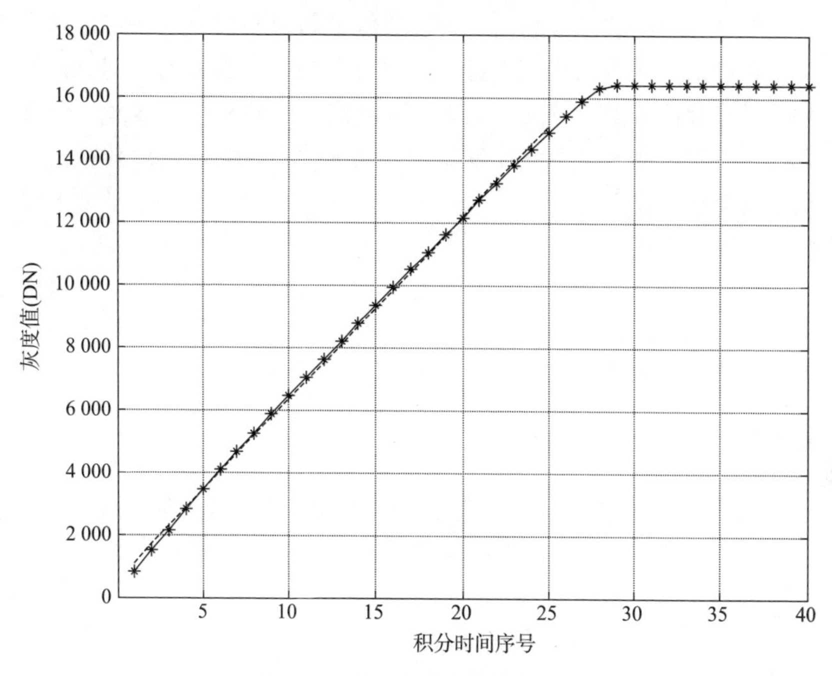

图 6-2　非线性度和满阱测试图

6.2　增益线性度

6.2.1　定义及物理意义

增益定义为放大器输出与输入的比值。在采样点设置合理的情况下，系统的响应与系统放大倍数之间呈线性关系，增益线性度是系统的实际放大倍数与理想放大倍数之间的符合程度。

在光电探测系统中，探测器采集的信号一般要经过放大，并经过 ADC 量化器件，将模拟信号转为数字信号。增益是指在相关双采样后，ADC 量化器件将模拟信号转为数字信号时的模拟增益。所谓相关双采样（Correlated Double Sample，CDS)，是根据探测器输出信号和噪声信号的特点而设计，它能消除复位噪声的干扰。理论上，探测器输出信号的每个像素周期可简单分为 3 个部分：复位电平、参考电平和视频信号电平。由于参考电平和视频信号电平都包含了复位噪声，因此可以用两个分时采样保持脉冲（预采样脉冲 SHP、数据采样脉冲 SHD）分别对 CCD 输出信号中的每个像素进行两次采样，由于两次采样中的复位噪声是相关的，因此将两次采样结果经过一个差动放大器，对两次的结果进行相减即可消除信号电平中的复位噪声[3]。

增益线性度是鉴定放大器精度的重要质量指标之一[4]。当相关双采样的采样点设置不合理，或者器件性能受损时，直接导致其输出响应线性度下降，从而影响光电探测系统的正常工作。

6.2.2 测试方法

1）室温下，将线（面）光源架在光电探测系统上方，光源和焦面垂直距离 20 cm 左右，在开始测试半小时前，将线（面）光源打开，提前让光源进行稳定。

2）开启暗室温控装置，防止测试过程中温度过高，器件暗电流涨势过快。

3）系统供电，调节光源，使探测器在测量的增益范围内不饱和，然后固定光源亮度不变。同时保证电路输出状态在探测器的线性工作区。

4）采集不同增益下探测器的输出图像，每个增益下采集 N 帧，保证遍历的增益能覆盖在轨使用增益范围。

6.2.3 数据处理

1）增益线性度的测试方法一般是先测量 ADC 不同增益下的输出信号，然后以增益为自变量，由测试数据绘制输出信号随增益变化的散点图，并按最小二乘法数据进行拟合。

2）找出输出信号值与拟合直线上对应信号值差值的最大值 $\Delta Y_{\max}$，该最大值与饱和信号 Y_{Full} 的百分比，即为增益线性度

$$\text{增益线性度} = \left(1 - \frac{\Delta Y_{\max}}{Y_{\mathrm{Full}}}\right) \times 100\% \tag{6-3}$$

光电响应的线性度目前一般要求达到 97%以内，该指标由相对辐射定标精度决定。

图 6－3 是理想情况下光电探测系统的增益线性度曲线，该曲线反映了输出图像平均灰度值与系统增益放大倍数的关系。在实际测试中，出现增益线性度异常的原因主要是电路工作点设置不合理及模数转换部分电路功能异常。

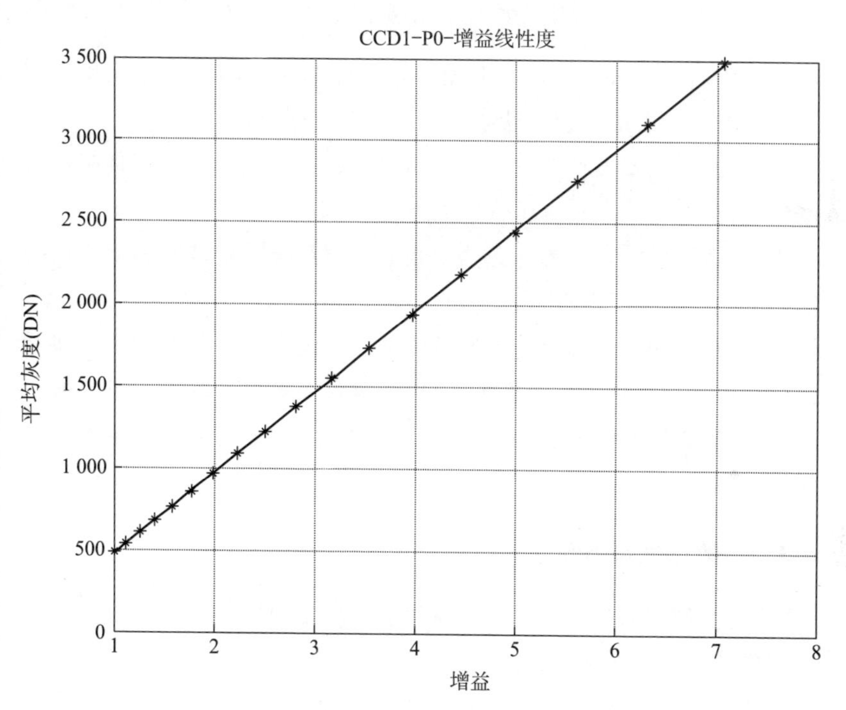

图 6－3　视频电路输出响应与增益的线性关系

6.3　稳定性

6.3.1　定义及物理意义

稳定度指系统在输入不变的条件下输出保持稳定的能力，即通过重复测量同一个被测量，检验光电探测系统输出随时间变化保持恒定的能力。

理论上，在光照不变的条件下，光电探测系统的输出是相对稳定的，每个像元的输出信号稳定，噪声分布也稳定。此测试不仅能反映光电探测器的输出稳定性，也能反映成像电路的输出稳定性。

6.3.2 测试方法

1）室温下，将线（面）光源架在光电探测系统上方，光源和焦面垂直距离 20 cm 左右，在开始测试半小时前，将线（面）光源打开，提前让光源进入稳定状态。

2）开启暗室温控装置，防止测试过程中温度过高，器件暗电流涨势过快。

3）系统供电，调节光源，使光电探测系统在默认状态下输出的 DN 值在 50%亮度左右。

4）在探测器加温控措施的条件下或系统工作一段时间达到热平衡后（保证探测器工作温度不变），持续跟踪采集系统的输出一段时间，间隔固定时间采集 1 组图像，采集多组；测试时长覆盖到在轨开机时间的两倍以上。

6.3.3 数据处理方法

1）图像列向均值曲线。列向均值主要反映同一时刻采集的图像不同像元间的分布情况。

按照式（6－4）计算每幅图像的列均值。以像元号为横坐标、灰度均值为纵坐标，绘制散点图，将不同时间图像的列均值曲线用不同颜色区分，并绘制在同一坐标系上。

$$\overline{P}_y(y)=\frac{1}{M}\sum_{x=1}^{M}P(x,y) \tag{6-4}$$

式中 M ——探测器每个像元在时间方向的采样点数。

图 6－4 即反映了图像列向均值随时间变化的情况，由于探测器光电响应不一致性噪声属于固定图形噪声，因此，不同时刻图像的

列向均值曲线的不一致性应相同。

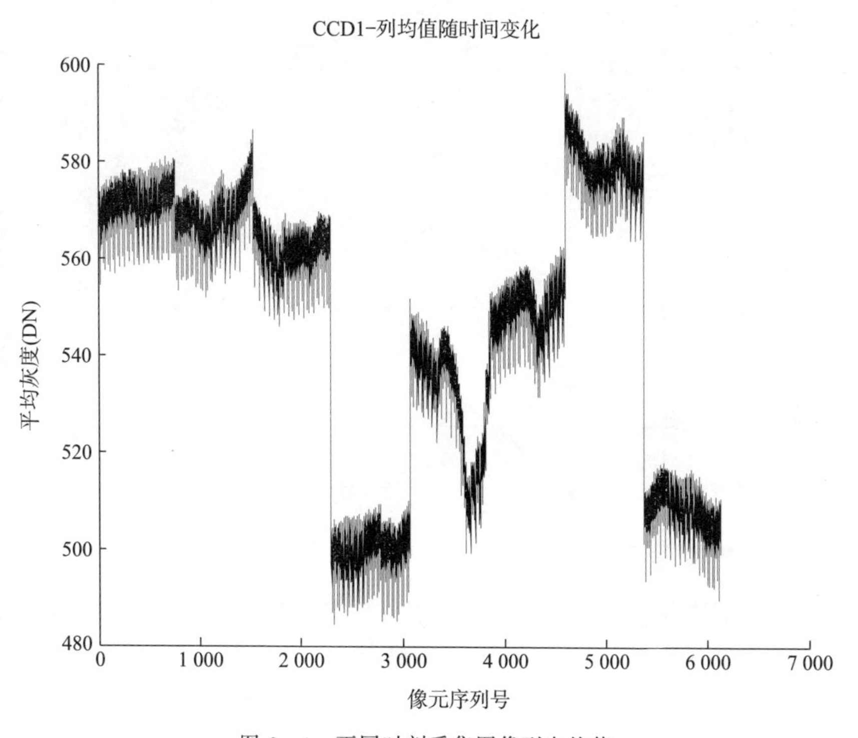

图 6-4　不同时刻采集图像列向均值

2）计算图像灰度变化。反映一段时间内相机输出图像平均灰度的变化趋势。

将像元 (x, y) 的平均灰度记作 $\overline{P}(x, y)$，按照式（6-5），计算每个像元的平均灰度，得到均值图像

$$\overline{P}_k = \frac{1}{M \times N} \sum_{x=1}^{M} \sum_{y=1}^{N} P_k(x, y) \tag{6-5}$$

式中　$P_k(x, y)$ ——第 k 幅图像中像元 (x, y) 的灰度值；

M ——时间方向的采样点数；

N ——像元数。

图 6-5 反映了图像整体均值随时间变化的情况，图像灰度发生

变化由两个因素引起：一是随着时间的推移，温度的上升，探测器暗电流上涨；二是光源不稳定。

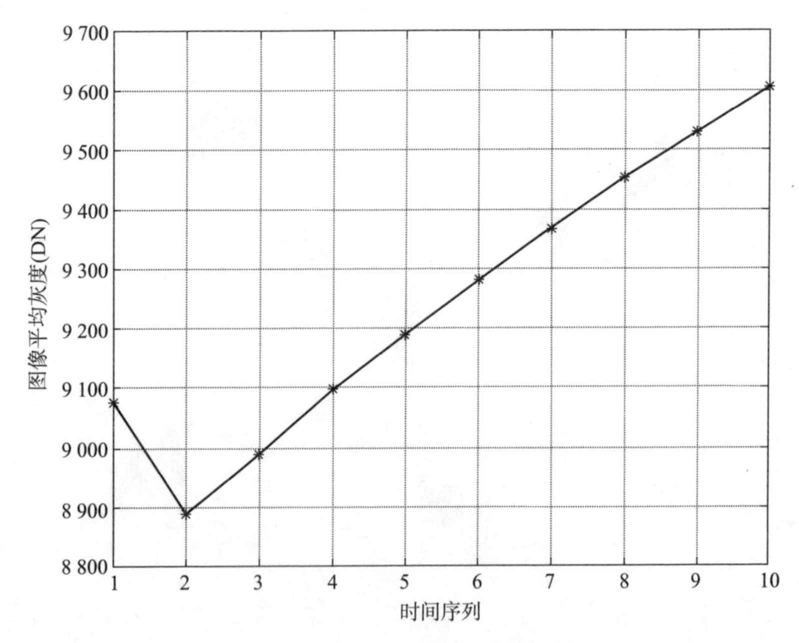

图 6-5　30 分钟内图像均值输出变化

3）时间方向频谱分析。对采集的数据进行时间方向的频谱分析，检查有无干扰。频谱分析采用傅里叶变换。离散傅里叶变换标识为式（6-6）和式（6-7），利用傅里叶快速算法（FFT）计算其频谱分布。

$$X(k)=\sum_{n=1}^{N-1}x(n)\,W_N^{kn},(k=0,1,\cdots,N-1) \tag{6-6}$$

其中

$$W_N^{kn}=\mathrm{e}^{-\mathrm{j}\frac{2\Pi}{N}kn} \tag{6-7}$$

式中　$x(n)$——长度为 N 的数据序列；

$X(k)$——离散傅里叶变换结果。

图 6-6 是图像在时间方向上的频谱。在频域里通过观察低频区

域能量大小和高频区域的能量大小，可以判断探测器在时间域的稳定度[5-6]。正常情况下，低频区域（横坐标中间区域）频率能量高，高频区域（横坐标两边区域）频率能量低。

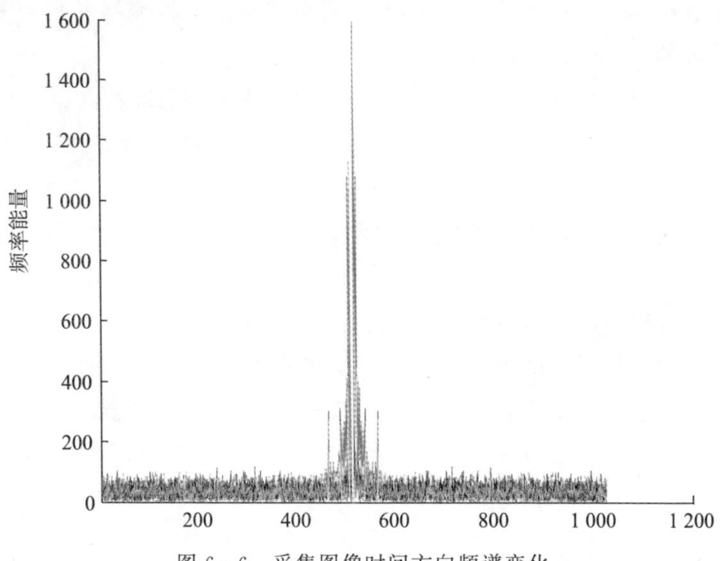

图 6－6　采集图像时间方向频谱变化

6.4　信噪比

6.4.1　定义及物理意义

信噪比是评价光电探测系统的一项重要指标，反映了包括探测器和成像电路在内的光电探测系统的光电探测能力。在不同领域的工程实践中，信噪比具有不同的含义[7]。本节所采用的信噪比定义是：在规定的光照条件下，光电探测系统输出信号与噪声之比[8]。在光电探测器的系统测试中，计算探测器单个像元输出信号的均方根值作为该像元噪声，从而计算出各像元的信噪比，信噪比通常以分贝（dB）的方式来表示。

6.4.2 测试方法

1）室温下，将线（面）光源架在光电探测系统上方，光源和焦面垂直距离 20 cm 左右，在开始测试半小时前，将线（面）光源打开，提前让光源进入稳定状态；

2）开启暗室温控装置，防止测试过程中器件温度过高；

3）系统供电，调节探测器的曝光量，从 10％系统满量程到 100％满量程，（根据信噪比曲线细分要求）细分 N（$N>10$）段，分别采集各曝光量下的系统输出数据。改变入射光强度和调节曝光时间都可以改变探测器的曝光量。但改变入射光强度的方式无法实现光源辐射量的精细控制。理论上讲，调节曝光时间的方式与控制光源的方式相比，能够获得更多的细节信息。因此，实验室操作通常用调节曝光时间来控制曝光量，实现曝光量精细控制，获得具有更多细节信息的信噪比曲线，通常曝光时间的细分精度可以达到 1 μs。

6.4.3 数据处理

信噪比的计算如下

$$\frac{S}{N}=20\log_{10}\left(\frac{\overline{S}}{\overline{N}}\right) \tag{6-8}$$

式中 $\overline{S}$ ——输出信号平均灰度；

$\overline{N}$ ——均方根噪声平均值。

图 6－7（a）中显示了不同曝光量条件下，探测器内每一个像元的信噪比曲线，可以看出是否有个别像元噪声异常。图 6－7（b）显示了光电探测系统的信噪比与图像平均灰度的关系。通常，信噪比曲线的拐点也对应着光电探测器的满阱。根据该曲线可以判断所测光电探测系统是否满足信噪比指标要求。

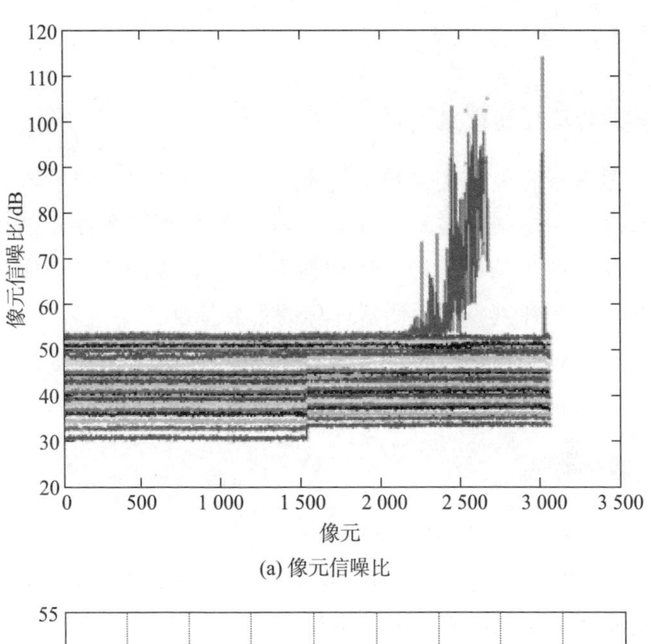

(a) 像元信噪比

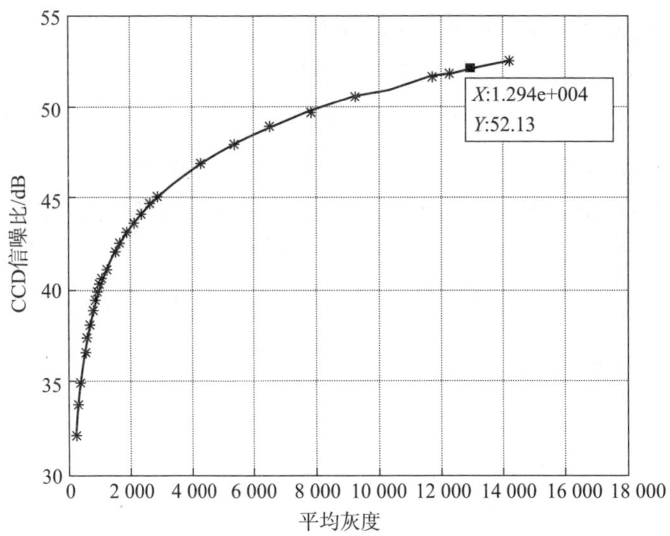

(b) CCD信噪比与平均灰度变化关系

图 6－7　信噪比曲线

6.5 暗信号

6.5.1 定义及物理意义

暗信号是指光电探测系统在密光条件下的输出，暗电流是其主要组成部分。暗电流（也称为暗电流噪声）是指探测器内部少数载流子受热激发产生的噪声[9]，探测器在无光照的条件下也能产生该噪声。暗电流是评判一个探测器好坏的重要标准。

暗信号测试不仅可以检测光电探测系统在密光条件下的输出特性，还可以分析光电探测系统的工作点设置的状态。

6.5.2 测试方法

1）室温下，密光环境，系统供电。

2）对光电探测系统的探测器实施控温，设置采样温度点，采集每个温度点下光电探测系统的输出信号。

3）固定温度点（选取接近在轨温度状态的温度点），采集不同积分时间下的光电探测系统的输出信号。一般选取 10 个以上的积分时间采样点，积分时间覆盖到光电探测系统的最小和最大积分时间，积分时间测试循环 N 遍，循环时间覆盖在轨开机时长的两倍以上。

4）通过数据分析暗信号与温度的变化关系、暗信号与积分时间的线性度、暗信号的噪声测试，以及暗信号空间分布的非均匀性。

6.5.3 数据处理

（1）暗信号与温度的变化关系

每个像元的暗信号计算公式如下[10]

$$D_R = 2.5 \times 10^5 P_S D_{FM} T^{1.5} \mathrm{e}^{-E_g/2kT} \cdot I_T \cdot G \tag{6-9}$$

式中 D_R ——平均暗电流；

P_S ——像元面积；

D_{FM} ——暗电流品质因数；

T ——探测器的器件温度；

E_g ——硅元素带隙能量；

k ——玻耳兹曼常数；

I_T ——积分时间；

G ——成像电路等效增益。

对于固定的探测器，暗电流与温度成指数关系。

图 6-8 展示了暗信号输出与温度的关系曲线。横坐标为温度，纵坐标为光电探测系统在密光条件下的输出。从图 6-8 中可以清晰地观察到暗信号与温度呈指数关系。

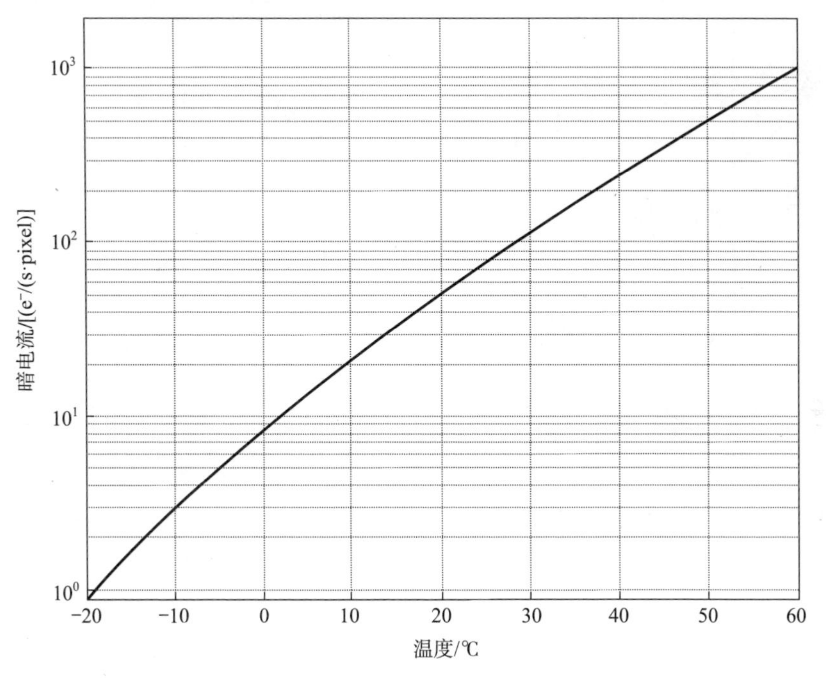

图 6-8　暗信号与温度的变化关系

（2）暗信号与积分时间的线性关系

以曝光时间为横坐标，输出信号为纵坐标，其中输出信号取 N 帧的统计平均值，绘制散点图。根据最小二乘法原则，拟合出一条直线。为了消除温度变化对暗信号测试的影响，进行该项测试时，探测器需要实施温控。在有温控的条件下，暗信号和积分时间呈良好的线性关系，且曲线的截距为正数。若截距为负，则系统的工作点设置异常，更改设置后应重新进行测试。

图 6-9 展示了在实施温控的条件下，暗信号与积分时间呈线性关系，其中，横坐标为积分时间，纵坐标为密光条件下系统的输出。

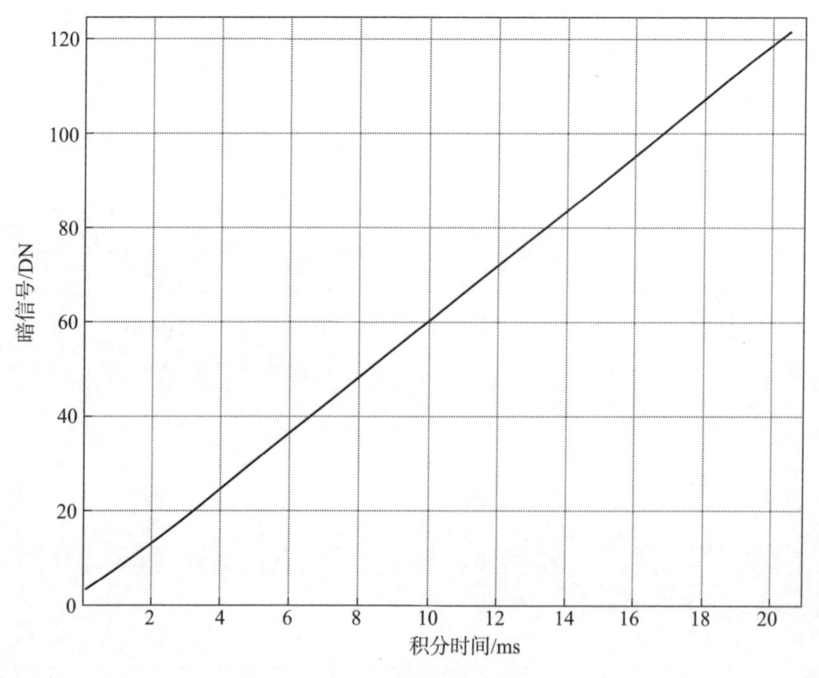

图 6-9　暗信号与积分时间的关系

(3) 暗信号空间分布非均匀性及校正

该测试项主要用于分析探测器暗信号分布情况以及探测器暗信号能否通过校正得以去除。

从式（6-9）可得出，对于既定的探测器，像元尺寸 P_S 与暗电流品质因数 D_{FM} 差异引起暗信号空间分布非均匀性，且不同像元之间的暗信号互为线性关系。利用像元间线性关系原理，同时考虑电

路的噪声，暗信号校正模型采用如下模型

$$I_n(\mathrm{DN}) = S_n - a_n \cdot D_R - b_n \tag{6-10}$$

式中　I_n ——暗电流校正后图像数据；

S_n ——原始图像数据；

a_n ——第 n 个像元的信号不一致性系数；

D_R ——平均暗信号；

b_n ——暗信号测试引入的电路噪声。

a_n 和 b_n 利用最小二乘冗余拟合的方式获得最优的计算结果，通过如下定标试验获得的几组数据，生成如下的一组矩阵

$$D_{11}, D_{12}, \cdots, D_{1n} \quad —— \quad D_1$$

$$D_{21}, D_{22}, \cdots, D_{2n} \quad —— \quad D_2$$

$$\cdots$$

$$D_{m1}, D_{m2}, \cdots, D_{mn} \quad —— \quad D_m$$

对每个像元构造如下的方程组

$$a_n \times D_{mn} + b_n = D_m \tag{6-11}$$

式中，n 为像元号，m 为时间方向的采样次数。图 6-10（a）描绘了一段时间内相机暗信号的分布情况，不同的曲线代表不同时刻采集的暗信号。随着时间的推移，循环次数的增加，电路温度上升，暗电流逐步增大，且正常情况下，不同时刻采集的图像暗电流像元不一致性分布应一致。

图 6-10（b）为利用式（6-10）进行暗电流校正后的结果。理想情况下，暗电流校正后数据输出应为“0”。在实际应用时，往往理想输出并不能设置为“0”，而应该是一个正的直流量，具体值与光电探测系统的噪声相关，且各个像元 DN 值大小基本一致。若校正后的结果分布不均匀，则需要考虑电路噪声是否异常或温控装置是否工作正常，且是否能保证器件各个像元位置温度基本一致。

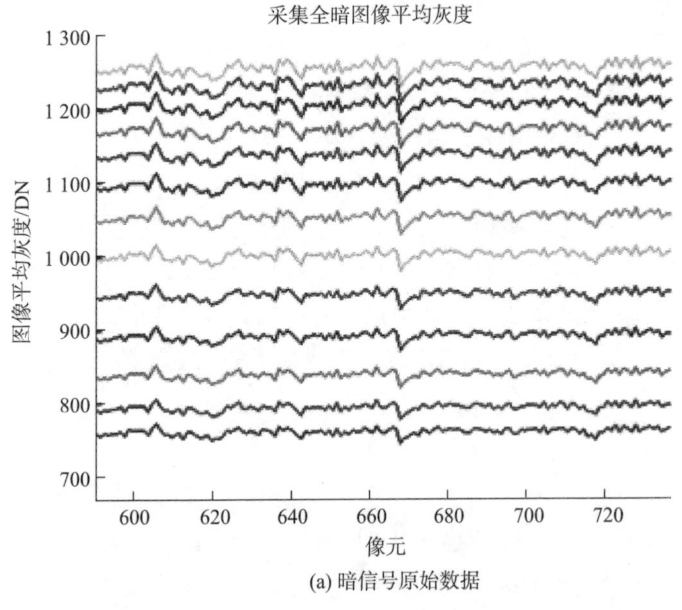

(a) 暗信号原始数据

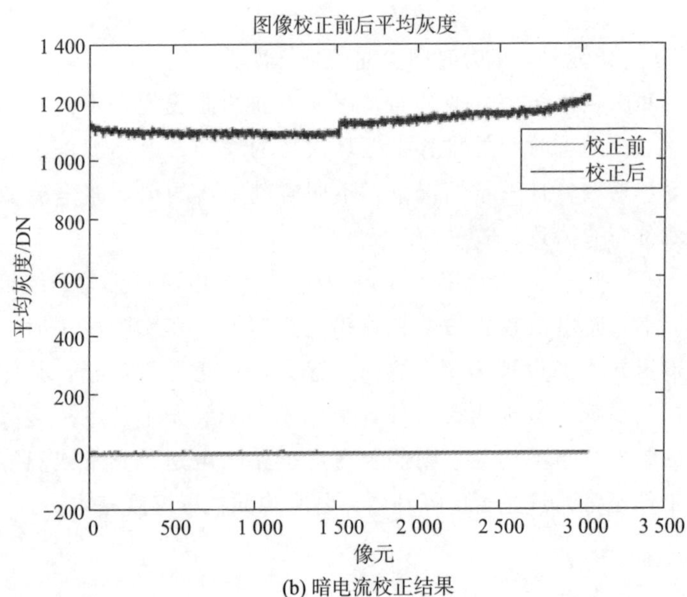

(b) 暗电流校正结果

图 6－10　暗信号校正前后对比

6.6　像元非均匀性

6.6.1　定义及物理意义

像元非均匀性（PRNU）是指由于探测器沟道掺杂浓度不均匀、表面态密度分布不均匀以及感光单元有效面积之间存在差异，从而导致在相同光照度下，各个像元的光电响应输出呈现不一致的特性。在实际应用中，光电探测系统的像元非均匀性不仅包括像元本身制造工艺带来的不一致，还包含了模拟电荷不同通道输出、转换这些因素引起的像元响应非均匀性[11]。PRNU是衡量光电探测系统性能的一个重要指标。

6.6.2　测试方法

1）室温下，将线（面）光源架在光电探测系统上方，光源和焦面垂直距离20 cm左右，在开始测试半小时前，将线（面）光源打开，提前让光源进入稳定状态。

2）开启暗室温控装置，防止测试过程中器件温度过高。

3）系统供电，调节探测器输入光源的光强度，亮度范围从满量程的10%到满量程90%，间隔10%量程，每个亮度范围下采集N帧图像。

4）计算不同光照度下的像元不一致性。

6.6.3　数据处理

PRNU可由标准均方根偏差和峰峰值偏差两种计算方法描述[12]。在应用中，常采用标准均方根偏差法。标准均方根偏差法采用有效像元输出信号的均方根偏差与有效像元输出信号的平均值的比值表示

$$U_{\mathrm{PRN}}=\frac{\sigma_P}{P}\times 100\% \tag{6-12}$$

其中，σ_P 表示所选像元区域的均方差，即

$$\sigma_P = \sqrt{\frac{\sum_{i=1}^{N}(P_i - \overline{P})^2}{N}} \tag{6-13}$$

式中 N ——所选区域内像元的总数；

P_i ——像元 i 的灰度值；

$\overline{P}$ ——所选像元区域的平均灰度。

$\overline{P}$ 由下式计算

$$\overline{P} = \frac{\sum_{i=1}^{N} P_i}{N} \tag{6-14}$$

U_{PRN} 值越小，则说明该探测器的像元的均匀性越好，成像效果越好。

一般情况下，利用光电探测系统在 50%饱和曝光量下所拍摄的图像数据表征系统的 PRNU。

6.7 动态范围

6.7.1 定义及物理意义

光电探测系统的动态范围是指系统的饱和输出与系统的噪声之比，常用分贝表示。动态范围反映了光电探测系统的辐射探测能力，是光电探测系统的一项重要指标。

6.7.2 测试方法

1）室温下，将线（面）光源架在光电探测系统上方，光源和焦面垂直距离 20 cm 左右，在开始测试半小时前，将线（面）光源打开，提前让光源进入稳定状态。

2）开启暗室温控装置，防止测试过程中器件温度过高。

3）要求探测器的满阱约等于 ADC 器件的满量程，同时调节光

源，使光电探测系统输出达到最大，记录系统满量程值。

4）关闭光源，系统其余状态保持不变，采集该全暗状态下输出图像 N 帧；

5）根据式（6-15）计算动态范围。

6.7.3　数据处理

动态范围计算公式如下

$$DR = 20 * \lg (S_{\text{Full}} / n_{\text{dark}}) \tag{6-15}$$

式中　S_{Full}——系统满量程值；

n_{dark}——全暗情况下系统的噪声。

对于一个光电探测系统，当探测器输出放大电路的增益设计偏低，导致探测器输出已到满阱而 ADC 器件的输出尚未到达满量程，此时光电探测系统的临界饱和态受限于探测器的满阱；而输出放大电路的增益设计偏大，导致 ADC 器件输出满量程对应的探测器输出并未到达满阱，此时光电探测系统的临界饱和态就受限于 ADC 器件的满量程。通常，为了充分利用探测器的动态范围，光电探测系统的设计要求探测器的满阱略大于或等于 ADC 器件的满量程。该状态下，可使系统的动态范围最优。

6.8　异常像元

6.8.1　定义及物理意义

由于制造光电探测器的半导体原材料以及工艺等不可避免地存在缺陷，导致探测器中存在的极少数像元无法正常分辨输入光信号的大小[13-14]，这类像元被称为异常像元。通常地，异常像元包括亮缺陷像元和暗缺陷像元两大类。

缺陷像元的特点是输出信号的大小同周围正常像元显著不一致，计算后可以发现缺陷像元的输出明显偏离探测器像元的平均输出。在无光照条件下，缺陷像元输出信号偏离规定范围值，为亮缺陷像元；在均匀光照条件下，当器件半饱和输出时，缺陷像元输出信号向上或者向下偏离规定范围值时，为亮缺陷像元或者暗缺陷像元。

6.8.2 测试方法

1）系统供电，开启暗室温控装置，防止测试过程中器件温度过高。

2）在无光的条件下，采集光电探测系统的输出图像，寻找图像中灰度值相对周围显著偏亮的点。若偏离程度超过探测器的规定范围，则判定找到的亮点为缺陷像元。

3）调节光源大小，在均匀光照条件下，使得探测器处于半饱和状态，采集输出图像。寻找图像中的疑似点，即灰度值同相对周边像元显著过亮的点或者凹陷点。记 S 是疑似点的灰度值，$\overline{S}$ 是输出图像的平均灰度，疑似点的偏离程度为 $|(S-\overline{S})/\overline{S}|$ 。若偏离程度向上或向下超过规定范围，则该疑似像元为亮缺陷像元或暗缺陷像元。

6.8.3 数据处理

缺陷像元的计算如下

$$(S-\overline{S})/\overline{S} > \text{Thre} \tag{6-16}$$

式中 S ——亮点的灰度值；

$\overline{S}$ ——输出图像的平均灰度；

Thre——阈值，一般选择 10%。

6.9 红外噪声等效温差

6.9.1 定义与物理意义

噪声等效温差（NETD）的定义是在视场中产生的输出信号值等于噪声均方根时的目标和背景之间温度差，也就是系统能够识别的最小信号值[15]。NETD 是红外系统灵敏度的客观评价指标。例如，某红外探测器的灵敏度为 100 mK@25 ℃，这表示被测物体表面温度为 25 ℃时，当发生 100 mK 的温度变化时，该红外探测器可以感应到。

影响 NETD 的因素有多个，根据选定的温度测试范围与物体温度，噪声读数会有所不同；同样，噪声等级也会受探测器周围温度的影响；探测器测试时的状态，例如积分时间、增益等参数，也是影响 NETD 的原因之一。因此在测试 NETD 时需要对测试条件进行约束。

6.9.2　测试方法

1）红外探测器首先要制冷到工作温度并输出稳定，开启黑体。一般地，实验室测试阶段 NETD 测试时需采用面源黑体。要求黑体有效口径能覆盖探测器口径两倍以上，并且能够均匀照射整个视场。黑体温度调节范围能够满足被测视频电路实验室成像动态范围要求。

2）设置黑体温度分别为 T 和 T_0，采集两个温度下输出图像 N 帧。中长波探测器常用的 T 和 T_0 分别为 308 K 和 293 K；短波红外焦平面器件测试的黑体温度 T_0、T 采用规定温度，T_0 通过 $T-\Delta T$ 确定，ΔT 一般为 10 K、15 K、20 K、30 K。

6.9.3　数据处理

像元噪声等效温差公式如下

$$\mathrm{NETD}(i,j)=\frac{T-T_0}{[V_S(i,j)/V_N(i,j)]} \tag{6-17}$$

式中　V_S ——测得的像元响应电压；

V_N ——测得的像元噪声电压。

进一步，可以得出平均噪声等效温差

$$\mathrm{NETD}=\frac{1}{M*N-(d+h)}\sum_{i=1}^{M}\sum_{j=1}^{N}\mathrm{NETD}(i,j) \tag{6-18}$$

其中，M，N 为图像尺寸。值得注意的是，上述公式中引入了两个变量：死像元数量 d 和过热像元数量 h。死像元是焦平面阵列中响应率过低的像元；过热像元则为像元电压大于平均噪声电压 10 倍的像元，也就是缺陷像元。

参 考 文 献

[1] 夏威．红外焦平面探测器线性度测试分析 [J]. 红外与激光工程，2007 (6).

[2] GJB 7951.

[3] 樊裕乐．面阵 CCD 图像处理系统中 50MSPS 低功耗流水线 ADC 设计 [D]. 上海：上海大学，2009.

[4] 吴晓刚．直流放大器增益非线性度跟踪鉴定方法 [J]. 金陵科技学院学报（社会科学版），2000，015 (1)：13 - 15.

[5] 张铮，倪红霞，苑春苗，等．精通 Matlab 数字图像处理与识别 [M]. 北京：人民邮电出版社，2013.

[6] 冈萨雷斯，等．数字图像处理（第二版）[M]. 阮秋琦，等，译．北京：电子工业出版社，2003.

[7] FIETE R D，TANTALO T. Comparison of SNR Image Quality Metrics for Remote Sensing System [J] . Opt. Eng，2001 (4)：574 - 585.

[8] Liu J G，Zhen L F，Tong Q X. Estimation of signal to noise ratio of remote sensing images [J]. Journal of Basic Science and Engineering，1999，7 (4)：360 - 365.

[9] 李云飞，司国良，郭永飞．科学级 CCD 相机的噪声分析及处理技术 [J]. 光学精密工程，2005，增刊 (13)：159 - 163.

[10] 蔡文贵．CCD 技术及应用 [M]. 北京：电子工业出版社，1992.

[11] Liu H，Li G，Zhang Y，et al. Detection and correction of response non - uniformity based on visible light area CCD [J]. Chinese Journal of Liquid and Displays，2010，25 (5)：759 - 763.

[12] Yu Y，Chang S，Wang M，er al. Fast non - uniformity correction for high dynamic infrared radio metric system [J]. Optics and Precision Engineering，2015，23 (7)：1932 - 1938.

[13] Hou Zhijin，Fu Li，Si Junji，et al. Study on Defective Pixels Contacting

in Focal Plane Array [C]. Beijing, International Symposium on Optoelectronic Technology and Application 2016 (OTA 2016) —Conf. 12 Infrared Technology and Application, 2016.

[14] 叶琼. 低照度 CMOS 图像传感器综合性能测试系统研制 [D]. 南京：南京理工大学，2016.

[15] 尹达人，许生龙. 噪声等效温差（NETD）测试方法分析 [J]. 红外技术，1996，19（4）：31-33.

[16] GB/T 17444—2013. 红外焦平面阵列参数测试方法.

第7章　空间光学遥感器控制技术

7.1　空间光学遥感器控制系统概述

空间光学遥感器控制技术是一种应用于空间环境下且具有高可靠度的、主要针对宇航机构特性与空间应用需求特点的精密控制技术。空间光学遥感器控制学是一门集空间环境学、机构学、控制、电子及工控与测试为一体的综合学科。

目前，在轨运行的光学遥感器主要采用以运动控制、伺服控制为主的各类控制器装置，机构与控制技术已成为拓展遥感器功能、提升遥感器性能的重要手段。应用各类机构及其高精度的控制功能来精确稳定地改变探测光束，精密自适应地更正光学系统面形，克服飞行载体姿态与轨道运动对成像的影响，从而实现光机扫描成像、机动目标跟踪成像、光机稳定成像、主动与自适应光学成像、超分辨率重构成像等先进功能，已逐渐成为天基预警、深空探测、环境资源监控、空间对抗等领域的重要需求，且控制精度及稳定性要求随遥感相机空间分辨率的提升而日益提高。

7.2　空间光学遥感器控制系统的分类与组成

根据光学控制系统的测量装置的不同，光学遥感器控制系统主要分为光机伺服控制系统和视觉伺服控制系统两大类，如图7-1所示。其中，光机伺服控制系统可以分为光束指向控制系统与光机扫描控制系统，光机扫描控制系统又进一步分为扫描镜控制系统和望远扫描系统；视觉伺服控制系统又分为光束跟瞄控制系统和光束质量调整控制系统，其中光束质量调整控制系统又分为光机稳定成像系统与主动/自适应成像系统。

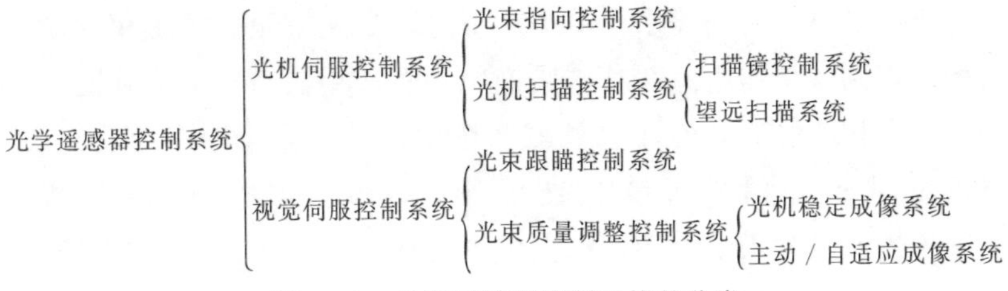

图7-1　光学遥感器控制系统的分类

光束指向控制系统一般位于整个相机光路的最前端，通过控制指向镜的摆动实现不同角度的对地观测，从而达到扩大观测视场的目的，常用于解决瞬时小视场与总体大视场间的矛盾。光机扫描控制系统是为了解决探测幅宽与分辨率水平之间的设计矛盾，在资源探测、预警等光学遥感器中常应用光机扫描方式来获取遥感信息，如美国陆地卫星系列、DSP预警捕获遥感相机等。2012年发射的某卫星中，光机扫描的瞬时动态控制精度实现了3角秒级性能水平，随着近些年进一步的研究，目前利用扫描镜装置的光机扫描系统的瞬时动态控制精度已经达到1角秒级指标，并向亚角秒级迈进。然而，随着探测视场需求的进一步拓展，扫描镜系统已难以满足需求，越来越多的先进光学遥感器应用整个光学望远系统旋转扫描，并配合反射镜随动与动量补偿装置来实现更大幅宽的探测。如美国SeaWiFs[1]为实现大视场海洋观测，驱动光学望远系统扫描以及一个半角反射镜同步扫描，实现了±58.3°的大视场高分辨率观测。MODIS[2]采用扫描成像系统实现交轨视场±55°，VIIRS可见红外成像辐射计通过旋转望远镜扫描成像方式实现星下点±56°扫描成像。欧洲POLDER偏振大气探测仪实现±43°沿轨、±51°穿轨扫描成像，扫描与随动精度均需达到对应的像元分辨率水平，而为了实现这种大惯量的高速运转机构，它们不仅成功解决了大惯量长寿命旋转机构的润滑、精确随动控制等系列问题，并在GEO-Oculus采用磁悬浮轴承来进一步提升扫描性能。因此，从轻型反射镜小角度光机扫描转向大惯量望远系统扫描，并搭配相应的精密反射镜半角随动控制系统与动量补偿系统，已经成为进一步解决幅宽与分辨率矛盾和瞬时小视场与大视场需求矛盾的主要趋势。光束跟瞄系统在对动态目标的识别、快速跟踪和精密瞄准中均有应用需求，是卫星遥感系统的一项核心技术，在军事领域和民用领域都有十分广泛的应用。自适应/主动光学控制系统通过对变形镜机构、并联调整机构自适应调整来改变光学系统面形，校正各种波前畸变，使其在有限的通光口径内逼近衍射极限，从而提升探测分辨率水平，这已经成为空间光学遥感器控制的发展趋势。在当前最先进的天基空间光学望远镜JWST系统中，已成功应用自适应/主动光学技术，通过调整变形镜并联机构来使前光学系统具有最佳的光学性能，其控制带宽虽然不高，但稳像精度为目前国际最高水平。

在工程实践中，为了实现各种复杂的控制任务，将被控对象和控制装置按照一定的方式连接起来，组成一个有机总体叫作控制系统。光学遥感器控制系统通常都是利用物体辐射或反射电磁波的特性，通过可见光、红外、紫外、激光和多光谱等遥感器，从高空远距离采集目标信息，经光学、电子学以及图像处理技术来揭示目标特征，获取有用的信息。光学遥感控制系统按照职能分类主要由光学反射镜元件、执行元件、支撑元件、测角元件、数字控制器等部分组成。

7.2.1 测量元件[3]

测量元件是将一种被测量按照某种规律转换成容易处理的另一种量的元件，一般情况下，如果这个物理量是非电量，则需要转换为电量。测角元件是指向机构中最为关键的元件，其测角精度直接决定了整个指向控制系统能达到的最高指向精度。目前光学遥感器控制常用的测量元件有光电对、霍尔传感器、电位计、旋转变压器、感应同步器、光电码盘等，其中光电对和霍尔传感器为开关传感器，电位计、旋转变压器、感应同步器、光电码盘等为运动传感器。

电位计是一种典型的接触式绝对型角传感器，由电子元件和游标组成，通过游标在元件表面滑动从而改变点位输出电压的大小，分直线型和旋转型，前者用于检测直线位置，后者用于检测角度。其结构形式如图7-2（a）所示。

光电对，分为反射式和直射式，通过集聚光线来控制光敏三极管的导通和截止，其原理都是光电的转化。这种由光电对构成的光电开关一般具有良好的回差特性，因而即使被检测物在小范围内晃动也不会影响驱动器的输出状态，从而可使其保持在稳定工作区。其结构形式如图7-2（b）、（c）所示。

霍尔传感器是根据霍尔效应制作的一种磁场感应器。霍尔电压随磁场强度的变化而变化，磁场越强，电压越高，一般通过霍尔集成电路的输出电压的变化，来表示出机构的位置。霍尔传感器属于被动型传感器，需要外加电源才能工作，一般用它来检测转速低的运动情况。其结构形式如图7-2（d）所示。由于电位计、光电对以及霍尔传感器的位置检测精度一般比较粗，在光学遥感控制系统中，目前主要用于定标控制系统中。

(a) 电位计　(b) 发光管　(c) 光敏管　(d) 霍尔传感器

图7-2　一般测量元件

旋转变压器实际上是一种特制的两相旋转电机，有定子和转子两部分，在转子和定子上各有两套在空间上完全正交的绕组。当转子旋转时，定子绕组和转子绕组间的相对位置随之变化，使输出电压与转子转角呈一定的函数关系。当励磁绕组以一定频率的交流电压励磁时，输出绕组的电压幅值与转子转角呈正弦、余弦函数关系，或保持某一比例关系，或在一定转角范围内与转角呈线性关系。在不同的自动控制系统中，旋转变压器有多种类型和用途。在伺服控制系统中，主要用作角度传感器，信号经过轴角编码变换器的处理后可以给出反映转轴绝对位置的信息。随着定子极对数的增加，旋转变压器精度也随之提高，旋转变压器具有高精度、高分辨率、高可靠性的优点。其结构形式如图 7-3 所示。

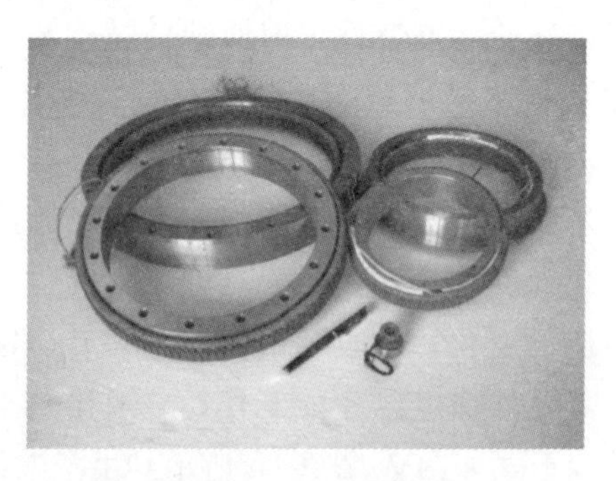

图 7-3　旋转变压器

感应同步器是高精度伺服系统中一种极为精密的位置检测与编码元件，按其结构特点可分为圆盘型和直线型两种。其中一种用来测角位移，叫圆盘式感应同步器，另一种测直线位移，称为直线式感应同步器。圆盘式感应同步器由定子和转子组成，绕组通过化学腐蚀或机械加工敷有铜箔的基体制成，其工作原理与旋转变压器类似，但是其极对数通常能达到更高水平，且随着极对数的增加，精度更高。其结构形式如图 7-4 所示。

光电编码器是一种通过光电转换将输出轴上的机械几何位移量转换成脉冲或数字量的传感器。光电编码器是目前应用最多的传感器，它由光栅盘和光电检测装置组成，如图 7-5 所示。光栅盘是在一定直径的圆板上等分地开通若干个长方形孔。由于光电码盘与电动机同轴，电动机旋转时，光栅盘与电动机同速旋转，经发光二极管等电子元件组成的检测装置检测若干输出脉冲信号，通过计算每秒光电编码器输出脉冲的个数就能反映当前电动机的转速。此外，

图 7－4　感应同步器

为判断旋转方向，码盘还可提供相位相差 90°的两路脉冲信号。根据检测原理，编码器可分为光学式、磁式、感应式和电容式；根据其刻度方法及信号输出形式，可分为增量式、绝对式以及混合式三种。扫描伺服控制中常用绝对式和增量式码盘。

图 7－5　光电编码器

目前，空间光学遥感器系统中，普遍使用的角度传感器包括光电编码器、旋转变压器和感应同步器三种类型。其中旋转变压器是一种多极电磁感应式位置检测元件，它具有耐恶劣环境、安装精度要求较低、运行速度快、抗电磁干扰能力强、成本低等特点，但其精度不够高，国内最高水平的宇航级产品的精度为±5″；感应同步器是基于电磁感应原理的高精度角位置传感器，其工作原理与旋转变压器相似，但它的极对数更多，具有全周期的误差补偿作用，所以元件具有很高的精度。由于其同时具备了旋转变压器所具有的对安装精度要求相对较低、耐振动与冲击、性能稳定等优点，适合高精度、长寿命的要求，因此美国等发达国家大量采用感应同步器作为卫星对地观测的系统中的角度传感器。光电编码器通过光电转换将输出轴上的机械几何位移量转换成脉冲或数字量的角度，它具有精度高、测量范围广、体积小、重量轻等优点。随着光电编码器耐振动与冲击能力的提高，其在空间光学遥感器系统中得到越来越多的应用。

7.2.2 执行元件

执行元件用于直接推动被控对象，使其被控量发生变化。光学遥感器控制系统一般都是采用电机驱动，电机的类型主要包括永磁同步力矩电机、步进电机、音圈电机、压电陶瓷（PZT）等。

驱动元件首先从驱动形式上分为单端驱动、双端驱动、直接驱动和采用减速器的间接驱动，各驱动方式的对比见表 7－1 和表 7－2。

表 7－1 常用驱动形式

驱动形式	优点	缺点
直接驱动	有利于提高动特性和精度	低速性能基本上取决于驱动元件性能
间接驱动	超低速性能好，驱动大转动惯量所需动力小，可提高系统固有频率	齿轮啮合间隙等影响精度和稳定性
单端驱动	结构简单、惯量小	结构对称性差，可能需要配重
双端驱动	可以减小大结构的变形，结构对称性好，用于刚度较弱的大结构	结构复杂，惯量大，要保证双端动力完全一致很难

表 7－2 直接驱动和间接驱动的详细对比

项目	直接驱动	间接驱动
跟踪速度	高、中、低速都可以	适合于低速
机械结构	简单（活动零部件少）	复杂（活动零部件多）

续表

项目	直接驱动	间接驱动
热设计	较容易	不容易
润滑(针对传动组件)	不存在该问题	需精心解决
功耗	大	小
质量	小	大
装配性	好	差(需要调整)
位置精度	可以做到非常高(取决于传感器精度)	低
可靠性保证	容易	难
动态响应	快	慢
控制线路	较简单	较复杂

基于减速器的间接驱动形式的指向机构，其驱动元件一般选择步进电机，优点是控制方式简单，但是其指向精度较低，配合 100 倍减速比的谐波减速器（如图 7－6 所示），指向精度最优可达到几十角秒的量级。

图 7－6　谐波减速器

对于直接驱动方式的指向机构，目前常用的驱动元件包括永磁同步力矩电机与音圈电机，两者都可以实现甚高精度的指向控制。永磁同步力矩电机可实现 360°的旋转，而音圈电机的摆动范围一般为±10°左右，如图 7－7 所示。因此，音圈电机多搭配挠性枢轴使用，实现小角度范围的指向及低速摆扫功能；永磁同步力矩电机则搭配机械轴承，实现 360°范围的指向控制或跟踪控制。

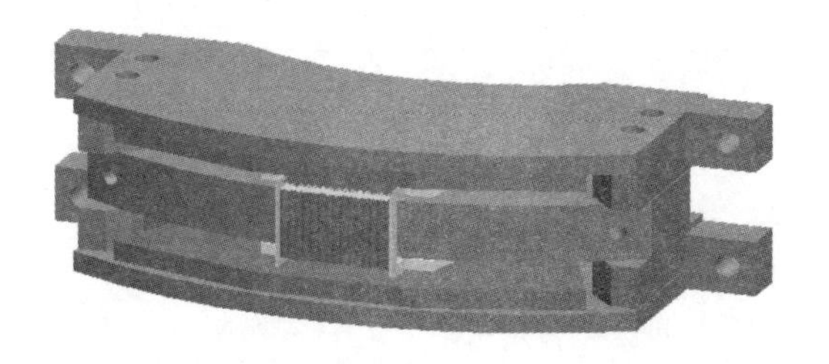

图 7-7　音圈电机

随着空间光学遥感器探测分辨率水平的提高，对系统的控制精度提出了越来越严格的要求，而系统控制精度的提高除了提高控制测量元件的测量精度以外，对驱动的分辨率也提出了更高的要求。压电陶瓷作为一种驱动元件具有响应速度快、力输出大、精度高和结构紧凑等优势，目前在航天遥感器控制系统中也得到越来越多的应用。

7.2.3　控制器

所谓控制器就是指使得被控对象的某个工作状态或者参数（即被控量）自动地按照预定的规律运行的装置。其控制方式一般分为开环控制、反馈控制和复合控制方式。开环控制具有结构简单、调整方便、成本低的优点，在精度要求不高或者扰动影响较小的情况下，通常采用开环控制。反馈控制是按偏差进行控制的，其特点是当被控量偏离期望值而出现偏差时，就会产生一个相应的控制作用去减小或者消除这个偏差，使被控量与期望值保持一致。反馈控制的精度比较高，具有很强的抗干扰能力，是目前广泛应用的控制方式。复合控制是按扰动控制的开环控制方式与按偏差控制的方式的一种结合，在扰动不可测量且不能忽略的情况下，对扰动采取适当的补偿后再按照偏差进行控制。

由于空间光学遥感器对产品可靠性和寿命提出了很高的要求，其在控制器的设计上通常采用主备份设计，通常要求具有较高的稳定性裕度，同时具备驱动力的裕度比较大、驱动动态范围宽等特点。

随着计算机水平的飞速发展，控制器的设计也已经由早期的无源或者有源网络向单一处理器模式甚至多处理器模式发展。目前光学遥感控制器的基本架构都是采用 DSP＋FPGA 的工作模式，其中 DSP 主要用于控制算法的设计，FPGA 辅助用于接口扩展、端口映射、通信解析等功能。

7.3　光束指向控制技术及性能评测方法

指向控制技术在航天器中的应用十分广泛，大体可分为卫星本体的指向控制与卫星载荷的指向控制。卫星本体的指向控制即卫星的姿态控制，如美国哈勃空间望远镜，其采用星敏感器及精确制导敏感器提供高精度姿态测量信息，具有 0.001″的测量精度，指向精度达到 0.01″，姿态抖动度达到 0.007″（不小于 10 小时）。卫星载荷的指向控制主要包括光学遥感相机中的光学指向控制、微波遥感或通信卫星中的雷达、天线及通信终端的指向控制，其中光学遥感卫星中的指向控制又包括光学指向镜（扫描镜）控制、光电转台控制，其中光学指向镜的负载惯量较小，一般为 $10^{-4}\sim10^{-1}$ kg · m^2 的量级，而光电转台的惯量则为 $10^{-1}\sim10$ kg · m^2 量级，因此采用光学指向镜的控制系统，其伺服带宽可达到 10 Hz 左右，实现百毫秒或更短的高动态指向角度切换时间控制，而光电转台的控制系统的伺服带宽一般为 1～2 Hz。本章主要介绍基于光学指向镜的光束指向控制技术。

7.3.1　光束指向控制技术

随着近年来面阵探测器取得的进展，凝视型的光学遥感仪器也受到关注。特别是对于地球静止轨道卫星上的对地遥感仪器，由于其相对地面的运动远小于低轨平台，凝视成像是一种很好的图像获取方式[4]。由于遥感光学系统通常只有很小的视场，采用二维指向机构来扩大观测范围是一种有效的方式。

光束指向中的光学反射镜一般选用密度小、比刚度和比强度高、热稳定性好的铍材作为反射镜的基底，并在机加过程中进行消除应力处理。铍基底结构粗加工时保留精加工余量，然后铍基底光学反射面牢固结合一定厚度的特制玻璃，要求玻璃与铍基底的温度膨胀系数高度一致，并且具有良好的光学加工性。

测角元件是指向机构中最为关键的元件，其测角精度直接决定了整个指向控制系统能达到的最高指向精度，因此实际应用中需要根据具体的任务选择相应的测角元件。

此外，为了防止指向机构在发射过程中因力学环境问题受损，需要考虑机构锁定。常用的锁定方式包括机械锁、电磁铁吸合、自加电锁定等。

除光学指向镜机构外，整个控制系统还包括电子学控制器及控制器与机构之间的电缆。电子学控制器内部包括供配电电路、角度解算电路、电机驱动电路与控制处理电路。其中控制处理电路一般选用高性能数字信号处理器 DSP 实现闭环算法的浮点计算；角度解算电路根据选用的测量元件，如感应同步器、旋转变压器等，配套相应的信号调理电路及专用轴角解算芯片，实现机构角度的数字反馈；电机驱动电路多采用 MOSFET，以 PWM 的方式实现功率放大，驱动电机运行。

指向镜机构与电子学控制器共同构成闭环控制系统，如图 7－8 所示。

由于目前的测量元件如感应同步器、旋转变压器、光栅码盘等皆为角度测量元件而非角速度测量元件，因此控制系统皆为角度闭环控制系统。指向镜控制系统的控制算法与常见的基于伺服电机的控制系统一致，一般包括位置环、速度环与电流环算法设计。

如果需要进行电机电流闭环，则要在电机驱动电路中增加电流

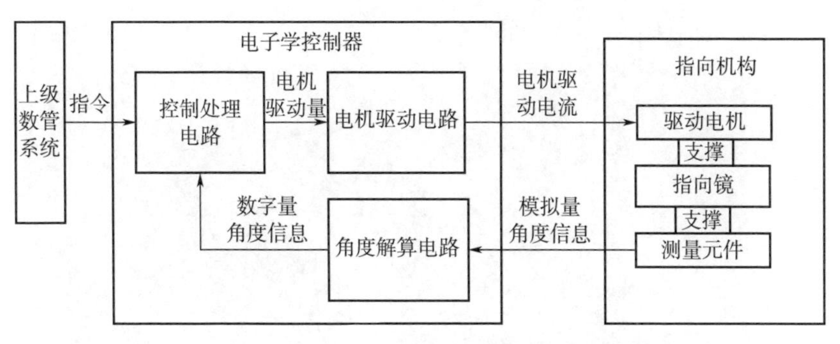

图 7-8　闭环控制系统

测量器件，常见的如电流采样电阻及霍尔电流传感器，在增加电路的复杂程度、电路成本的同时降低了电路的可靠性。因此对于带宽不高的指向控制应用，电流环可以省略，只保留速度环与位置环即可。其中位置环的反馈来自角度解算电路的输出，速度环的反馈为通过角度值的数值差分计算得到角速度值。

下面举例说明光学遥感相机光束指向控制系统设计方法[5]。

图 7-9 为一个二维指向镜机构的设计实例，其中外框架采用旋转变压器测角，采用步进电机及谐波减速器进行间接驱动，实现 $\pm 60^{\circ}$ 的卫星穿轨方向（CT）指向。内框架同样采用旋转变压器测角，由音圈电机及挠性枢轴进行直接驱动，实现 $\pm 5^{\circ}$ 的卫星沿轨方向（AT）指向及低速扫描功能。

分析二维指向镜机构的物理意义知被控对象的系统模型如图 7-10 所示。

被控对象的已知参数包括：音圈电机绕组电阻 R、绕组电感 L、电流力矩系数 K_i、反电势系数 K_v、枢轴扭转刚度 K_n（两轴共计）、负载总惯量 J（含指向镜、旋变转子等）。

记指向镜当前角度为 θ，当前角速度为 ω，音圈电机绕组两端驱动电压为 u，电流为 i，枢轴转动的摩擦极小（可忽略不计），则被控对象的微分方程组表达式如下

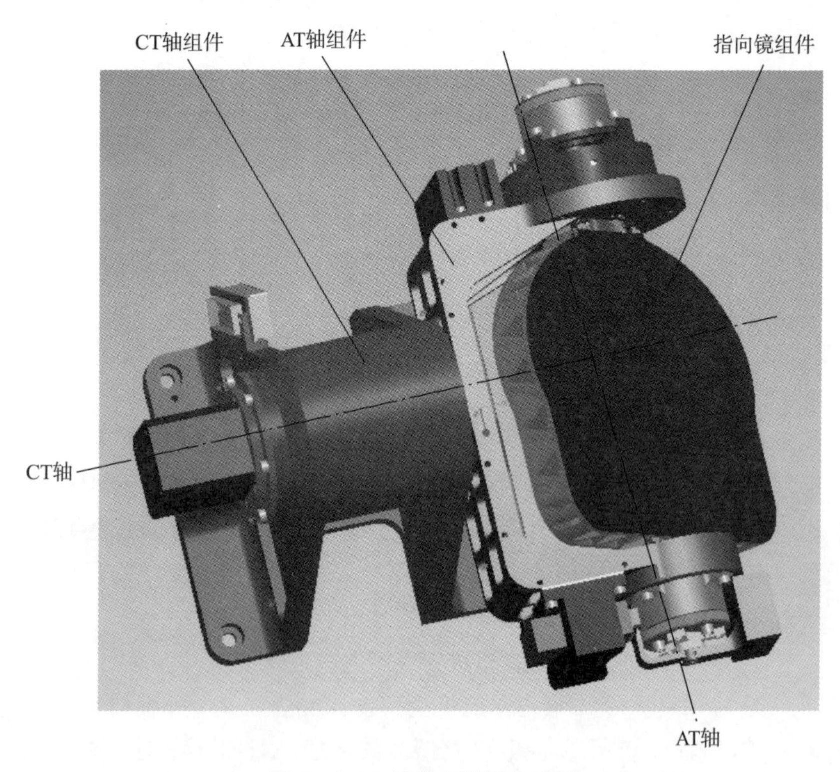

图 7-9　二维指向镜机构示例

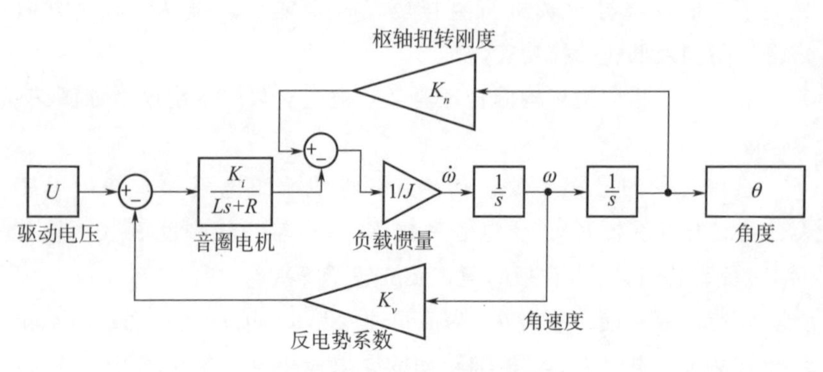

图 7-10　被控对象方块图

$$\begin{cases} u = L\dfrac{\mathrm{d}i}{\mathrm{d}t} + Ri + K_v\omega \\ K_i i - K_n\theta = J\dfrac{\mathrm{d}\omega}{\mathrm{d}t} \end{cases} \tag{7-1}$$

音圈电机驱动电压 U 至指向镜角度 θ 的传递函数如下

$$\frac{\theta(s)}{U(s)} = \frac{K_i}{JLs^3 + JRs^2 + (K_nL + K_iK_v)s + K_nR} \tag{7-2}$$

为单输入单输出三阶被控对象，由式（7－2）可直接写出能控标准型的状态方程与输出方程

$$\begin{cases} \begin{bmatrix} \dot{x}_1 \\ \dot{x}_2 \\ \dot{x}_3 \end{bmatrix} = \begin{bmatrix} 0 & 1 & 0 \\ 0 & 0 & 1 \\ -\dfrac{K_nR}{JL} & -\dfrac{K_n}{J} - \dfrac{K_iK_v}{JL} & -\dfrac{R}{L} \end{bmatrix} \begin{bmatrix} x_1 \\ x_2 \\ x_3 \end{bmatrix} + \begin{bmatrix} 0 \\ 0 \\ 1 \end{bmatrix} u \\ \theta = \begin{bmatrix} \dfrac{K_i}{JL} & 0 & 0 \end{bmatrix} \begin{bmatrix} x_1 \\ x_2 \\ x_3 \end{bmatrix} \end{cases} \tag{7-3}$$

其中

$$\begin{cases} x_1 = \dfrac{JL}{K_i}\theta \\ x_2 = \dot{x}_1 = \dfrac{JL}{K_i}\omega \\ x_3 = \dot{x}_2 = \dfrac{JL}{K_i}\dfrac{\mathrm{d}\omega}{\mathrm{d}t} \end{cases} \tag{7-4}$$

式中，x_1，x_2，x_3 为状态变量。

当前角度由旋转变压器直接得到。角速度即为角度的微分，一般可以在数字控制器中通过对角度求数值差分得到[6]。而角加速度需要对角速度再求微分，虽然也可在数字控制器中实现，但是对角度进行两次差分后的加速度结果会对角度测量中的噪声非常敏感，因此无法直接对状态变量 x_3 进行观测，使得基于状态反馈的控制方

法无法直接在工程中应用，必须设计状态观测器。指向镜一般要求跟踪阶跃输入信号无稳态误差，系统需要设计成Ⅰ型随动系统，因此采用含积分器的状态反馈控制方法。增加一个新的状态变量 x_4 ，x_4 为当前输出角度 θ 与输入角度指令 r 的误差 e 的积分量

$$x_4=\int[r(t)-\theta(t)]\mathrm{d}t=\int e(t)\mathrm{d}t \tag{7-5}$$

式（7－3）加入 x_4 后得到新的状态方程与输出方程

$$\begin{cases}\begin{bmatrix}\dot{x}_1\\\dot{x}_2\\\dot{x}_3\\\dot{x}_4\end{bmatrix}=\begin{bmatrix}0&1&0&0\\0&0&1&0\\-\dfrac{K_nR}{JL}&-\dfrac{K_n}{J}-\dfrac{K_iK_v}{JL}&-\dfrac{R}{L}&0\\-\dfrac{K_i}{JL}&0&0&0\end{bmatrix}\begin{bmatrix}x_1\\x_2\\x_3\\x_4\end{bmatrix}+\begin{bmatrix}0\\0\\1\\0\end{bmatrix}u+\begin{bmatrix}0\\0\\0\\r\end{bmatrix}\\ \theta=\begin{bmatrix}\dfrac{K_i}{JL}&0&0&0\end{bmatrix}\begin{bmatrix}x_1\\x_2\\x_3\\x_4\end{bmatrix}\end{cases} \tag{7-6}$$

为方便表述，将式（7－6）记为

$$\begin{cases}\dot{\boldsymbol{x}}=\overline{\boldsymbol{A}}\boldsymbol{x}+\overline{\boldsymbol{B}}\boldsymbol{u}+\begin{bmatrix}0\\0\\0\\r\end{bmatrix}\\ \theta=\overline{\boldsymbol{C}}\boldsymbol{x}\end{cases} \tag{7-7}$$

易证系统的能控性矩阵 $\boldsymbol{S}=[\overline{\boldsymbol{B}},\ \overline{\boldsymbol{A}}\,\overline{\boldsymbol{B}},\ \overline{\boldsymbol{A}}^2\,\overline{\boldsymbol{B}},\ \overline{\boldsymbol{A}}^3\,\overline{\boldsymbol{B}}]$ 满秩，因此系统状态完全能控，可利用线性状态反馈矩阵 $\boldsymbol{k}=[k_1,\ k_2,\ k_3,\ k_4]$ 对系统的闭环极点进行任意配置。即根据期望的系统闭环极点，可唯一确定并求解反馈系数 k_1，k_2，k_3，k_4。

例如，某光学指向镜控制系统参数如下：负载惯量 $J=6\times$

10^{-4} kg. m^2，枢轴扭转刚度 $K_n=0.62$ N·m/rad，电机绕组电阻 $R=10\ \Omega$，绕组电感 $L=6$ mH，电流力矩系数 $K_i=0.18$ N·m/A，反电势 $K_v=0.18$ V/(rad/s)。现要求指向镜系统对位置阶跃响应的超调量小于5%，调节时间 t_s 小于0.1 s，且无稳态误差。取阻尼比 $\xi=0.707$，设置闭环系统的共轭主导极点为 $-25\pm j25$，次要极点的位置为 -808.333，根据极点配置方法可得到反馈系数 $k_1\sim k_4$ 的计算结果($K_3=0$)。闭环控制系统的单位阶跃响应的仿真结果如图7-11所示。

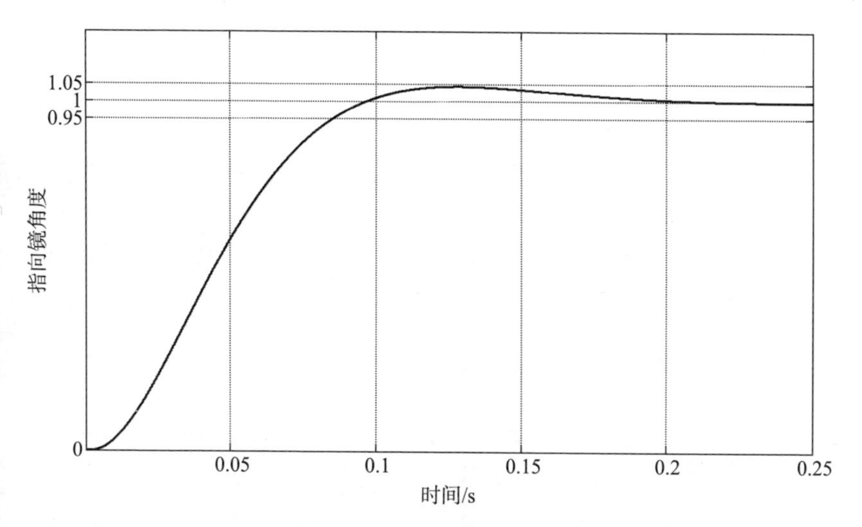

图7-11　基于状态变量反馈控制器的仿真结果

从图中可以看出，超调量<5%，调节时间 $t_s<0.1$ s，完全符合设计指标。下面用MATLAB仿真当实际的负载惯量 $J_R\neq J$ 时，闭环系统极点与单位阶跃响应的变化情况。记

$$K=\frac{J}{J_R} \tag{7-8}$$

随着 K 的变化，闭环系统的根轨迹如图7-12所示。

由图7-12可知，当 K 趋近于0时，2个主导极点会逐渐变化到虚轴的右半平面，导致系统不稳定。此时的 K 值小于0.05，即惯

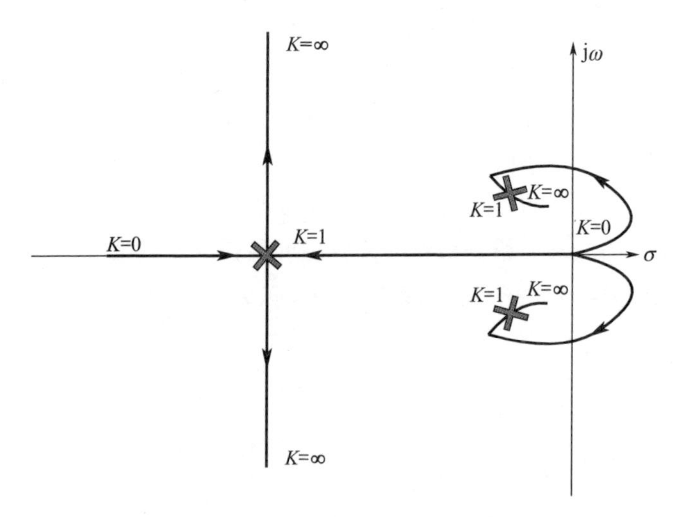

图 7-12 K 值变化时闭环系统的根轨迹图

量参数偏差了 20 倍，才会导致系统不稳定，说明系统具有很高的稳定裕度。

7.3.2 光束指向控制系统的性能评测方法

航天遥感相机中的光学指向镜位于整个相机光路的最前端，通过控制指向镜的摆动实现不同角度的对地观测，从而达到扩大观测视场的目的。如法国的 SPOT-5 卫星中的 HRG 光学系统，其光学视场为±2.07°，通过指向镜实现最大±27°偏离星下点景物的观测。我国 2017 年发射的风云三号高光谱温室气体监测仪，其光学系统的入口处为一个二维指向活动机构，在穿轨方向进行±35°的摆动，从而实现不同角度的对地观测。同时，指向镜在沿轨方向缓慢摆动，以补偿卫星飞行对地面目标观测的影响，如图 7-13 所示。

光学指向镜控制的性能指标主要包括指向精度、指向稳定度、指向切换时间与指向范围。对于大部分的遥感相机，光学指向镜的指向精度与稳定度是最为重要的指标。关于如何定义这两个指标，严谨的做法是参考欧洲航天标准合作组织（European Cooperation

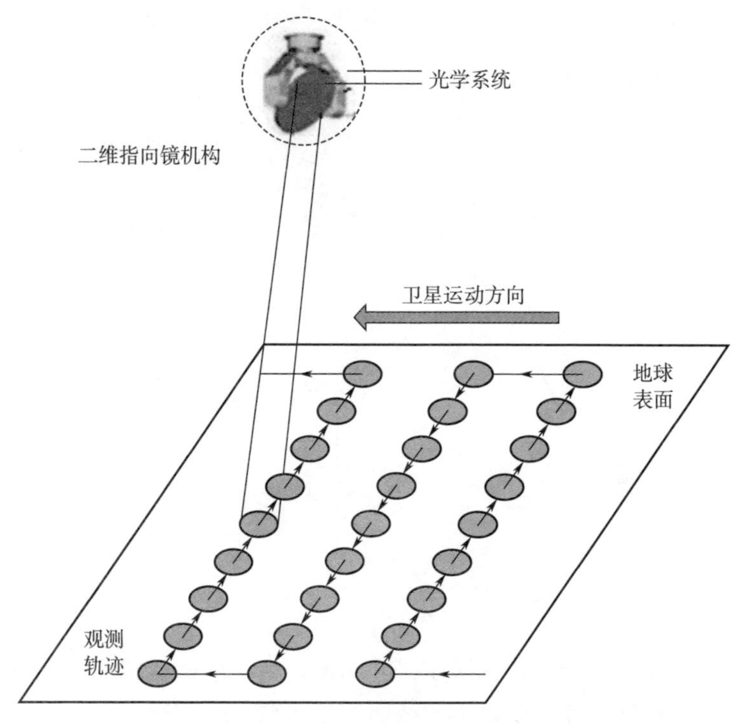

图7-13　风云三号高光谱温室气体监测仪的二维指向镜工作模式

on Space Standardization，ECSS）标准，从误差的角度来评价控制系统性能，为遥感卫星系统的控制性能评价建立数学模型。

这里主要涉及3个概念，分别是APE（绝对性能误差）、MPE（平均性能误差）、RPE（相对性能误差），如图7-14所示。首先，误差是指系统的目标输出值和实际输出值之间的差值，表示为 e_p。在实际系统中，由于噪声的影响，e_p 总是随着时间变化，其瞬时值表示为 $e_p(t)$，即绝对性能误差APE。在一段确定的时间 Δt 内，$e_p(t)$ 的平均值即为平均性能误差MPE，表示为

$$\mathrm{MPE}(\Delta t)=\bar{e}_p(\Delta t)=\frac{1}{\Delta t}\int e_p(t)\mathrm{d}t \tag{7-9}$$

某个时间点 t 的瞬时误差 $e_p(t)$ 与其在一段时间 Δt 内的平均值之

差，即为相对性能误差 RPE，表示为

$$\mathrm{RPE}(t,\Delta t)=e_p(t)-\overline{e}_p(\Delta t)=e_p(t)-\frac{1}{\Delta t}\int e_p(t)\mathrm{d}t \tag{7-10}$$

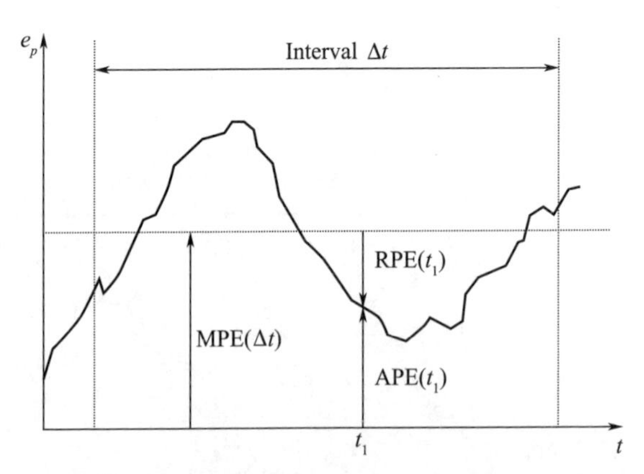

图 7-14　APE、MPE、RPE 的误差定义示例

从上文可以看出，按照 ECSS 标准，为了准确地描述指向镜的控制性能指标，首先要规定有效的工作时间 Δt，然后再从 APE 与 RPE 两个方面对精度与稳定性进行描述。

目前可查的国内外在轨的光学遥感相机中的指向镜控制性能指标很少描述得如此详细，一般只是简单地按精度来概述，可认为是 APE 绝对性能误差。关于航天器姿态控制精度的评价方法，吴宏鑫[7]在 2012 年的一篇论文中将指向精度分为 4 个等级，分别为一般精度、高精度、超高精度与甚高精度，见表 7-3。

表 7-3　指向精度划分等级

	指向精度/(°)
一般精度	>0.1
高精度	0.05～0.1
超高精度	0.01～0.05
甚高精度	<0.01

目前，大部分的在轨空间指向镜的控制精度处于超高精度水平，少数可达到甚高精度水平。目前我国光学扫描镜的角度测量误差 1σ 优于±0.35″，3σ 优于±1″，控制精度优于 2″，控制性能属于甚高精度水平。

7.4　光束扫描控制技术及性能评测方法

扫描成像类型的空间光学遥感器是逐点逐行地以时序方式获取二维图像。当前，航天遥感中扫描成像类型的遥感器有两大类：光机扫描仪[8]和推扫式扫描仪。光机扫描仪是对地表的辐射分光后进行观测的机械扫描型辐射计，它把卫星的飞行方向与利用扫描镜对垂直飞行方向的扫描结合起来，从而收到二维信息，其特点是对地面直接扫描成像。光机扫描仪的主要优点是幅宽较大、探测器的难度较小、探测器组件可以选用以 TDI 方式工作的探测器、光学系统的视场小、红外探测器所需的制冷量较小，主要缺点是有活动部件、大尺寸轻量化扫描镜的制作难度较大、体积和重量相对较大。

由于受长线阵红外探测器和大制冷量制冷器技术的限制，同时为了提高系统的空间覆盖能力，红外多光谱扫描仪普遍采用光机扫描系统，如美国陆地卫星 Landsat 上的多光谱扫描仪（MSS）和主题测绘仪（TM）、气象卫星上的甚高分辨率辐射计（AVHRR）及资源一号卫星的红外多光谱扫描仪，扫描型相机采用较小视场的光学系统，配以扫描镜和较短的线阵红外探测器，通过扫描镜进行穿越卫星轨迹方向的机械扫描以及卫星的运动，来获取二维图像，这样相机的研制难度和成本大大降低。

7.4.1　扫描镜的光束扫描控制技术

在光机扫描型相机的设计中，扫描系统占据重要的角色，扫描系统是光机扫描型相机接收地物光学信息通道的第一个环节，它通常起到反射地物光学信号、扩大视场范围和进行对遥感目标的垂直飞行方向上扫描的作用，它的性能直接影响到相机的成像质量，是遥感相机重要的组成部分，如图 7 - 15 所示。扫描系统从技术上追求高线性度、高效率。高线性度可以减小图像的畸变；而由于卫星平台体积的限制，在光学系统的潜力发挥到一定的程度时，提高扫描系统的扫描效率可以增加探测器的驻留时间，从而提高了系统的辐射灵敏度。因此要想得到较高的相机成像质量，必须实现对扫描镜运动的精确控制。

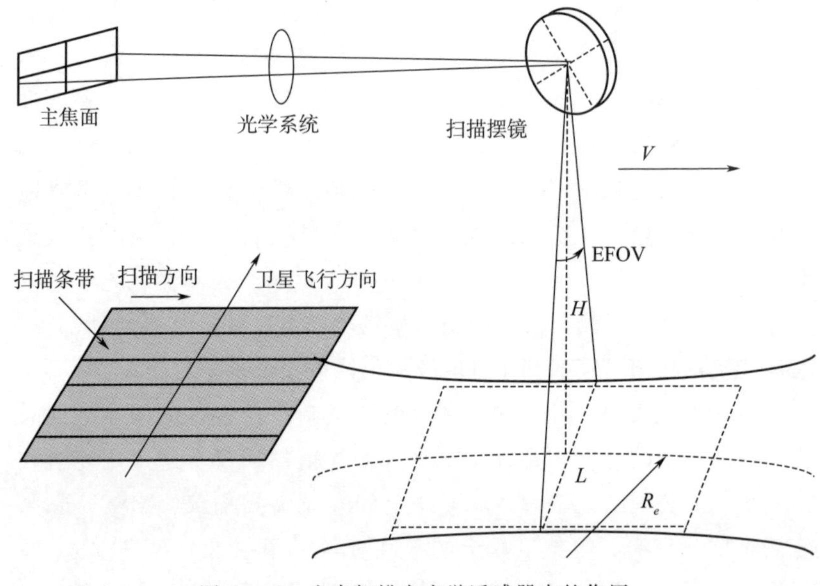

图 7 - 15　光束扫描在光学遥感器中的作用

空间光学遥感器的光束扫描控制主要包括以下 2 类：

1）光机扫描伺服控制，解决红外/激光成像探测幅宽与空间探测分辨率间的矛盾；

2）摆臂光程扫描伺服控制，完成傅里叶光谱仪光程调制。

光机扫描系统通常由扫描基座、扫描镜组件、驱动电机组件、挠性轴组件、测角元件、数字控制器等部分组成。这种扫描控制系统是在规定范围的角度内往复运动，其运动规律为已知的周期性运行，且在成像段内其速度为恒定值，因此，其动态精度可以做到很高。摆动时要求速度恒定，因此扫描电机选用的原则为：

1）扫描电机的选用一般应依据扫描运动形式确定，即扫描工况决定电机类型；

2）小角度摆扫（扫描角度小于 15°）：应首选有限转角直流无刷力矩电机或音圈电机，其优点是线性度好、齿槽力矩效应小、力矩波动小、线性驱动简单、电机效率高，无缺点；次选永磁同步力矩电机，优点是力矩大，缺点是线性度差、有齿槽力矩效应、力矩波动大、SPWM 波驱动模块复杂；

3）大角度扫描或 360°旋扫（扫描速度低于 360°/s）：选用永磁同步力矩电机，采用 SPWM 波方式驱动；

4）360°旋扫（扫描速度高于 360°/s）：选用无刷直流力矩电机，采用霍尔换向方波驱动。

扫描电机应依据表 7 - 4 进行选用。

表 7 - 4　扫描电机选用方法

特性参数	小角度摆扫、双向扫描	小角度摆扫、双向扫描	大角度摆扫（非线性运动）	大角度摆扫（线性运动）	变速旋扫	匀速旋扫	变视场扫描
工作方式	±3°摆扫	±2.5°摆扫	±15°摆扫	±15°摆扫	360°旋转扫描	360°旋转扫描	±5°摆扫与±0.1°变区域扫描
电机选用	有限转角直流无刷力矩电机	永磁同步力矩电机	音圈电机	有限转角直流无刷力矩电机	永磁同步力矩电机	永磁同步力矩电机	音圈电机

数字控制器的设计目标为，根据遥感相机任务需求，对被控对象建立数学模型，选择执行机构、测角元件的参数，设计相应的控制律，使控制系统能够满足任务需求。

光束扫描常见的电机模型有两类：音圈电机和永磁同步电机。

(1) 音圈电机的动态模型

挠性支撑的音圈电机的动态模型如图 7 - 16 所示。

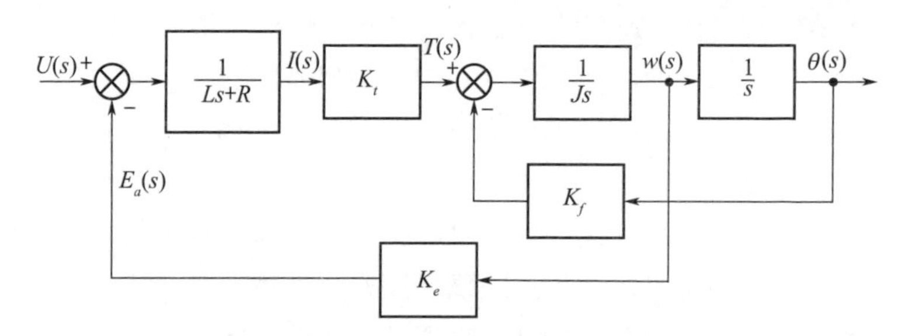

图 7-16　挠性支撑的音圈电机的动态模型

(2) 永磁同步电机的数学模型

三相定子坐标系是建立在三相定子绕组上的自然坐标系，A 相轴线作为 $A—B—C$ 轴系的空间参考轴线，三相轴线在空间上互差 120°。$\alpha-\beta$ 定子坐标系是两相定子绕组坐标系，α 轴与 A 轴重合，β 轴超前 α 轴 90°。转子同步旋转坐标系位于电动机转子上，同转子一起旋转，d 轴为转子横轴，与 α 轴之间的夹角即转子位置角 θ，q 轴为转子纵轴，超前 d 轴 90°。

采用 Park 变换，将两相定子坐标系 $\alpha-\beta$ 等价转换为两相转子旋转坐标系 $d-q$。当永磁同步电机处于恒速旋转时，需要向两相虚拟静止绕组中通入相位差 90°的交流电流。经 Park 变换后，只需向两相旋转绕组中通入两组直流电流即可。此时，电机的控制可以等效成直流电机控制，如图 7-17 所示。

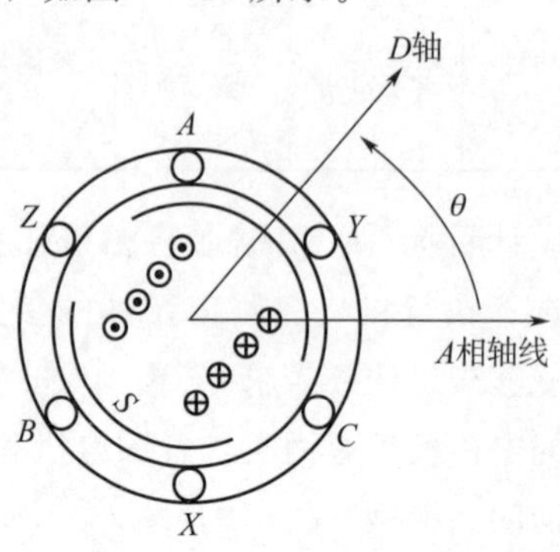

图 7-17　Park 变换

永磁同步电机的数学模型如下：

电压方程

$$
\begin{aligned}
u_d &= Ri_d + L_d \frac{\mathrm{d}i_d}{\mathrm{d}t} - p\omega_r L_q i_q \\
u_q &= Ri_q + L_q \frac{\mathrm{d}i_q}{\mathrm{d}t} + p\omega_r L_d i_d + \lambda p\omega_r
\end{aligned}
\tag{7-11}
$$

转矩方程

$$T_e = 1.5p[\lambda i_q + (L_d - L_q)i_d i_q] \tag{7-12}$$

式中　L_d，L_q ——直轴、交轴线圈电感，为常数；

ω_r ——转子机械角速度；

p ——极对数；

$p\omega_r$ ——转子电角度的角速度；

λ ——转子永磁体产生的定子绕组的磁链。

在工程实际中，考虑到电路的复杂程度、电路的可靠性、元器件的等级和空间环境适应性等问题，可以省略掉电流环，简化硬件电路，将“$i_d=0$ 控制”变为“$u_d=0$ 控制”。

低速状态下，电机模型简化为

$$u_q = Ri_q + L\frac{\mathrm{d}i_q}{\mathrm{d}t} + K_b\omega_r \tag{7-13}$$

力矩模型可简化为

$$T_e = K_t i_q \tag{7-14}$$

即为直流电机的数学模型。

因此，对于音圈电机或永磁同步电机，其典型扫描控制模型如图 7-18 所示。

控制参数的选取应满足以下目标，图 7-19 为被控对象 Bode 图/闭环系统 Bode 图。

1）校正后的系统应在开环剪切频率处有 40°～60°的相位稳定裕度。

2）合理设计控制律，使系统具有足够的伺服刚度，将干扰力矩的影响抑制于系统精度要求范围内。

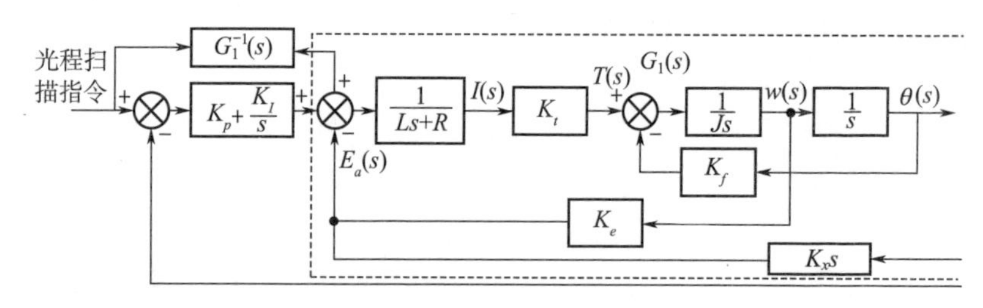

图 7-18　典型扫描控制模型

3）根据仿真结果选取满足系统指标要求的执行机构和反馈元件。

7.4.2　望远光学系统的扫描控制技术

望远光学扫描系统通过旋转望远光学系统及半角反射两个扫描装置同步控制实现 360°旋转扫描，进而完成相机成像。望远光学扫描系统主要由望远扫描机构、半角反射扫描机构及望远光学扫描控制部分组成，如图 7-20 所示。

望远扫描机构由驱动模块（包括支撑轴系、驱动电机、测角传感器）和主光学组件（含主光学支撑座和主光学系统）等组成，如图 7-21 所示。扫描机构通过驱动电机直接驱动主光学组件绕支撑轴系组件实现 360°连续单向旋转，同时转轴上的测角元件对旋转角度进行测量并反馈给扫描控制器来完成扫描控制，从而收集有效扫描视场内的地面辐射信息，以及视场外非线性段的定标数据。

扫描控制系统由三线解析与 PWM 生成模块、控制模块、两轴驱动模块、测角模块、脉冲发送模块组成。

（1）控制模块

控制模块由 DSP 与 FPGA 共同组成。FPGA 接收管理器发送的三线串行遥控指令，并转换为并行数据进行锁存，供 DSP 读取工作模式设置指令，DSP 根据当前角度，对望远系统和半角系统进行位置闭环控制，并进行两轴同步的跟踪控制。FPGA 负责产生用于驱动望远系统和半角系统的 PWM 驱动信号，传送给功率驱动模块控制扫描机构进行扫描运动。

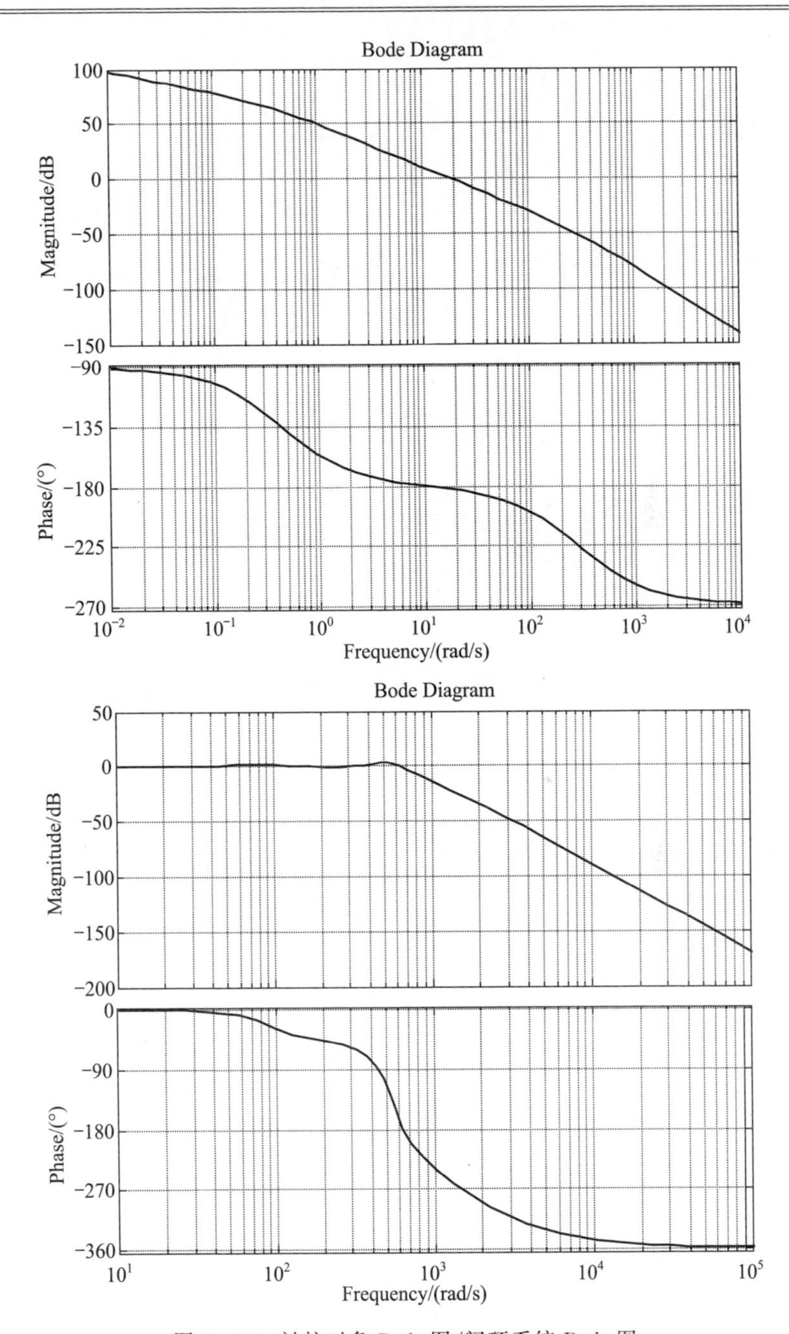

图 7-19　被控对象 Bode 图/闭环系统 Bode 图

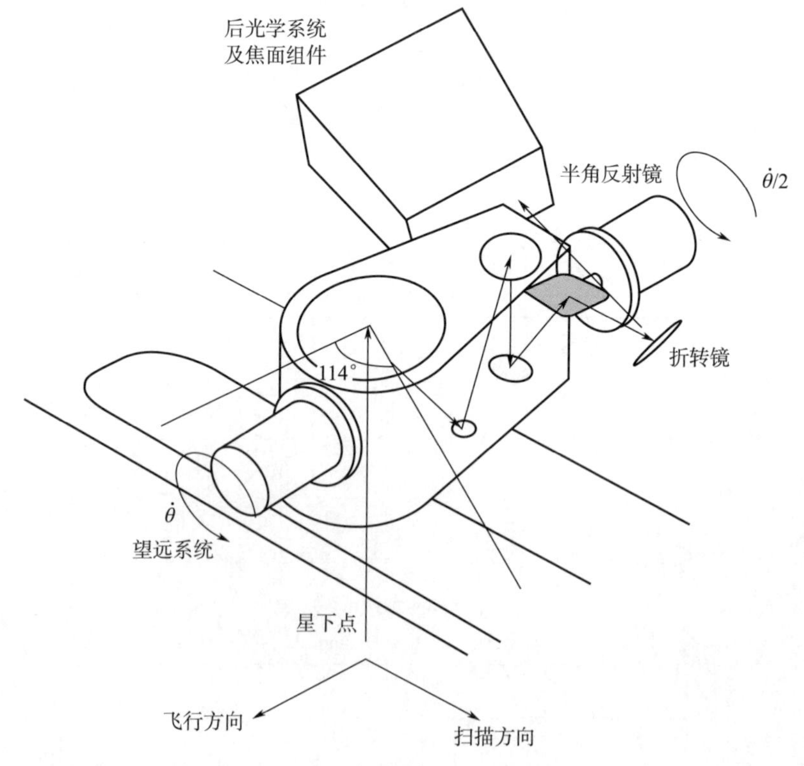

图 7-20　望远光学扫描系统工作原理示意图

（2）角度解算模块

通过 AD 将测角传感器产生的含有角度位置信息的模拟信号解算成数字信号，等待控制模块中的 DSP 读取，实现望远系统与半角系统角度位置的测量。

（3）驱动模块

采用功率 MOSFET 管搭建 H 桥，实现望远、半角两轴的双极性驱动。接收由控制模块产生的两轴 PWM 控制信号，生成功率驱动信号，驱动电机运动。

（4）脉冲发送模块

利用 DSP 发出的门控信号和 AD 产生的代表某角度量的数字信

号，进行与操作产生段位脉冲信号。

(5) 供配电电路

供配电电路由 DC－DC 与继电器组成。通过 DC－DC 将一次＋28 V 电转化为电路所需的功率＋12 V，功率＋5 V。继电器接收开关指令，完成电路的主备切换。

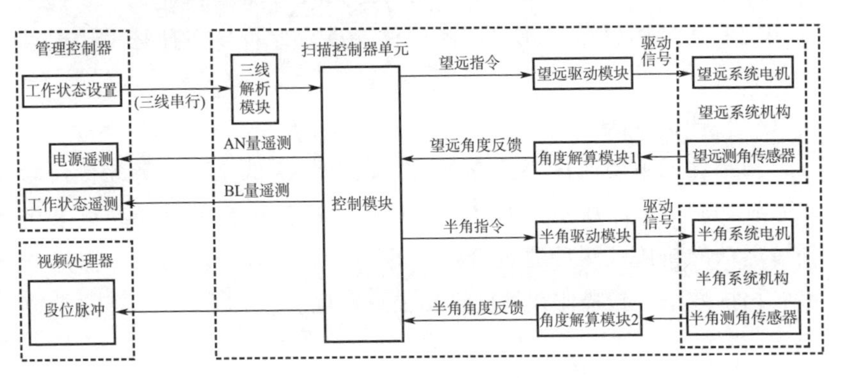

图 7－21　望远光学扫描控制组成框图

其控制与驱动方法可参照 7.3.1 节的控制方法。

7.4.3　光束扫描控制系统的性能评测方法

光束扫描控制系统的性能要求见表 7－5。

表 7－5　光束扫描控制系统的性能要求

序号	性能	性能要求
1	扫描模式	单向扫描/双向扫描/旋转扫描
2	有效扫描角度	成像段(线性段)角度范围
3	扫描频率	卫星轨道高度低于标称轨道高度时相邻扫描条带不出现漏扫
4	扫描效率	综合考虑控制水平及速高比，双向扫描比单向扫描高一倍
5	扫描非线性度	单次扫描，从相邻像元(奇偶元或多谱段的相邻谱段)之间的配准要求出发，对摆镜速度稳定性的要求，一般为0.5%(1/3 像元或 1/10 像元)

续表

序号	性能	性能要求
6	扫描重复性	多次扫描，从图像帧间拼接需求出发，对同一目标成像的位置误差，一般不超过1个像元(或0.1个像元)

光束扫描控制系统的性能可以通过两种方法进行评价，一种是采用定制的专用设备“线性度测试仪”进行评价，一种是直接通过图像评价。

(1) 评价方法一

扫描性能主要通过第三方工具“线性度测试仪”进行评价，测试系统如图7-22所示。线性度测试仪通过扫描镜反射光线记录扫描镜运动的轨迹，然后通过合适的算法计算有效扫描角度、扫描频率、扫描效率、扫描非线性度、扫描重复性。

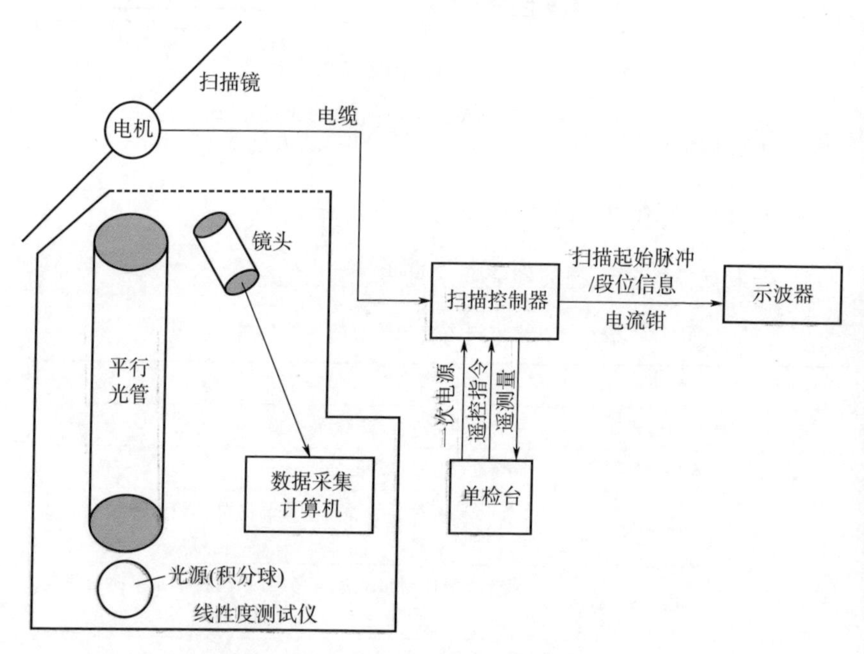

图7-22 线性度测试仪连接关系图

线性度测试仪测得“扫描镜运动时间-角度曲线”如图 7－23 所示。

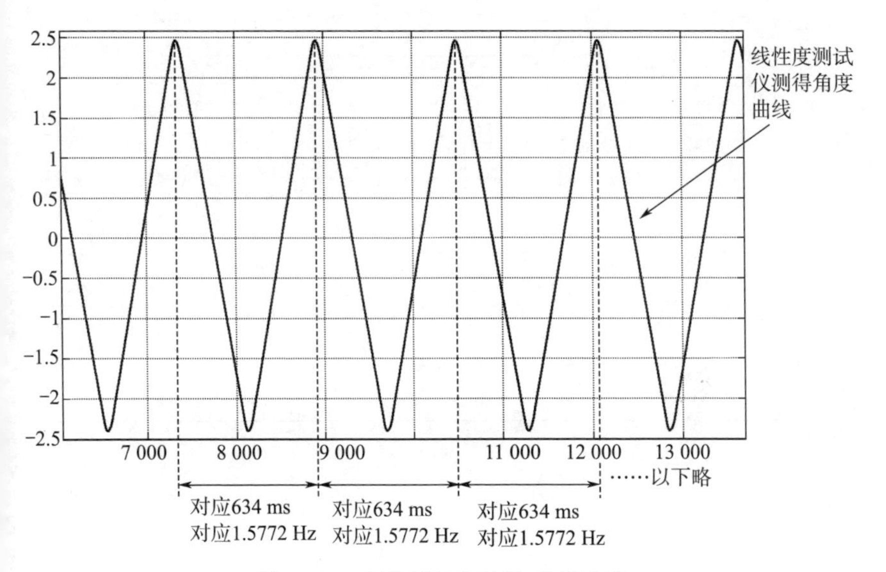

图 7－23　扫描镜运动时间-角度曲线

线性度测试仪测得扫描镜运动的时间-角度曲线和时间-速度曲线如图 7－24 所示，将时间-速度曲线的线性段部分局部放大，可得扫描非线性度性能。

线性度测试仪采集 100 帧数据，在同一曲线图中绘制出 100 次扫描时间-角度曲线，观察 100 条曲线的角度位置偏差，并对偏差最大点进行局部放大可得扫描重复性指标，如图 7－25 所示。

（2）评价方法二

由于扫描非线性度决定了图像畸变、信噪比，扫描重复性决定了图像帧间拼接效果，因此光束扫描控制系统的性能可以通过靶标成像进行评价[9]。

四条纹靶标图像如图 7－26 所示。

将靶标图像帧间拼接处放大，如果扫描线性度较好，图像过渡如图 7－27 左图所示。如果扫描线性度较差，帧间拼接会出现“锯

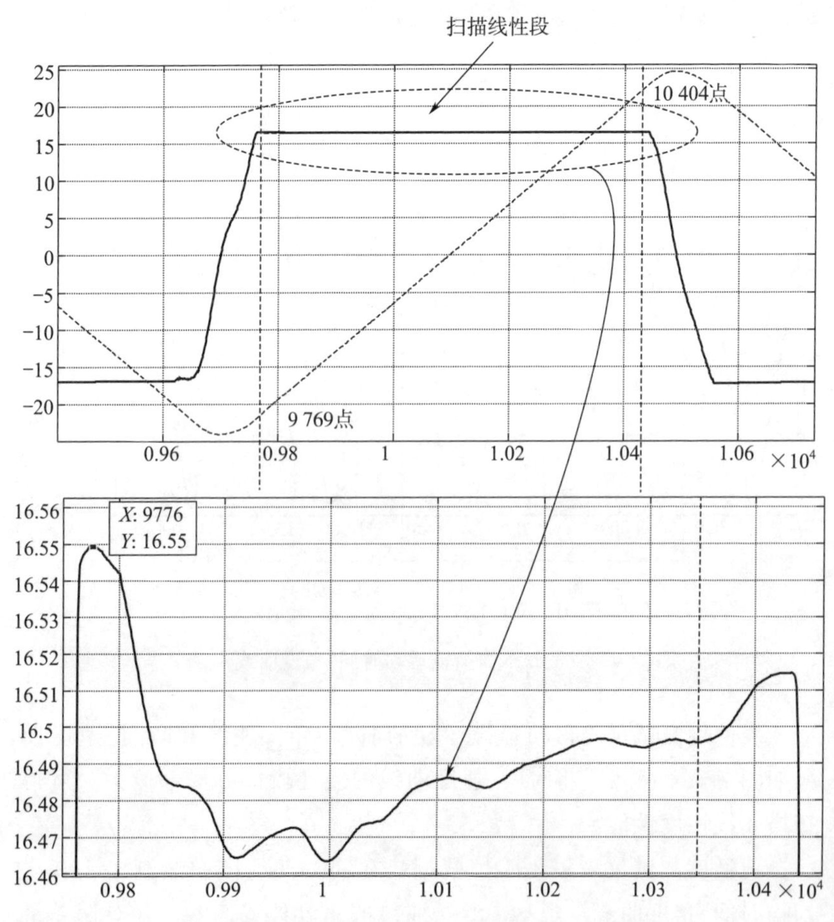

图 7-24　扫描时间-速度曲线及线性段局部放大图

齿状”，如图 7-27 右图所示。

采集拼接后的图像数据，计算奇偶元相同灰度值对应的像元差个数，可用于评价扫描性能。

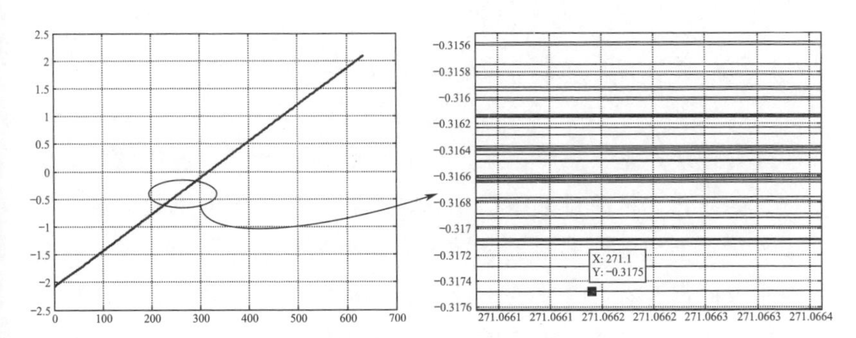

图7-25　扫描重复性测试曲线及局部放大图

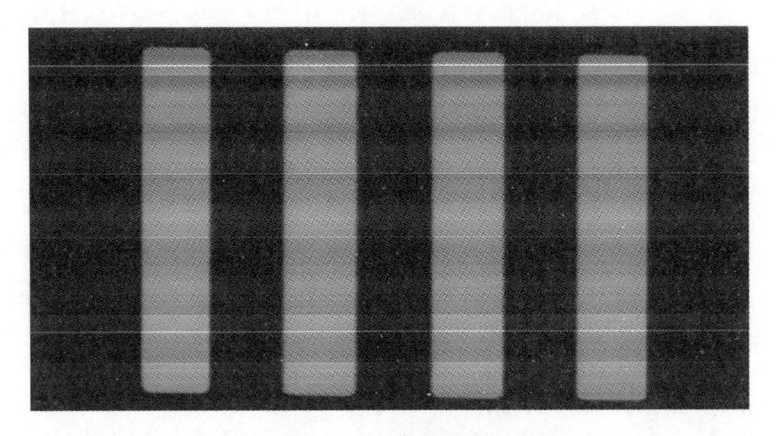

图7-26　靶标图像

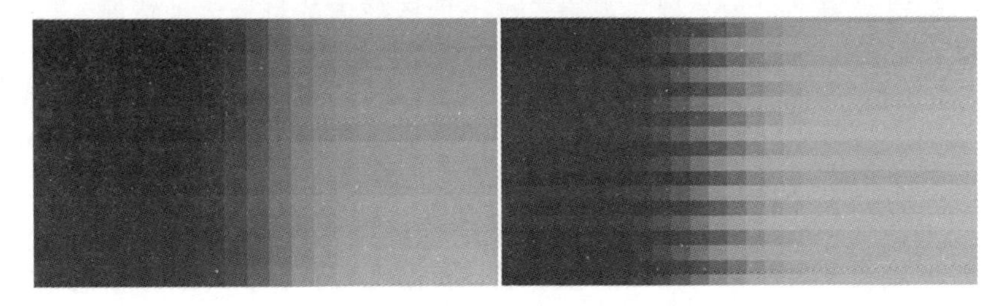

图7-27　不同扫描性能对应的图像

7.5　光束跟瞄控制技术及性能评测方法

随着现代航空、航海、航天事业的蓬勃发展以及现代战争的信息化、网络化，机动目标跟踪技术越来越受到各国的重视，目前已经成为一个十分活跃的研究领域。光束跟瞄技术在民用、军事和空间技术方面都有着非常重要的应用。目标跟踪主要通过各种观测和计算手段，实现主体对客体的状态建模、估计和跟踪的过程，其主要任务是在复杂环境下追踪目标，并实时地估计出运动参数。

同时兼顾系统实时性与精度要求的跟踪技术手段是国内外相关工作者致力于研究的问题。复杂的计算方法可以得到相对精确的目标信息，但无法满足系统实时性的要求，相对简单的计算方法可以满足系统实时性的要求，但精度却很难保证。本节以光电稳定平台为基础，介绍一种能够应用于实际工程的光束跟瞄算法，并从两方面来介绍光束跟瞄技术：一是基于图像模板相关匹配的实时目标定位方法，二是闭环跟踪控制律的设计。最后给出了目标跟踪试验的实例。

7.5.1　光束跟瞄控制技术

本节根据国内外跟踪技术发展趋势，并结合产品研制的需要，以光电稳定平台为基础，观测二维平面图像内的目标运动情况，以模板匹配为基础，阐述不同运动形式下的目标的跟踪瞄准问题。

光电稳定平台目标跟踪过程的工作原理是：图像传感器通过对目标对象进行成像产生电平信号，电信号经采集形成数字图像，由图像处理系统处理，不断地计算出运动目标在视场内的瞬时位置，并形成相应的位置偏差调整信号量，传给跟踪控制器，跟踪控制器根据这些信号量计算出驱动伺服机构来调整光电稳定平台摄像头的空间位置和角度，使得目标始终位于视场中心，从而实现对目标的自动跟踪，必要的时候，可以进行人工干预，图 7 - 28 是光电稳定平台目标跟踪工作原理图。

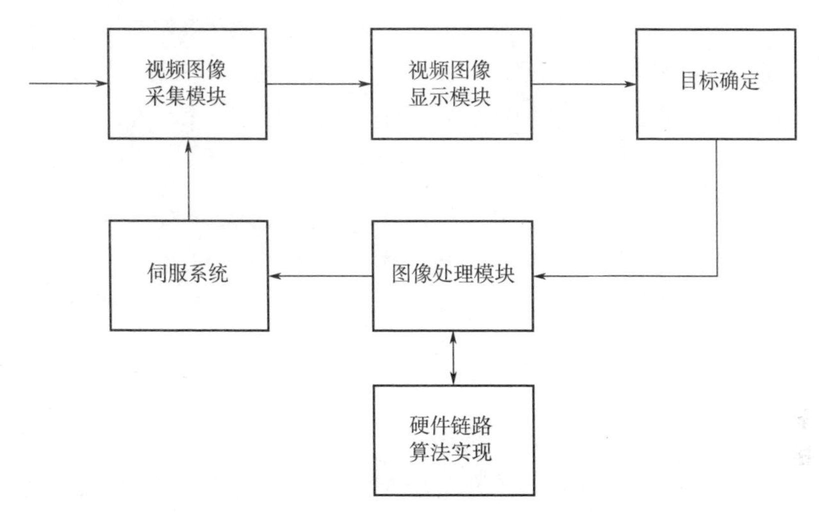

图 7-28　光电稳定平台目标跟踪工作原理图

光电稳定平台中的目标跟踪回路主要由摄像头、跟踪处理器和计算机接口电路等组成，摄像头一般以 CCD 或 CMOS 传感器作为焦面，用于获取外部的图像信息，将光信号转换为电信号。通过数字接口电路及图像采集卡，将摄像机传出的电信号转换为数字信号，再把数字信号传递给跟踪处理器，跟踪处理器完成图像信息处理后，输出角位置偏差速率信号，通过串行数字接口向转台控制计算机发送图像跟踪信号，实现转台对目标的跟踪。

在跟踪处理器中，位置控制器后的输出作为速度环的输入量，其反馈量是测速元件经过信号调理后得到的数值，常用测速发电机产生的转速信号构成速度闭环控制。速度环可以提高系统的刚度，通过增大系统的阻尼系数来提高动态跟踪能力。位置环的反馈量是由图像处理计算得到的。

由光电稳定平台的目标跟踪工作原理可以看出，图像处理系统作为位置反馈环，给出目标在视场内的瞬时位置，并形成位置偏差调整信号量，发给跟踪控制器，跟踪控制器经过算法调整光机稳定平台的目标位置，以便更好地跟踪目标。

下面分别从基于图像处理的运动模型建模与跟踪控制方法两个方面阐述光束跟瞄控制方法，并结合光束跟瞄试验来说明方法的有效性，最后给出光束跟瞄控制系统的性能评测方法。

7.5.1.1　基于图像处理的运动目标建模[10]

光电稳定平台由相机采集到图像，经过图像处理获得目标在视场中图像坐标系下的位置信息后，建立运动目标的预测模型，从而设计相应的控制算法以便更好地跟踪目标。下面分别介绍图像的匹配与运动目标的建模。

(1) 模板匹配

基于匹配的目标跟踪方法依据的是图像灰度互相关准则。常用的匹配方法如基于特征点的匹配，要求被跟踪目标具有某类特征[11]。而基于模板的匹配，关注与模板图像的相关性，对目标没有限定。模板的选取基于人机交互，操作员选取视频图像中一定区域作为目标模板，跟踪目标过程由计算机自动实时处理作为支持[12]。在运动目标跟踪的过程中，将已知的目标模板与候选区域进行匹配，在视频图像中通过计算目标区域与候选区域的互相关值，如图 7-29 所示，选择具有最大互相关值的候选区域作为目标在当前帧视频图像中的目标位置，从而实现运动目标的跟踪定位[13]。

模板匹配算法的核心就是在序列图像内搜索与所选模板最相似的匹配位置，为了尽可能降低噪声对匹配结果的影响，采用去均值归一化积相关（NNPROD）匹配准则[14]，互相关运算公式如下（目标模板图像大小为 $M \times N$ ）

$$R(m,n)=\frac{\sum_{i=1}^{M}\sum_{j=1}^{N}[f(i+m,j+n)-\bar{f})][t(i,j)-\bar{t}]}{\sqrt{\sum_{i=1}^{M}\sum_{j=1}^{N}[f(i+m,j+n)-\bar{f}]^{2}\sum_{i=1}^{M}\sum_{j=1}^{N}[t(i,j)-\bar{t}]^{2}}} \tag{7-15}$$

其中

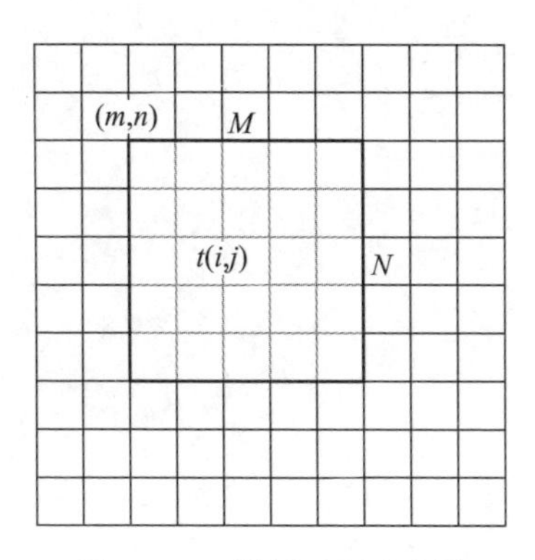

图 7 - 29　模板匹配示意图

$$\overline{f} = \frac{1}{MN}\sum_{i=1}^{M}\sum_{j=1}^{N} f(i,j) \tag{7-16}$$

$$\overline{t} = \frac{1}{MN}\sum_{i=1}^{M}\sum_{j=1}^{N} t(i,j) \tag{7-17}$$

式中　$f(i+m,\ j+n)$——待匹配子图像中第 $i+m$ 行和第 $j+n$ 列的像素的灰度值；

$t(i,\ j)$——模板图像上的第 i 行和第 j 列的像素的灰度值；

$\overline{f}$——待匹配图像实时子区间灰度值的平均值；

$\overline{t}$——模板图像灰度值的平均值；

$R(m,\ n)$——模板图像与待匹配图像在 $(m,\ n)$ 点上的互相关值，且满足 $0 \leqslant R(m,\ n) \leqslant 1$。

随着模板大小的增加，上述算法的计算量成倍增加。为了解决上述问题，需要针对算法进行优化，提出合理的减小计算量的算法。

由于光电跟踪控制系统的实时性很强，建议搜索窗不能开得太大。这就导致搜索窗内图像与参考模板图像的相似度很接近，这样相关系数值比较大，匹配点周围的相关系数值比较接近，不容易得到真正的匹配点。为了放大相关系数值的差别，将式（7 - 15）的分母去掉，变为如下形式

$$R'(m,n)=\sum_{i=1}^{M}\sum_{j=1}^{N}[f(i+m,j+n)-\bar{f}][t(i,j)-\bar{t}] \tag{7-18}$$

将上式展开得到

$$R(m,n)=\sum_{i=1}^{M}\sum_{j=1}^{N}[f(i+m,j+n)t(i,j)-f(i+m,j+n)\bar{t}-\bar{f}t(i,j)-\bar{f}\bar{t}] \tag{7-19}$$

为了简化处理，认为图像灰度值满足均匀分布，用均值代替各个点像素值，可以得到近似关系

$$f(i+m,j+n)\bar{t}\approx\bar{f}t(i,j)\approx\bar{f}\bar{t} \tag{7-20}$$

将式（7－20）代入式（7－19）化简得到

$$R(m,n)=\sum_{i=1}^{M}\sum_{j=1}^{N}f(i+m,j+n)t(i,j)-MN\bar{f}\bar{t} \tag{7-21}$$

式（7－21）称为快速 NNPROD 匹配准则。

对于大小 $M\times N$ 像素的目标模板而言，NNPROD 互相关一次计算量与快速 NNPROD 互相关的一次计算量比较如表 7－6 所示。

表 7－6　计算量对比

比较算法	NNPROD	快速 NNPROD
加法/次	$10\times M\times N$	$3\times M\times N+1$
乘法/次	$7\times M\times N$	$M\times N+5$
开方次	$M\times N$	0

可以看出，快速 NNPROD 较 NNPROD 而言，计算量几乎减小到了 $\frac{1}{4}$，至少提高了 4 倍的匹配速度。上述快速 NNPROD 模板匹配准则，在图像匹配跟踪过程中，目标模板图像在当前帧搜索窗内滑动，并与帧搜索窗内每点的子区图像做如上互相关运算，$R(m,n)$ 的最大值对应的位置点作为最佳的匹配点。

（2）运动目标的建模

在实际跟踪系统中，存在着多种情况，对于跟踪目标而言，目标的速度不是绝对恒定的，会存在一定的速度与加速度的变化。而且，对于模板匹配算法而言，其对灰度值的变化非常敏感。如果目标出现部分遮挡，就有可能匹配失败，丢失目标。

如果采用预测跟踪处理技术，当目标存在一定的运动状态变化，或者被部分甚至全部遮挡时，根据目标之前的位置信息和运动状态，估计出目标下一步可能的位置。当目标再次出现时，仍可稳定跟踪而不至于丢失目标。另外，在正常跟踪的情况下，运用目标预测算法预测下一帧目标可能出现的位置，就可以实现在相对较小的区域内对目标进行识别，这样也减少了目标识别的时间。

卡尔曼滤波与预测的准则是均方误差最小。根据状态向量和观测向量在时间上存在的不同对应关系，状态估计问题可分为预测、滤波和平滑。假设 $\hat{X}_{k/j}$ 表示根据 j 时刻和 j 时刻以前的测量值对 k 时刻的状态 X_k 做出的估计，则按照 k 和 j 的不同对应关系，状态估计可划分为：当 $k=j$ 时的估计过程称为滤波，即依据过去直到现在的观测值来估计现在的状态；当 $k>j$ 时的估计过程称为预测，即依据过去直到现在的观测值来预测未来的状态；当 $k<j$ 时的估计过程称为平滑，即依据过去到现在的观测值来估计过去的历史状态。

由于相邻帧间图像相似度大，位置变化小，可近似认为目标做直线运动，即系统的观测方程满足线性条件。当系统的噪声服从高斯分布时，则可以采用卡尔曼线性位置预测方法实现对运动目标的轨迹预测。

系统的状态方程和观测方程变为线性形式

$$\begin{aligned} \boldsymbol{x}_k &= \boldsymbol{A}\boldsymbol{x}_{k-1} + \boldsymbol{B}\boldsymbol{u}_{k-1} + \boldsymbol{w}_{k-1} \\ \boldsymbol{z}_k &= \boldsymbol{H}\boldsymbol{x}_k + \boldsymbol{v}_k \end{aligned} \tag{7-22}$$

其中，$\boldsymbol{x}_k$ 是状态向量；$\boldsymbol{A}$ 是状态转移矩阵，一般没有控制量 $\boldsymbol{u}_{k-1}$ ；$\boldsymbol{z}_k$ 为观测向量；$\boldsymbol{H}$ 是观测矩阵；$\boldsymbol{w}_{k-1}$ 和 $\boldsymbol{v}_k$ 是相互独立的高斯白噪声。

卡尔曼滤波器实现预测、更新的数学过程如下：

①时间更新过程

状态预测方程

$$\hat{\boldsymbol{x}}_k^- = \boldsymbol{A}\hat{\boldsymbol{x}}_{k-1} + \boldsymbol{B}\boldsymbol{u}_{k-1}$$

误差协方差矩阵

$$\boldsymbol{P}_k^- = \boldsymbol{A}\boldsymbol{P}_{k-1}\boldsymbol{A}^{\mathrm{T}} + \boldsymbol{Q}$$

②测量更新过程

计算卡尔曼增益

$$\boldsymbol{K}_k = \boldsymbol{P}_K^- \boldsymbol{H}^{\mathrm{T}}(\boldsymbol{H}\boldsymbol{P}_k^- \boldsymbol{H}^{\mathrm{T}} + \boldsymbol{R})^{-1}$$

更新状态估计值

$$\hat{\boldsymbol{x}}_k = \hat{\boldsymbol{x}}_k^- + \boldsymbol{K}_k(\boldsymbol{z}_k - \boldsymbol{H}\hat{\boldsymbol{x}}_k)$$

更新 k 状态的协方差矩阵

$$\boldsymbol{P}_k = (\boldsymbol{I} - \boldsymbol{K}_k\boldsymbol{H})\boldsymbol{P}_k^-$$

整个状态估计过程循环往复，一般达到指定迭代次数可以认为估计结果为近似最优解。其中，$\hat{\boldsymbol{x}}_k^-$ 为 k 时刻系统预测状态向量，$\hat{\boldsymbol{x}}_k$ 为 k 时刻系统修正状态向量。给定初值 $\hat{\boldsymbol{x}}_0$ 与 $\boldsymbol{P}_0$，根据 k 时刻的测量值 $\boldsymbol{z}_k$ ，即可修正 k 时刻的状态向量 $\hat{\boldsymbol{x}}_k^-$ 。

相邻帧间图像相似度大，位置变化小，可近似认为目标做直线运动。即目标观测方程为线性，若噪声满足高斯分布，则可以采用线性卡尔曼滤波预测方法实现对运动目标的轨迹预测[15-17]。

取 k 时刻目标状态向量 $\boldsymbol{x}_k$ 为一个 4 维向量 $\hat{\boldsymbol{x}}_k = (x_k, y_k, v_k^x, v_k^y)^{\mathrm{T}}$ 。x_k 和 y_k 为目标 k 时刻在 X 轴与 Y 轴的位置；v_k^x 和 v_k^y 为目标 k 时刻在 X 轴与 Y 轴方向的分速度。目标 k 时刻线性运动模型可以表示为

$$\begin{bmatrix} x_k \\ y_k \\ v_k^x \\ v_k^y \end{bmatrix} = \begin{bmatrix} 1 & 0 & \Delta t & 0 \\ 0 & 1 & 0 & \Delta t \\ 0 & 0 & 1 & 0 \\ 0 & 0 & 0 & 1 \end{bmatrix} \begin{bmatrix} x_{k-1} \\ y_{k-1} \\ v_{k-1}^x \\ v_{k-1}^y \end{bmatrix} + \boldsymbol{w}_{k-1} \tag{7-23}$$

为了修正目标状态参数，进行目标信息的准确估计，取 k 时刻观测向量

$$z_k = \hat{x}_k + v_k \tag{7-24}$$

模板匹配算法要从视频的每一帧图像中遍历搜索检测出目标，计算量很大。可以利用卡尔曼滤波器，在 $k-1$ 时刻获得的修正目标信息基础上，对 k 时刻目标的信息进行预测。但是该预测值存在误差，所以在 k 时刻，以预测值为圆心，以目标尺寸 L 加时间段内目标的预计运动距离为半径，如图 7-30 所示，确定 k 时刻目标搜索范围 S_k

$$S_k = v_k \Delta t + L \tag{7-25}$$

其中，Δt 为帧频倒数；v_k 为 k 时刻目标运动合速度，满足 $v_k = \sqrt{v_k^{x2} + v_k^{y2}}$ 。

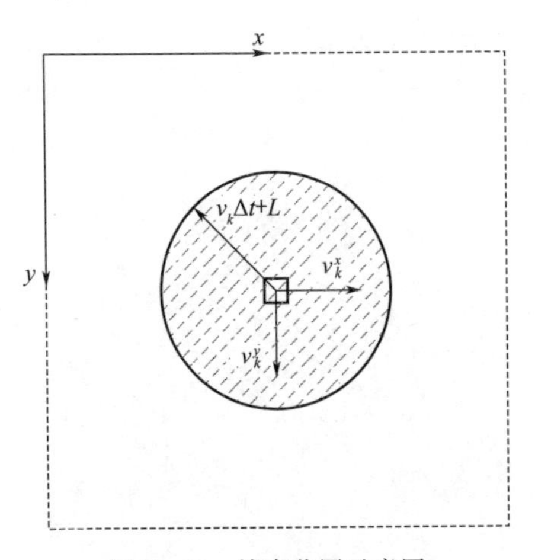

图 7-30　搜索范围示意图

在 k 时刻，由卡尔曼预测方程得到运动目标预测状态向量 $\hat{x}_k^-$ ，得到目标的预测位置 $(x_k,\ y_k)$ ，在以预测位置 $(x_k,\ y_k)$ 为圆心，搜索范围 S_k 为半径的圆形区域内采用优化 NNPROD 的模板匹配算法寻找目标最优位置，重新计算速度信息，构成 k 时刻的观测向量 z_k ，并将匹配得到的最优位置作为最终目标位置保存下来。利用 k 时刻的观测向量 z_k 与卡尔曼滤波器的修正方程，得到 k 时刻的修正目标状态 $\hat{x}_k$ ，用于 $k+1$ 时刻目标状态向量的预测。

7.5.1.2 光电稳定平台跟瞄控制技术

基于图像处理的运动目标与建模跟踪算法作为控制系统输出偏差信号，最终目的是为视觉伺服控制服务的。在对图像处理系统的跟踪算法做了研究之后，为了建立完整的跟踪控制回路，需要对光电稳定平台的伺服控制器进行设计。如图 7 - 31 所示，对于光电稳定平台的内环结构的控制器设计，外环架结构的根本目的是扩展光电平台的跟踪范围，通过外俯仰环架跟随内俯仰环架的运动可以保证内环架的相互垂直状态，实现对目标的跟踪。光电稳定平台的伺服闭环控制结构如图 7 - 32 所示，内环控制器设计与控制结构包括方位和俯仰通道，控制通道为多回路伺服，包括速度反馈环和位置闭环，因此需要分别设计速度控制器与位置控制器来实现整个跟踪回路的控制。

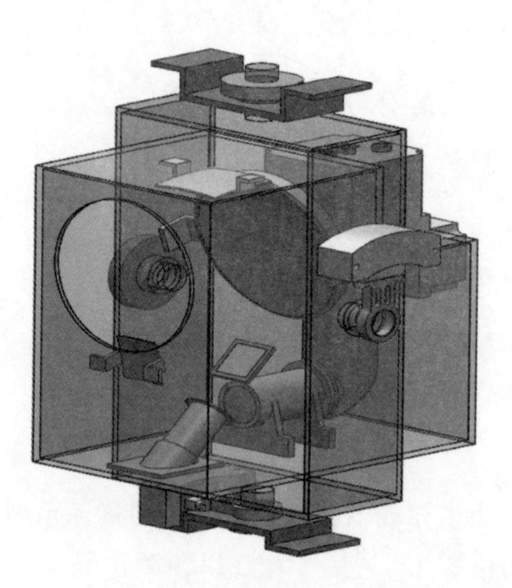

图 7 - 31 光电稳定平台内环结构图

光电稳定平台的内框架组件由内俯仰组件和内方位组件组成，内框架组件的两轴均由音圈电机驱动，并由速率陀螺来检测角度，实现闭环控制。内俯仰框架装载着离轴三反光学系统结构以及陀螺

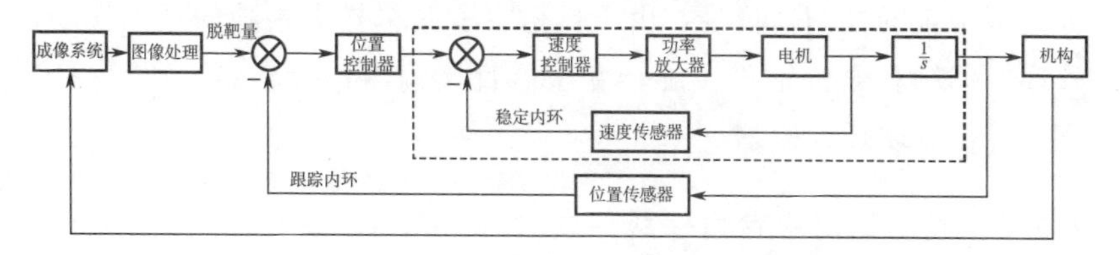

图 7-32　光电稳定平台闭环控制结构图

稳定机构，在水平轴系内实现小角度的转动，视轴的稳定精度和测角精度主要由内框架组件实现，由于音圈电机响应速度快、功效高、精度高，所以系统采用音圈电机直驱方式。其数学模型如图 7-10 所示，则由图可以求出音圈电机的传递函数为

$$G(s)=\frac{\omega(s)}{U(s)}=\frac{K_t}{LJs^2+RJs+LK_n+K_iK_v} \tag{7-26}$$

在实际应用中，将音圈电机与速率陀螺看作一个整体被控对象进行分析，经过扫频得到被控对象的开环 Bode 图曲线，拟合出实际的传递函数形式。

如图 7-32 所示，整个光电稳定平台闭环控制包括俯仰和方位两轴控制，一般采用分轴设计的方式。各轴采用先内环速率反馈控制器的设计和内环位置反馈控制器的设计，最后采用外环控制器的设计。

速率反馈回路校正环节设计中，常采用基于频域的设计方法，即根据被控对象的开环频率特性及预期系统动态与稳态性能指标，设计校正环节的结构和参数，速率稳定回路采用滞后超前校正，一方面可加大低频增益以保证稳态精度要求，另一方面增大系统相位裕度以保证动态精度要求和系统稳定性。对速度回路的基本要求有三点：1）满足系统所需的速度范围；2）满足位置伺服回路所需的动态特性；3）满足力矩电机对速度回路的要求。

位置回路设计的目的是实现伺服系统所要求的一定速度、加速度下的稳态和动态性能指标，主要影响因素是位置环的带宽和开环增益。

外随动框架组件的主要功能是驱动外框架跟踪内框架运动，扩展观测视场，实现大角度跟踪成像；所以外环的设计也分为俯仰和方位两个轴的控制器设计，由于只是为了简单扩大跟随的观测视场，外环俯仰轴和方位轴连接旋转变压器直接输出位置信息，所以只需要设计位置闭环控制器。

7.5.2 光电稳定平台目标跟踪试验

7.5.2.1 试验平台系统构成

试验平台结构如图 7 - 33 所示，主成像相机在内二维框架中，外二维框架中包含旋转电机与速率陀螺，平台计算机内实现图像处理与平台指向控制功能。

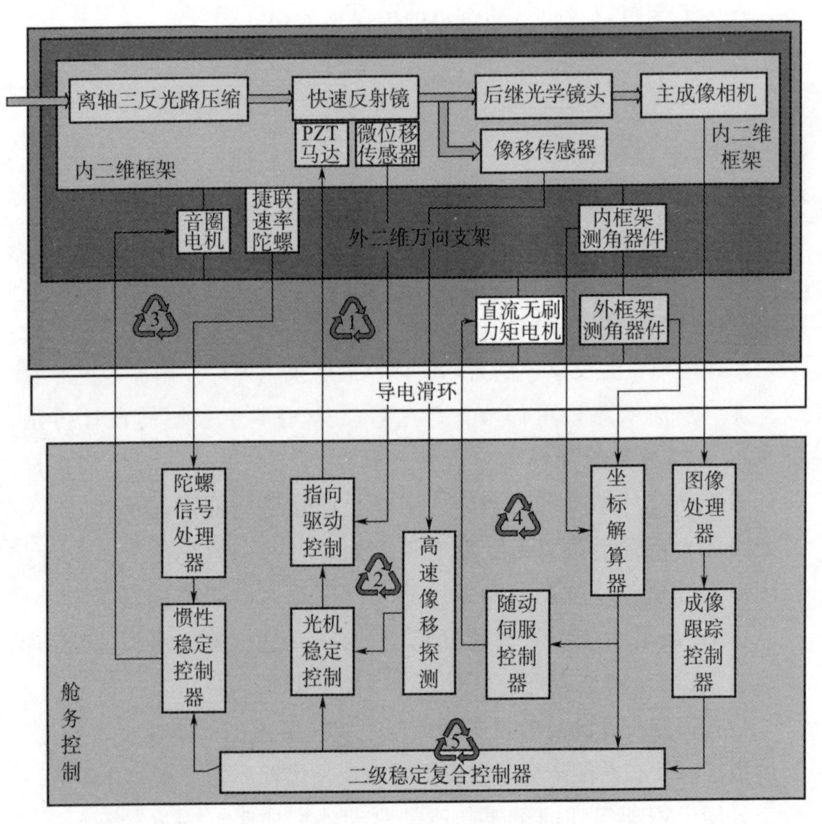

图 7 - 33 光电稳定平台结构图

本试验采用Basler公司的acA2000－340km相机进行高速图像采集，该相机参数如表7-7所示。

表7-7　acA2000－340km工业相机参数

参数	数据	单位
水平/垂直分辨率	2 048×1 088	像素
水平/垂直像素尺寸	5.5×5.5	μm
帧速率	340	fps
像素位深	8、10、12	bits
Camera Link时钟	32.5/48/65/82	MHz
信噪比	40.7	dB
外壳尺寸	43.5×29.0×29.0	mm
功率	3.0	W
靶面尺寸	2/3	inch
感光芯片尺寸	11.26×5.98	mm
感光芯片类型	CMOSIS CMV2000 CMOS	

试验系统总体结构包括高速高精度相机acA2000－340km，高质量镜头、高速存储系统（含计算机及系统控制软件），如图7-34所示，其中存储系统硬件部分包含加固存储控制器与加固存储器。

7.5.2.2　运动目标跟踪试验

本次试验获得的被跟踪目标的运动视频，以运动的行人作为跟踪目标，如图7-35所示。此行人的特点包含运动背景变化，运动形态的不断变化，同时运动轨迹具有随机性，适合作为机动目标的被跟踪对象。

采用标准NNPROD算法对机动行人运动轨迹进行跟踪试验，得到的轨迹数据如图7-36所示，目标背景在时刻变化，且目标运动形态时刻变化，加上行人运动出现反向行走和停止，通过标准NNPROD算法得到了目标的运动轨迹出现范围起伏，属于正常情况。仍以其作为目标跟踪试验的参考轨迹。模板大小为30×60，时

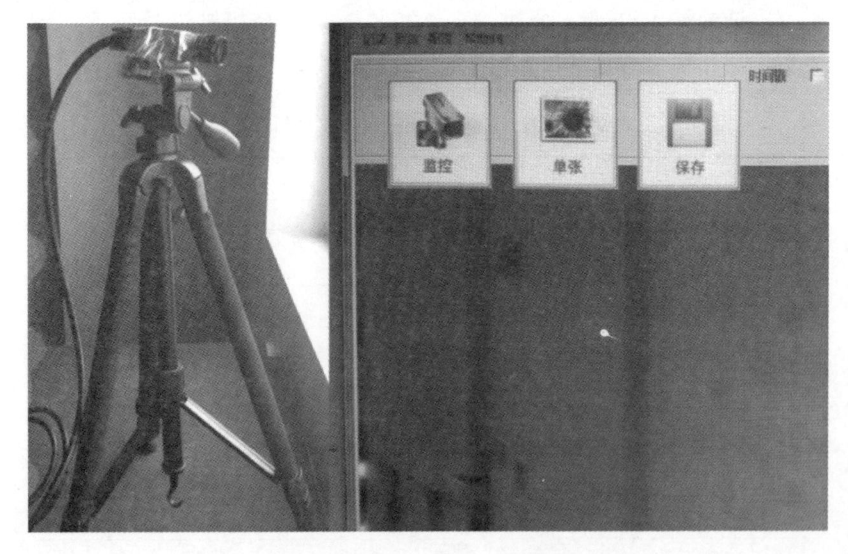

图 7－34　acA2000－340km 相机与采集系统

间成本为 0.015 s，对于帧频为 70 Hz 的视频而言，计算时间超出限制范围。

采用“卡尔曼滤波-图像相关”联合运动估计方法，设置初始搜索范围为 10 像素，预测搜索像素为 6 像素，搜索步长设为 2 像素，选取同样的目标模板进行跟踪试验，得到目标运动轨迹和预测轨迹如图 7－37 所示。帧间计算时间为 0.007 s，满足实时性要求。

匹配轨迹与参考轨迹在水平和垂直两个方向上的像素误差

$$E_{H3}=0.0360 \text{ pixels}$$

$$E_{V3}=0.2180 \text{ pixels}$$

匹配轨迹与预测轨迹在水平和垂直方向上的像素误差

$$C_{H3}=0.5243 \text{ pixels}$$

$$C_{V3}=0.2080 \text{ pixels}$$

可以看出，“卡尔曼滤波-图像相关”联合运动估计方法在跟踪机动目标时，算法跟踪误差与预测误差在 0.5 个像素左右。

图 7-35　机动行人跟踪试验

7.5.3　光束跟瞄控制系统的性能评测方法

光束跟瞄控制系统主要关注的就是系统的目标输出值和实际输出值之间的差值，其性能评测主要涉及 3 个概念，分别是 APE（绝对性能误差）、MPE（平均性能误差）、RPE（相对性能误差）。相关理论在 7.3.2 节已经有比较详细的介绍，此处不再赘述。

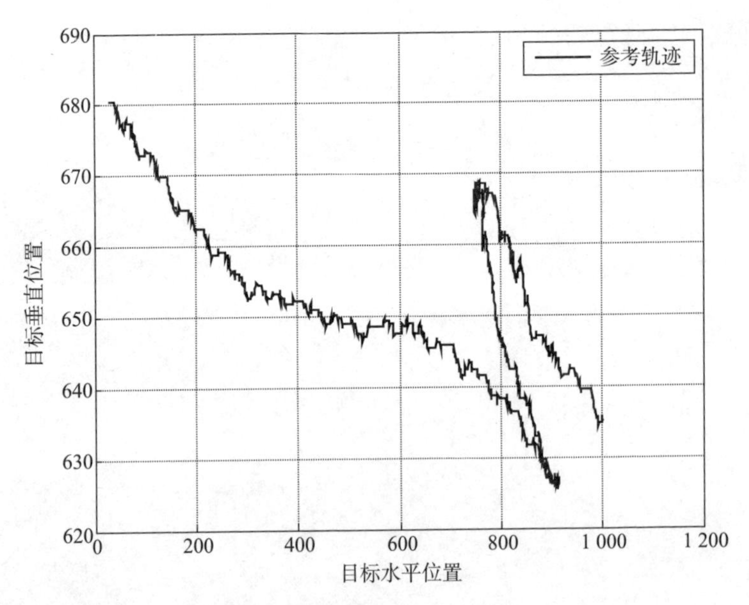

图 7-36　机动行人参考轨迹

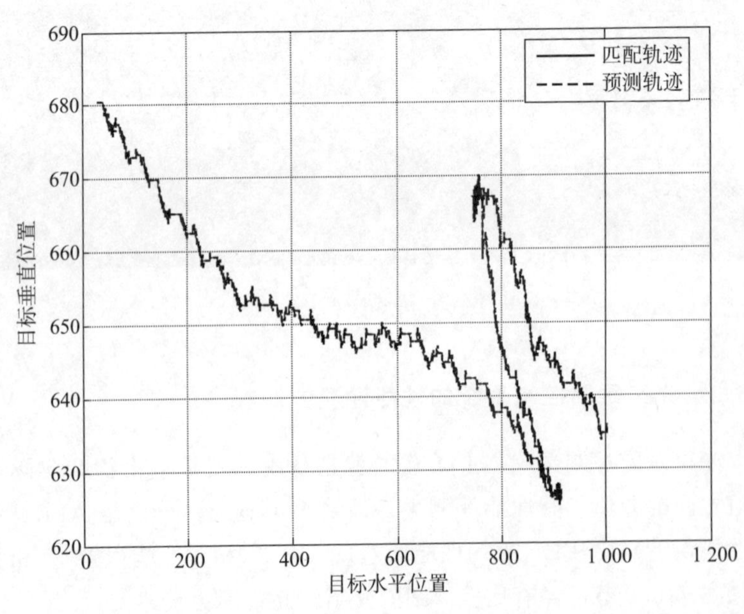

图 7-37　机动行人匹配与预测轨迹

7.6　光束质量调整控制技术

7.6.1　光机稳定成像及其复合控制技术[18]

光学遥感领域的光机稳定成像系统一般由两大功能回路复合而成，即惯性稳定回路和光机稳像回路，如图 7-38 所示。

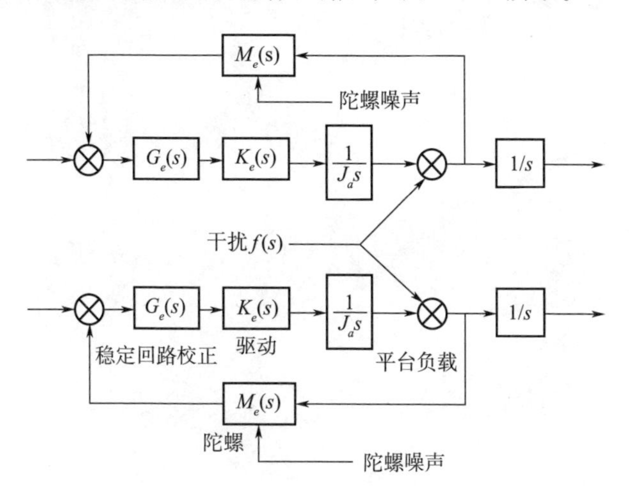

图 7-38　惯性稳定回路控制结构

（1）惯性稳定回路

当惯性稳定控制回路接收到跟踪运动速率指令时，通过速率陀螺敏感其在惯性空间内的运动速率，通过反馈控制律对运动实现解耦和驱动量计算，进而通过电机驱动旋转机架按需要的惯性角速率运转。当由于外部各扰动力矩通过轴系耦合导致机架发生运动时，惯性稳定回路通过速率陀螺敏感旋转机架在惯性控制内的运动，通过惯性稳定控制器使电机产生与外扰力矩大小相等方向相反的补偿力矩，从而保持旋转机架在惯性空间内的稳定。

（2）光机稳像回路

由于压电陶瓷电机（PZT）具有行程小、精度高、响应速度快、无摩擦和功耗低等优点，是一种比较理想的微位移驱动元件，因此可作为快反镜的执行元件，通过快速驱动 Tip－Tilt 实现对颤振光路的实时校正的需求。因此，针对光轴颤振执行校正动作的动作模块由压电陶瓷电机（如图 7－39 所示）和 Tip－Tilt 摆镜组成，用于实时校正光学系统的像移扰动量。

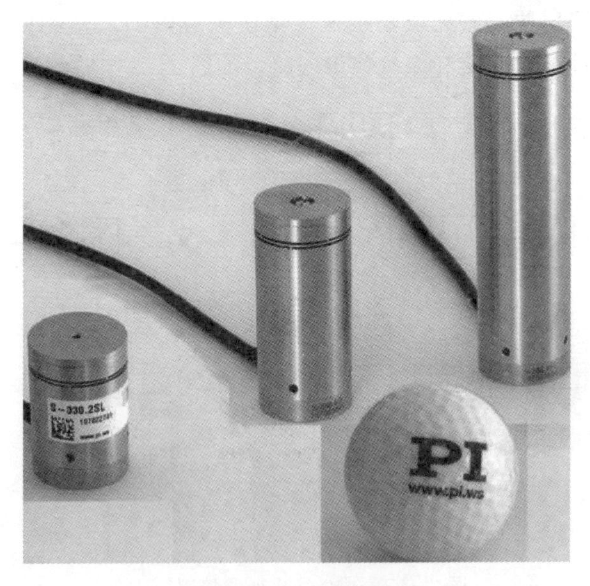

图 7－39　压电陶瓷电机

执行模块中，制约抑制带宽的因素是因其压电陶瓷电机动态响应时间较长带来的误差。以单位阶跃电压作为输入信号，压电陶瓷电机的位移输出

$$x(t)=MV^2(1-2e^{t/T_m}+e^{-2t/T_m}) \tag{7-27}$$

式中　V ——压电陶瓷的输入电压；

T_m ——压电陶瓷的时间惯性系数；

t ——响应时间。

图 7－40 为压电陶瓷电机的动态特性示意图，压电陶瓷动态响应速度对执行模块的像移补偿效果有决定性的影响，为提高快反镜的稳像精度，应改善压电陶瓷电机的动态响应性能。

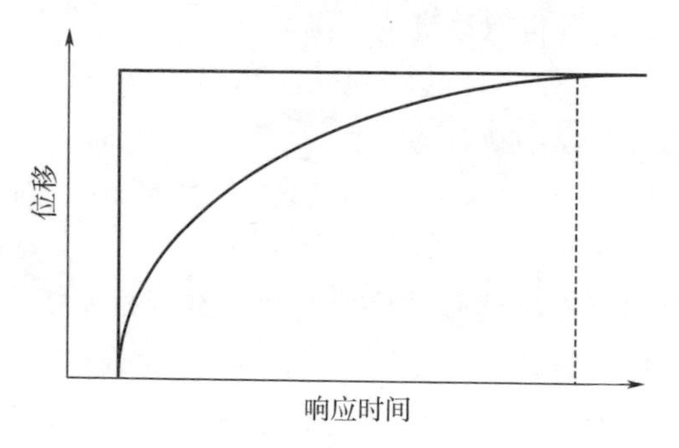

图 7-40　压电陶瓷电机的动态特性示意图

压电陶瓷电机的电学简化模型如图 7-41 所示，其中 R 为电压放大电路的等效充放电电阻，C 为压电陶瓷电机的等效电容，U_i 为压电陶瓷驱动器输入电压，U_o 为压电陶瓷驱动器输出电压。根据压电陶瓷的电位移特性，当驱动电压大于一定值以后，位移与给定电压成正比，即

$$x = kU_o \tag{7-28}$$

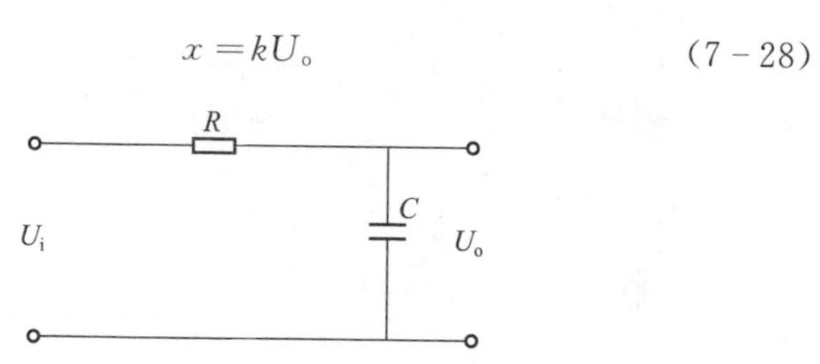

图 7-41　压电陶瓷电机的电学简化模型

结合压电陶瓷电机电学模型，输入与输出的关系用微分方程可表示为

$$T\frac{dU_o}{dt} + U_o = U_i \tag{7-29}$$

其中，$T = RC$，为时间常数。对式（7-29）取 Laplace 变换，且设初始条件为 $U_o(0) = 0$，得压电陶瓷电机的传递函数

$$U_o(s) = \frac{1}{Ts+1}U_i(s) \tag{7-2309}$$

结合式（7-28），可得像移量传递函数

$$x(s)=k\cdot U_{o}(s) \tag{7-31}$$

因此，动作模块传递函数可表示为

$$G_{\mathrm{PZT}}=\frac{k}{Ts+1} \tag{7-32}$$

成像跟踪回路输出信号并形成有效的补偿控制指令，然后将指令通过快反镜控制器转化为高频反射镜的驱动控制量，经 PZT 驱动器使反射镜产生大小相等方向相反的光路较正量，最终确保输出光路的稳定。其补偿过程如图 7-42 所示，由上述对 PZT 的分析可以得到系统的控制结构图如图 7-43 所示。

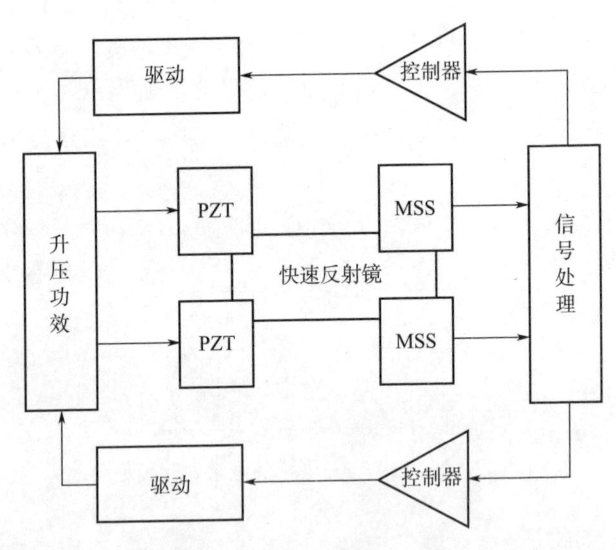

图 7-42　反射镜补偿过程

惯性稳定回路具有视轴稳定和指向跟踪功能，以实现对机动目标的高精度跟踪成像。然而，随着空间光学遥感领域对光轴稳定精度和指向机动性能要求的不断提升，惯性稳定回路受到机架动力学性能的约束，在稳定精度和机动性能方面已无法满足要求。为此，在惯性稳定回路的基础上，通过在光学探测通路加入快反镜，借助

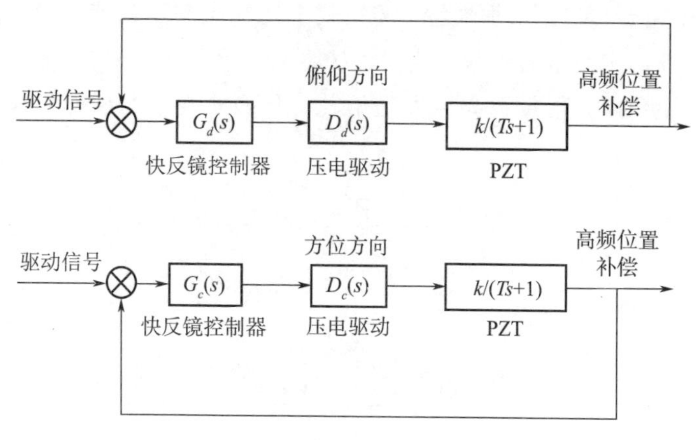

图 7-43　光机稳像回路控制结构图

于快速反射镜在响应速度上的优势，弥补传统视轴惯性稳定方法在稳定精度上的不足，从而达到大幅提升系统指向稳定性的目的。在此类惯性/光机的复合指向系统中，惯性稳定回路作为宏动单元，负责隔离机动载体的低频大角度姿态变化，并实现对目标探测指向的初步控制；快反镜则作为微动单元，在高频小角度范围做高精度指向机动，完成精确的指向稳定和跟踪控制功能，实现光机稳定成像。

（3）复合控制方法

在惯性/光机的复合指向系统中，光轴的指向由惯性稳定系统与快反镜回路作用叠加复合形成。由于两者的动态性能与作用范围存在较大差异，传统的 PID 控制器很难得到高精度的稳定性和机动性目标，采用复合控制技术能够提高系统的无静差度，消除速度滞后误差和加速度滞后误差，并且在提高跟踪精度的同时又不影响原闭环系统的稳定性。目前，复合控制技术在光机稳定成像系统中得到广泛应用。

系统的控制结构原理图如图 7-44 所示。复合控制器接收调整指令，并将其转化为惯性稳定控制回路的指令 r_2 和快反镜驱动指令 r_1。惯性稳定回路接收 r_2 后，与速率陀螺敏感的实时惯性运动角速率 ω_g 作差，计算出电机驱动量 V_m，驱动机架电机产生控制力矩

T_m，驱动旋转机架依据惯性 / 光机复合指向跟踪运动速率给定信号完成惯性稳定与指向跟踪。快反镜接收驱动指令 r_1，在 r_1 驱动下改变快反镜角度，使反射光束发生偏转，从而实现小角度的光束指向调整。

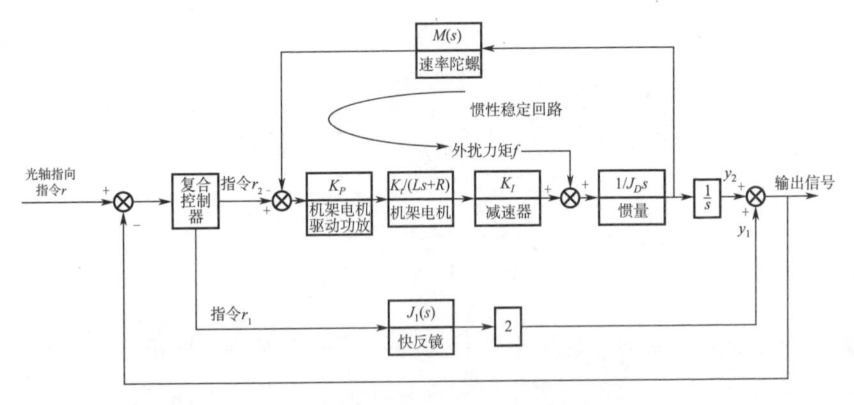

图 7-44 惯性/光机复合指向控制结构原理图

考虑到快反镜从输入指令到产生偏转角度间的传递函数可用 $J_1(s)$ 代表，则从快反镜驱动信号 r_1 到所产生的光路偏转 y_1 的传递函数可表示为 $y_1 = 2 \times J_1(s) \times r_1$。惯性稳定回路中功放、减速器、惯量分别可用比例系数 K_P、K_I、$1/J_D S$ 表示，机架电机的传递函数为 $H(s) = K_t/(Ls + R)$，陀螺特性表示为 $M(s)$，则整个惯性稳定回路的输入输出关系可用其闭环传递函数 $J_2(s) = \dfrac{K_P K_I \dfrac{1}{J_D s} H(s)}{1 + K_P K_I \dfrac{1}{J_D s} H(s) M(s)}$ 来代表，从惯性稳定回路产生的驱动量到 y_2 的传递函数可表示为 $y_2 = \dfrac{1}{s} \times J_2(s) \times r_2$。系统的控制结构图可以进行简化，如图 7-45 所示。

至此，惯性/光机复合指向控制系统转化为一类并行的 DISO 系统，需设计一个 SIDO 惯性/光机复合指向稳定控制器来实现 y_2 响应

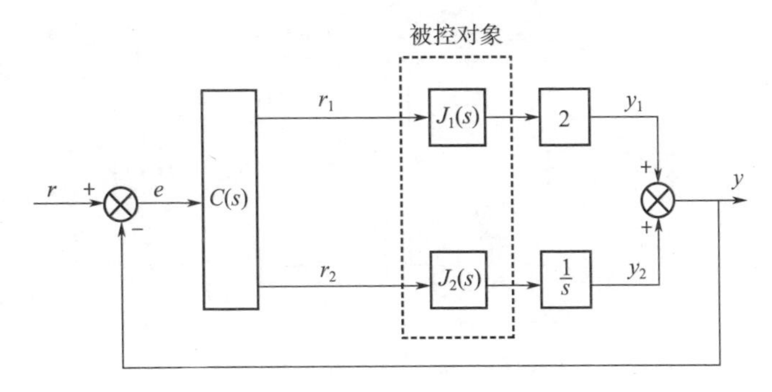

图 7 - 45　简化后的系统结构图

低频大角度信号，y_1 响应高频小角度信号，最终叠加输出精确的位置信号。

应用 PQ 设计法设计并行的 DISO 系统，将并行的控制器和被控对象的传递函数之比作为设计对象，通过设计两个 SISO 系统的控制器来调整系统的幅值和相角特性，使得两个系统协调运作，解决复合控制系统的频带分解和稳定性匹配的问题。

考虑到惯性/光机复合指向系统惯性指向跟踪回路和快反镜回路的响应频带不同，将复合控制器设计为由三个子控制器组成，其中 C_2，C_1 决定了惯性稳定回路和快反镜的作用频带，C_0 用于校正指向外回路的整体控制性能，取

$$G_1(s) = 2 \times J_1(s) \tag{7-33}$$

$$G_2(s) = J_2(s) \times \frac{1}{s} = \frac{K_P K_I \dfrac{1}{J_D s} H(s)}{1 + K_P K_I \dfrac{1}{J_D s} H(s) M(s)} \times \frac{1}{s} \tag{7-34}$$

惯性/光机系统结构图进一步转化，如图 7 - 46 所示。

取比值传递函数

$$P = G_2(s) / G_1(s) \tag{7-35}$$

设计一虚拟控制器

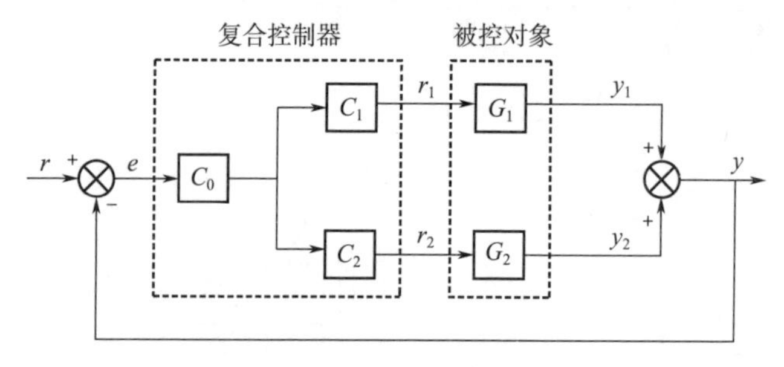

图 7-46 系统控制结构图

$$Q = C_2(s)/C_1(s) \tag{7-36}$$

则如果 $|PQ|>1$，即 $|C_2(s)\times G_2(s)|>|C_1(s)\times G_1(s)|$，则惯性指向支路的响应大于快反镜支路，反之，则表明快反镜支路的响应大于惯性指向支路。当 $|PQ|=1$ 时，表明在该频率下，两支路响应幅值相等。同理，如果 $\angle PQ(\omega)=0°$ 时，则两支路同相位，响应为叠加关系，当 $\angle PQ(\omega)=-180°$ 时，两支路相位相反，输出互相抵消。因此，Q 的设计应保证在 $|PQ|=1$ 时，$\angle PQ$ 偏离 $-180°$ 并具有足够的裕度，以确保两者有效叠加，其物理意义与 PQ 单位反馈系统的相位裕度相同。因此，建立 PQ 辅助反馈系统确定 Q 的设计，如图 7-47 所示。其开环剪切频率 ω_c 即为两支路的作用频带的分界频率，其相位裕度即为确保两支路输出不发生控制抵消的相位裕量。

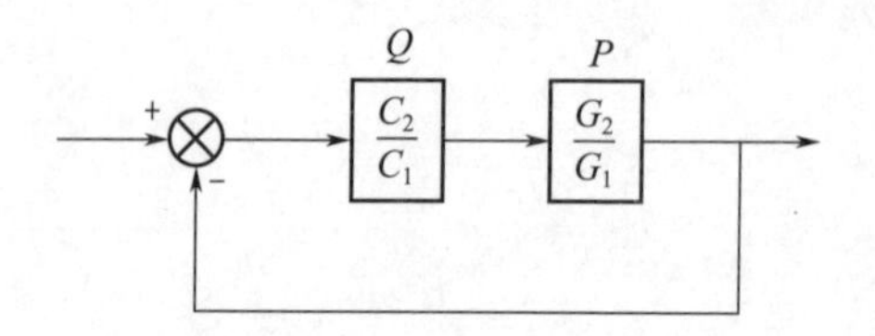

图 7-47 辅助 PQ 反馈系统

以剪切频率为 ω_c，相角裕度 $>60°$ 的原则，应用频率响应法设计得到 $Q(s)$。选取 $C_1(s)=K$，则根据式（7-36），取

$$C_2(s) = Q(s)\times C_1(s) \tag{7-37}$$

将式（7-37）代入到系统中，取

$$G_{SISO}(s)=G_1(s)\times C_1(s)+G_2(s)\times C_2(s) \tag{7-38}$$

则图 7-47 可转化为图 7-48。

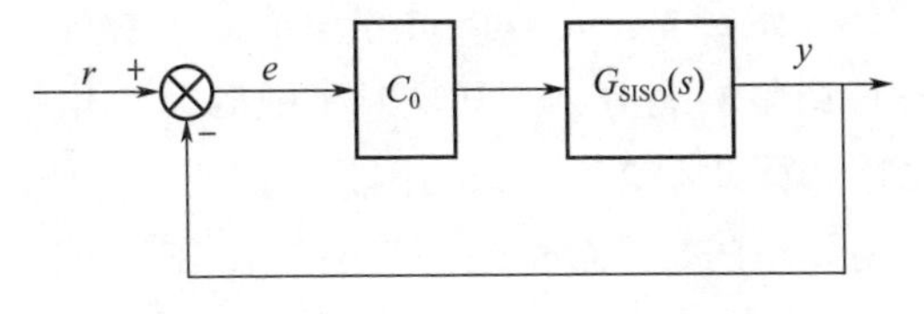

图 7-48　转化后的控制结构图

G_{SISO}为新的被控对象，根据系统对跟踪回路的性能要求，可进一步通过频率响应法设计 C_0。

基于上述设计可知

$$y=y_1+y_2=C_0\times G_1(s)\times C_1(s)\times e+C_0\times G_2(s)\times C_2(s)\times e$$

$$y_2/y_1=[C_0\times G_2(s)\times C_2(s)\times e]/[C_0\times G_1(s)\times C_1(s)\times e]=PQ$$

当 $\omega<\omega_c$ 时，$|y_2/y_1|>1$ 惯性稳定回路主导响应。当 $\omega=\omega_c$ 时，$|y_2|=|y_1|$，两者输出相等，且 $\angle|y_2/y_1|>-180°$ 两者输出不相互抵消。当 $\omega>\omega_c$ 时，$|y_2/y_1|<1$，快反镜支路占据主导响应，有效实现了在 ω_c 处的频带分解。

7.6.2　自适应成像控制技术

随着我国对空间光学遥感器的分辨率水平和性能要求越来越高，高分辨率遥感器需要大口径、长焦距来保证遥感器的性能。空间光学遥感器受发射过程中的振动冲击、热环境变化、力学环境变化等因素的影响，容易造成遥感器的镜面的变化，从而在轨工作后会存在静态像差，导致波前畸变的发生，进而导致遥感器成像质量和探测精度的下降[19]。

一般传统的光学技术在稳定的工作环境的基础上，要花费大量的时间与精力进行科学的光学设计和细致装调来降低像差，尽量选择温度膨胀系数小的材料来精密加工，并保持所有器件的膨胀系数差不多，同时保持光学系统工作于恒温状态以避免温度变化的影响，选择轻质材料与合理的支撑结构来减轻光学系统自身重量，以降低重力变化的影响。但是对于空间光学遥感器而言，所做的这些工作可能在从发射到开始在太空运行的过程中徒劳无功，而且不具有随着环境变化进行调整的能力。尤其是对于随时间变化的动态因素无法从源头上消除，因此动态因素成为困扰空间光学系统的老问题。

测量像差与校正的想法最早是由美国学者 Babcock 在 1953 年提出来的，后来在 20 世纪 70 年代，他的设想被发展成为自适应光学技术[20]。随着材料、电子学、控制技术等的发展，这种校正像差的技术才进入了大量的验证与应用阶段[21]。目前变形镜的控制技术是自适应光学技术中比较热门的技术之一。

随着变形镜控制技术的日益成熟，许多领域都装备了变形镜，从军事到商用再到民用，该技术应用广泛，涉及空间遥感、激光通信、星基望远镜、地基望远镜、核聚变装置、高能激光武器和视网膜成像等。

在变形镜控制系统中，要实现对变形镜的面形变化，变形镜的控制技术是不可或缺的。变形镜控制技术能够保证在要求的时间内实现任意面形的高精度、高鲁棒性控制。因此，变形镜的控制是核心技术之一，本文针对变形镜控制技术中的多变量解耦与优化问题进行介绍，建立变形镜精密伺服闭环控制系统，实现对已知面形的高精度、高稳定性解耦控制。

7.6.2.1　变形镜控制系统工作原理

变形镜控制系统主要由变形镜、波前传感器和波前处理器等组成，波前传感器相当于人的眼睛，把外界的信息接收过来传递给波前处理器，波前处理器相当于大脑，按照指定的算法进行运算得到驱动电压。变形镜生成与像差共轭的面形来实现像差的校正。

变形镜控制系统的工作原理[22]如图 7 - 49 所示，这种系统适用于被动成像观察。被观察目标可以视为由许多点目标组成的集合。根据光学原理，每个点目标都会生成球面波，该球面波经过大气湍流时会发生畸变，生成未知波前面形，经过光学系统接收后，在变形镜没有进行补偿的情况下，再经过半透半反的透镜后，然后生成两束，一束在像面生成一个畸变的目标像。另一束经过波前传感器将信息发送给波前处理器，波前处理器根据指定的算法进行运算后得到控制信号，然后将产生的控制信号传递给变形镜的驱动器产生运动，按照与相位共轭原理，补偿波前畸变。这时在像面上便会形成比较理想的目标像。

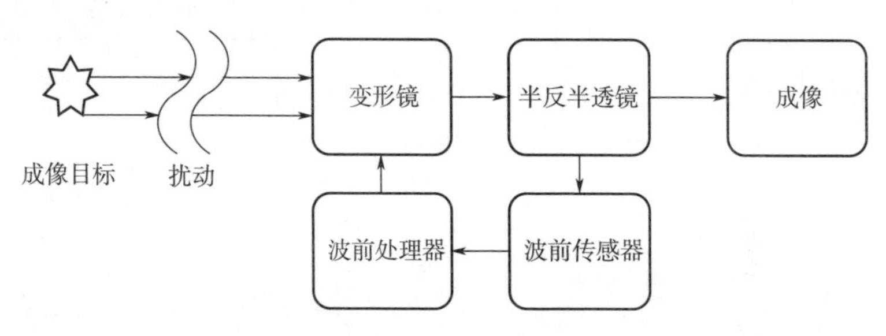

图 7-49　变形镜控制系统的工作原理图

经过电子学与材料的长期发展，变形镜控制系统已经大同小异了，其中变形镜系统的控制算法和优化算法对变形镜系统的影响极为重要，它是近年来变形镜控制系统研究最为活跃的领域之一。在设计控制算法时，首先要对变形镜系统的各重要部件进行仿真建模，比如波前像差的描述、变形镜的模型、驱动器模型，必要时还要采取系统辨识的方法建立合理的动态模型，然后根据一定的使用环境和控制性能指标选择和设计控制算法，使得变形镜系统能稳定工作。随着控制理论与技术的发展，变形镜系统的控制算法也紧随潮流，从经典控制方法走向了现代控制技术。虽然变形镜控制系统由多个子孔径的波前传感器（Wave Front Sensor，WFS）和有多个驱动器的变形镜（Deformable Mirror，DM）等构成，是一个典型的多输入多输出（Multi - Input Multi - Output，MIMO）控制系统，但是在经典变形镜控制系统中仍然将其看作多路并行的单输入单输出（Single Input Single Output，SISO）系统，在设计控制算法的时候，对每个驱动器的控制回路采用独立的控制器，然后针对每个回路单独设计优化的控制参数。大多数的变形镜系统的控制器一般为比例积分（Proportional and Integral，PI）控制器，控制算法简单，需要控制的参数较少。一般的变形镜控制的结构框图[23]如图 7－50 所示。

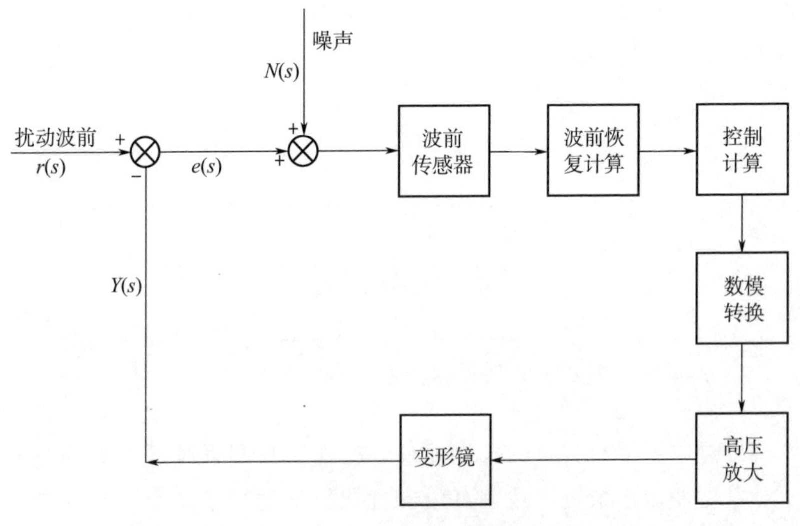

图 7－50　变形镜的控制结构框图

一般分析认为，在该系统中主要存在两个采样周期的时间延迟，其中一个是波前复原计算（WRC）所消耗的时间，另一个是控制器（CC）计算控制命令的时间。在变形镜控制系统中 CC 是得到控制电压的核心。在控制研究中，需要完成如下的工作：

1）对波前像差用数学的方式进行描述；

2）需要对变形镜的特点进行调研，根据空间遥感器的特点来选择合适的变形镜，然后对其建模；

3）根据选择的变形镜对其控制机构特性展开研究，对其仿真建模；

4）由于该系统是多输入多输出系统，需要考虑系统是否耦合的情况，完成解耦控制研究；

5）最后将系统搭建完成，基于其系统的特性展开控制算法的研究。

7.6.2.2　变形镜的建模与影响矩阵

变形镜的变形量一般为几微米，位移分辨率为几纳米，变形镜的主要性能参数包括：1）校正单元数；2）变形镜影响函数和交联值。同样的驱动器密度对不同结构的变形镜的校正能力是不同的。

变形镜的变形原理如图 7－51 所示。变形镜的建模是建立在超高斯函数[24]与叠加定理之上的，如下所示

$$f_i(x,y)=\exp\left\{\ln\omega\left[\frac{\sqrt{(x-x_i)^2+(y-y_i)^2}}{d}\right]^{\alpha}\right\} \tag{7-39}$$

$$\omega=\frac{L_2}{L_1} \tag{7-40}$$

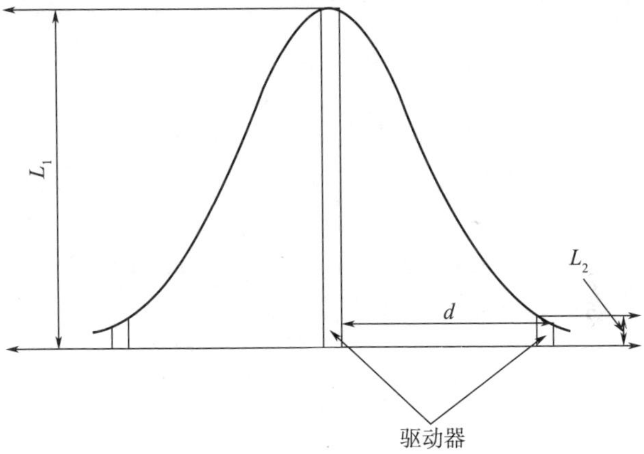

图 7－51　变形镜的变形原理

其中，$f_i(x,y)$ 为第 i 个驱动器的影响函数；d 为驱动器之间的距离；ω 为驱动器交联值，交联值定义为单个影响函数的变化量与相邻驱动器变形量的比值，一般交联值 ω 在 5%～20%之间，交联值越大波面越平缓，交联值越小波面变化越陡峭；α 为超高斯指数，一般取值为 2；x_i，y_i 为驱动器的位置。

单个驱动器的影响函数与高度正相关，但仍存在相交变形。变形镜的整个面形由各个驱动器影响函数的叠加所确定。那么对于一个指定的面形，可以有如下的表达式

$$Z(x,y)=\sum_{i}^{n}v_i \times f_i(x,y) \tag{7-41}$$

其中，$Z(x,\ y)$ 为指定面形；n 为驱动器的数目；v_i 为第 i 个驱动器的驱动电压，在这里为了仿真的方便，假设驱动电压与驱动量成线性关系。

一般变形镜的主孔径为圆形，每个驱动电极都是圆形结构。在建模过程中，通过文献资料的查询，驱动器的分布方式一般为四角分布和三角分布（六边形分布）。这里选择三角分布，在建模过程中，取驱动器数目为37，分布如图7－52所示。变形镜在37个驱动器驱动量都为单位量的情况下的图像如图7－53、图7－54所示。

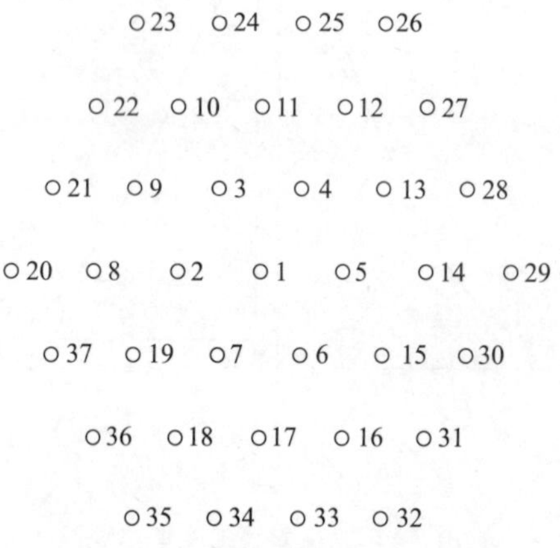

○23　○24　○25　○26

○22　○10　○11　○12　○27

○21　○9　○3　○4　○13　○28

○20　○8　○2　○1　○5　○14　○29

○37　○19　○7　○6　○15　○30

○36　○18　○17　○16　○31

○35　○34　○33　○32

图7－52　变形镜驱动器的分布图

图7－55是全部驱动器驱动相同的位移形成的类似圆锥体的立体图，按照常识，形成的面形应该为一个平面，这是因为交联值对每个驱动器的控制产生了耦合作用，控制产生需要的面形或者校正波前面形需要精确求解每个驱动器的驱动量，这就需要对算法进行研究，解耦控制由此而来。

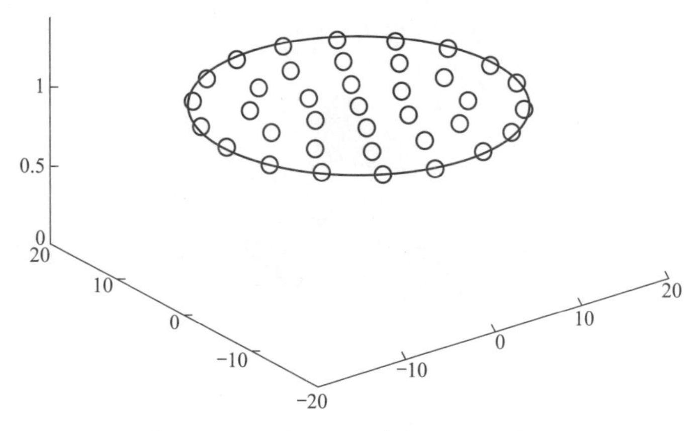

图 7-53　37 个驱动器单位驱动量立体图

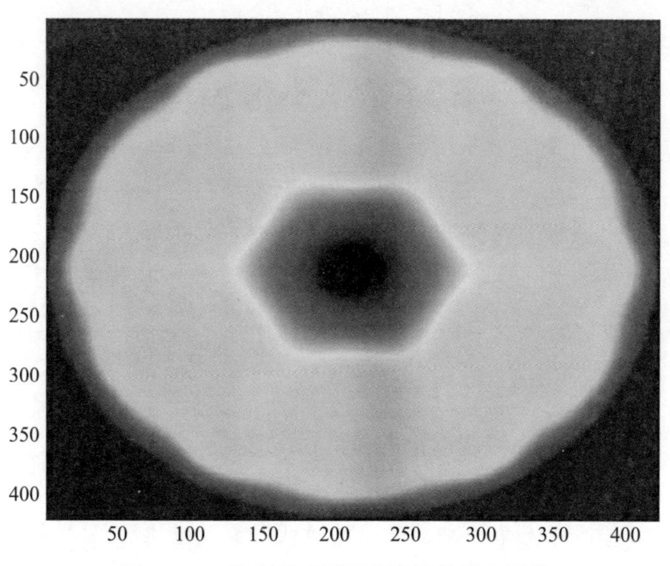

图 7-54　单位驱动量下变形镜的等高图像

7.6.2.3　解耦控制研究[25]

(1) 传统 Zernike 方法

传统 Zernike 方法由波前面形向变形镜衍生，每个驱动器的影响函数可以写成用 Zernike 函数表达的形式

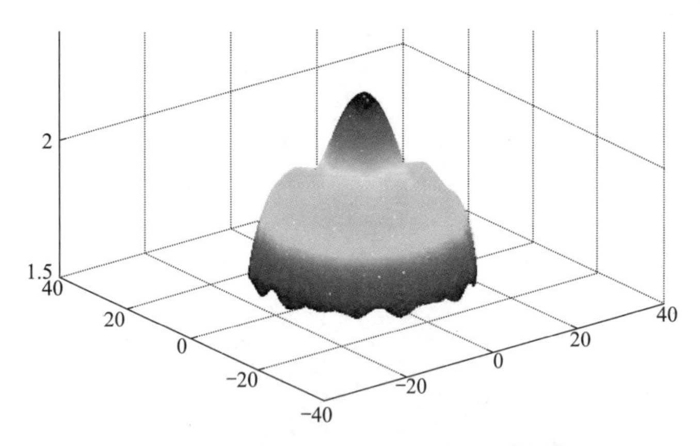

图 7－55　单位驱动量下变形镜的立体图像

$$f_i(x,y)=\sum_{j=1}^{m} b_{ij}\times Z_j(x,y) \tag{7-42}$$

式中　$f_i(x,\ y)$——第 i 个驱动器单位驱动量的影响函数；

b_{ij}——第 i 个驱动器的在第 j 项的 Zernike 函数的系数；

$Z_j(x,\ y)$——Zernike 函数的第 j 项；

m——所采取的 Zernike 多项式项数。

因为变形镜的整个面形等于各个驱动器的影响函数与其驱动量乘积的叠加，那么有

$$Z(x,y)=\sum_{i=1}^{n} v_i \sum_{j=1}^{m} b_{ij}\times Z_j(x,y) \tag{7-43}$$

式中　$Z(x,\ y)$——变形镜的面形；

n——所采用的驱动器数目；

v_i——第 i 个驱动器的驱动量或者驱动电压。

式（7－43）还可以等价为

$$Z(x,y)=\sum_{i=1}^{n}\sum_{j=1}^{m}(v_i\times b_{ij})\times Z_j(x,y) \tag{7-44}$$

另一方面，传统 Zernike 方法是将各个驱动器的影响函数的 Zernike 系数向量保存在影响函数矩阵 $\boldsymbol{B}$ 中，则得到变形镜 $\boldsymbol{C}$ 与全部驱动器电压 $\boldsymbol{V}$ 之间的关系

$$\boldsymbol{C}=\boldsymbol{B}\boldsymbol{V},\begin{bmatrix}c_1\\c_2\\\cdots\\c_m\end{bmatrix}=\begin{bmatrix}b_{11}&b_{12}&\cdots&b_{1n}\\b_{21}&b_{22}&\cdots&b_{2n}\\\cdots&\cdots&\cdots&\cdots\\b_{m1}&b_{m2}&\cdots&b_{mn}\end{bmatrix}\times\begin{bmatrix}v_1\\v_2\\\cdots\\v_n\end{bmatrix}\qquad(7-45)$$

其中，$\boldsymbol{C}$ 是变形镜的 Zernike 多项式的系数向量表达；$\boldsymbol{V}$ 代表驱动器的驱动电压或驱动量组成的向量。影响函数代表了变形镜的空间信息。

又因为变形镜是对波前的校正，根据校正的原理，有

$$\boldsymbol{A}+\boldsymbol{C}=\boldsymbol{0}\qquad(7-46)$$

式中　$\boldsymbol{0}$——和 $\boldsymbol{A}$ 同维度的零向量。

所以，在已知波前的情况下，变形镜的驱动电压或者驱动量为

$$\boldsymbol{V}=-\boldsymbol{B}^{-}\times\boldsymbol{A}\qquad(7-47)$$

由于影响函数矩阵在通常情况下是不可求解的，所以一般采取奇异值分解。

从上面的公式可以看出，Zernike 对高斯面形的精确拟合会对求解驱动电压有很大的影响，所以下面用 Zernike 函数来对变形镜的面形进行拟合，观察是否能精确拟合原始面形。让 37 个驱动器随机产生 0～1 μm 之间的驱动量生成原始面形，Zernike 函数选择不同的项数去拟合原始面形，Zernike 项数选择分别是前 10 项、前 15 项、前 21 项、前 28 项、前 37 项。各循环 20 次，然后对 PV 值、RMS 值取 20 次中的均值，见表 7-9。

表 7-9　Zernike 函数对原始面形的拟合统计表

循环 20 次项数	PV 值均值/ μm	RMS 值均值/ μm
10	0.936 98	0.173 15
15	0.795 44	0.129 46
21	0.876 34	0.144 08
28	0.915 92	0.149 96
37	0.856 91	0.136 43

一般用 Zernike 函数的前 37 项描述面形 RMS 就可以达到几十纳米了，从上表可见，Zernike 多项式前 10 项、15 项、21 项、28 项、37 项中对原始面形的拟合精度都不理想，说明前 37 项 Zernike 函数难以精细表达变形镜面形。

由于在用 Zernike 函数表达变形镜面形的时候，精度不理想，那么它在求解驱动量或驱动电压时的精度会受到限制。而且原始影响矩阵一旦确定之后，当作为输入的 Zernike 系数的项数存在变化时，那么方程就无法求解。更可能的是，如果给出的直接是一个波前面形，那么再用 Zernike 表达，又会降低波前信息的准确性，对于求解的精度产生不良影响。所以，需要一种新的方法来进行解耦运算。

（2）直接波前影响矩阵

针对 Zernike 系数对波前信息难以进行完全准确的表达的困难，结合空间遥感器像差矫正时需要带宽较低而精度较高的特点，提出直接使用波前像差平面对变形镜的通道驱动量进行求取，即通过直接波前影响矩阵进行波前到驱动量的解耦。

在求解过程中，可以利用高斯函数来表达每个驱动器的单位驱动量的影响函数，如式（7－39）所示。

那么对于一个指定大小的面形，有

$$[zz]=v_1[f_1]+v_2[f_2]+\cdots+v_n[f_n] \tag{7-48}$$

即

$$\begin{bmatrix} zz_{11} & zz_{12} & \cdots & zz_{1e} \\ zz_{21} & zz_{22} & \cdots & zz_{2e} \\ \cdots & \cdots & \cdots & \cdots \\ zz_{h1} & zz_{h2} & \cdots & zz_{he} \end{bmatrix}=\sum_{i=1}^{n} v_1 \begin{bmatrix} f_{i,11} & f_{i,12} & \cdots & f_{i,1e} \\ f_{i,21} & f_{i,22} & \cdots & f_{i,2e} \\ \cdots & \cdots & \cdots & \cdots \\ f_{i,h1} & f_{i,h2} & \cdots & f_{i,he} \end{bmatrix} \tag{7-49}$$

$[zz]$ 是指定大小区域内的 z 方向的值组成的矩阵，$[f_i]$ 是每个相应驱动器在单位驱动量上的在指定大小区域内的 z 方向的值组成的矩阵，这样，$[zz]$ 可以看成是每个驱动器的驱动量与自己的影响矩阵的乘积之和，h 和 e 分别为指定区域的横向与纵向的采样数目。

在这里采样点为 $h\times e$。

将式（7-49）改写为

$$\begin{bmatrix} z_{11} \\ z_{12} \\ \cdots \\ z_{he} \end{bmatrix} = v_1 \begin{bmatrix} f_{1,11} \\ f_{1,12} \\ \cdots \\ f_{1,he} \end{bmatrix} + v_2 \begin{bmatrix} f_{2,11} \\ f_{2,12} \\ \cdots \\ f_{2,he} \end{bmatrix} + \cdots + v_n \begin{bmatrix} f_{n,11} \\ f_{n,12} \\ \cdots \\ f_{n,he} \end{bmatrix} \tag{7-50}$$

一般求解的过程中都是矩阵的形式，所以上式还可以改写为

$$\begin{bmatrix} z_{11} \\ z_{12} \\ \cdots \\ z_{he} \end{bmatrix} = \begin{bmatrix} f_{1,11} & f_{2,11} & \cdots & f_{n,11} \\ f_{1,12} & f_{2,12} & \cdots & f_{n,12} \\ \cdots & \cdots & \cdots & \cdots \\ f_{1,he} & f_{2,he} & \cdots & f_{n,he} \end{bmatrix} \begin{bmatrix} v_1 \\ v_2 \\ \cdots \\ v_n \end{bmatrix} \tag{7-51}$$

可知，对于求解的影响因素是采样点的多少。又因为每个波前曲面的面形可以用 Zernike 的表达式进行表达，如下所示

$$\phi(x,y) = \sum_{k=1}^{m} a_k Z_k(x,y) \tag{7-52}$$

其中，a_k 是 Zernike 的系数，对于指定区域内的面形，可以有如下表达

$$[\phi] = a_1[z_1] + a_2[z_2] + \cdots + a_m[z_m] \tag{7-53}$$

即

$$\begin{bmatrix} \phi_{11} & \phi_{12} & \cdots & \phi_{1e} \\ \phi_{21} & \phi_{22} & \cdots & \phi_{2e} \\ \cdots & \cdots & \cdots & \cdots \\ \phi_{h1} & \phi_{h2} & \cdots & \phi_{he} \end{bmatrix} = a_1 \begin{bmatrix} 1 & 1 & \cdots & 1 \\ 1 & 1 & \cdots & 1 \\ \cdots & \cdots & \cdots & \cdots \\ 1 & 1 & \cdots & 1 \end{bmatrix} + \cdots + a_m \begin{bmatrix} z_{m,11} & z_{m,12} & \cdots & z_{m,1e} \\ z_{m,21} & z_{m,22} & \cdots & z_{m,2e} \\ \cdots & \cdots & \cdots & \cdots \\ z_{m,h1} & z_{m,h2} & \cdots & z_{m,he} \end{bmatrix} \tag{7-54}$$

式中　$[\phi]$——指定大小区域内的 z 方向的值组成的矩阵；

$[z_k]$——Zernike 函数在指定大小区域 z 方向的值组成的矩阵。

那么根据变形镜波前补偿原理有

$$[\phi] + [zz] = \mathbf{0} \tag{7-55}$$

即

$$a_1[z_1]+a_2[z_2]+\cdots+a_n[z_n]+v_1[f_1]+v_2[f_2]+\cdots+v_n[f_n]=\mathbf{0} \tag{7-56}$$

如果波前信息给的是一个面形，那么有

$$-\begin{bmatrix}\phi_{11} & \phi_{12} & \cdots & \phi_{1e}\\ \phi_{21} & \phi_{22} & \cdots & \phi_{2e}\\ \cdots & \cdots & \cdots & \cdots\\ \phi_{h1} & \phi_{h2} & \cdots & \phi_{he}\end{bmatrix}=v_1\begin{bmatrix}f_{1,11} & f_{1,12} & \cdots & f_{1,1e}\\ f_{1,21} & f_{1,22} & \cdots & f_{1,2e}\\ \cdots & \cdots & \cdots & \cdots\\ f_{1,h1} & f_{1,h2} & \cdots & f_{1,he}\end{bmatrix}+\cdots+ v_n\begin{bmatrix}f_{n,11} & f_{n,12} & \cdots & f_{n,1e}\\ f_{n,21} & f_{n,22} & \cdots & f_{n,2e}\\ \cdots & \cdots & \cdots & \cdots\\ f_{n,h1} & f_{n,h2} & \cdots & f_{n,he}\end{bmatrix} \tag{7-57}$$

将上式改写为

$$-\begin{bmatrix}\phi_{11}\\ \phi_{12}\\ \cdots\\ \phi_{he}\end{bmatrix}=\begin{bmatrix}f_{1,11} & f_{2,11} & \cdots & f_{n,11}\\ f_{1,12} & f_{2,12} & \cdots & f_{n,12}\\ \cdots & \cdots & \cdots & \cdots\\ f_{1,he} & f_{2,he} & \cdots & f_{n,he}\end{bmatrix}\begin{bmatrix}v_1\\ v_2\\ \cdots\\ v_n\end{bmatrix} \tag{7-58}$$

如果波前信息是用 Zernike 系数向量的形式给出的，那么有

$$-\sum_{j=1}^{m}a_j\begin{bmatrix}z_{j,11} & z_{j,12} & \cdots & z_{j,1e}\\ z_{j,21} & z_{j,22} & \cdots & z_{j,2e}\\ \cdots & \cdots & \cdots & \cdots\\ z_{j,h1} & z_{j,h2} & \cdots & z_{j,he}\end{bmatrix}=\sum_{i=1}^{n}v_i\begin{bmatrix}f_{i,11} & f_{i,12} & \cdots & f_{i,1e}\\ f_{i,21} & f_{i,22} & \cdots & f_{i,2e}\\ \cdots & \cdots & \cdots & \cdots\\ f_{i,h1} & f_{i,h2} & \cdots & f_{i,he}\end{bmatrix} \tag{7-59}$$

将上式改为

$$-\begin{bmatrix}z_{1,11} & z_{2,11} & \cdots & z_{m,11}\\ z_{1,12} & z_{2,12} & \cdots & z_{m,12}\\ \cdots & \cdots & \cdots & \cdots\\ z_{1,he} & z_{2,he} & \cdots & z_{m,he}\end{bmatrix}\begin{bmatrix}a_1\\ a_2\\ \cdots\\ a_m\end{bmatrix}=\begin{bmatrix}f_{1,11} & f_{2,11} & \cdots & f_{n,11}\\ f_{1,12} & f_{2,12} & \cdots & f_{n,12}\\ \cdots & \cdots & \cdots & \cdots\\ f_{1,he} & f_{2,he} & \cdots & f_{n,he}\end{bmatrix}\begin{bmatrix}v_1\\ v_2\\ \cdots\\ v_n\end{bmatrix} \tag{7-60}$$

从上式看出，如果波前面形的信息用 Zernike 系数的形式给出，不管 Zernike 项数多少，同样可以算出面形的驱动量或者驱动电压。

因此利用上述的直接波前影响矩阵方法，无论波前信息是直接给出波前面形还是 Zernike 系数向量表达式，都可以对其求解，而且可以不受 Zernike 项数的限制，也不受波前表达的局限。同时，该方法与传统 Zernike 方法求逆相同，都是使用奇异值分解的方式。

7.6.2.3　仿真试验分析

(1) 两种影响矩阵控制比较

在仿真过程中，令交联值 $\omega = 0.2$，驱动器之间的距离为 $d = 7$ mm，超高斯指数 $\alpha = 2$，变形镜的大小为 42 mm。采样间隔取 0.1 mm，取 Zernike 项数的前 10 项，随机生成 Zernike 系数，让最大位移在 1 μ m 左右，循环 200 次。用原始面形的 Zernike 系数与控制算法产生的面形的 Zernike 系数的相应项的绝对值之差与方差来比较控制的效果，如图 7－56、表 7－10 所示。

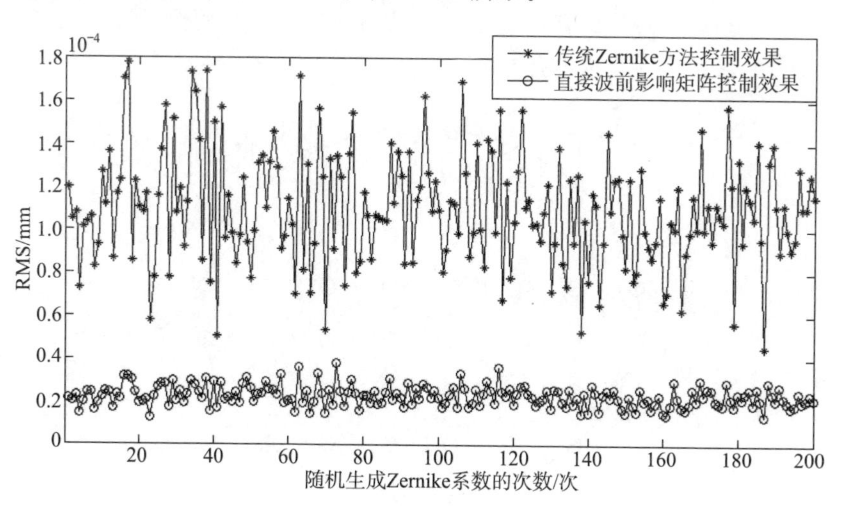

图 7－56　两种影响矩阵的控制效果 RMS 比较

表 7－10　两种影响矩阵控制 RMS 值的均值和方差

RMS 值的均值与方差评价	RMS 值的均值/nm	RMS 值的方差/nm
传统 Zernike 方法	109.760	26.492
直接波前影响矩阵方法	22.600	4.695

从表 7 - 10 可见，传统 Zernike 方法的 RMS 值的均值比直接波前影响矩阵方法的 RMS 值的均值大 4 倍左右，说明直接波前影响矩阵方法的求解精度更高；传统 Zernike 方法的 RMS 值的方差比直接波前影响矩阵方法 RMS 值的方差大 4 倍左右，说明直接波前影响矩阵方法的求解稳定性更好。

（2）驱动器的分布影响

驱动器的分布方式一般为四角分布和三角分布。但是，对于解耦控制而言，哪种分布方式更好，需要进行验证。选择变形镜的面形的大小要相同，用同一种材料，因此它们的交联值相同。四角分布选择驱动器 44 个，三角分布选择驱动器 37 个，各种分布具体情况如图 7 - 57、图 7 - 58 所示。

图 7 - 57 所示变形镜的面形大小为 42 mm，驱动器间的距离为 5.92 mm，中间是正方形分布，驱动器每行 6 个，每列 6 个，在正方形的每条边的旁边还有 2 个，一共 44 个驱动器。

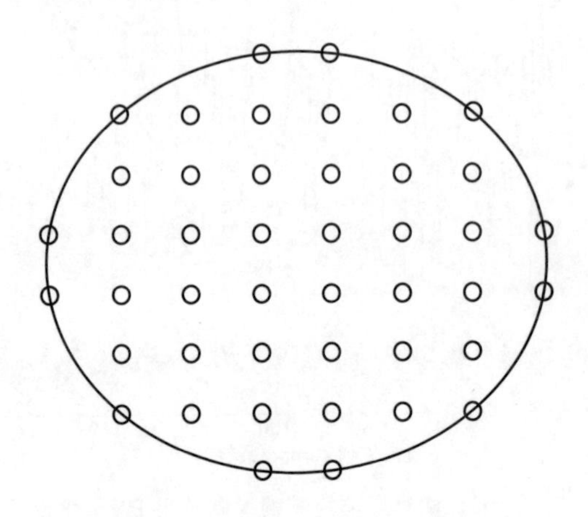

图 7 - 57　驱动器四角分布示意图

图 7 - 58 所示变形镜的大小为 42 mm，驱动器之间的间距为 7 mm，驱动器一共 37 个，其中中间 1 个，第一圈 6 个，第二圈 12 个，第三圈 18 个，每一圈都是在圆环内均匀分布。

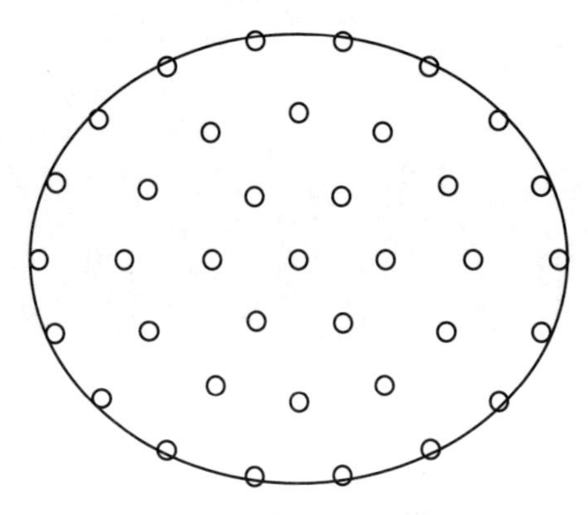

图 7－58　驱动器三角分布示意图

对应驱动器的四角分布和三角分布，波前面形的采样方式也对应地有四角方式和三角方式，因此需要结合驱动器的分布情况，对不同波前采样方式和驱动器分布方式进行分析。这里对前 10 项 Zernike 系数所表达的面形的控制精度进行分析，以原始面形和控制之后生成面形误差的 RMS 值作为评价方式，如图 7－59、图 7－60、表 7－11 所示。

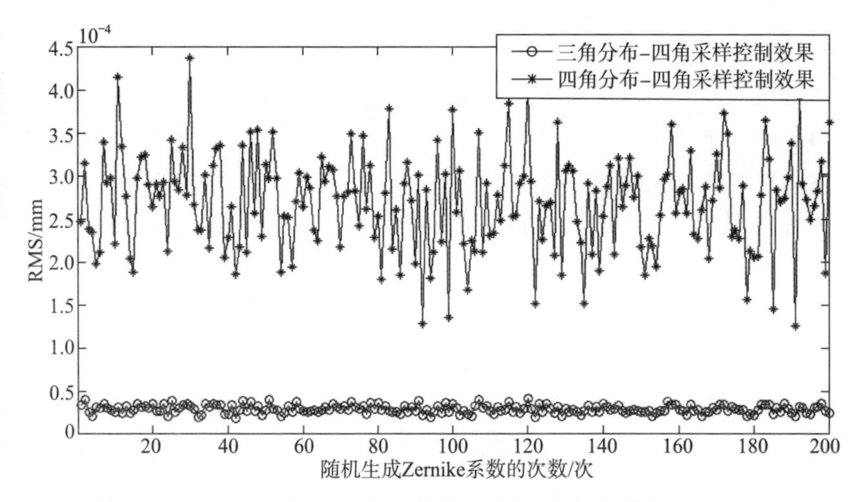

图 7－59　四角采样方式下的两种驱动器分布方式控制效果 RMS 值

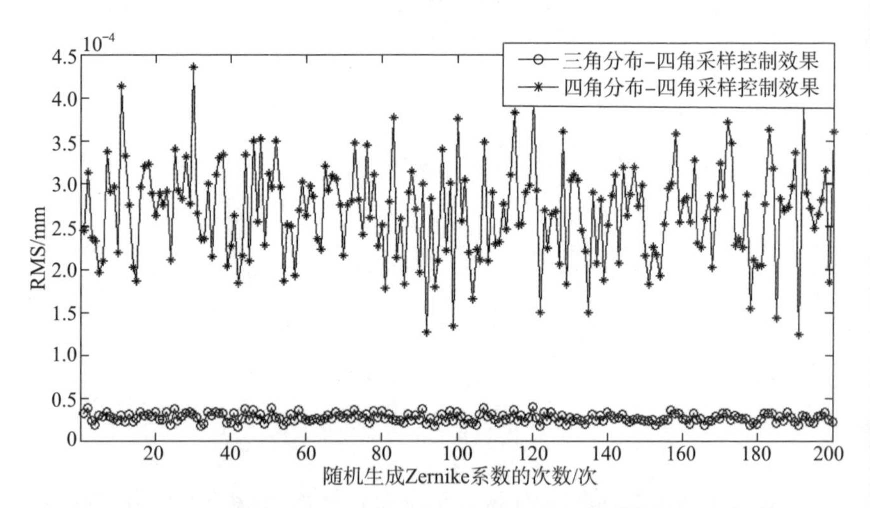

图 7-60 三角采样方式下的两种驱动器分布方式控制效果 RMS 值

表 7-11 两种驱动器分布方式与两种采样方式下的 RMS 的均值与方差

驱动器分布方式\采样方式	三角采样 RMS 值均值/nm	四角采样 RMS 值均值/nm	三角采样 RMS 值的方差/nm	四角采样 RMS 值的方差/nm
三角分布	29.540	27.271	4.962	5.009
四角分布	80.641	267.26	20.449	57.089

从上面的图表信息可以看出，不管采样方式是三角采样还是四角采样，驱动器的三角分布相对于四角分布的情况，拟合面形的精度都要更高；在驱动器四角分布中，三角采样比四角采样对面形的拟合精度差；在驱动器三角分布中，四角采样的方式与三角采样的方式对面形的拟合精度差不多。

(3) 波前采样点数影响

从直接波前影响矩阵理论推导求解公式中可见，对于驱动量或驱动电压的精确求解主要取决于采样点的多少，因此需要对采样点数量需求进行评估。在求解驱动量或者驱动电压的过程中，采样点的点数至少要和驱动器的数目相等。为了评价采样点的多少对于驱动量的精确求解的客观性，首先用不同的采样点去求解驱动量或者驱动电压，然后再用相同的采样点去拟合相同的面形，通过原始面形与控制面形的差值的 RMS 值大小评价求解的精确性。

在仿真试验中，用前 10 项 Zernike 随机生成面型，采取不同的采样间隔来求取驱动向量，循环 200 次，在采样间隔为 0.1 mm 的情况下画 RMS 曲线图，如图 7-61 所示。表 7-12 列出了不同采样间隔的 RMS 值的均值与方差。

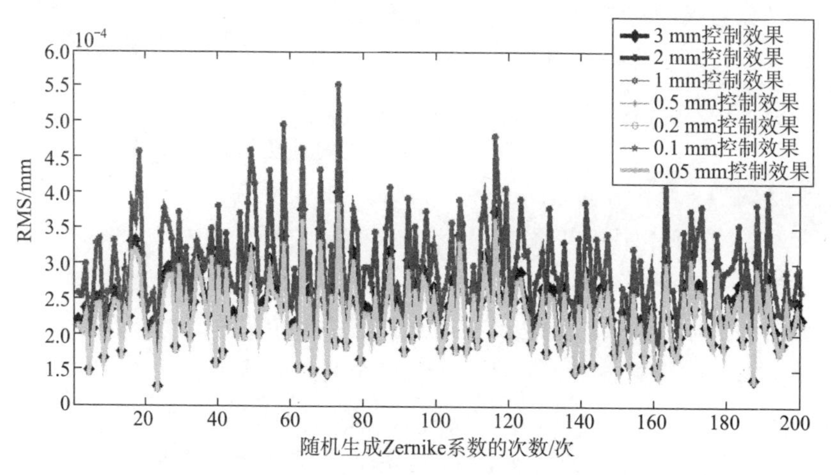

图 7-61　不同采样间隔下的控制的 RMS 值

表 7-12　不同采样间隔的 RMS 值的均值与方差

采样间隔/mm	RMS 值均值/nm	RMS 值方差/nm
3	23.563 0	4.982 1
2	29.359 0	6.651 1
1	22.633 0	4.707 2
0.5	22.604 0	4.696 8
0.2	22.601 0	4.695 5
0.1	22.600 0	4.695 4
0.05	22.600 0	4.695 4

从以上图表可以看出，采样间隔为 3 mm 的线和采样间隔为

2 mm 的线，在采样间隔为 3 mm 时的 RMS 值比采样间隔为 2 mm 时的 RMS 值小，而其他线基本重合，说明采样点数少的情况下，求解的精度不是很稳定。然而，达到一定采样数量后，精度基本保持稳定，不会再提高。这说明在求解驱动器的驱动向量时，采样点并不是越多越好，采样点在一定数目之后，再多的采样点对于驱动量的求解精度作用有限。在实际应用中，需要根据实际面形的大小和驱动器数目的多少去选择合适的采样点。

通过对变形镜建模与影响矩阵的分析，以及仿真比较分析，得出以下结论：

1）本书提出的直接波前影响矩阵控制方法适用范围更广，同时面形的拟合精度比传统 Zernike 方法拟合精度更高。

2）在用本书提出的直接波前影响矩阵控制方法进行求解时，驱动器的三角分布相对四角分布有明显更高的面形控制精度，而对于波前面形输入而言，无论是四角采样还是三角采样，对驱动器的三角分布的控制影响不大。对于四角分布的控制效果，三角采样优于四角采样。

3）对于驱动量的精确求解，采样点不能少于驱动器数目，采样点达到了一定数目之后，再增加采样点并不会提高驱动量的求解精度，所以在采样时需选取合理的采样数目，以减少不必要的计算时间和硬件代价。

7.7 小结

随着航天事业的发展，空间光学遥感器系统的结构越来越复杂，控制形态呈现多样化，且对光学遥感控制器控制性能指标的要求越来越高。为保证控制器长期在轨可靠地运行，在传统的控制方式中加入自适应控制已经是必然的趋势。

自适应控制方式能够使得光学遥感器系统在不确定环境下以及内部结构和参数变化时，在无外界帮助的情况下，自主实现高精度、高稳定度、强适应和长寿命的正常运行。自适应控制方法自 20 世纪 50 年代提出至今，在理论研究方面获得了大量丰富的结果，但鲜见应用在光学遥感控制器上。一方面是因为现有自适应控制对高阶参数未知对象的参数辨识存在困难：工程上，系统测量仪器一般只能测得位置、速度和加速度信息，而高阶的信息在工程上无法测得，一般只能通过已测信息进行数学计算获得，这对具有多个未知参数系统的辨识在工程上是难以实现的。另一方面，自适应控制调节参数过多，并且自适应控制难以解决小信噪比的问题。

参考文献

[1] Stanford B Hooker，Elaine R Firestone. An Overview of SeaWiFS and Ocean Color [J]. NASA Technical Memorandum 104566，Vol. 1，1992.

[2] Xiong X，Barnes W L，Guenther B，Murphy R E. Lessons learned from MODIS [J] . Advances in Space Research，2003，32 (11)：2107－2112.

[3] 梅晓榕，柏桂珍，张卯瑞．自动控制元件及其路线 [M]. 北京：科学出版社.

[4] 董瑶海．风云四号气象卫星及其应用展望 [J]. 上海航天，2016，33 (2)：1－8.

[5] 王淳，宋莉，林喆．A Type of Pole Placement Control Method based on Optical Pointing Mirror with Pivot Supporting [C]. 第28届中国控制与决策学术会议，2016.

[6] 王建立，陈娟，陈涛，等．位置差分数字测速传递函数的推导 [J]. 光学精密工程，2001，9 (1)：74－76.

[7] 吴宏鑫．航天器控制的现状与未来 [J]. 空间控制技术与应用，2012，38 (5)：1－7.

[8] 刘小勇，曹开钦，孙德新，等．空间超大幅宽低畸变红外成像扫描控制 [J]. 光学精密工程，2018，26 (1).

[9] 马文坡. 光机扫描仪像质评价与优化设计 [J]. 航天返回与遥感，2006，27 (1).

[10] 李超，于飞，康晓军．一种模板匹配的快速实现方法 [J]. 航天返回与遥感，2016，37 (1).

[11] 耿蕾蕾，林军，龙小祥，等．“资源三号”卫星图像影像特征匹配方法研究 [J]. 航天返回与遥感，2012，33 (3)：94－96.

[12] 杨文，孙洪，曹永锋．合成孔径雷达图像目标识别问题研究 [J]. 航天返回与遥感，2004，25 (1)：39－41.

[13] 陈翔，陈鹏．基于改进模板匹配的目标跟踪算法 [J]. 计算机应用，

2011，31（z2）：127-128.

[14] ZHUO Yang. Fast Template Matching Based on Normalized Cross Correlation With Centroid Bounding [C]. International Conference on Measuring Technology and Mechatronics Automation. Changsha: Institutes of Technology of Changsha & Central South University，2010.

[15] Sinha A，Kirubarajan T，Bar-Shalom Y. Application of the Kalman-Levy Filter for Tracking Maneuvering Targets [J]. 2007，43（3）：1099-1107.

[16] 赵其杰，屠大维，高健．基于 Kalman 滤波的视觉预测目标跟踪及其应用 [J]. 光学精密工程，2008，16（5）：937-941.

[17] 陈少华，闫钧华，朱智超，等．基于 Kalman 预测和自适应模板的目标相关跟踪研究 [J]. 电子设计工程，2011，19（23）：189-191.

[18] 鄢南星，林喆，谭爽．基于 *PQ* 法的惯性/光机复合指向控制方法 [J]. 红外与激光工程，2016，45（3）.

[19] 韩杏子，俞信．微变形镜在自适应光学中的应用与发展 [J]. 光学技术，2009，34（6）：836-840.

[20] 姜文汉．光电技术研究所的自适应光学技术 [J]. 光电工程．1995，1（22）：1-12.

[21] 杨玉胜．自适应光学原理及其应用 [J]. 武警学院学报，1996，4（60）：55-57.

[22] 周仁忠，阎吉祥．自适应光学理论 [M]. 北京：北京理工大学出版社，1996.

[23] 李新阳，姜文汉．自适应光学控制系统的有效带宽分析 [J]. 光学学报，1997（12）：98-103.

[24] 饶学军，凌宁，姜文汉．用数字干涉仪测量变形镜影响函数的实验研究 [J]. 光学学报，1995，15（10）：1446-1451.

[25] 刘成，于飞，丁琳，等．一种新的连续面形变形镜的解耦控制方法 [J]. 2019，40（2）：89-98.

第 8 章　电磁兼容性设计

空间光学遥感器构造复杂，系统内空间狭窄，设备电缆密集，电源分系统布局特殊，各种电磁耦合和干扰现象在系统内的电缆之间、设备之间、电缆与设备之间广泛存在。要保证空间光学遥感器能够完成整个寿命周期正常工作的任务，必须在认真研究电磁兼容（EMC）技术的基础上，严格实施电磁兼容管理，实现机、电、热一体化设计，并辅之以电磁兼容测试与仿真分析手段，这是保证空间光学遥感器安全、可靠的关键所在。随着空间光学遥感器系统复杂程度的增加，完全依靠后期的测试发现和控制电磁干扰难度非常大，需要将分析技术和测试相结合，广泛地开展电磁兼容验证工作。空间光学遥感器需要采用电磁兼容技术，航天电磁兼容是航天领域的支撑技术之一[1-2]。

电磁干扰是空间光学遥感器研制过程中的常见问题，每个型号设计师在研制过程中都经历了发现—研究—控制—排除电磁干扰的过程。遇到电磁干扰问题通常的解决方法是借助仪器设备反复测试、定位、排查，根据测试结果并结合经验，最终提出解决方法，但是这种方法的缺点是发现问题再着手解决，而且仅建立在测试的基础上，因此势必带来时间上的延误和经济上的损失，而且在研制后期再次进行修改要花费很大的代价，有时也未必能彻底解决不兼容问题。要使空间光学遥感器在整个寿命期内都能正常工作，就要将电磁兼容管理贯穿于遥感器的整个研制过程，同步进行电磁兼容设计、电磁兼容测试与电性能设计。

电磁兼容预测和分析技术是提高空间光学遥感器的可靠性，减少故障发生的常用方法，是合理的电磁兼容性设计的基础。电磁兼容预测和分析技术以电磁干扰的三要素为研究目标，建立干扰源、路径、敏感体的模型，借助各种电磁场数值计算方法，通过幅度及频率的筛选、性能分析、详细预测，做到对遥感器电磁环境的模拟和分析，对可能存在的干扰进行定量的估计和计算，以空间光学遥感器系统设计中与电磁兼容相关的问题为重点解决对象，在电性能设计的同时，对其系统内和系统外的电磁环境进行预计和估算，在分析的基础上选择对应的电磁兼容标准，并根据遥感器的应用范围对电磁兼容标准做出科学的剪裁，防止过设计。

在需求和指标不断提升的前提下，集成化和小型化是空间光学遥感器的发展趋势，遥感器系统内的空间受到成倍压缩，电磁干扰问题更加严重，导致系统性能受限，严重影响了传输的图像质量，因此遥感器的电磁兼容设计越早进行越有效。空间光学遥感器电磁兼容设计工作需要按照系统级—设备级—电路级—器件级的步骤由上至下进行。在各级设计评审中应关注电磁兼容问题，早期对电路、模块几个小时的检查胜过后期几周甚至数月的干扰排查。在电磁兼容设计中要特别关注关键设备和电路，如时钟电路、复位电路、控制器存储器、二次电源、探测器的焦平面电路和控制电路。所有的电磁问题都是始于电路又止于电路，因此要在遥感器研制的全周期用详细的分析设计、持续的跟踪评估、全面的测试验证来保证系统的电磁兼容性指标。

8.1　空间光学遥感器 EMC 问题特殊性

空间光学遥感器是一种集光学、机械、电子学于一体的高集成化设备，具有结构精密、电路复杂、高低频交错、强弱信号交叉等特点，在工作中极易作为敏感源而遭受其他设备的电磁干扰，造成系统性能下降甚至出现故障；同时它也会作为干扰源产生电磁耦合和电磁辐射，从而对其他设备造成电磁干扰。伴随着应用领域、应用场合的多样化，遥感器使用环境也变得越来越复杂，抗干扰和适应各种恶劣环境条件是遥感器必须具备的能力[3-5]。空间光学遥感器电磁兼容的特点是要在满足性能指标的同时，兼顾重量、可靠性、空间环境和成本等约束条件。因此，地面产品常用的一些电磁兼容的解决措施会因为直接影响系统的重量和可靠性，不能成为首选方案，应在设计前期尽早进行电磁兼容管理，在后期加强接地、搭接、滤波等措施的落实。

由于光电成像的特殊性以及苛刻的电磁环境要求，必须有针对性地采取屏蔽、接地和滤波等技术措施对系统的电磁干扰接口进行控制，减少对外电磁辐射的同时又能抵抗外部电磁干扰，从而提高系统的可靠性。空间光学遥感器的电磁干扰接口控制需要重点关注二次电源、电缆、接地及屏蔽等方面。

1）二次电源是遥感器能量传输的接口，不能因为压降、浪涌和电源纹波等干扰导致设备的性能降级。在电源设计时需要注意要按照信号特性分区，以控制可能的相互干扰，以及对强干扰源的隔离和敏感区的保护。作为航天器载荷，遥感器的电源必须经过发射电平和敏感度阈值的分析和测试，以确保满足 EMC 设计裕度要求。

2）电缆是信号传输接口，需要具备充足的带宽和干扰抑制能力。常见的航天电磁兼容设计方法是确定每个接口的“干扰裕度”，并基于裕度建立“干扰控制基线”，并在所有的干扰基础上增加 6 dB 的裕度作为干扰控制基准。电缆的接口干扰主要采用电缆和连接器的装配、电缆屏蔽、电缆布局和隔离等方法。由于电缆屏蔽会增加重量，故应先考虑接口滤波，其次才是屏蔽处理。

3）接地既可提供电流通路，又是电源和信号的参考，可在多种接口中发挥控制作用。遥感器由二次电源、模拟及数字等多种电子设备组成，工作频率从数百 Hz 到数十 GHz，接地方式需要针对不同需求采用多种方法。对于低频模拟电路，在电路两端和屏蔽电缆中采用单点接地可防止地环路；对于高频高速电路，采用多点接地有助于传输线效应的控制；在高低频都有的情况下，采用混合接地的方式。搭接也是接地的重要组成部分，良好的搭接有助于提升电缆、机壳的高频屏蔽效能。空间光学遥感器的接地和搭接需要针对二次电源、模拟设备、数字设备、控制设备等不同情况进行分级评估。如果接地设计没有做好，项目后期会可能出现电磁干扰问题，而这些问题一般到后期联试阶段，甚至在轨飞行阶段才会暴露出来。

4）屏蔽是对电磁场的接口控制，包括空间光学遥感器内各组成单机之间的电磁干扰及需要防护的外部电磁场。遥感器内部复杂而庞大的电缆网络连接着各个单机，屏蔽较差的电缆或单机会出现干扰问题。此外，关键器件探测器因为成像原因，导致屏蔽机壳不能完全包裹内在，探测器的部分管脚裸露于机壳之外，外部的电磁场会以辐射耦合的方式在裸露的探测器引脚上产生干扰，因此需要处理好屏蔽接缝和贯穿导体的问题。

对于空间光学遥感器来说，除了关注常规的 EMC 测试项目，如传导发射（CE）、传导敏感度（CS）、辐射发射（RE）和辐射敏感度（RS）等之外，还有遥感器特有的 EMC 问题，如大规模设备级电磁干扰、长距离柔性电路板电磁干扰以及成像器件光学窗口 EMI 问题。

遥感器 EMC 设计的目的是确保潜在的电磁敏感设备与干扰源之间有相应的裕度，技术要求主要源于航天 EMC 标准规范。航天 EMC 要求具有一定的灵活性，可以根据系统的具体组成和任务电磁特性进行裁剪，如对测试项目进行增减或对限值要求进行微调，从而在有针对性地控制电磁干扰和防护敏感部件的同时，减少过度设计情况的发生。

遥感器 EMC 技术要求通常按照“自顶向下”的方式分解，从系统级、分系统级到设备级，电磁仿真分析是 EMC 预估和分析的有效手段，不仅可以作为测试的辅助方法，对模块和部件的电磁特性在早期进行确认，在分析由于电磁辐射引起的干扰问题时更是必不可少。电磁仿真分析不仅能评估电磁辐射强度，为设计师提供优化方案，而且在设备调试后期，能够对电磁问题进行排查，并进行方案比对，有效地节省反复调试试验的时间。

8.2 遥感器的 EMC 设计

空间光学遥感器 EMC 工程目前主要参照 GJB 151A《军用设备和分系统电磁发射和敏感度要求》等标准规范进行设计[8-12]。在进行空间光学遥感器功能性设计时，必须控制电磁能量发射，同时注意提高遥感器的抗干扰能力，以满足 EMC 要求。EMC 要求是用具体指标来描述的，是否达标必须通过试验验证。

随着遥感器和电磁环境效应的复杂性增加，有些效应很难进行试验验证，有些异常现象在测试中尽管表现为参数或状态的轻微变化，但也可能对任务造成重大影响，需要从系统角度对遥感器内外电磁环境进行分析，并借助计算机建模仿真对干扰组合和特殊的空间效应进行预测，协助电路设计师更快、更全面地做出决策。

空间光学遥感器 EMC 的设计原则是：

1）充分采用和继承成熟的设计方法，在成熟技术的基础上采用新的技术；

2）EMC 设计应与功能设计同时进行，越是在设计初期进行设计，设计措施越少，成本越低；

3）不能单纯依靠一项设计措施解决系统电磁干扰问题，应综合采用各项措施，如接地、布局、布线、屏蔽、滤波及隔离等技术进行 EMC 设计；

4）所采用的元器件、材料和工艺手段应符合航天器元器件、材料和禁限工艺规定，满足空间环境和元器件降额使用等要求。

本节从基本概念出发，主要介绍滤波技术、电缆设计技术、接地和搭接技术、屏蔽技术以及 PCB EMC 设计技术等基本原理。

空间光学遥感器 EMC 设计属于系统级 EMC 设计，其要求如表 8-1 所示。

表8-1 空间光学遥感器EMC设计要素

序号	设计目标	常用方法	设计内容	对应设计项目
1	降低稳态/瞬态传导发射	设计恰当的电源线滤波电路，注重二次电源滤波电容的大小，如果电容太大，将使输入电源有一个与RC电路时间常数相关的瞬态发射	电源滤波电路的设计	滤波设计
		控制电源管理电路的开关和通断，避开开关频点，降低开关损耗和电压/电流变化率	管理电路部分的干扰分析及优化设计	控制管理电路的电磁干扰设计
2	提高电源分系统电磁抗扰能力	电源滤波设计，在元器件降额中应考虑滤波元器件能够承受的瞬态注入干扰电流和产生的电压	电源滤波设计、信号处理电路滤波设计	滤波设计
		电缆/挠性电路屏蔽设计，降低干扰耦合	线缆屏蔽设计	线缆设计
3	降低辐射发射	控制PCB级辐射发射，计算分析孔缝及接插件的辐射量	PCB EMC设计	PCB设计
		计算分析设备机壳屏蔽效能，注意接插件设计，减少机壳孔缝，进行接地和搭接设计	屏蔽设计、接地设计	屏蔽设计、接地设计
		电缆/挠性电路屏蔽设计，降低干扰耦合	线缆屏蔽设计	线缆设计
4	提高系统电磁抗扰能力	计算分析设备机壳屏蔽效能，进行接地和搭接设计	屏蔽设计、接地设计	屏蔽设计、接地设计
		线缆进入机壳接插件易受外部发射影响，计算评估线缆的屏蔽效能，对接插件进行屏蔽和接地	接地设计	线缆设计

综上所述，进行空间光学遥感器 EMC 方案设计时必须明确 EMC 技术要求和测试标准，根据要求分析潜在的 EMC 问题并制定解决方案。

8.2.1 滤波设计

空间光学遥感器的滤波分为信号滤波和电源滤波。

（1）信号滤波

信号滤波主要用于滤除信号线上各种无用的高频噪声，属于低通滤波器，可在电路中采用对地并联滤波电容的方式滤除毛刺干扰。但是由于滤波电容的谐振效应会影响到滤波性能，当超过谐振频率时，电容会呈现感性，影响滤波效果，因此信号滤波设计之前需要进行仿真分析，保证芯片的每个电源管脚应至少有一个滤波电容。遥感器多采用谐振频率较高的贴片电容。

（2）电源滤波

电源滤波主要是滤除无用的电磁发射，以及防止电磁干扰的侵入。遥感器电源滤波分为共模滤波和差模滤波。共模滤波主要采用共模扼流圈，依靠铁氧体磁性吸收共模噪声。差模滤波一般采用差模扼流圈或多级滤波电路（L 型、π 型或 T 型），如图 8－1 所示。

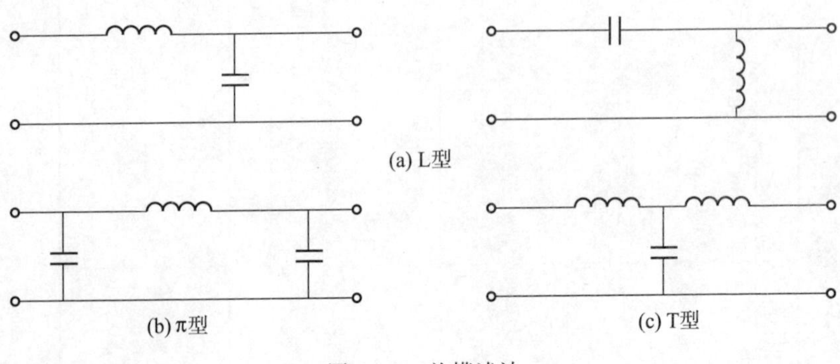

图 8－1　差模滤波

L 型滤波，其频率衰减特性为 $-20\lg(\omega^2 LC)$，对于 π 型和 T 型滤波，其截止频率和衰减特性如下

$$f_c=\frac{1}{\pi\sqrt{LC}} \tag{8-1}$$

$$\mathrm{ATT}=10\lg\left[1+\left(\frac{f_1}{f_c}\right)^6\right] \tag{8-2}$$

式中　f_c ——截止频率；

f_1 ——频率；

ATT ——衰减值；

L ——等效电感；

C ——等效电容。

电源滤波最直接的方法就是在电源输入/输出端中放置电源滤波器，如图 8－2 所示。电源滤波器具有互易性，既可以滤除电源端口处的外界干扰，也可以防止内部干扰流出。为达到有效抑制干扰的目的，必须根据滤波器两端的源阻抗和负载阻抗来选择滤波结构及参数。

滤波器安装在屏蔽体的电源线入口处，如图 8－2（a）的方式会导致各种干扰沿着电缆进入屏蔽体内部，电源滤波失去效果；如图 8－2（b）所示，可以防止干扰通过空间及电源线耦合；或屏蔽前端电源线，从而隔断内部干扰信号与电源线间耦合，如图 8－2（c）所示。

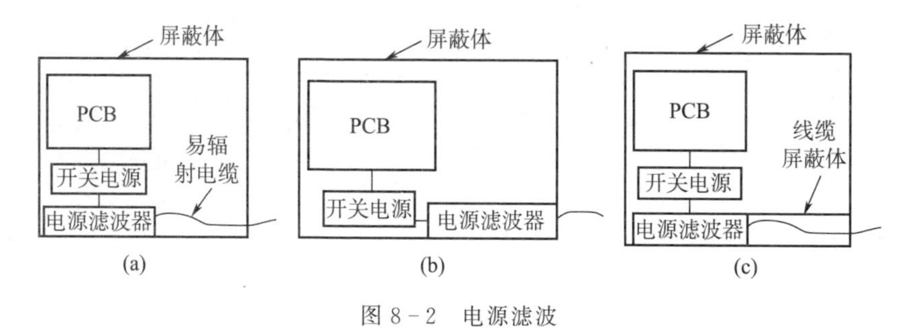

图 8－2　电源滤波

在设计电源滤波的时候，要注意常用的电容或电感的寄生参数，实际特性会随所处电磁环境有所变化。电容的寄生参数随频率、自感、介质损耗和趋肤效应损耗等变化。不考虑寄生参数所造成的后果，一是可能会引起滤波器谐振频率处自激，还可能导致出现新的EMI问题；二是电感或电容的阻抗会变得不理想，因为寄生元件在一定频率之上也会感生较明显的阻抗。

8.2.2　电缆设计

电缆设计包含两部分：电缆隔离和电缆屏蔽。隔离的目的是将敏感电路与噪声电路分开，敏感信号电缆和强干扰信号电缆（传输时钟信号）间距不小于30 mm。当电缆间需要彼此穿插布线时，交叉角度应为90°并保证不同类别的电缆之间的隔离。同一束电缆中传输的信号应该是相同类别，按照敏感特性分类并针对线缆所传输的信号是否会影响到其他信号进行分析。每一束电缆与其他电缆的隔离间距一般需要满足20dB的隔离要求。

电缆屏蔽的目的是保护内部信号不受外界干扰，并减小内部信号对外界的干扰，以及避免电磁耦合和传输线失配，减少无意天线效应。屏蔽效能由材料的特性和终端屏蔽方式决定。终端接屏蔽要确保终端给干扰电流提供一个低阻抗通路，360°屏蔽终端提供了电缆到机壳或连接器的完整屏蔽，这种类型的屏蔽终端是遥感器EMC设计的首选方式，如图8-3所示。

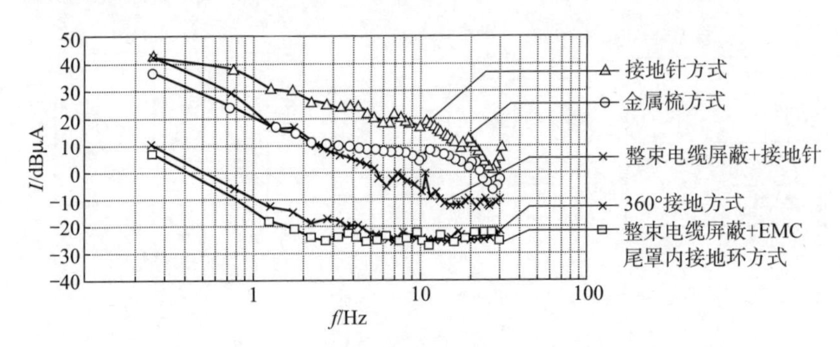

图8-3　不同屏蔽终端接地方式的共模电流

采用双绞线电缆可以有效抑制电磁干扰，降低信号的噪声。除了因为双绞线两根线之间回路面积小之外，还因为相邻回路上感应电流方向相反，双绞线中两根导线在传输中的电磁辐射会相互抵消。双绞线传输信号质量高，且对视频信号衰减小，图像信号无失真，基本能保持图像的亮度及色彩。

对于挠性线缆，其本身的设计需要有承载回流的地平面设计，在接口处需要考虑电磁泄漏，需要进行屏蔽防护。

为了减少电缆的无意天线效应，一般采用铁氧体磁环进行屏蔽。在使用铁氧体磁环时，磁环需要尽量靠近电缆终端；当磁环内有多个电缆时，需要进行串扰分析。

在屏蔽体内具有强辐射的电路，信号会通过连接器的芯线和电缆传输耦合并辐射；屏蔽体内抗干扰能力差的电路，外部干扰会沿着该路径进入系统内，因此如果系统内具有强辐射电路或者敏感电路时，需要对连接器设计专用屏蔽腔体，对信号进行隔离，以阻断干扰信号耦合路径。

8.2.3　接地和搭接设计

8.2.3.1　接地设计

接地是抑制电路干扰的一种重要手段，是空间光学遥感器设计的重要环节。良好的接地有助于消除电路之间的耦合，降低地线上的电位差，是抑制电磁干扰、提高系统电磁兼容性能的重要方法。遥感器的接地设计可大致分为单点接地、多点接地及混合接地三种方式。

接地方式的选择主要取决于系统的工作信号波长和接地线的长度，其表征量为 L_1/λ，L_1 为接地线长度，λ 为工作信号波长。当 $(L_1/\lambda) \leqslant 0.1$ 时，单点接地，否则为多点接地或混合接地。

单点接地是子系统的地回路与该子系统内的单点相连，一般仅适合低频系统。在单点接地的设备中，信号电路地线以多种形式汇聚一点，再通过接地端子或导体连接到电子系统的接地网络。单点接地的应用频率一般为 300 kHz 以下，有些场合也可以定义 1 MHz

以下为低频设备和系统。单点接地不易形成接地电流环路，可使电磁辐射干扰最小化。单点接地又分为串联单点接地和并联单点接地，串联单点接地如图 8-4 所示，方式简单但是易引起共模干扰，应用时应将最大的电流单元放在离单点接地最近处。并联单点接地如图 8-5 所示，需要多根接地线，且可以有效避免共模干扰，但增加的地线长度和地线上的阻抗会造成地线间的耦合，因此设计时地线应尽量短，长度不超过工作波长的 1/20。

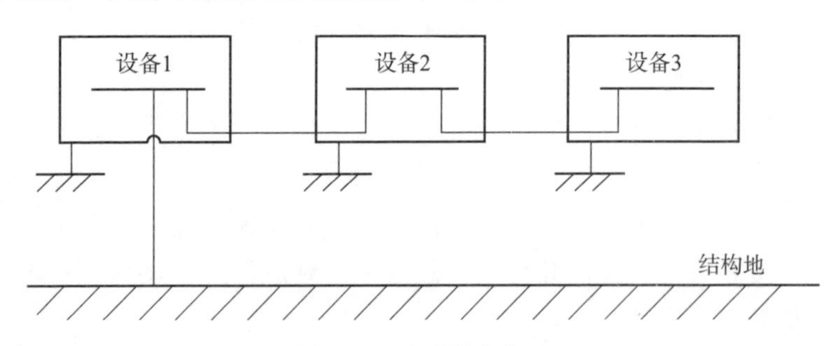

图 8-4　串联单点接地

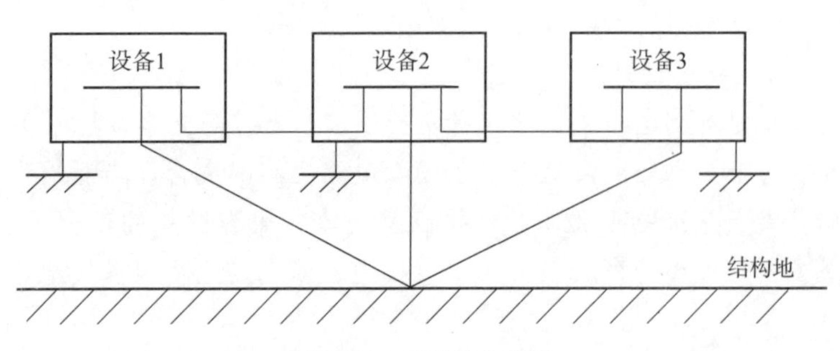

图 8-5　并联单点接地

多点接地方式是指每个单机或每个电路就近与地连接，如图 8-6 所示。多点接地能够简化设备内部电路结构，同时可以得到最低的地电阻。多点接地的应用频率一般为 30 kHz 或 300 kHz 以上，有些场合也可以用在 3 MHz 以上。多点接地一般用于高频，由于存在趋肤效应，需要将地线镀银处理，而且地线应尽可能短而粗。当地线长度超过工作波长的 1/10 时，需要设计等电位地平面。多点接地结构简单，接地线上出现的高频谐、杂现象明显减少，但多点接地会造成许多接地回路，降低了单机的抗干扰能力。

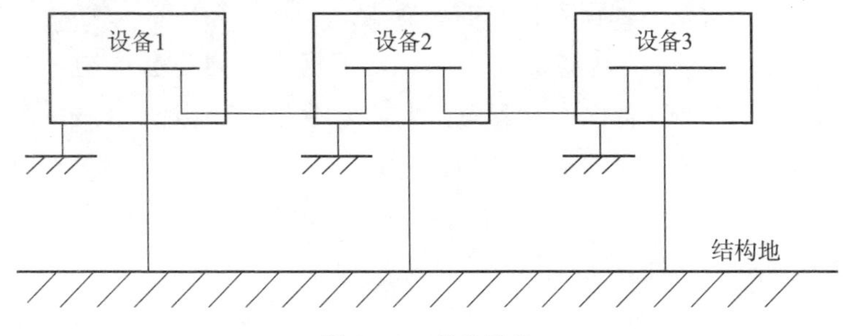

图 8－6　多点接地

混合接地融合了单点和多点接地的优点，适用于工作频带范围很宽的情况，采用串联电容把需要高频接地的电路、结构和接地平面连接，实现低频时单点接地，高频时多点接地，如图 8－7 所示。随着遥感器的复杂化，信号间的串扰等电磁问题日益突出，单一的接地方式已经无法满足需求，故混合接地是最常用的接地方式。

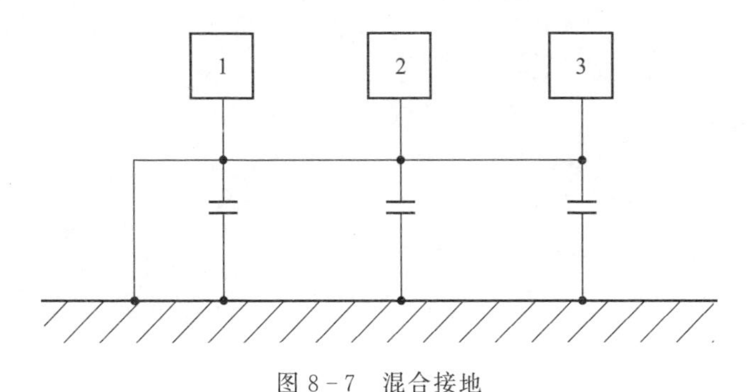

图 8－7　混合接地

8.2.3.2　搭接设计

空间光学遥感器搭接的主要目的是提供低阻抗回路，以降低电磁干扰的影响，提升设备稳定工作的能力。空间光学遥感器的搭接设计应满足以下的要求：

1）接地桩、接插件与机箱之间的搭接电阻应满足总体技术文件中相关要求，并可对结构框搭接区以及电连接器安装面局部进行导电阳极化表面处理，保证良好的导通能力。

2）设备电连接器和机壳之间、相邻机壳之间接触电阻不超过10 mΩ；原则上设备内所有表面积大于3 cm^2和长度大于25 cm的金属件、孤立导体应搭接到设备的结构地。

3）尽量采用直接搭接，搭接条的搭接电阻小于10 mΩ，并注意搭接材料的相容性，机箱结构之间应实现良好的导电性。

4）所有相互匹配的连接器的搭接应确保传导完整，电连接器应搭接到设备机壳，搭接电阻不大于10 mΩ。

搭接的关键在于确保搭接金属间的良好接触，并确保在单机工作频段内提供低阻抗连接。搭接通路可简化为一个电阻和电感串联再与电容并联的等效电路，其中的等效电阻包含了搭接通路上各个点的搭接电阻以及搭接金属条的电阻，在高频时，阻抗随着频率的均方根而增加，因此不能简单地用直流电阻值代替其阻抗值。等效电感的感抗随频率变化呈正比，一般每倍频程递增20 dB；等效电容与搭接接触面积成正比，容抗随频率变化呈反比，一般每倍频程递减20 dB。

8.2.4　屏蔽设计

屏蔽技术是抑制遥感器电磁干扰最常用的方法，主要是防止辐射干扰侵入单机或从单机中泄漏。电子单机的屏蔽机壳在设计后，屏蔽效能至少达到40～60 dB。按照屏蔽机理，屏蔽类型分为电场屏蔽、磁场屏蔽和电磁场屏蔽，实施屏蔽时，要注意金属阻挡层的屏蔽效能和其对应的电磁场类型有关。

电场屏蔽的实质是在干扰源和敏感体之间设置良导体，并将良导体接地，从而切断干扰源的能量耦合，保护敏感设备。电场屏蔽时应注意屏蔽体，屏蔽体的形状和材料都会影响到屏蔽效能，电场屏蔽对屏蔽体厚度无要求，只要有足够的强度即可。

磁场屏蔽分为低频磁场屏蔽和高频磁场屏蔽，低频磁场屏蔽需要采用高磁导率的铁磁性材料，利用铁磁性材料的高磁导率对干扰磁场进行分路，使通过孔缝的磁通大量减少，从而降低对敏感设备的影响。高频磁场屏蔽是利用良导体在入射高频磁场产生涡流，并由涡流的反磁通抑制入射磁场，屏蔽的关键在于利用材料的高电导率实现。磁场屏蔽在设计过程中需要注意干扰源的频率，不同频率的磁场屏蔽原理不同。被屏蔽的部分不能紧靠屏蔽体，尽量减少孔缝。

磁场屏蔽材料属性非常重要，吸收特性决定了该材料抑制磁场性能的强弱，如图 8－8 所示。高磁导率材料屏蔽性能随频率而减小，与厚度、磁导率以及入射场的等因素有关。当低频段磁场干扰为主时，通常选用铁磁类的高磁导率材料，然而当磁场很强时，高磁导率屏蔽体会因为强磁场饱和导致电磁场的透入深度大于金属的厚度，从而失去屏蔽作用，对于强磁场屏蔽，可采用多层屏蔽壳体。

空间光学遥感器由于探测器以及大量的连接器和电缆的原因，使其外表面存在大量的孔缝，屏蔽体的不连续性造成屏蔽效能降级，产生较大的电磁泄漏。孔缝泄漏对屏蔽效能的影响程度大于屏蔽材料的影响，仅仅改变屏蔽材料而保持屏蔽方式一致时，磁场和电场的泄漏基本不变。同时，遥感器的层摞式结构使得外部表面有大量的接缝，导致局部的电不连续性，从而产生耦合，因此需要在接缝处加入导电衬垫，保持两个界面间的电连续性，以提高整个机壳的屏蔽效能。

空间光学遥感器结构屏蔽设计应满足如下要求：

1）干扰频率低于 100 kHz 时，采用高磁导率的铁磁材料屏蔽，根据屏蔽设计要素设计壳体的厚度，但不应开口在磁通垂直方向。

2）干扰频率高于 100 kHz 时，采用良导体材料屏蔽，壳体的厚度可只考虑满足机械设计要素即可。

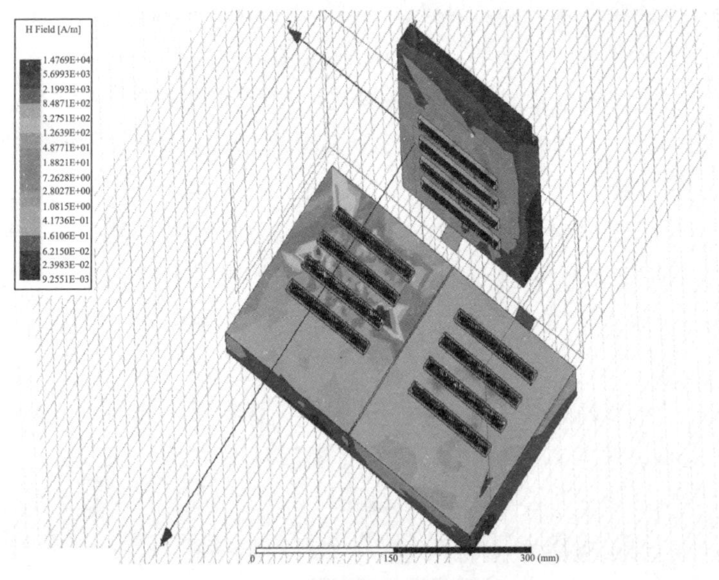

(a) 铝合金屏蔽结构

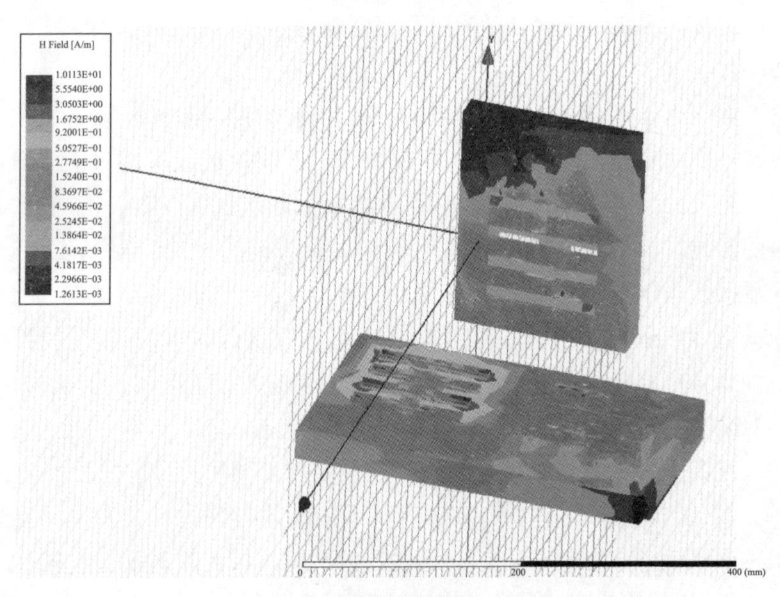

(b) 钢屏蔽结构

图 8 - 8　铝和钢在 1 kHz 时磁场屏蔽对比

3）机壳内部的金属结构、PCB、电缆等会影响机壳的谐振频率，应首先计算机壳的谐振频率，优化设备内部布局设计，使谐振频率高于所关注频率，敏感器件远离谐振位置。谐振频率计算公式如下

$$f = 150\sqrt{(m/l)^2 + (n/W)^2 + (p/H)^2} \tag{8-3}$$

式中　f ——谐振频率；

m，n，p ——机壳任一轴向上两平行金属板间的半波长倍数，通常为整数（如 0、1、2、3）；

l，W，H ——机壳结构的长度、宽度、高度。

4）屏蔽壳体的各类搭接面、接地桩应保证导电性能良好，确保壳体间任意两点间的搭接电阻不大于 10 mΩ；屏蔽壳体应接地良好，接地电阻小于 2 mΩ。

5）如果单层屏蔽不能满足要求，可采用多层屏蔽的方式，提高屏蔽效能。

6）尽量减少壳体上的孔缝，若必须开孔缝，孔缝尺寸尽量小于辐射信号波长，且避免将屏蔽壳体孔缝安排在转角处。

7）所有穿过屏蔽壳体的线缆等必须进行滤波处理。

为了保证接触的连续性，在屏蔽体的金属和金属的连接中，通常采用导电衬垫填充加强电磁屏蔽。金属螺旋管、导电橡胶、导电布等都是常用的材料。遥感器屏蔽设计选用导电衬垫时，应满足如下要求：

1）保证搭接面的连续接触，保证屏蔽体的连续性。

2）衬垫材料的电导率应与机壳材料的电导率属同一数量级。

3）在结构设计时应提前考虑衬垫的使用，设置相应的安防凹槽。

4）当公差间隙较低时，衬垫上某些点的压力易过大，造成衬垫被永久压平以及其他点的压力不足，从而导致接触不够，应确定合适的机械公差。

8.2.5 PCB EMC 设计

PCB 的电磁兼容设计主要关心两个目标：PCB 与其上器件工作时造成的额外电磁辐射和抵抗外界电磁辐射的能力；PCB 设计中对外界电源、控制指令线上寄生传导干扰信号的抑制能力。PCB 作为系统构成的基本单元，PCB 上的信号完整性问题和电源完整性问题是电磁干扰现象发生的根本原因，尤其是二者产生的共模噪声是电磁干扰最重要的源头。

空间光学遥感器最主要的电磁辐射源来自各种时钟或晶振信号的谐波。伴随着功能的扩展和性能的提高，GHz 甚至几十 GHz 的信号带来的电磁辐射需要进行信号完整性设计（SI）和电源完整性设计（PI），对各种时钟信号或高速信号带来的电磁发射量进行分析计算，以及优化板级 EMC 电磁辐射，SI 和 PI 是减少 PCB EMC 问题的直接方法。在 PCB 设计阶段查找并解决 SI 和 PI 问题的唯一方法是进行仿真分析，精确的建模和充分的仿真是整个设计成功的重要保证，仿真建模和结果越精确，PCB 设计质量越能得到保证。通过对信号完整性的充分仿真，可以有效地解决目前设计过程中周期长、投入大的问题，有效监测、修正并完善整个遥感器电子学设计流程。

8.2.5.1 信号完整性

信号完整性，即信号在电路中能以正确的时序和电压做出响应的能力，通俗地说，信号完整性就是信号在信号线上的质量。具有良好的信号完整性的 PCB 能够保证传输的信号以要求的时序、持续时间和电压幅度到达接收器件；反之如果信号不能进行正常的响应，这时就出现了信号完整性问题。常见的信号完整性问题有反射、串扰、信号时延等。

反射是指当信号在传输线上传输时，遇到阻抗不连续部分时，信号的一部分将被反射至信号发射源端，叠加在入射波上，而另一部分则沿着原来的传播方向继续传播，造成终端接收到的信号失真，不满足信号完整性要求，出现过冲、下冲、振铃，如图 8－9 所示。

反射会发生在任何传输线阻抗不连续或拓扑结构改变的地方，如拐角、过孔、连接器、元器件引脚以及传输线线宽变化处。

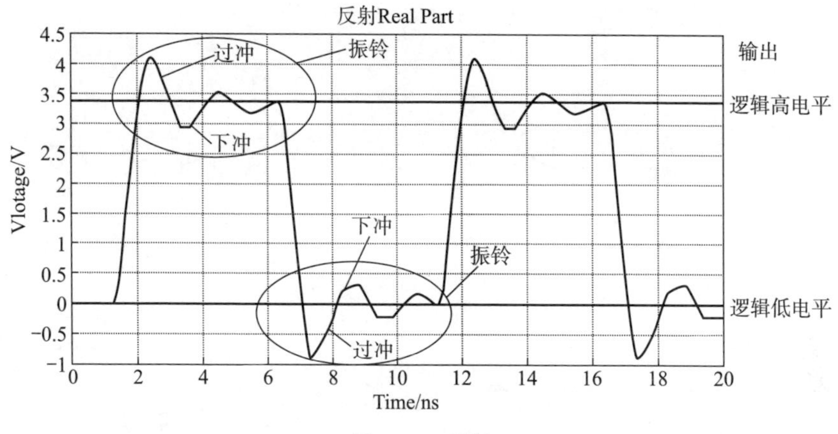

图 8－9　反射

抑制反射效应的方法有以下两种：

1）缩短 PCB 传输线长度，即减小传输线延时，让反射波尽快达到稳态，采用多层 PCB，提高布线密度，缩短线长，达到改善反射的目的。

2）端接，根据传输线的特征阻抗在其驱动端串联电阻，使源阻抗与传输线阻抗匹配，或者在接收端并联电阻使负载阻抗与传输线阻抗匹配，从而使反射系数为零。常见的端接方式有四种：串联端接也称为源端端接，将匹配电阻串联插入靠近源端的位置，如图 8－10（a）所示；并联端接，将匹配电阻并联于接收端，如图 8－10（b）和图 8－10（c）所示；戴维南端接，在传输线终端匹配上下拉电阻，如图 8－10（d）所示；AC 交流端接，在传输线终端匹配 RC 端接，如图 8－10（e）所示。图 8－11、图 8－12 给出了不同端接方式的接收波形，以及端接对 PCB 近场辐射效果，从图 8－12 可以看出，正确匹配端接大幅度削弱了电路近场辐射强度。

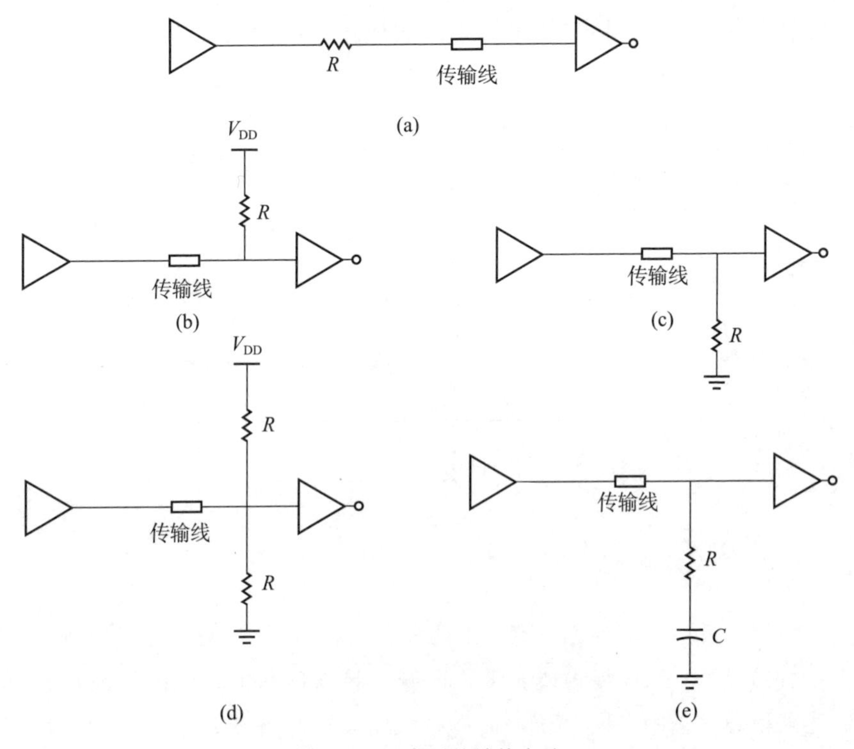

图 8－10　常用的端接方法

8.2.5.2　电源完整性

随着 PCB 设计复杂度的逐步提高，电源带来的电磁干扰不可忽视。电源完整性（PI）是指系统供电电源在经过电源分配网络（PDN）后，在指定的器件端口相对该器件对工作电源指标要求的符合程度。在实际工程中，电源/地平面对对电源的稳定性影响很大，通常将减小地平面噪声作为电源完整性设计的一部分，如图 8－13 所示。

电源分系统的根本任务是为所有的器件提供稳定的电压参考和驱动电流，要求电源分系统和电路间实现低阻抗电源/地连接。由于 PCB 上器件工作频率的差异，造成 PDN 在不同频率时存在不同的输入阻抗，PCB 电源/地平面对会出现瞬态电流引起的噪声，严重影响系统工作。

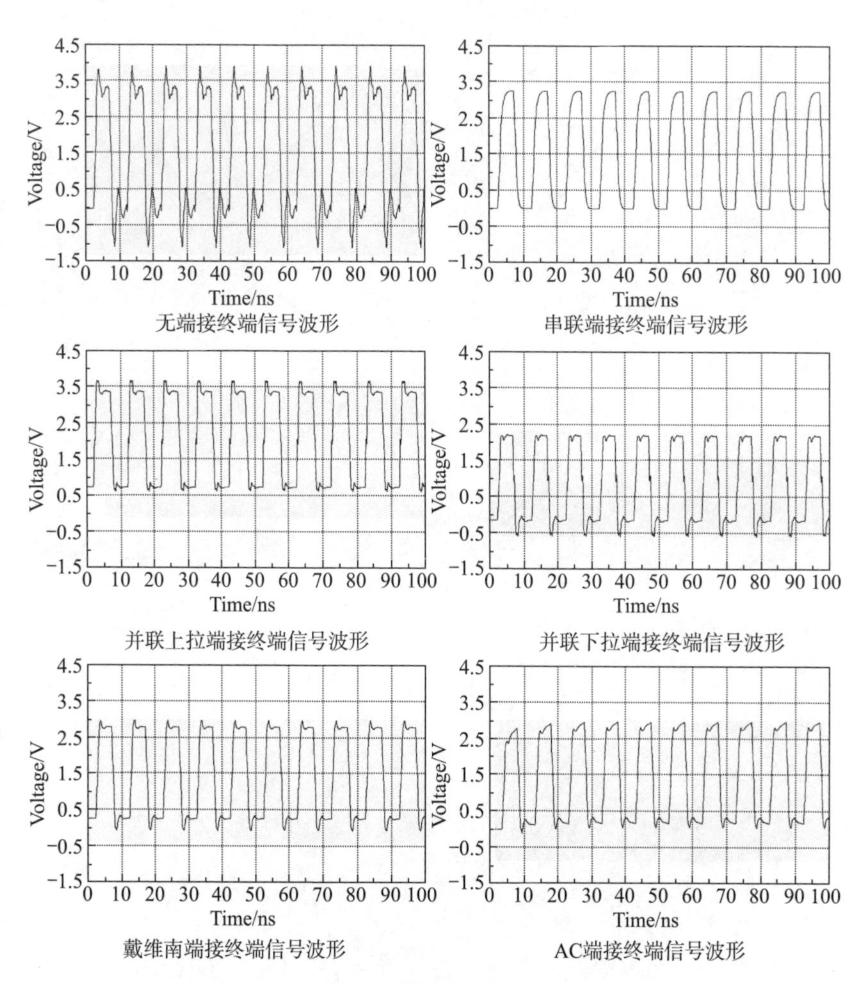

图 8-11　常用的端接方法的终端信号波形

PDN 主要由三个模块构成：稳压模块（VRM）、电源/地平面对及去耦电容。

（1）VRM

VRM 的主要作用是进行直流电压的转换，通过检测接收端的电压，调整输出的电流和负载电压。VRM 可以进行 1kHz 至几百 kHz 的带宽的调节，如果频率超出带宽频率范围，将呈现出高阻状态。

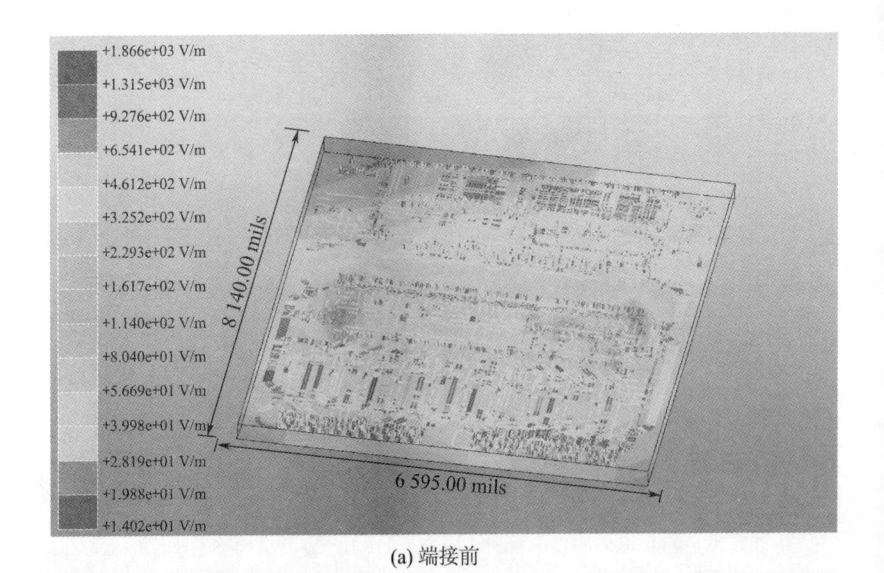

(a) 端接前

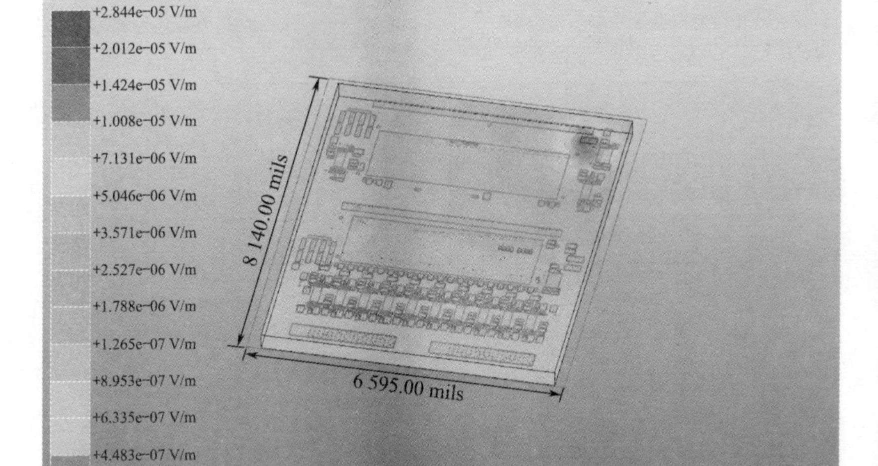

(b) 端接后

图 8-12　信号传输线上添加端接前后近场辐射比较

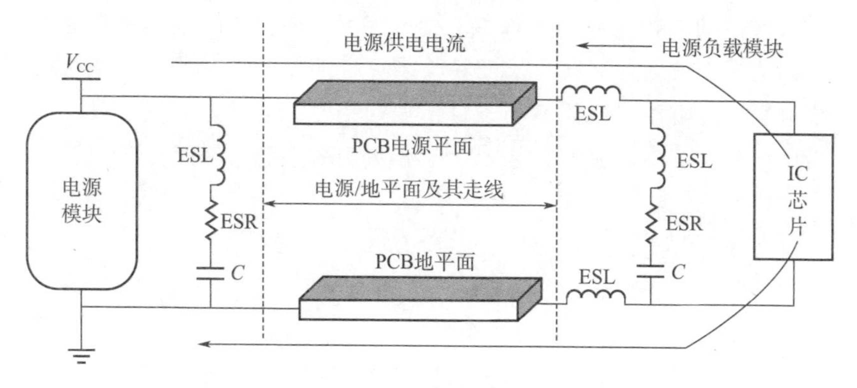

图 8-13　PDN 传输网络

(2) 电源/地平面对

为了满足 PCB 上器件供电的电压指标要求，必须使电源/地平面对具有低阻抗以减小损耗。在进行 PCB 设计时，电源/地平面应满足 $20H$ 原则，即所有的电源平面的物理尺寸应比最邻近的参考地的尺寸小 $20H$，如图 8-14 所示。

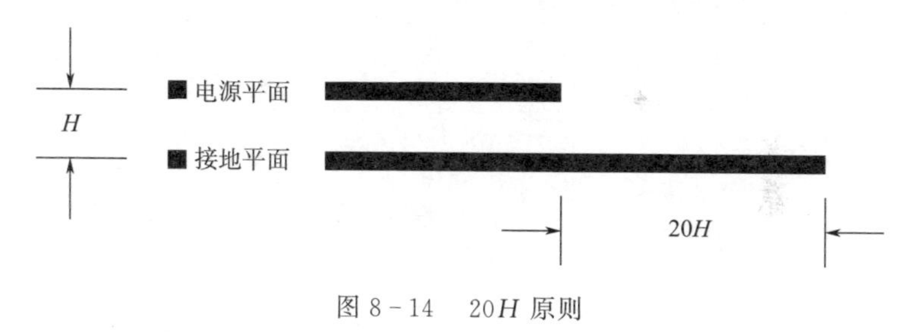

图 8-14　$20H$ 原则

但是应注意的有三点：1) 如果 PCB 的物理尺寸小于 PCB 上的最高频率波长，则不宜使用 $20H$ 原则；2) 应用 $20H$ 原则时，邻近的信号层内的所有信号都必须有参考地；3) PCB 分区时，高频区必须执行 $20H$ 原则。

(3) 去耦电容

为实现电源/地平面对的低阻抗设计，需要使用大量的去耦电容。去耦电容由于串联电感的影响，存在自谐振频率。图 8-15 所示为典型的去耦电容阻抗曲线，呈现“V”形，即随频率增加先下降到达阻抗最低点（自谐振频率），然后上升。在自谐振频率点，去耦电容呈纯阻性。当频率小于自谐振频率时，去耦电容呈容性，而后由于寄生电感，去耦电容又呈感性。自谐振频率计算公式如下

$$f_{\mathrm{SRF}}=\frac{1}{2\pi}\times\frac{1}{\sqrt{[(\mathrm{ESL}+L_{\mathrm{mnt}})\times C]}} \tag{8-4}$$

式中 C ——去耦电容容值，F；

ESL——去耦电容寄生电感，H；

L_{mnt}——去耦电容焊盘到过孔的电感和过孔电感，H；

f_{SRF} ——自谐振频率，Hz。

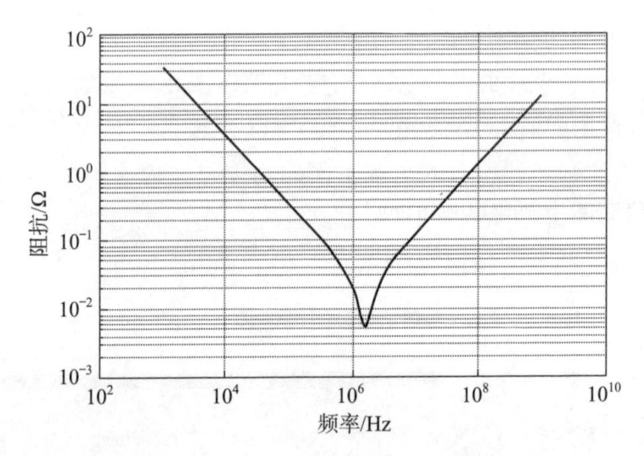

图 8－15 去耦电容阻抗曲线

图 8－16 展示了去耦电容对减轻 PCB 近场辐射的明显效果。

8.2.5.3 PCB EMC 计算与分析

PCB 电磁兼容设计的方法可以分为三类：“场”的方法、“路”的方法以及“场”与“路”结合的方法。

“场”的方法的理论基础是 Maxwell 方程组，精确度高，原则上边界条件一旦确定，就可以解出方程，得到完全的分析结果。其缺陷是对于复杂电路结构，由于精确建模的需要会造成运算过程复杂，

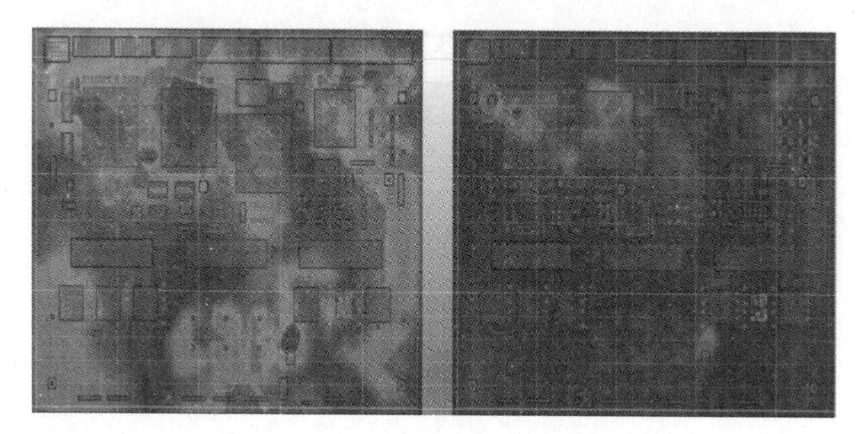

图 8-16　PCB 添加去耦电容后近场辐射的比较

以及计算时间过长。

“路”的方法的理论基础是以基尔霍夫定律为代表的电路理论，计算结果的准确性严重依赖于参数提取，在处理电磁干扰的时候很难建立精准的干扰电压源模型。

“场”与“路”结合的方法为目前最适合遥感器 PCB 的仿真方法，首先通过场的方法提取电路的传输参数（包括集总参数 $R/L/C/G$ 以及 S 参数等），搭建电路模型，然后以电路方法对问题进行具体的分析，图 8-17 给出了 PCB EMC 分析流程。

随着遥感器电子学的迅猛发展，传输宽带化和高速化已成为信号传输的主要特点，伴随着系统指标和性能的提升，遥感器 PCB 上的布局密度增大，传输信号的频率一再提升，在高速 PCB 设计中还需要注意以下设计要点：

1）对电路实行分区布局，分隔低电平模拟电路和数字电路，使用相互隔离的“地”，最大限度地防止数字部分和模拟部分的干扰，在区域分割中，同时兼顾高电压、大电流与低电压、小电流弱信号分开，高频与低频信号分开。

2）根据电路的主信号流向安排主要器件，同时遵照“先大后小，先难后易”的原则进行布局。

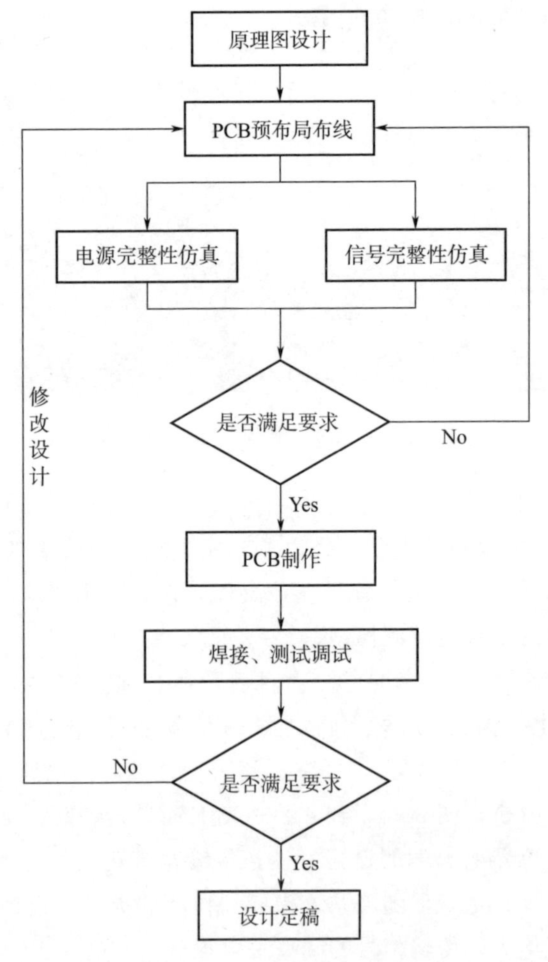

图 8-17　PCB EMC 分析流程

3）对于辐射较大的电路（如时钟信号），尽量采用空间隔离，远离敏感器件和电缆连接器。

4）为降低数字电路对模拟电路的干扰，除分区外，数模转换器件放置方向应顺应信号流向，使信号线走线最短。

5）功率较大、辐射较强的电路应该设计独立的腔体，并远离电缆、连接器或盒体开孔开槽的部分。

6）去耦电容尽量靠近电源管脚，电源滤波尽量靠近电源输入输出端口，局部功能模块的滤波要靠近模块输入或输出端口，对外接口滤波要靠近接插件。

在 PCB 走线设计时，以下一些设计要素也是需要注意的：

1）确保关键走线未跨分割区布线。

2）布线时应保证信号环路面积最小。

3）不相容的信号线（数字和模拟、高速和低速、高电压和低电压、大电流和小电流）应相互远离，不应平行走线。分布在不同层上的信号线尽量相互垂直，减少线间电磁耦合。

4）信号线尽量远离 PCB 边缘，一般需大于 2 mm。

5）晶振及对噪声敏感的器件下不应布线。

6）不允许存在 90°走线、锐角走线，应尽量使用钝角及圆弧走线。

7）同一层的两条相邻传输线的距离应满足 3*W* 原则，即线间距不能小于 3 倍线宽。

8.3　遥感器 EMC 试验及预测

8.3.1　遥感器 EMC 试验

遥感器的 EMC 试验需要按照 GJB 151B 实施，其具体项目和测试内容见表 8－2。

表 8－2　空间光学遥感器 EMC 试验项目

序号	设计目标	项目代号	项目名称
1	降低稳态传导发射	CE101	25 Hz～10 kHz 电源线传导发射
		CE102	10 kHz～10 MHz 电源线传导发射
2	降低瞬态传导发射	CE107	电源线尖峰信号传导发射(时域)
3	提高稳态传导敏感度	CS101	25 Hz～10 kHz 电源线传导敏感度
		CS114	10 kHz～200 MHz 电缆束注入传导敏感度

续表

序号	设计目标	项目代号	项目名称
4	提高瞬态传导敏感度	CS106	电源线尖峰信号传导敏感度
		CS115	电缆束注入脉冲激励传导敏感度
		CS116	10 kHz～100 MHz 电缆和电源线阻尼正弦瞬态传导敏感度
5	降低辐射发射	RE101	25 Hz～10 kHz 磁场辐射发射
		RE102	10 kHz～40 GHz 电场辐射发射
6	提高辐射敏感度	RS101	25 Hz～10 kHz 磁场辐射敏感度
		RS103	10 kHz ～40 GHz 电场辐射敏感度

8.3.2　遥感器 EMC 预测

电磁兼容性预测是电磁兼容性设计的一项重要内容，遥感器电磁兼容的分析预测具有以下三个特点：

（1）复杂性

遥感器电磁兼容性分析涉及多个设备或者元器件之间的相互干扰，包括计算辐射源在复杂环境下的辐射场强。敏感设备或器件受到干扰的强度不仅受到耦合路径的影响，而且与环境因素息息相关，如电磁波通过孔缝与设备腔体的耦合干扰不仅与孔缝的尺寸有关，而且与设备结构、材料有关。在复杂的大尺寸电磁环境中，既需要对辐射源的精细结构进行建模，也需要评估其造成的干扰电平对其他设备的影响。

（2）随机性

在实际遥感器电磁兼容设计中，干扰源的特性及其受扰体之间的相互位置等因素都存在随机性，在电磁波与设备电缆或柔性电路板耦合问题中，电缆的摆向和电磁波的入射角度均存在随机性，因此电磁波的干扰程度也具有一定的随机性，而通过传统的麦克斯韦求解得到的结果并不能完全表征电磁干扰、受扰的电磁兼容特性。

（3）非线性

电磁干扰一般可较强地出现在辐射源的工作频点及其谐波的倍频上，也可在其他杂散频率上有较弱的出现。但如果在发射电路或者环境中有非线性电磁因素的存在，则有可能在若干发射频率的互调频率上形成新的干扰频点。

在遥感器 EMC 工作中，仿真分析是重要环节，是设计的基础，图 8－19 给出了遥感器一般采用的“自顶向下”EMC 分析流程[17]。电磁兼容性分析的主要任务是对系统和设备的电磁兼容特性和状态进行评估，即电磁干扰的场强、电磁耦合路径分析以及受扰器件或设备的状态。

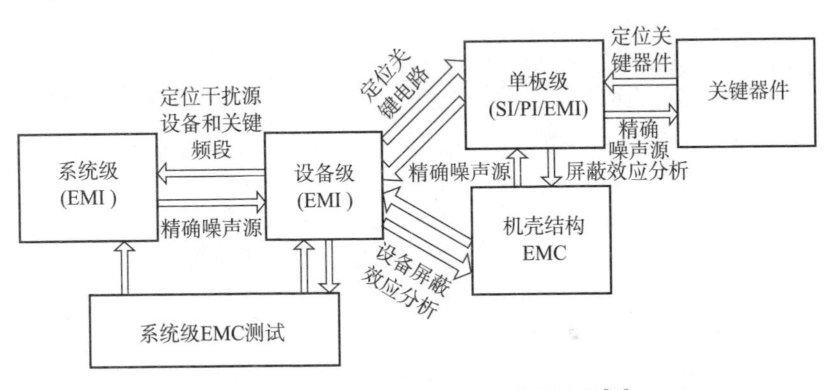

图 8－19　“自顶向下”EMC 分析流程[17]

随着美军在军事航天领域“快速响应空间（ORS）”创新概念的提出，为了实现快速应对的战术效能，需要对现有的空间系统各个要素实现变性突破，形成一个全新的空间体系，在产品体系方面，需要进行标准化、模块化、高集成设计的研究。传统遥感器电子学的设计方法将电磁兼容设计孤立于结构和热设计之外，对电磁设计考虑不足，缺乏对电磁兼容的总体设计与系统性分析。因此在设计早期进行系统级电磁建模及分析，并采用多物理场耦合设计技术，将电磁兼容性设计与仿真在早期融入结构设计和热设计中，才是解决遥感器电磁问题的主要方法，也是未来的主流技术之一。

参 考 文 献

[1] 张华，等．空间光学遥感器电磁兼容性技术 [M]. 北京：北京理工大学出版社，2018.

[2] 柴洪友，高峰，等．空间光学遥感器结构与机构 [M]. 北京：北京理工大学出版社，2018.

[3] 何宏，王云亮，张志宏，等．电磁兼容与印制电路板 [M]. 北京：国防工业出版社，2011.

[4] 白同云．电磁兼容设计 [M]. 北京：北京邮电大学出版社，2011.

[5] 唐金欢，张帆．电子设备干扰源的电磁兼容仿真研究 [J]. 电子质量，2007 (6)：70－73.

[6] 孙振亚，刘栋斌，等．高密度模块化 TDI 探测器成像系统设计 [J]. 红外与激光工程，2018，47 (6)：1－8.

[7] GJB/Z17—1991 军用装备电磁兼容性管理指南 [S].

[8] GJB 151B 军用设备与分系统电磁发射与敏感度要求和测量方法 [S]. 2013.

[9] GJB 1389A 系统电磁兼容性要求 [S]. 2005.

[10] GJB 3590 航天系统电磁兼容性要求 [S]. 1999.

[11] GJB 8848 军用系统电磁环境效应试验方法 [S]. 2016.

[12] QJ－20073 卫星电磁兼容性试验要求及方法 [S]. 2012.

[13] 苏东林，等．系统级电磁兼容性量化设计理论与方法 [M]. 北京：国防工业出版社，2015.

[14] 李鹏．高速系统设计：抖动、噪声与信号完整性 [M]. 北京：电子工业出版社，2009.

[15] 苏浩航．基于混合仿真对高速电路电源网络的优化设计 [J]. 航天返回与遥感，2017，38 (5)：50－56.

[16] 苏浩航．视频处理电路电热耦合的仿真分析 [J]. 空间电子技术，2018，15 (1)：87－90.

[17] 刘莹，张勇，谢拥军．“自顶向下”的电子系统 EMC 设计流程 [C]. 2009 年全国微波毫米波会议论文集：1483－1488.

第9章　空间适应性设计与分析

9.1　概述

空间环境具有高真空、微重力以及充满各类电子辐射等特点，空间光学遥感器在轨运行期间始终暴露于相关环境之下，从而有可能引发真空冷焊、天地不一致性以及单粒子翻转等各类问题。因此空间环境适应性设计及分析也成为空间光学遥感器研制过程中需要重点关注的问题。

空间环境适应性设计主要包含轨道热环境适应性设计、抗电离总剂量设计、高轨表面充放电防护设计、位移损伤效应防护设计、单粒子效应防护设计、原子氧防护设计、紫外辐射防护设计、微重力环境适应设计、电磁场适应性设计、大气与真空环境适应性设计(含防冷焊设计)、电离层环境适应性设计，以及相机或遥感器内放电效应防护设计等。

9.2　电子学热设计与热分析

遥感器电子设备主要任务是实现对遥感器的全面综合管理、控制以及信号放大、处理，一般包含控制电路设备、焦面电路设备、信号处理电路设备等。随着遥感器设计指标的不断提高，电子设备中采用了越来越多的高速器件，这些高速器件工作时消耗大量电能，并转化为热能，热量若不及时排散出去，会产生两个方面的不利影响。首先，会引起电子元器件的温升，从而缩短电子元器件寿命，降低其可靠性。有研究表明，超过55%的电子设备的失效形式是由温度过高引起的，单个半导体元件的温度在 70～80 ℃ 水平上每升高 1 ℃，系统的可靠性将降低 5%。其次，热量大量聚集会破坏空间遥感器光学系统的温度场，造成成像品质的下降。因此必须加强空间遥感器电子学热设计，减小遥感器电子设备发热的不利影响。空间遥感器电子设备热流密度高、空间轨道环境无空气对流、不能影响成像等因素决定了其在热控方法选择上的特殊性，不同于地面电子设备常用的气体冷却（自然对流、强迫对流）、工业制冷机冷却等方式，空间遥感器电子设备常采用以导热、辐射等被动散热为主，热管散热外加补偿控温为辅的热控方式。

9.2.1 遥感器电子设备热环境

遥感器及其电子学产品工作时轨道高度不同，接收到的太阳辐射、地球反照和地球红外辐射三种辐射热流的比例均不相同，需要考虑的热流种类不同。低轨遥感器（2 000 km 以下轨道高度）需要同时考虑三种辐射热流，中轨遥感器（2 000 km 至 30 000 km 轨道高度）根据所处方位太阳辐射热的强度以及对热流的敏感程度考虑热流的类型，太阳辐射热流较大且对热流变化不敏感的方位可仅考虑太阳辐射热流，反之需综合考虑三种辐射热流，高轨遥感器（30 000 km 以上轨道高度）可仅考虑太阳辐射热流。

太阳同步轨道（低轨）以及地球静止轨道（高轨）是目前空间遥感任务常用的两种典型轨道，下面分别介绍了两种轨道的外热流环境、舱外焦面电子学散热面以及极端工况的选择方法。

9.2.1.1 太阳同步轨道外热流环境

太阳同步轨道是轨道平面东进的角速度和太阳在黄道上运动的平均角速度相等的轨道。太阳同步轨道都接近极地轨道（轨道倾角等于 90°的轨道），航天器的轨道运动和地球自转运动结果使航天器能飞经除很小极区以外全球各处。由于太阳同步轨道的轨道平面向东进动角速度和太阳在黄道上运动的平均角速度相等，航天器能够以相同的地方时飞经地面某一纬度的地区。由于这两个特性，使得太阳同步轨道十分适于对地观测，在气象观测、资源观测、海洋观测以及军事侦察等领域有着广泛的应用。

太阳同步轨道太阳入射角一年内变化不大，各个面的外热流变化规律在不同的日期也近似。以轨道高度为 836 km，轨道倾角 98.753°，升交点地方时 13：40 的太阳同步轨道夏至日为例，遥感器各面轨道热流变化规律如图 9-1、图 9-2 所示。

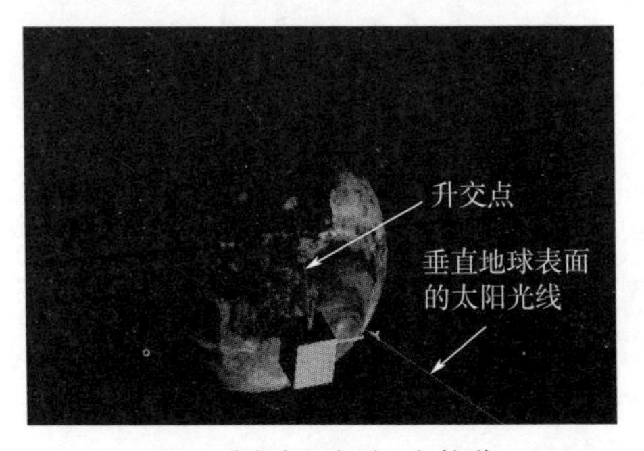

(a) 升交点地方时上午轨道

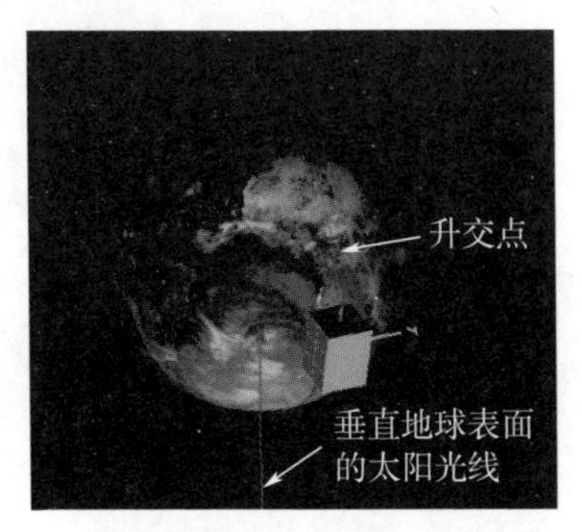

(b) 升交点地方时下午轨道

图 9-1　太阳同步轨道

地球红外能量主要与轨道高度及卫星表面与地球的几何位置和方向有关，地球红外能量为定值。各个面的地球红外能量与高度近似成线性关系，如图 9-3 所示。

太阳同步轨道 $\pm Y$ 面为长期的背阴面（升交点为下午时刻时，$+Y$ 侧为长期背阴面，升交点为上午时刻时，$-Y$ 侧为长期背阴面），可作为散热面的首选方向，$+Z$ 侧面太阳直射外热流时间很短，可作为辅助散热面，$\pm Y$ 侧中的非背阴面外热流稳定，亦可作为辅助散热面。

进行极端工况选择时一般考虑 β 角最大日期、β 角最小日期、远日点（7 月 4 日）或夏至日（6 月 21 日），以及近日点（1 月 3 日）或冬至日（12 月 21 日）。

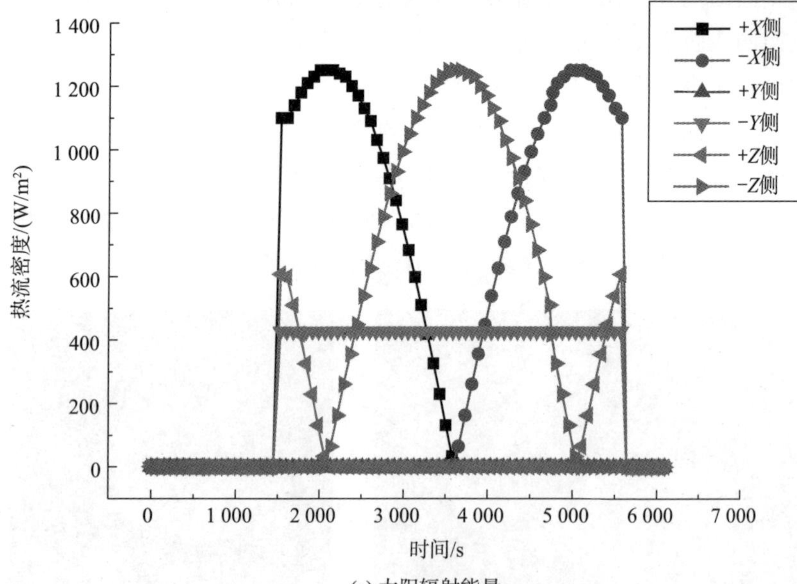

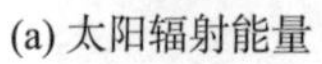
(a) 太阳辐射能量

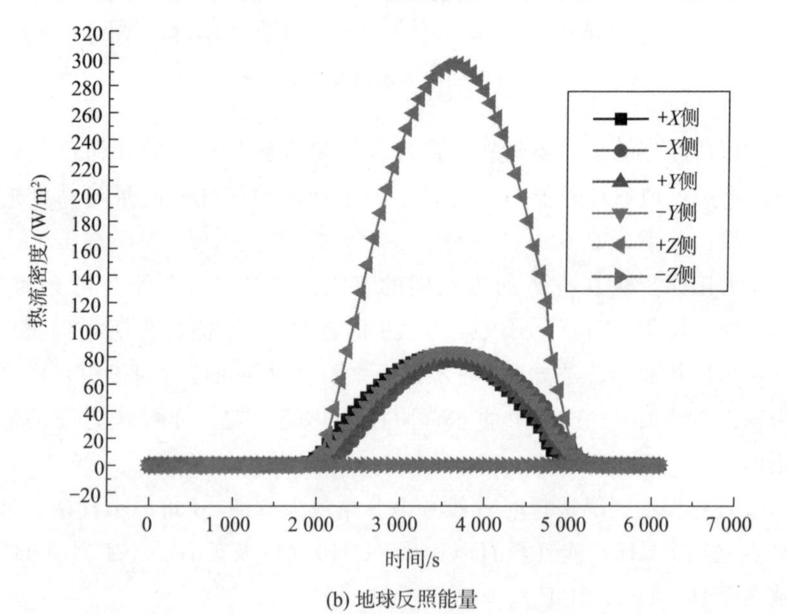

(b) 地球反照能量

图 9-2 太阳同步轨道外热流变化规律

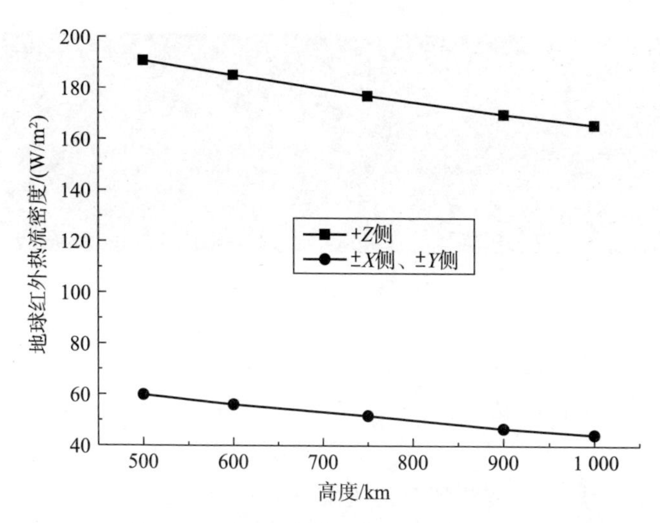

图 9-3　地球红外能量与轨道高度的关系

升交点为 6：00 或 18：00 附近的轨道为晨昏轨道。晨昏轨道仅背阴面适合选作散热面，±Y 侧中的非背阴面接近阳光直射，+Z 侧太阳辐射热流较大，均不适合作为散热面。晨昏轨道仅在夏至前后存在地球阴影，夏至日地球阴影区时间最长，太阳辐射周期平均热流最小。

9.2.1.2　地球静止轨道外热流环境

地球静止轨道（GEO）是倾角为零的特殊地球同步轨道，轨道高度为 35 786 km，位于赤道上空，轨道周期与地球自转周期（23 小时 56 分 4 秒）相同。位于该轨道的卫星，覆盖面积大，三颗即可基本覆盖全球，且相对于地面是静止的，适合对地球进行长期的连续监测，在通信、导航、预警、气象等民用和军用领域有着重要作用。此外，地球静止轨道上大气阻尼可以忽略，到达此轨道附近的物体不像低地球轨道卫星那样会在一定的时间内坠入大气层烧毁，而是长期保持在 GEO 圈内，因此寿命较长。更重要的是，这种轨道仅此一条，理论上能容纳的卫星总数为 1 800 个，而且还存在不少太空垃圾，可用轨道空间极为有限，轨道如图 9-4 所示。

图 9-4 地球静止轨道

地球静止轨道的地球反照和地球红外辐射能量很小，可仅考虑太阳辐射能量，以夏至、春分为例，遥感器各个方向外热流变化如图 9-5 所示。

$\pm X$、$\pm Z$ 侧的热流变化规律一年四季区别不大，只是在太阳与轨道面夹角为 0 到夹角为 $\pm 8.8°$之间的日期内在午夜前后处于地球阴影内，夹角为 0 时（春秋分）地球阴影区时间最长，之后逐渐变短，直至夹角变为 $\pm 8.8°$时地球阴影区时间为 0。$\pm Y$ 侧一轨内仅一侧受照，且受照一侧一轨内热流为定值。$-Y$ 侧在春分日到秋分日受照，热流密度从 0（春分日）逐渐增加到约 527 W/m^2（夏至日），$+Y$ 侧在秋分日到次年春分日受照，热流密度从 0（秋分日）逐渐增加到约 561 W/m^2（冬至日）。

地球静止轨道无长期背阴面，$\pm Y$ 方向随季节变化轮流受照，长期工作的单机可选择 $\pm Y$ 侧双散热面通过热管耦合共同为其散热的方法，$+Z$ 侧仅在夜间（18：00至 6：00）受照，仅白天工作的单机可选择 $+Z$ 侧作为散热面。

进行极端工况选择时一般考虑冬至、夏至、春（秋）分及“太阳与轨道面夹角为 $\pm 8.8°$日期”。冬至为 $+Y$ 侧方向外热流最大日期，夏至为 $-Y$ 侧方向外热流最大日期，春（秋）分 $\pm Y$ 侧外热流均为 0。太阳与轨道面夹角 $\pm 8.8°$日期 $+Z$ 侧方向太阳照射时间最长，且峰值较大，周期平均热流最大，春（秋）分存在最长时间的地球阴影，$+Z$ 侧方向周期平均热流最小。

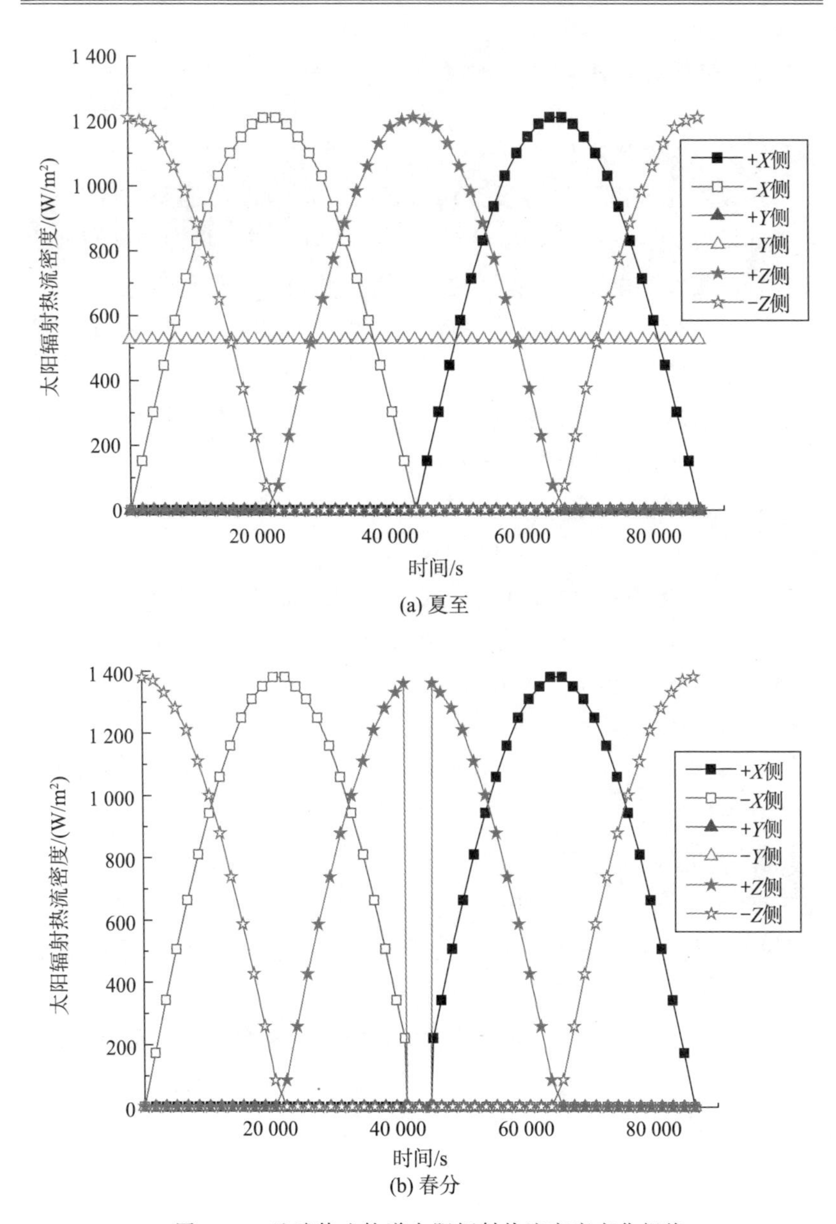

(a) 夏至

(b) 春分

图 9－5　地球静止轨道太阳辐射热流密度变化规律

9.2.2 热设计方法

9.2.2.1 热设计流程

热设计作为电子设备设计的一部分，应与电性能及功能设计、力学环境设计、电磁兼容性设计、空间环境适应性设计等并行或交叉进行，贯穿于电子设备设计的全过程。热设计步骤一般为：

1）电路模块划分及分板设计，确定大功率电子元器件的安装位置、印制电路板的热量分配。

2）选择印制电路板材料，对总热功耗较大的多层敷铜印制电路板，适当加大敷铜层的厚度与面积。

3）印制电路板布线设计，考虑元器件热量的分布，元器件散热途径。

4）印制电路板工艺设计，确定热功耗元器件安装方式。

5）进行印制电路板热分析，确定是否有局部热点存在。

6）若有局部热点无法消除，更改对应元器件的安装位置，或采取特别的导热措施。

7）确定印制电路板与机箱间的安装方式，两者之间的连接方式应有利于导热。

8）高热功耗电子设备机箱设计，应保证足够大的安装接触面积。

9）进行整机热分析，得出元器件的温度分布，判断是否满足要求。

10）若有元器件温度不满足要求，应通过改变元器件安装位置、安装方式，改变印制电路板结构，改变印制电路板与机箱连接方式等措施加以解决，并重新进行热分析。

11）必要时进行热平衡试验，测出电路板、大功率元器件的温度分布，判断是否满足要求。

12）若有元器件温度不满足要求，进行必要修改，直至满足要求。

9.2.2.2　元器件散热设计

元器件散热设计主要从元器件布局、大功耗元器件安装等角度出发，从热源开始规划散热路径。

（1）元器件布局

元器件布局应遵循以下原则：

1）应力求热功耗分布均衡，避免局部区域因热功耗过于集中而导致元器件温度过高。

2）对于热功耗大的元器件（热功耗大于 0.3 W），如电源模块、大功率晶体管、大热功耗的变压器、电感等，应直接安装在底板（安装面）或机箱壳体上，若只能安装在印制电路板上，则应设置良好的导热通道，使之与机箱壳体之间具有良好的导热散热路径。

3）对于热功耗较大的元器件，应尽可能布置在印制电路板靠近安装边缘的附近区域。

4）对温度变化敏感的元器件应远离热功耗大、温度变化大的元器件，必要时可用抛光的金属箔进行辐射热屏蔽。

5）应考虑元器件散热路径，包括导热散热路径和辐射散热路径，对真空中使用的元器件，散热路径以导热为主。

（2）大功率元器件的安装

大功耗元器件的安装设计可采用以下方法：

1）在元器件壳体与安装板之间填充导热填料，例如，对于圆柱形电阻、电容，它们的壳体即使紧贴安装板，也只是线接触，接触面积极小，因此可以在焊接完成后用硅橡胶将它们固封在印制电路板上。

2）对安装在机箱壳体或专用金属导热板上的大热功耗元器件：增大元器件的安装接触面积，增大接触压力；在元器件壳体与安装板之间填充导热填料（导热脂或硅橡胶）；若元器件壳体需要电绝缘，则可在元器件壳体与安装板之间加一层绝缘材料，如聚酰亚胺膜或导热硅橡胶垫，但应注意在元器件装配时，在绝缘膜两侧还应填充导热脂或硅橡胶。

3）对安装在印制电路板上的大热功耗元器件，亦可通过布置在印制电路板上的金属导热条或微型热管散热。使用微型热管时，应注意逆重力工作能力和安装方位，使其在地面上进行设备测试和航天器测试及试验时能正常运行。

4）在元器件对应的机箱底板或机箱顶盖或侧壁上加工导热凸台，在导热凸台与大规模集成电路顶面之间加导热硅橡胶垫，使热量通过元器件顶面直接传导至机壳。

5）在大规模集成电路顶面安装金属导热片或导热索，导热片或导热索的另一端装在机箱壳体上，这种方法结构性差，只有在特殊情况下采用。

9.2.2.3　印制电路板散热设计

（1）设计方法

印制电路板散热设计可采用以下方法：

1）增大多层敷铜印制电路板中敷铜层的厚度与面积。

2）充分利用多层敷铜印制电路板中的接地铜层作导热层，增大其面积和厚度。

3）印制电路板边缘加铝边框，边框一般为Π或L形，并在印制电路板边缘相应位置增加敷铜层，装配时铝边框内侧与印制电路板之间填胶并压紧。

4）印制电路板上若有外露铜层，应喷涂三防漆、硅橡胶等，提高其发射率。

（2）安装方式

印制电路板在机箱内的安装方式对元器件散热影响大，应设法减小印制电路板与机箱壳体之间的导热热阻，如加大接触面积和接触压力，并在接触面处填充导热填料。一般可采用以下安装方式：

1）印制电路板的平台安装方式：在设备侧壁板上铣出与印制电路板搭接的平台，在PCB与平台之间的接触面处涂导热脂，同样从底板上伸出的两个肋上铣出与印制电路板搭接的平台，板与搭接平台的接触面涂导热脂，并适当加密安装螺钉数量，如图9-6所示。

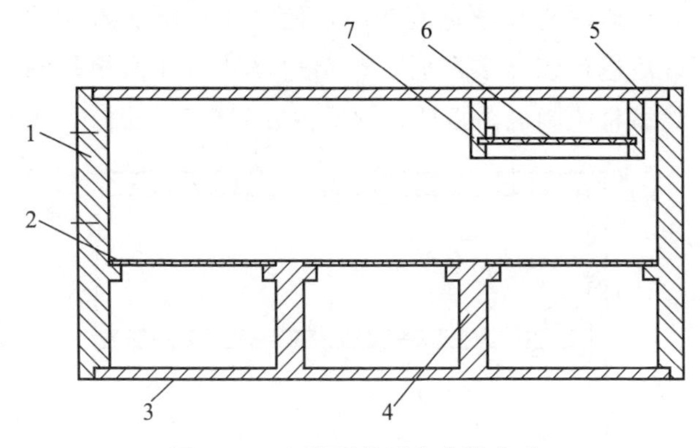

图 9-6　电路板的平台安装方式

1—侧壁；2—PCB 1；3—底板；4—肋；5—上盖板；6—PCB 2；7—铝边框

2）印制电路板的边框安装方式：在 PCB 周围增加铝边框，用螺钉将铝边框固定在上盖板内表面，铝边框和上盖板之间涂导热脂，以降低 PCB 整体温度，如图 9-7 所示；同时将发热大的元器件安装在靠近边框处，该元器件和铝边框之间填充硅橡胶。

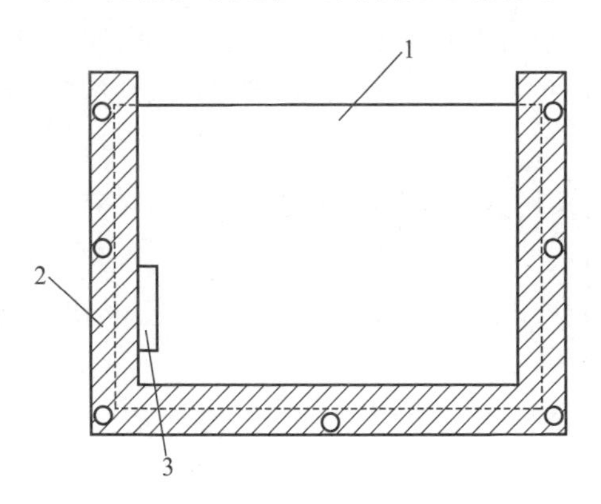

图 9-7　印制电路板的边框安装方式

1—PCB；2—铝边框；3—大热功耗元器件

3）印制电路板抽屉式安装方式：在机箱壳体壁板（侧壁、底板、上盖板）上铣出深度大于 5 mm 的导槽；在印制电路板边缘加上铝边框，铝边框与导槽宽度相配，使之能自由插入与抽出，印制电路板焊好后进行仪器装配时，在铝边框外与导槽相配的表面上涂导热脂，然后将印制电路板插入导槽内并固定，如图 9－8 所示。

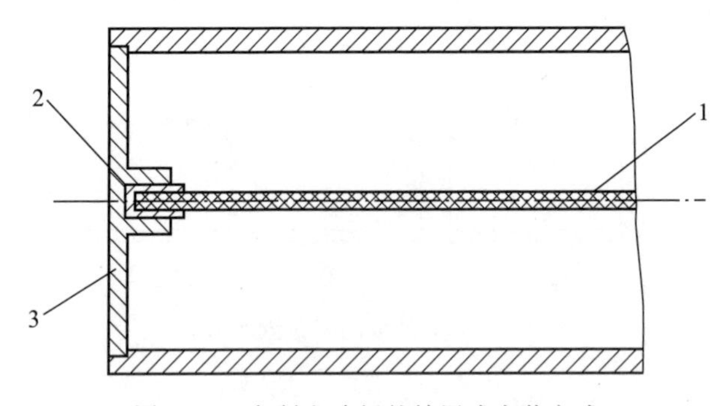

图 9－8　印制电路板的抽屉式安装方式

1—PCB；2—铝边框；3—机箱壁

9.2.2.4　电子设备机箱散热设计

机箱热设计应有利于电子设备向热环境进行导热与热辐射，同时也应有利于电子设备内部元器件的散热。空间遥感器电子学设备典型机箱结构如图 9－9、图 9－10 所示。机箱热设计应遵循以下原则：

1）机箱应采用具有高热导率的材料制造，特别是对大热功耗电子设备。

2）机箱的减重措施不应切断导热路径或使元器件导热热阻变大。

3）减小机箱各部分温差，如在机箱各结构板之间增大接触面积，并填充导热填料，对于将大热功耗元器件安装在侧壁的机箱，更需要注意这一点，设法减小到达安装底板的热阻。

4）印制电路板与机箱壳体之间应有良好的热连接，如在机箱内壁铣出平台、凹槽等，有利于印制电路板向外导热。

5）为强化接触传热，对于大热功耗电子设备，机箱应有足够大的安装接触面积，如果为了减重，应在安装板内表面挖减重槽。

6）为强化接触传热，应对安装表面粗糙度和平面度提出相应要求。

7）为了强化热辐射，机箱表面（安装表面除外）应有较高的发射率，如采用黑色阳极氧化处理或喷涂黑漆，使表面发射率不小于 0.85。

图 9 - 9　层摞式机箱外壳

图 9 - 10　插拔式机箱外壳

9.2.3 热分析方法

9.2.3.1 电子学热分析目的

在电子设备的元器件散热设计、印制电路板热设计、机箱热设计后，建立印制电路板和电子设备整机的热分析模型，计算印制电路板及元器件的温度，其目的如下：

1）验证电子设备热设计。

2）确定高温工况时，元器件的结温（或壳温、热点温度）是否低于降额温度。

3）确定低温工况时，元器件温度是否高于稳定工作温度下限。

9.2.3.2 热分析输入条件

进行电子学设备热分析工作需要以下输入条件：

1）机箱详细结构图。

2）印制电路板详细结构图，包括各敷铜层的厚度和分布等。

3）印制电路板及装在机箱壳体上的独立元器件安装图。

4）全部元器件布局图。

5）全部元器件型号、规格、热功耗表。

6）热功耗大于 100 mW 元器件外形、封装、安装图，结壳热阻。

7）电子设备工作模式。

8）接口数据单规定的电子设备工作温度高限与低限。

9）接口数据单规定的电子设备主备工作模式及对应元器件分布。

10）接口数据单规定的电子设备温度参考点位置。

11）电子设备与安装板的安装连接方式。

12）舱内电子设备的辐射边界条件：一般情况下，对于舱内电子设备，其辐射边界条件可与电子设备安装板温度条件相同；特殊情况下，电子设备辐射边界按照航天器总体或者分系统相关要求设置。

13）舱外电子设备的辐射边界条件：空间外热流条件、可见的航天器本体及外露部件（如太阳翼、天线等）温度。

14）安装在遥感器光机结构上的电子设备辐射边界条件应按照相机分系统相关要求设置。

9.2.3.3　热分析数学模型

按使用说明规定的方法，使用热分析软件划分节点，建立热数学模型。节点划分的基本原则为：

1）每个计算节点视为 1 个等温体。

2）印制电路板：热功耗大、温度梯度大的地方，节点划分应细一些；热功耗小、温度梯度小的地方，节点划分应粗一些。

3）热功耗小于 100 mW 的元器件不单独划分节点，其热功耗加到对应的印制电路板节点上。

4）热功耗大于 100 mW 的元器件应单独划分节点。

5）体积大、结构复杂的元器件，如电源模块、厚膜电路、变压器等，可按其内部结构划分更细的节点。

6）强化传热的措施应在热模型中予以体现。

7）通常情况下，电子设备安装板作为定温边界处理。

8）特殊情况下，热数学模型应按照相机分系统总体要求体现电子设备在遥感器光机结构上的热控措施，并进行电子设备与遥感器光机结构的热耦合分析，该情况下的定温、外热流等热边界条件由相机分系统总体提供。

9.2.3.4　热分析工况确定

电子设备热分析工况分为低温工况和高温工况。低温工况下电子设备元器件温度明显能满足使用要求时，可以省略低温工况分析。

电子设备热分析时，应根据航天器总体或者电子设备所属相机分系统的工作要求，识别出电子设备在轨最大工作包络，保证电子设备热分析覆盖在轨极端模式。电子设备热分析工况应注意涵盖以下方面：

1）元器件主备切换模式。

2）不同模块分时或者联合工作模式。

3）电子设备的最大输入和最大输出对应模式。

4）电子设备设计或者预案中的典型故障。

9.2.3.5 元器件温度计算

在忽略辐射换热的情况下，元器件的壳温按下式计算

$$T_c = T_b + Q \cdot R_{c-b} \tag{9-1}$$

式中　T_c ——壳温，℃；

T_b ——安装元器件的印制电路板或机箱板温度，℃；

Q ——热功耗，W；

R_{c-b} ——元器件管壳与印制电路板或机箱板间的导热热阻，℃/W。

T_b 通过安装该元器件的电子设备热分析计算或热平衡试验实测获得，Q 由电路分析计算求得，也可通过实测获得，元器件壳-板间的导热热阻 R_{c-b} 取决于元器件的安装方式。

若元器件仅以安装腿固定在印制电路板上，则只需计算安装腿的导热热阻（假定安装腿的截面积相等、长度相等）

$$R_{(c-b)1} = \frac{L}{nA_1 k} \tag{9-2}$$

式中　$R_{(c-b)1}$ ——安装腿的导热热阻，℃/W；

L ——安装腿的长度，m；

n ——安装腿的数目；

A_1 ——安装腿的截面积，m^2；

k ——安装腿的热导率，W/(m·℃)。

对于安装腿较短的元器件，应考虑焊接引入的导热热阻

$$R_{(c-b)2} = \frac{1}{nh_1 A_2} \tag{9-3}$$

式中　$R_{(c-b)2}$ ——安装腿的焊接热阻，℃/W；

n ——安装腿的数目；

h_1 ——焊接有效接触传热系数，W/(m^2 · ℃)；

A_2 ——安装脚有效焊接面积，m^2。

若元器件仅以安装表面固定在印制电路板或机箱板上，则只需计算安装面的接触热阻

$$R_{(c-b)3} = \frac{1}{h_2 A_3} \tag{9-4}$$

式中　$R_{(c-b)3}$ ——安装面的接触热阻，℃/W；

h_2 ——安装面的接触传热系数，W/(m^2 · ℃)；

A_3 ——安装面的面积，m^2。

若元器件以安装腿固定在印制电路板上，且利用底面接触传热，则总热阻如下

$$R_{(c-b)} = \frac{(R_{(c-b)1} + R_{(c-b)2}) R_{(c-b)3}}{R_{(c-b)1} + R_{(c-b)2} + R_{(c-b)3}} \tag{9-5}$$

对不单独划分计算节点的小热功耗元器件，T_c 约等于 T_b。

电阻、电容、变压器、电感线圈热点温度：热分析中计算的元器件温度仅为元器件的平均温度或壳温。若元器件发热量很大，则还需根据元器件内部的具体结构和热源分布，计算其热点温度。

集成电路、晶体管、二极管结温：集成电路、晶体管、二极管结温按下式计算

$$T_j = T_c + Q \cdot R_{j-c} \tag{9-6}$$

式中　T_j ——结温，℃；

R_{j-c} ——结与管壳间的热阻，℃/W。

R_{j-c} 通过查元器件手册获得，或按元器件制造商提供的数据。

在结温计算中，可用近似算法计算小热功耗元器件的结温，如对于热功耗不大于 10 mW 的元器件，T_j 约等于 T_c，T_c 约等于 T_b。

9.2.3.6　热分析结果不确定度

电子设备热分析应考虑不确定度，对于分析获得的元器件温度，应加上不确定度，才表示元器件的分析预示温度。

1）对于热分析模型经过热平衡试验验证的，热分析结果的不确定度为 5 ℃；通过试验修正后的接触传热系数等元器件相关热设计参数可应用于同类器件、相同封装、相同安装方式的其他产品上；

2）对于热分析模型未经过热平衡试验验证的，热分析结果的不确定度为 11 ℃；

3）少数元器件的降额温度要求与热分析结果之差大于不确定度要求时，应进行充分论证，必要时，进行热平衡试验验证。

9.3 抗辐照设计

9.3.1 自然空间辐照环境

光学遥感器在轨运行期间其空间环境包括微重力、高真空度、高低温变化以及各类空间粒子的辐射环境（粒子辐射环境）等。

空间辐射的影响包括造成遥感器的元器件、材料或者系统故障或者异常输出，抗辐射加固技术领域通常涉及三大辐照效应：总剂量效应、单粒子效应和充放电效应。自然辐射环境下的剂量率很低，在 10^{-6}～10^{-4} Gy（Si）/s，所以辐射损伤是材料和电子器件被长期辐照累积造成的，因而称为总剂量效应。抗辐射加固技术就是采用外部屏蔽和内部器件加固的办法来增加电子学系统对这些辐照效应的防护能力，以保障遥感器可靠工作。

根据带电粒子距离地球的远近，一般将辐射带分为内辐射带和外辐射带，不同辐射带的带电粒子组成、粒子属性及能量特性各不相同。

（1）内辐射带

该辐射带区域的辐射粒子主要是电子和质子，其中主要为 30～100 MeV 的质子，内辐射带的辐射强度与距离地球的远近及光学遥感器的运行轨道相关。由于一般的空间遥感器运行在这个区域，因此质子对遥感器元器件的辐照影响较为突出。

1）低倾角的低轨道。指倾角＜57°，高度＜500 km 的轨道，受益于地球磁场的屏蔽作用，其辐射环境主要包括 SAA（南大西洋异常区）捕获辐射及宇宙辐射，其中宇宙辐射的影响因为运行轨道不经过高纬度区域而较小。太阳粒子事件对该轨道的遥感器影响亦较小。

2）高倾角的低轨道。倾角≥57°，高度<500 km 的轨道，由于穿过高纬度地区，并且高纬度地区地球磁场的屏蔽作用较弱，因此宇宙辐射和高纬地带的捕获辐射影响较大，此外太阳粒子事件对通过高纬度区域时的遥感器产生较大影响，遥感器电子学产品设计时需要重点考虑。

（2）外辐射带

外辐射带距离地球较远，一般指距离地面大约（1 ～6）$\times 10^4$ km 捕获带电粒子的区域，主要组成包括电子和质子，但质子的能量极低。由于距离地球较远，地球磁场对这一轨道区域的影响较弱，遥感器的主要辐射来源包括银河宇宙辐射、外带电子辐射以及太阳粒子事件粒子辐射，并且银河宇宙辐射影响较大。外带电子辐射以及太阳粒子事件中产生的粒子辐射成为抗屏蔽设计的重点。该辐射带区域主要是电子带，其电子强度大约是内辐射带的 10 倍，强度和位置都和太阳活动密切相关。

9.3.2　光学遥感器辐照效应

9.3.2.1　辐照效应定义

辐照效应是指物质在辐射作用下所产生的现象，主要指辐射把能量传递给物质，造成物质的性状发生变化。光学遥感器电子学产品、光机产品以及复合材料等长期暴露在空间辐射环境中，持续受到空间电磁辐射，从而不可避免地导致材料性能的变化，甚至造成永久性的损伤。

材料表面损伤大多是由太阳紫外线辐射造成。紫外线波长短，光量子能量大，会使暴露在外面的材料表面受到辐射损伤。波长短于 0.3 μm 的紫外光量子的能量约在 4 eV，极紫外线能量高达

120 eV，这些光量子的能量足以打断有机材料的分子键，能够破坏各种化学键，改变材料性能。

9.3.2.1 半导体器件辐照效应

半导体器件空间辐照效应与电离总剂量和剂量率有关。一些半导体器件在很低的剂量下就可发生电离损伤，例如 CMOS 存储单元在累积剂量为 20 Gy 时就会失效，因为 CMOS 器件的损伤阈值为 10～20 kGy。带电粒子对 CMOS 器件所引起的电离效应能使 SiO_2 价键断裂，并在 Si－SiO_2 界面建立起正的电荷，使 CMOS 器件的阈值电压向负方向漂移。与此同时，电离效应还会在 Si－SiO_2 界面处引入新的界面态。界面态和硅能带之间进行频繁的电荷交换及界面态本身的带电状态也同样会引起阈值电压的漂移，阈值电压的正漂移和负漂移都会引起器件失效。

在 20 世纪 70 年代中期，卫星故障分析又发现了一种新的损伤机制，即单粒子翻转效应。当宇宙射线中的高能粒子、辐射带高能质子以及和卫星舱壁相互作用产生的重离子进入微电子电路中，在其经过的路径上可产生簇射，形成大量的低能粒子。如果有对辐射敏感的元器件处于该作用区域，部分电荷被收集，当收集的电荷大于电路状态翻转所需临界电荷时，电路状态就将发生翻转，导致电路逻辑功能错乱，发生误动作。单粒子事件除引起逻辑功能翻转外，还可引起电路的永久性损伤。宇宙射线中的高能重离子具有高的能量沉积率和强的穿透性，对电子器件或电路有很大的破坏性。由于航天器件受到重量的限制，要完全屏蔽重离子很困难，所以研究重离子空间环境模型对预测器件在空间环境下的单粒子翻转效应至关重要。

9.3.2.2 光机产品辐照效应

1）暴露在航天器外表的热控涂层受紫外辅助照射后，会使表面太阳吸收率增高，使航天遥感器温度升高。遥感器设计时要考虑足够的散热途径，由于散热能力的增强，寿命初期应给予适当的热补偿。

2）高能粒子辐射会使不耐辐照的玻璃变黑，变为不透明。光学镜头设计时，需选用抗辐照的玻璃，或者在镜头前加装抗辐照的窗口玻璃。

3）粒子辐照对金属材料的损伤形式主要有晶体点缺陷和点阵扰动，其中缺陷又包括单空位缺陷、双空位缺陷、位错缺陷和空位团等，这些缺陷将根据一定条件扩散、聚集，或者转化成其他形式的缺陷，导致金属的性质发生变化。例如大量点缺陷的存在可以影响到扩散、碳化物析出、相交等。

4）粒子辐照也会导致聚合物材料微观结构和宏观性能发生变化。粒子辐照对聚合物的损伤效应主要有分子键的断裂和交联、气体分子的释放以及新化学键形成等。分子键的断裂和交联会改变材料的分子量及其分布，从而影响材料的宏观性能。一般来说，分子链的交联使分子量增加，导致材料的可溶性降低，硬度增大；而断键会使分子量减小，致使材料强度降低，可溶性增大。

9.3.3　空间抗辐照技术

9.3.3.1　抗辐照技术途径

国内外在星载电子系统辐射加固技术领域的理论研究和工程实践表明，根据加固对象的类型可以将辐射加固技术划分为以下三种：

1）元器件加固，提高器件抗辐照能力；

2）元器件屏蔽，降低到达器件的辐照剂量；

3）故障检测和容错机制，通过软硬件结合的方式确保器件工作可靠性。

以上几种加固技术在遥感器中经常一起使用，针对不同的具体情况有所侧重。随着空间光学遥感技术的发展，星载电子学产品在软件加固上积累了丰富经验，通过软硬件结合可以避免单粒子翻转（SEU）的发生和有效地控制单粒子闭锁（SEL）问题。但是对于电离和非电离引起的损伤，如总剂量效应的防护问题则必须依靠屏蔽和加固的技术。

就抗辐射性能来说，遥感器电子学系统中最薄弱的环节是微电子器件。微电子器件的加固在遥感器上是基础性的工作，它的关键是在工艺。上面的第一种加固技术，主要采用抗总剂量能力较高的加固元器件，如这些器件要经过减少氧化层厚度、低温退火、介质隔离、改进芯片版图设计等的处理或经过了预辐射筛选。但是以我国目前的微电子工艺基础生产高级的加固器件是困难的。在昂贵的高级器件的获得极其困难的情况下，采用一般的商用货架器件再加上一些专门的屏蔽防护就成为解决问题的一个主要办法。由于商用器件便宜而且在普通环境下其运算速度、存储能力等性能要比高级器件高很多，所以积极探索经济有效的屏蔽方式，使得在卫星上能使用较为先进的普通商用器件，成为国内外航天器抗辐射加固技术的一个研究方向。

9.3.3.2 总剂量效应的抗辐射加固技术

总剂量效应是引起遥感器电子学设备的电离辐射损伤的主因，对其被动屏蔽防护可根据防护的部位分为星内壳体的屏蔽和集成电路管壳的屏蔽。

(1) 星内壳体的屏蔽（整体性加固）

遥感器内部辐射环境既取决于轨道环境，也与单机或者设备的材料特性及厚度有关。其中结构壳体能够阻止空间粒子的进入，并且随着结构壳体的厚度尺寸增加，进入电子学单机或产品的辐射总剂量显著减少。但是单一地通过增加壳体厚度的方法也存在次级辐射问题，并且会导致遥感器重量的额外增加。目前，对电子学产品的壳体涂覆特殊涂层的方法由于具有操作易行、效果显著并且不增加遥感器重量的优势而得到较为广泛的应用。

(2) 集成电路管壳屏蔽（针对性加固）

尽管增加星上设备或电子学单机外壳的厚度可以有效地屏蔽辐射，但随之也产生了次级辐射以及遥感器重量额外增加的问题。一种解决此问题的方法是有针对性地对薄弱管壳进行屏蔽处理，比如在器件表面增加抗辐照涂层。这种方法工艺简单、成本低廉却具有非常好的实际效果，因此在国内外的空间电子学元器件上得到了广泛的应用。

总之，这两种总剂量的屏蔽方式是卫星抗辐射加固技术中的常用方式，也是探索星载设备使用商用器件的一个有效途径。二者通常结合使用，全盘考虑，既使得薄弱环节得到有效防护，又不至于在外壳上增加太多的死重量。

9.3.3.3 遥感器电子学设备抗辐照设计

（1）星载电子学设备对质子的辐射防护

电子学设备对质子的辐射防护包括以下四个方面。

1）辐射环境评估：根据遥感器实际运行轨道参数，评估所处的空间辐射带粒子特点，包括种类、能量。

2）元器件分析：梳理遥感器内电子学设备中元器件种类，并分析设备能够承受的最大空间辐射剂量。

3）屏蔽材料分析：根据选定的屏蔽材料，分析屏蔽结构应当屏蔽掉的辐照剂量，即总剂量减去元器件能够承受的最大空间辐射剂量，并留有一定的安全裕度。

4）确定防护厚度：大量的学术文献对带电粒子的能量及射程关系进行了研究，可以根据射程关系计算出电子学设备屏蔽材料的防护厚度。

（2）星载电子设备对电子的辐射防护

与星载电子学设备对质子的防护设计类似，设备对电子的防护设计也是根据遥感器的轨道参数评估其空间辐射特性，根据电子学设备内部元器件的抗辐照能力分析设备屏蔽需求，按照选定的屏蔽材料参数分析需要屏蔽掉的辐照剂量。

根据电子电离损失率公式以及辐射能量损失率公式可以得到电子的总能量损失率，将电子的总能量损失率代入射程公式可得到材料厚度尺寸。

9.4 材料放气和污染对相机的影响

在真空条件下，材料的蒸发、升华和分解效应会释放出气体，尤其是有机材料，其放气效应包括气体的释放、扩散和材料的分解，还有发动机喷出的羽流等物质，通过分子流动和物质迁移而沉积在航天器其他部位，释放出的物质在遥感相机光学部件、CCD器件等敏感表面上沉积将造成表面污染，严重的污染将降低光学镜头的透过率，使成像质量严重下降。

污染分子在表面滞留的时间与温度有关，温度越低，滞留时间越长，因此，低温的敏感表面尤其容易受到污染。遥感相机设计时采用如下方法避免污染。

1）选用放气量少的材料，材料总的质量损失应低于1%，挥发物凝聚量低于0.1%。

2）在材料装入空间光学遥感器之前，进行真空放气处理，先除掉量大且易释放的气体。

3）必要时配置加热功能进行去污处理，升高敏感器表面的温度，以便提高表面释放污染分子的能力。

9.5 表面冷焊的影响

在高真空（1×10^{-7} Pa）条件下，固体表面原有吸附的气体膜、氧化膜等在真空条件下部分或全部消失，固体表面相互接触时便发生不同程度的粘连和吸附现象。如果除去氧化膜，使表面达到原子清洁的程度，在一定压力负荷下接触表面可进一步整体粘合，即产生冷焊。航天相机上的活动部件，如调焦机构、摆镜机构等，需考虑防冷焊。

相机活动部件防冷焊措施有：选择不易发生冷焊的配偶材料，如运动接触的部分采用两种不同的材料处理，避免使用同种金属材料；使用自润滑材料，或在表面涂敷固体润滑剂，如表面镀上二硫化钼。

9.6　遥感器充电与放电

遥感器暴露在空间环境中的电极之间会发生放电现象，从而有可能对电子学设备造成损伤或破坏。

9.6.1　真空放电

真空放电主要发生在高压器件和电路上，二者在真空环境下可能发生真空放电或者击穿，从而导致元器件或者电子学产品功能下降甚至损伤。研究表明在 1kPa 到 1Pa 的中等低气压环境下，电极的耐压为最低值。在航天器发射入轨的过程中必然经历这一气压环境，因此容易发生放电。遥感器在轨运行期间，由于光机产品放气，也有可能导致部分结构的周围达到此气压范围，也存在真空放电的可能性。

通过增加电极的跨度或者填充介质有利于增强电极间耐压，高压线路尽量采取接地的屏蔽线，而对于接插件则使用带 O 形环的高压接插件。对于光机结构而言，如果没有气密性要求，则应在结构、部件以及多层隔热材料组件上都设置放气孔，便于气室内的气体尽快释放。

9.6.2　微放电

微波功率器件在真空环境下发生的二次电子倍增导致的射频击穿现象称为微放电。

微放电会导致元器件性能下降，常用的应对方法是降额使用无源微波功率器件并确保器件清洁，避免器件内部存在凸台、凹槽以及毛刺等。

9.6.3　表面静电充放电

遥感器在轨运行期间的表面充电存在光电效应及等离子体轰击两种形式。一般情况下，光电效应的电位差相对较低，而等离子体轰击造成的表面电荷累积则有可能造成电位升高至数千伏甚至超过两万伏。

静电电荷累积会对一些传感器造成影响，但相对而言其累积的电荷发生放电则危害更大，除了击穿材料、损伤表面等，有时甚至会造成电子线路的工作异常或发生错误指令，造成严重后果。

一般采用以下方法避免静电放电对遥感器的影响：

1）航天器外表面具备一定导电性能，避免不同部位之间产生过高电位差；

2）增强元器件的电磁兼容能力，导电部分统一单点接地，在电路的设计中采取屏蔽和滤波措施，增强抗电磁干扰的能力；

3）必要时利用有源等离子体发生装置，将低能等离子体喷射在航天器表面，中和表面静电，降低电压。

9.6.4　体内放电

高能带电粒子穿过遥感器表面可能进入并留存在设备的材料中，从而造成材料内部电位升高，形成体内充电，而体内充电造成的电荷累积可能会进一步诱发电极间的电弧放电。

通常采取屏蔽的方法降低介质内部电子积分通量，并且避免使用绝缘性能过高的印制电路板材料。结构件以及隔离的金属件接地，内部导电的部件之间则用泄漏电阻相互连接。此外良好的电磁兼容性设计也有利于减少体内放电引起的异常。

参 考 文 献

[1] 张鹏，赖松柏，张萃．航天器水箱连接件抗力学环境能力研究［J］. 强度与环境，2014，41（3）：21-28.

[2] 刘晨，刘天雄，姜万杰，等．航天器电子产品抗随机振动环境设计方法研究［J］. 航天器工程，2016，25（3）：80-87.

[3] 袁家军．卫星结构设计与分析［M］. 北京：中国宇航出版社，2004.

[4] 马兴瑞．于登云．韩增尧．等．星箭力学环境预示与试验技术研究进展［J］. 宇航学报，2006，27（3）：323-331.

[5] 蔡成钟．飞行器力学环境设计理论及其应用［M］. 北京：中国宇航出版社，2007.

[6] Burton A J，Miller G F. The application of integral equation methods to the numerical solution of 60me exterior boundary - value problems [C]. The Royal Society of Mathematical and Physical Sciences，London，1971.

[7] Ciskowski R D. Brebbia C A. A Boundry element methods in acoustics [M]. Southampton：Computational Mechanical Publications，1991.

[8] 姚振汉，杜庆华．边界元方法应用的若干近期研究及国际新进展［J］. 清华大学学报（自然科学板），2001，41（4/5）：89—93.

[9] Kolaini A R，Kissil A，Childs B W. Vibro - acoustic analysis of lightweight structure [C]. The 2009 S/C&L/V Dynamic Environment Workshop. EI Segundo，USA，2009.

[10] Tsoi W B，Kolaini A R，Childs B W. Acoustic induced vibration on composite：test velmug prediction [C]. The 2008 S/C&L/V Dynamic Environments Workshop，El Sogundo，USA，2008.

[11] Yarza A，Castro O，Santiago - Prowald J，et al. Reflector vibro - acoastic response to hunch acoustic excitation [C].

[12] 祁章年．载人航天的辐射防护与监测［M］. 北京：国防工业出版社，2003.

[13] 祖武，等．抗辐射电子学——辐射效应及加固原理 [M]. 北京：国防工业出版社，1998.

[14] VanAllen J A，Ludwig G H，Mcllwain C R E. Observation of high intensity radiation by satellites 1958 A and B [J]. Jet Propulsion，28：588 - 592.

[15] 都亨，叶宗海．低轨道航天器空间环境手册 [M]. 北京：国防工业出版社，1996.

[16] 王国权，沈永平，王尚武，等．空间辐射环境中的辐射效应 [J]. 国防科技大学学报，1999，21 (4).

[17] 湛永钟，张国定．低地球轨道环境对材料的影响 [J]. 宇航材料工艺，2003 (1).

[18] 徐晓婷．星载电子设备辐照防护关键技术研究 [M]. 西安：西安电子科技大学，2007.

[19] 马兴瑞，韩增尧，等．航天器力学环境分析与条件设计研究进展 [J]. 宇航学报，2012，33 (1).

[20] 朱建斌，向树红，等．航天器动力学试验评价技术 [J]. 装备环境工程，2012.

[21] 谭维炽，胡金刚．航天器系统工程 [M]. 北京：中国科学技术出版社，2009.

[22] 郑永男，左翼，周冬梅．钨辐射损伤随辐照剂量变化的重离子辐照模拟研究 [J]. 原子核物理评论，2006，23 (2)：207 - 209.

[23] 王志光，金运范，侯明东．纯金属中电子能损效应的试验研究 [J]. 原子核物理评论，2000，17 (2)：100 - 105.

[24] 王志光，金运范．金属材料中高能重离子辐照效应的理论描述 [J]. 原子核物理评论，2000，17 (3)：152 - 158.

[25] Kamezawa C，Sindoua H，Hirao T. Heavy ion—induced damage in SiC Schottky barrier diode [J]. Physical B，2006：362 - 366.

[26] 方珍．高能束辐照下铝中空位簇缺陷的形成与演化 [D]. 长春：吉林大学，2007.

[27] 刘杰，侯明东，马峰，等．利用重离子束开展半导体器件单粒子效应的探讨 [J]. 原子能科学技术，1997，31 (3)：278 - 282.